现代安全技术管理系列丛书

事故应急救援与处置
（第2版）

苗金明　编著

清华大学出版社
北京

内 容 简 介

本书以国家在应急管理方面的法律、法规、规章、标准和方针政策为依据,主要包括应急管理导论、应急管理体系、生产安全事故应急预案管理、生产安全事故应急演练、应急资源保障与应急准备评估、生产安全事故应急救援与处置、事故现场急救方法和技术、典型事故应急救援与处置措施共八章内容,并配套事故案例分析。

本书既可作为高等职业院校安全类相关专业的教材,又可作为政府及有关部门、社会救援机构、生产经营单位应急管理、应急救援的培训教材。

图书在版编目(CIP)数据

事故应急救援与处置/苗金明编著. —2 版. —北京:清华大学出版社,2022.5(2025.1重印)
(现代安全技术管理系列丛书)
ISBN 978-7-302-59914-2

Ⅰ. ①事… Ⅱ. ①苗… Ⅲ. ①事故—救援 ②事故处理 Ⅳ. ①X928

中国版本图书馆 CIP 数据核字(2022)第 011783 号

责任编辑:刘翰鹏
封面设计:傅瑞学
责任校对:刘 静
责任印制:沈 露

出版发行:清华大学出版社
  网 址:https://www.tup.com.cn,https://www.wqxuetang.com
  地 址:北京清华大学学研大厦 A 座   邮 编:100084
  社 总 机:010-83470000   邮 购:010-62786544
  投稿与读者服务:010-62776969,c-service@tup.tsinghua.edu.cn
  质量反馈:010-62772015,zhiliang@tup.tsinghua.edu.cn
  课件下载:https://www.tup.com.cn,010-83470410
印 装 者:三河市少明印务有限公司
经 销:全国新华书店
开 本:185mm×260mm 印 张:20.25 字 数:465 千字
版 次:2012 年 9 月第 1 版 2022 年 5 月第 2 版 印 次:2025 年 1 月第 8 次印刷
定 价:58.00 元

产品编号:092747-01

第◆2◆版◆前言

　　党中央、国务院历来高度重视应急管理工作。应急管理能力建设已被纳入"总体国家安全观"思想体系。我国已基本形成统一指挥、专常兼备、反应灵敏、上下联动、平战结合的中国特色应急管理体制。习近平总书记在党的二十大报告中强调："坚持安全第一、预防为主,建立大安全大应急框架,完善公共安全体系,推动公共安全治理模式向事前预防转型。推进安全生产风险专项整治,加强重点行业、重点领域安全监管。提高防灾减灾救灾和重大突发公共事件处置保障能力,加强国家区域应急力量建设。"

　　旧版《事故应急救援和处置》的内容已经严重落后和陈旧,不能适应新时代下应急救援管理体系发展的需要,急需做出全面的修改,补充进去新的要求、新的成果。《事故应急救援和处置(第2版)》紧紧围绕我国新出台的应急管理法律、行政法规、部门规章和相关国家标准及行业标准的规定,充分吸收国内相关学者在应急管理方面形成的新成果,按照我国应急管理体系建设的新要求,对全书的章节结构进行了较大的调整和优化,同时也基本保留了旧版书中关于抢险处置技术、现场急救方法等重要的专业性较强的内容。《事故应急救援和处置(第2版)》是一本全新的教材,主要包括应急管理导论、应急管理体系、生产安全事故应急预案管理、生产安全事故应急演练、应急资源保障与应急准备评估、生产安全事故应急救援与处置、事故现场急救方法和技术、典型事故应急救援与处置措施等八章内容,体例更加合理,逻辑性更强,而且符合当今应急管理体系建设发展的主流方向,同时在每章之后还增加了典型事故案例分析,补充和增加了复习思考题。

　　本书改版后,对应急管理体系的介绍和讲解更加合理、规范,系统性更强,内容更加翔实,概念更加清晰,语言更加凝炼,层次更加分明,可操作性更强,适合作为高等职业院校、应用型本科院校安全类相关专业的教材,也可作为政府及有关部门、社会救援机构、生产经营单位应急管理、应急救援的培训教材。

　　本书所引用的事故案例、国内重大决策文件和机构等资料,主要来源于政府及有关部门的官方网站、国内主流的新闻网站,包括中国政府网(http://www.gov.cn/)、应急管理部官网(https://www.mem.gov.cn/)、国家市场监督管理总局官网(https://www.samr.gov.cn/)、住房和城乡建设部官网(http://www.mohurd.gov.cn/)、人民网(http://www.people.com.cn/)、新华网(http://www.xinhuanet.com/)、中国安全生产协会（https://www.china-safety.org.cn/）、中国安全生产网（http://www.aqsc.cn/）等。本书的完成，要特别感谢上述网站和本书所列参考文献的所有作者，他们坚实而卓有成效的工作为本书提供了重要资料来源。

　　由于编者水平有限，书中难免存在不妥之处，敬请读者给予批评、指正，提出指导建议及修改意见。

编著者
2024 年 1 月

应急准备评估指标、评估方法及评分标准

危险化学品泄漏初始隔离距离和防护距离

CONTENTS

应急管理导论

第一节　突发事件与事故

一、突发事件的含义与特征

（一）突发事件的含义

突发事件就是意外地突然发生的重大或敏感事件,简而言之,就是天灾人祸。前者即自然灾害,后者如恐怖事件、社会冲突、丑闻(包括大量谣言)等,专家也称其为"危机"。突发事件可被简单地理解为突然发生的事情,有两层含义:一是事件发生、发展的速度很快,出乎意料;二是事件难以应对,必须采取非常规方法来处理。

2007 年 11 月 1 日起施行的《中华人民共和国突发事件应对法》的规定(以下简称《突发事件应对法》),突发事件是指突然发生,造成或者可能造成严重社会危害,需要采取应急处置措施予以应对的自然灾害、事故灾难、公共卫生事件和社会安全事件。

突发事件也可进一步理解为,突然发生并造成或者可能造成重大人员伤亡、社会财产损失、生态环境破坏和严重社会危害,危及公共安全,需要政府立即采取应对措施加以处理的紧急事件。

（二）突发事件的特征

《突发事件应对法》所指的突发事件包含了以下特征。

(1) 具有明显的公共性或者社会性。"公共危机"是国家启动制定《突发事件应对法》的初衷。公共危机是指在公共领域内发生的危机,即危机事件对一个社会系统的基本价值和行为准则架构产生严重威胁,给公众的正常生活造成严重影响,其影响和涉及的主体具有社群性和大众性。公共危机事件会引起公众的高度关注;事件对公共利益产生较大消极负面影响,甚至严重破坏正常的社会秩序、危及社会基本价值;事件本身与公权之间发生直接联系,尤其是形成某种公法关系时,才能构成公共危机事件,如果不需要公权介入,即群体能自行解决而不具有公共性。

（2）突发性和紧急紧迫性。突发事件往往突如其来，如果不能及时采取应对措施，危机就会迅速扩大和升级，会造成更大的危害和损害；常常在人们还没有察觉、醒悟之前，就已呈席卷之势。

（3）危害性和破坏性。危害性和破坏性是突发事件的本质特征，一旦发生该法所指的突发事件，将对生命财产、社会秩序、公共安全构成严重威胁，若应对不当，则会造成生命财产的巨大损失或社会秩序的严重动荡。

（4）需要公权介入和社会力量。必须借助公权介入和社会力量才能解决该法所指的公共突发事件。公权在突发事件应对过程中发挥着领导、组织、指挥、协调等功能，公权介入突发事件的应对，既是政府的权力，也是政府的义务。

除了上述典型的特征以外，突发事件还有下列几个特点：①高度不确定性。事件的开端和发展无法用常规规则进行判断，其后的影响也无经验性知识可供指导。②决策的非程序性。管理者必须在有限的信息、资源和时间条件下寻求"满意"的处理方案。迅速从正常情况转换到紧急情况的能力是应急（危机）管理的核心内容。

二、突发事件的分类与分级

（一）突发事件的分类

根据《突发事件应对法》的规定，我国把突发事件分为四大类：自然灾害类事件、事故灾难类事件、公共卫生类事件和社会安全类事件，如图 1-1 所示。

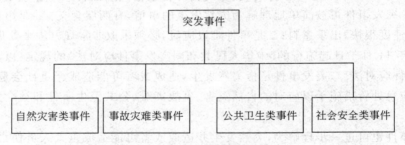

图 1-1　我国对突发事件的分类

1. 自然灾害类事件

自然灾害类事件是指由自然因素引发的与地壳运动、天体运动、气候变化相关的灾害，主要是指地震、火山爆发、台风、海啸、强暴雨、泥石流、洪水灾害、寒流雪灾等由自然界造成危害的突发事件，主要包括水旱灾害、气象灾害、地震灾害、地质灾害、海洋灾害、生物灾害和森林草原火灾等。如果在事前没有防备，可能会造成重大的损失。

2. 事故灾难类事件

事故灾难类事件是指在生产、生活过程中意外发生的故障、事故带来的灾难，主要包括工矿商贸等企业的各类安全事故、交通运输事故、公共设施和设备事故、环境污染和生态破坏事件等。在事故灾难事件中危害的加大，既有自然因素，也有人为处置不当的原因。2005—2007 年，我国平均每天发生 182 起事故、死亡人数为 322 人。

3. 公共卫生类事件

公共卫生类事件是指突然发生的,造成或可能造成社会公众健康严重损害的传染病疫情、群体性不明原因疾病、食品安全、职业危害、动物疫情以及其他严重影响公共健康的突发事件,主要包括传染病疫情、群体性不明原因疾病、食品安全和职业危害、动物疫情以及其他严重影响公众健康和生命安全的事件。

4. 社会安全类事件

社会安全类事件是指危及社会安全、社会发展的重大事件,主要包括社会群体性事件、恐怖袭击事件、经济安全事件、涉外突发事件等,如战争、政治动乱、恐怖袭击、刑事案件、投毒、爆炸、行凶杀人、聚众打砸抢、集体上访、静坐请愿、示威游行、阻断交通、围攻党政机关等。

（二）突发事件的分级

根据《突发事件应对法》的规定,按照社会危害程度、影响范围等因素,自然灾害、事故灾难、公共卫生事件分为特别重大、重大、较大和一般四级,如图 1-2 所示。法律、行政法规或者国务院另有规定的,从其规定。突发事件的分级标准由国务院或者国务院确定的部门制定。

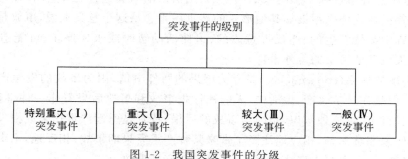

图 1-2　我国突发事件的分级

三、关于事故的基础知识

（一）事故的定义

事故是发生于预期之外的造成人身伤害或财产、经济损失的事件。事故是发生在人们的生产、生活中的意外事件。

在事故的种种定义中,伯克霍夫(Berckhoff)的定义较著名。伯克霍夫认为,事故是人(个人或集体)在为实现某种意图而进行的活动过程中,突然发生的、违反人的意志的、迫使活动暂时或永久停止,或迫使之前存续的状态发生暂时或永久性改变的事件。上述定义包括以下几层含义。

（1）事故是一种发生在人类生产、生活活动中的特殊事件,人类的任何生产、生活活动过程中都可能发生事故。

（2）事故是一种突然发生的、出乎人们意料的意外事件。由于导致事故发生的原因非常复杂，往往包括许多偶然因素，因而事故的发生具有随机性质。在一起事故发生之前，人们无法准确地预测什么时候、什么地方、发生什么样的事故。

（3）事故是一种迫使进行着的生产、生活活动暂时或永久停止的事件。事故中断、终止人们正常活动的进行，必然给人们的生产、生活带来某种形式的影响。因此，事故是一种违背人们意志的事件，是人们不希望发生的事件。

事故是一种动态事件，它开始于危险的激化，并以一系列原因事件按一定的逻辑顺序流经系统而造成的损失，即事故是指造成人员伤害、死亡、职业病或设备设施等财产损失和其他损失的意外事件。

《职业健康安全管理体系要求及使用指南》（GB/T 45001—2020/ISO 45001：2018，代替 GB/T 28001—2011 和 GB/T 28002—2011）对事故和事件做出了如下的定义：事件（incident）是指由工作引起的或在工作过程中发生的可能或已经导致伤害和健康损害的情况。发生伤害和健康损害的事件有时被称为"事故"。未发生但有可能发生伤害和健康损害的事件在英文中称为 near-miss、near-hit 或 close call，在中文中也可称为"未遂事件""未遂事故"或"事故隐患"等。

（二）事故与事故后果的关系

事故这种意外事件除了影响人们的生产、生活活动顺利进行之外，往往还可能造成人员伤害、财物损坏或环境污染等其他形式的严重后果。从这个意义上说，事故是在人们生产、生活过程中突然发生的、违反人意志的、迫使活动暂时或永久停止，可能造成人员伤害、财产损失或环境污染的意外事件。

事故和事故后果（consequence）是互为因果的两件事情，因为事故的发生产生了某种事故后果。但是在日常生产、生活中，人们往往把事故和事故后果看作一件事件，这是不正确的。之所以产生这种认识，是因为事故的后果，特别是引起严重伤害或损失的事故后果，给人的印象非常深刻，相应地注意了带来某种严重后果的事故；相反地，当事故带来的后果非常轻微，没有引起人们注意时，人们也就忽略了事故。

（三）事故的分类

1. 生产安全事故与非生产安全事故、工伤事故与非工伤事故

（1）按照事故发生在不同的活动领域，事故可划分为生产安全事故与非生产安全事故。生产安全事故是指生产经营活动（包括与生产经营有关的活动）过程中，突然发生的伤害人身安全和健康或者损坏设备、设施或者造成经济损失，导致原活动暂时中止或永远终止的意外事件。《生产安全事故报告和调查处理条例》（国务院令第 493号）将"生产安全事故"定义为：生产经营活动中发生的造成人身伤亡或直接经济损失的意外事件。

非生产安全事故是指发生在生活活动（非生产经营性活动）中人身伤亡或直接经济损失的意外事件。

（2）按照对事故伤亡补偿责任主体的不同，事故可划分为工伤事故与非工伤事故。工伤事故也可称为企业职工伤亡事故，是指职工在本岗位劳动，或虽不在本岗位劳动，但

由于企业的设备和设施不安全、劳动条件和作业环境不良、管理不善,以及企业领导指派到企业外从事本企业活动,所发生的人身伤害(即轻伤、重伤、死亡)和急性中毒事故。

我国《工伤保险条例》规定,工伤事故是指在工作时间和工作场所内,因工作原因而使职工受到伤害的事故,以及其他依照法律、行政法规规定应当认定为工伤的其他情形。非工伤事故是指不能满足法定工伤认定条件的伤害事故。

生产安全事故与工伤事故不能完全等同。生产安全事故所造成的职工伤害一律属于工伤,然而造成职工工伤的事故不一定属于生产安全事故。

2. 设备事故与人身安全事故

按照事故造成的后果的不同,可将事故划分为设备事故与人身安全事故。

设备事故是指企业设备(包括各类生产设备、管道、厂房、建筑物、构筑物、仪器、电讯、动力、运输等设备或设施)因非正常损坏造成停产或效能降低,使生产突然中断或造成能源供应中断、造成设备损坏使生产中断,直接经济损失超过规定限额的行为或事件。其中在生产过程中设备的安全保护装置正常动作,安全件损坏使生产中断而未造成其他设备损坏不列为设备事故。

人身安全事故是指造成了人员伤亡、职业中毒后果的事故。

3. 企业职工伤亡事故的分类

根据《企业职工伤亡事故分类标准》(GB/T 6441—1986),按照起因物、致害物、诱导性因素等方面的不同,可将企业职工伤亡事故分为20大类,分别为:物体打击、车辆伤害、机械伤害、起重伤害、触电、淹溺、灼烫、火灾、高处坠落、坍塌、冒顶片帮、漏水、放炮、瓦斯爆炸、火药爆炸、锅炉爆炸、容器爆炸、其他爆炸、中毒和窒息以及其他伤害。

4. 责任事故和非责任事故

按照造成事故的责任不同,事故可分为责任事故和非责任事故两大类。责任事故,是指由于人们违背自然或客观规律,违反法律、法规、规章和标准等行为造成的事故。非责任事故,是指遭遇不可抗拒的自然因素或目前科学无法预测的原因造成的事故。

5. 伤亡事故和非伤亡事故

按照事故造成的后果不同,事故可分为伤亡事故和非伤亡事故。造成人身伤害的事故称为伤亡事故。只造成生产中断、设备损坏或财产损失的事故称为非伤亡事故。

6. 按行业类别划分事故

按照事故监督管理的行业不同,事故可分为企业职工伤亡事故(工矿商贸企业伤亡事故)、火灾事故、道路交通事故、水上交通事故、铁路交通事故、民航飞行事故、农业机械事故、渔业船舶事故等。

(四)事故的分级

1. 生产安全事故等级

根据生产安全事故造成的人员伤亡或者直接经济损失严重程度对事故等级进行划分,主要是为了便于事故报告和调查处理工作的分级管理。根据《生产安全事故报告和调查处理条例》第三条的规定,生产安全事故一般分为特别重大、重大、较大、一般四个等级,具体划分标准见表1-1。

表 1-1　生产安全事故等级划分标准

事故后果	事故级别			
	特别重大事故	重大事故	较大事故	一般事故
死亡人数/人	死≥30	10≤死≤29	3≤死≤9	1≤死≤2
重伤人数(含工业急性中毒)/人	重伤≥100	50≤重伤≤99	10≤重伤≤49	1≤重伤≤9
直接经济损失/元	直接≥1亿	5000万≤直接<1亿	1000万≤直接<5000万	100万≤直接<1000万

关于生产安全事故等级划分标准(表1-1)做出如下几点说明。

(1) 三个事故后果数字分别独立核算,死亡人数不能累加到重伤人数里去核算事故级别。

(2) 按三个事故后果数字分别确定事故级别,哪个最高,则以哪个为准,就高不就低。

(3) 事故发生后30天之内(火灾事故和道路交通事故是7天之内)伤亡人数变化,可以对事故等级进行调整,超过这个期限若伤亡人数变化,则不调整事故等级。

(4) 若伤亡人数变化,调整事故等级,只能升级,不能降级。

(5) 注意事故级别(等级)与事故类别/类型的区别。

2. 较大涉险事故

《生产安全事故信息报告和处置办法》提出了较大涉险事故的概念,并明确规定较大涉险事故具体包括以下几种情形。

(1) 涉险10人以上的事故。

(2) 造成3人以上被困或者下落不明的事故。

(3) 紧急疏散人员500人以上的事故。

(4) 因生产安全事故对环境造成严重污染(人员密集场所、生活水源、农田、河流、水库、湖泊等)的事故。

(5) 危及重要场所和设施安全(电站、重要水利设施、危险化学品仓库、油气站和车站、码头、港口、机场及其他人员密集场所等)的事故。

(6) 其他较大涉险事故。

3. 火灾事故的等级划分

根据公安部办公厅于2007年6月26日发布的《关于调整火灾等级标准的通知》的规定,火灾等级增加为四个等级,由原来的特大火灾、重大火灾、一般火灾三个等级调整为特别重大火灾、重大火灾、较大火灾和一般火灾四个等级。特别重大、重大、较大和一般火灾的等级划分标准如下。

(1) 特别重大火灾是指造成30人以上死亡,或者100人以上重伤,或者1亿元以上直接财产损失的火灾。

（2）重大火灾是指造成 10 人以上 30 人以下^①死亡,或者 50 人以上 100 人以下重伤,或者 5000 万元以上 1 亿元以下直接财产损失的火灾。

（3）较大火灾是指造成 3 人以上 10 人以下死亡,或者 10 人以上 50 人以下重伤,或者 1000 万元以上 5000 万元以下直接财产损失的火灾。

（4）一般火灾是指造成 3 人以下死亡,或者 10 人以下重伤,或者 1000 万元以下直接财产损失的火灾。

4. 道路交通事故等级

《公安部关于修订道路交通事故等级划分标准的通知》（公通字〔1991〕113 号）规定,将道路交通事故等级分为四级,具体划分标准如下。

（1）轻微事故,是指一次造成轻伤 1 至 2 人,或者机动车事故财产损失不足 1000 元,非机动车事故财产损失不足 200 元的事故。

（2）一般事故,是指一次造成重伤 1 至 2 人,或者轻伤 3 人以上,或者财产损失不足 3 万元的事故。

（3）重大事故,是指一次造成死亡 1 至 2 人,或者重伤 3 人以上 10 人以下,或者财产损失 3 万元以上不足 6 万元的事故。

（4）特大事故,是指一次造成死亡 3 人以上,或者重伤 11 人以上,或者死亡 1 人同时重伤 8 人以上,或者死亡 2 人同时重伤 5 人以上,或者财产损失 6 万元以上的事故。

5. 水上交通事故级别

2015 年 1 月 1 日起实施的新《水上交通事故统计办法》,对水上交通事故的统计分类进行了规定,新的分级分类方法更加接近国务院 493 号令《生产安全事故报告和调查处理条例》,但是又有不同。水上交通事故的级别划分标准参见表 1-2。

表 1-2 水上交通事故级别划分标准

级 别	后 果		
	伤 亡	经 济 损 失	水 域 污 染
特别重大事故	30 人以上死亡（含失踪）,或者 100 人以上重伤	1 亿元以上直接经济损失的事故	船舶溢油 1000t 以上致水域污染
重大事故	10 人以上 30 人以下死亡（含失踪）,或者 50 人以上 100 人以下重伤	5000 万元以上 1 亿元以下直接经济损失	船舶溢油 500t 以上 1000t 以下致水域污染
较大事故	3 人以上 10 人以下死亡（含失踪）,或者 10 人以上 50 人以下重伤	1000 万元以上 5000 万元以下直接经济损失	船舶溢油 100t 以上 500t 以下致水域污染
一般事故	1 人以上 3 人以下死亡（含失踪）,或者 1 人以上 10 人以下重伤	100 万元以上 1000 万元以下直接经济损失	船舶溢油 1t 以上 100t 以下致水域污染
小事故	小事故,指未达到一般事故等级的事故		

---

① "以上"包括本数,"以下"不包括本数。

关于水上交通事故的级别划分标准（表1-2）做如下提示。

（1）重伤人数参照国家有关人体伤害鉴定标准确定。

（2）死亡（含失踪）人数按事故发生后7日内的死亡（含失踪）人数进行统计。

（3）船舶溢油数量按实际流入水体的数量进行统计。

（4）除原油、成品油以外的其他污染危害性物质泄漏按直接经济损失划分事故等级。

（5）船舶沉没或者全损按发生沉没或者全损的船舶价值进行统计。

（6）直接经济损失按水上交通事故对船舶和其他财产造成的直接损失进行统计，包括船舶救助费、打捞费、清污费、污染造成的财产损失、货损、修理费、检验（查勘）费等；船舶全损时，直接经济损失还应包括船舶价值。

（7）一件事故造成的人员死亡失踪、重伤、水域环境污染和直接经济损失如同时符合两个以上等级划分标准的，按最高事故等级进行统计。

（五）事故的特性

事故由事故原点、触发能量、偶合条件构成。事故的出现是由于某种隐患、危险或潜能在触发能量、偶合条件作用下转化而成。事故原点具有潜伏性、隐蔽性；触发能量、偶合条件与事故原点的相互作用具有偶然性；事故发生具有突发性、因果性；事故过程及终点具有自然规律性。

事故是自然规律对人们违背科学的一种惩罚，事故现象是人们不希望的一种自然规律过程及结果。事故的技术性、隐蔽性、规律性已成为研究安全问题的主要内容。事故的技术性表现在任何技术领域都存在安全技术问题；任何事故的出现都有自己的技术原因；任何危险、隐患的存在都有自己的技术状态。当代事故具有明显灾害性、社会性和突发性，这是由于技术密集性、物质高能性以及高参数运行引起的。当代事故特性对现代生产装置、系统以及工程技术的严密性提出了更高的要求。

事故的发生是完全具有客观规律性的。事故的最基本特性有因果性、偶然性（随机性）、必然性、规律性、潜在性（潜伏性）、再现性和预测性（可预防性）。

1. 事故的因果性

所谓因果性就是某一现象作为另一现象发生的根据的两种现象之关联性。事故的起因乃是它和其他事物相联系的一种形式。事故是相互联系的诸原因的结果。事故这一现象都和其他现象有着直接的或间接的联系。因果关系有继承性，或称非单一性，也就是多层次的，即第一阶段的结果往往是第二阶段的原因。

2. 事故的偶然性（随机性）、必然性、规律性

从本质上讲，伤亡事故属于在一定条件下可能发生，也可能不发生的随机事件。事故的随机性是指事故发生的时间、地点、事故后果的严重性是偶然的。事故的发生包含着偶然因素。事故的偶然性是客观存在的，与是否明了现象的原因全不相干，也就是偶然中有必然。这说明事故的预防具有一定的难度。但是，事故这种随机性在一定范畴内也遵循统计规律。从事故的统计资料中可以找到事故发生的规律性。这就是从偶然性中找出必然性，认识事故发生的规律性，把事故消除在萌芽状态之中，把不安全条件转化为安全条

件,化险为夷。这也就是防患未然、预防为主的科学含义。因此,事故统计分析对制订正确的预防措施有重大的意义。

3. 事故的潜在性(潜伏性)、再现性和预测性(可预防性)

事故潜在于"绝对时间"之中。因为我们把时间抽象化,抓住的是空间,所以也可以说,事故是潜在于空间之中。基于人们对过去的事故所积累的经验,把人作为主体,可以在自然的客体中进行预测。人们在进行有目的的活动时,也一定对自己的行动能否达到目的而进行种种预测。

表面上看,事故是一种突发事件。但是事故发生之前有一段潜伏期,人、机、环境系统所处的这种状态是不稳定的,也就是说系统存在着事故隐患,具有危险性。如果这时有一触发因素出现,就会导致事故的发生。在工业生产活动中,企业较长时间内未发生事故时,如果麻痹大意,就会忽视事故的潜伏性,这是工业生产中的思想隐患,是应予克服的。

现代工业生产系统是人造系统,这种客观实际给预防事故提供了基本的前提。所以说,任何事故从理论和客观上讲,都是可预防的。认识这一特性,对坚定信念,防止事故发生有促进作用。因此,人类应该通过各种合理的对策和努力,从根本上消除事故发生的隐患,把工业事故的发生降到最小限度。

(六)事故的发展阶段和致因分析

1. 事故的发展阶段

研究事故的发展阶段,是为了识别和控制事故。如同一切事物一样,事故也有其产生、发展、消除的过程。一般事故的发展可归纳为三个阶段,即孕育阶段、生长阶段和损失阶段。各阶段都具有自己的特点。

(1)孕育阶段。事故的发生有其社会和环境方面的原因,如管理缺陷、法制不健全、教育和培训不够、安全隐患治理不力、人员素质低下等。所有这些导致系统产生了潜在的危险,随时都有引发事故的可能。在事故的孕育阶段,系统中的危险因素处于潜伏状态,事故处于无形阶段,人们可以感觉到它的存在,估计到它必然会出现,而不能指出它的具体形式。

(2)生长阶段。由于基础原因,即社会原因和上层建筑原因的存在,出现企业管理缺陷,不安全状态和不安全行为得以发生,构成了生产中的事故隐患,即危险因素。这些隐患就是"事故苗子"。在这一阶段,事故已处于萌芽状态,人们可以具体地指出它的存在,有经验的专业人员已经可以预测事故的发生,并可以采取针对性的措施,抑制事故隐患的发展,乃至消除不安全行为和不安全状态,根除事故产生的危险性。

(3)损失阶段。当生产中的危险因素被某些偶然事件触发时,就要发生事故,包括肇事人的肇事、起因物的加害和环境的影响,使事故发生并扩大,造成伤亡和经济损失。

2. 事故致因分析

事故致因理论证明,造成事故的直接原因无外乎人的不安全行为和物的不安全状态两种因素。在现代社会生产生活中物的不安全因素具有一定的稳定性,而人则由于自身及社会的影响,具有相当大的随意性和偶然性,是激发事故的主要因素。

轨迹交叉论把人、物两系列看成两条事件链,两链的交叉点就是发生事故的"时空"。

伤害事故是人和物（包括环境）两大发展系列顺序发展的结果。当人的不安全行为和物的不安全状态在各自发展过程中（轨迹），在一定时间、空间发生了接触（交叉），能量转移于人体时，伤害事故就会发生。在人和物两大系列的运动中，两者往往是相互关联、互为因果、相互转换的。有时，人的不安全行为促进了物的不安全状态的发展，或导致新的不安全状态的出现；而物的不安全状态可以引发人的不安全行为。构成伤亡事故的人与物两大连锁系列中，人的失误占绝对的地位。

第二节　应急救援概述

一、应急救援的重要性与紧迫性

（一）事故应急救援的内涵分析

应急救援是近年来产生的一门新兴的安全学科和职业，是安全科学技术的重要组成部分。事故的应急救援是指通过事故发生前的计划，在事故发生后充分利用一切可能的力量，能够迅速控制事故的发展，保护现场和场外人员的安全，将事故对人员、财产和环境造成的损失降低到最低程度。

实际上，人们在谈到"应急救援"时，往往有多种理解：一种是"紧急的或急需的帮助（emergency assistance）"；另一种是"搜索与营救（search and rescue）"，简称搜救；还有一种称为"灾害救援（disaster relief）"。另外，有时我国也有人将急救医疗救援也作为"应急救援"来看待。但严格来说，国外对灾难事故的医疗急救有不同于应急救援的规范的理解，即急救医疗（emergency medical service，EMS）。无论对应急救援采用哪种理解方式，都离不开 EMS。从以上的几种观点来看，编者认为 emergency assistance 涵盖的范围较广，理解更为全面。它几乎可以包含所有类型的事件，规模可大可小，涉及的人数也可多可少，难度可难可易，可以以有偿的商业运作方式，也可以采用政府运作的方式，全面地体现了现代"应急救援"丰富内涵和发展趋势。其他的几种理解都仅仅体现了现代"应急救援"的一部分内涵。

"应急救援"是指为消除、减少事故事件危害，防止事故、事件扩大或恶化，最大限度地降低事故、事件造成的损失或危害，而需要采取的一系列救援措施或行为、活动的总称。

（二）事故应急救援的重要性

安全的本质含义应该包括预知、预测危险，也包括控制和消除危险，由于事故发生的偶然性和复杂性，以目前安全科学的发展水平来看，还不能达到有效预防和预测所有事故的程度，事故的发生难以完全避免。随着科技和经济的发展，现代工业生产中，新工艺、新能源、新材料的应用以及现代生产过程的大规模化、复杂化和高度自动化，一方面增加了安全工作的未知领域；另一方面，也使事故的后果更为严重。另外，城市化是现代社会发展的必然趋势，城市是人口、产业、财富聚集的地区，对各种自然灾害和重大事故有放大作用，随着城市人口数量和人口密度的增高，事故发生的频率也越来越高，危害后果也越来越惊人，城市的安全与城市应急救援体系的建立也是当今全世界关注的热点问题。以上几点对安全工作提出了更高的要求,应急救援是必不可少的。

国内外的统计资料表明:有效的应急救援系统可以将事故的损失降低到无应急系统的大约 6%。事实上,应急救援系统的建立与有效运转不仅是社会文明的象征,也是国家综合实力的指标。有效的应急救援除了能迅速控制事态发展和减少事故以外,对预防事故有着重要作用,也有助于提高全社会的风险防范意识,同时是重大危险源控制系统的重要组成部分。

20 世纪 80 年代以来,相继发生了一系列的灾难性工业事故。1984 年 11 月 19 日,墨西哥城发生了液化气爆炸事故,导致伤亡几千人,3 万人无家可归。1984 年 12 月 3 日,发生了印度博帕尔毒气泄漏事故,因剧毒物质异氰酸甲酯(MIC)储罐外泄,导致死亡 5000 多人,20 多万人受害,150 万人受到事故影响,造成工业史上空前的惨案。1989 年,美国发生了阿拉斯加石油污染事故,水上浮油蔓延 4600km²,1 万只海獭、10 万只海鸟和海鸭受害,生态危害一时难以估算。根据国际劳工组织统计,每年有 130 多万工人死于意外事故和与工作相关的疾病,造成的经济损失大约占 GDP 的 4%。近年来,随着我国经济的高速发展,各类事故居高不下,每年交通和工伤事故死亡达 10 余万人,每年发生一次死亡 10 人以上事故 100 多起,重大、特大事故频繁发生,阻碍了我国社会经济的可持续发展。

仅 2003 年,我国就有多起因为没有有效的应急救援系统从而不能有效地控制紧急事件的发生、发展导致重大损失的案例。发生在春季的非典型性肺炎(SARS),对我国的政治、经济和人民的生活产生了巨大的冲击和震撼;年末发生在重庆开县的油气井喷事故(12·23)造成了 243 人死亡、4 万多人无家可归;还有多起矿山事故、紧急中毒事故和火灾等。

另外,回顾一下过去一千年来人类遭受的自然灾害,如 1923 年日本的关东大地震,1976 年我国的唐山大地震,1990 年袭击西欧的暴风雪和 1994 美国的 Andrew 飓风,2008 年 5 月 12 日我国发生的汶川地震,等等。经统计调查发现,在过去千年中,灾害多发于 20 世纪的后 50 年,有些专家指出,全球温室效应使灾害危害更加突出。同时,地震、火山喷发等灾害也十分频繁,人类在新千年中遭受自然灾害的可能性将大大增加。

由于重大事故、灾害、卫生事件对社会的极大危害,而应急救援工作又涉及多种救援部门和多种救援力量的协调配合,所以,它不同于一般的事故处理,而成为一项社会性的系统工程,受到政府和有关部门的高度重视。党的十九大明确指出:"树立安全发展理念,弘扬生命至上、安全第一的思想,健全公共安全体系,完善安全生产责任制,坚决遏制重特大安全事故,提升防灾减灾救灾能力。"面对 2020 年初突然袭来的新冠肺炎疫情,全国人民在中国共产党的坚强领导下,充分发挥社会主义制度的优势性,抗击新冠肺炎疫情斗争取得重大战略成果。2020 年 10 月底召开的中国共产党第十九届中央委员会第五次全体会议提出了"十四五"时期经济社会发展主要目标,其中之一就是"防范化解重大风险体制机制不断健全,突发公共事件应急能力显著增强,自然灾害防御水平明显提升,发展安全保障更加有力"。

(三)事故应急救援的紧迫性

当今人类社会随着科学技术的飞速发展,一方面为人类提供了更多更好的物质生活条件,另一方面现代化大生产又隐藏着非常严重的事故危害。特别是化学工业在生产、储存过程中大量使用和处理易燃、易爆、有毒物料，伴随近年来我国化工生产装置的日益大型化、复杂化，一旦发生火灾、爆炸、中毒等事故，造成的危害十分巨大，给人民生命和财产带来巨大损失。1993 年 8 月 5 日，我国深圳发生的危险品库大爆炸事故，由于化学品泄漏引起混装物爆炸，造成死亡 15 人，伤 873 人，损失 2.54 亿元。1997 年 6 月 27 日，北京东方化工厂由于储罐泄漏，引起储罐区发生火灾爆炸，死亡 8 人，受伤 40 人，炸毁、烧毁储罐 17 个、储料 20000t，损坏罐区大部分设施。2015 年 8 月 12 日，位于天津市滨海新区天津港的瑞海国际物流有限公司（以下简称瑞海公司）危险品仓库发生特别重大火灾爆炸事故，事故造成 165 人遇难（参与救援处置的公安现役消防人员 24 人、天津港消防人员 75 人、公安民警 11 人，事故企业、周边企业员工和周边居民 55 人），8 人失踪（天津港消防人员 5 人，周边企业员工、天津港消防人员家属 3 人），798 人受伤住院治疗（伤情重及较重的伤员 58 人，轻伤员 740 人）；304 幢建筑物（办公楼宇、厂房及仓库等单位建筑 73 幢，居民 1 类住宅 91 幢、2 类住宅 129 幢、居民公寓 11 幢）、12428 辆商品汽车、7533 个集装箱受损；截至 2015 年 12 月 10 日，事故调查组依据《企业职工伤亡事故经济损失统计标准》（GB/T 6721—1986）等标准和规定统计，已核定直接经济损失 68.66 亿元人民币，其他损失尚需最终核定。

由于化学工业在我国的迅速发展，大量危险化学品单位的涌现，再加上城市化发展的必然趋势，加强应急救援已成为一项刻不容缓、迫在眉睫的重要工作。

（1）危险化学品生产经营单位数量多，相对分散。经初步调查，2012 年全国已有危险化学品生产、储存、经营、使用、运输和废弃危险化学品处置等单位近 29 万户，其中生产单位近 2.3 万户，储存单位 1 万余户，经营单位 12.4 万余户，运输单位近 9000 户，使用单位 12.3 万余户，废弃处置单位 600 余户。其从业人员多达几千万人。

（2）大量生产和使用危险化学品，构成重大危险源数量多。随着我国危险化学品的大量生产和使用，生产规模的扩大和生产、储存装置的大型化，重大危险源也在不断增多。1997 年，原劳动部对北京、上海、天津、青岛、深圳和成都 6 城市进行了危险源普查，共普查出重大危险源 10230 个，其中北京、上海、天津重大危险源均达 2500 个以上。由于这些危险源 90% 以上与化学品有关，无疑会对城市的安全构成巨大的威胁。

（3）危险性大，事故多发。危险化学品固有的易燃、易爆、有毒、腐蚀等特性会给人类的生命和生存及发展环境带来副作用，如果处理不当或疏于管理，将会发生严重的化学事故，给人类造成严重的危害。而化学事故具有突发性，且波及面较大，如果采取的抢救方法不当，将难以控制事故现场，甚至会导致事态的扩大。特别是近年来，随着企业数量的增加，多种经济成分的大量涌现，进出口贸易额的增长，加上企业规模较小、装备相对落后，因而产生了大量的事故隐患和不安定因素，特别是有些地方和企业为获取局部和短期的经济效益，忽视安全生产，导致化学事故屡有发生。化学事故不仅仅发生在生产企业，它涉及生产、使用、经营、运输、储存和销毁处置六个环节，每个环节都有可能发生危及人和环境的重大事故。据统计，化工企业在 1996—2000 年共发生伤亡事故 1060 起，死亡 678 人，重伤 646 人，其中造成死亡人数最多的是化学爆炸事故，死亡 168 人，占总死亡人数的 24.77%；其次是中毒窒息事故，死亡 99 人，占总死亡人数的 14.60%。

由上述分析可以看出，应急救援的主要对象是突发的、后果与影响严重的公共安全事故、灾害与卫生事件。这些事故、灾害或卫生事件主要源于工业事故、自然灾害、城市生命线、重大工程、公共活动场所环境污染、公共交通、公共卫生事件、人为突发事件八个公共安全领域。因此,应急救援支持系统是城市公共安全管理系统中极其重要的组成部分,如图 1-3 所示。

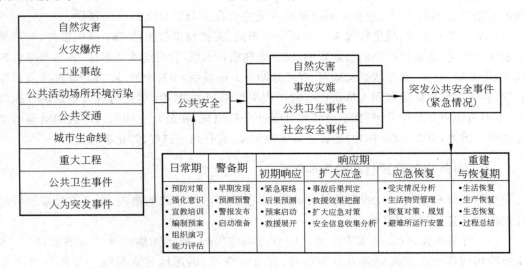

图 1-3　城市公共安全管理系统与应急支持系统构成

(四) 事故应急救援活动的特点

突发事件涉及技术事故、自然灾害(引发)、城市生命线、重大工程、公共活动场所环境污染、公共交通、公共卫生和人为突发事件等多个公共安全领域,构成一个复杂巨系统,其本身以及相应的应急救援活动具有不确定性和突发性、复杂性、后果易猝变、激化和放大的特点。

(1) 不确定性和突发性。不确定性和突发性是各类公共安全事故、灾害与事件的共同特征,大部分事故都是突然爆发,爆发前基本没有明显征兆,而且一旦发生,发展蔓延迅速,甚至失控。因此,要求应急行动必须在极短的时间内在事故的第一现场做出有效反应,在事故产生重大灾难后果之前采取各种有效的防护、救助、疏散和控制事态等措施。

为保证迅速对事故做出有效的初始响应,并及时控制住事态,应急救援工作应坚持属地化为主的原则,强调地方的应急准备工作,包括建立全天候的昼夜值班制度,确保报警、指挥通信系统始终保持完好状态,明确各部门的职责,确保各种应急救援的装备、技术器材、有关物质随时处于完好可用状态,制订科学有效的突发事件应急预案等措施。

(2) 应急活动的复杂性。应急活动的复杂性主要表现在:事故、灾害或事件影响因素与演变规律的不确定性和不可预见的多变性;众多来自不同部门参与应急救援活动的单位,在信息沟通、行动协调与指挥、授权与职责、通信等方面的有效组织和管理;以及应急响应过程中公众的反应、恐慌心理、公众过急等突发行为复杂性等。这些复杂因素的影响,给现场应急救援工作带来了严峻的挑战,应对应急救援工作中各种复杂的情况做出足够的估计,制订出随时应对各种复杂变化的相应方案。

应急活动的复杂性的另一个重要特点是现场处置措施的复杂性。重大事故的处置措施往往涉及较强的专业技术支持，包括易燃、有毒危险物质、复杂危险工艺以及矿山井下事故处置等，对每一个行动方案、监测以及应急人员防护等都需要在专业人员的支持下进行决策，因此针对生产安全事故应急救援的专业化要求，必须高度重视建立和完善重大事故的专业应急救援力量、专业检测力量和专业应急技术与信息支持等的建设。

（3）后果易猝变、激化和放大。公共安全事故、灾害与事件虽然是小概率事件，但后果一般比较严重，能造成广泛的公众影响，应急处理稍有不慎，就可能改变事故、灾害与事件的性质，使平稳、有序、和平状态向动态、混乱和冲突方面发展，引起事故、灾害与事件波及范围扩展，卷入人群数量增加和人员伤亡与财产损失后果加大，猝变、激化与放大造成的失控状态，不但迫使应急呼应升级，甚至可导致社会性危机出现，使公众立即陷入巨大的动荡与恐慌之中。因此，重大事故（件）的处置必须坚决果断，而且越早越好，防止事态扩大。

（五）事故应急救援行动的基本要求

为尽可能降低重大事故的后果及影响，减少重大事故所导致的损失，要求应急救援行动必须做到迅速、准确和有效。

（1）所谓迅速，就是要求建立快速的应急响应机制，能迅速准确地传递事故信息，迅速地调集所需的大规模应急力量和设备、物资等资源，迅速地建立起统一指挥与协调系统，开展救援活动。

（2）所谓准确，要求有相应的应急决策机制，能基于事故的规模、性质、特点、现场环境等信息，正确地预测事故的发展趋势，准确地对应急救援行动和战术进行决策。

（3）所谓有效，主要指应急救援行动的有效性，很大程度取决于应急准备的充分性与否，包括应急队伍的建设与训练、应急设备（施）、物资的配备与维护、预案的制订与落实以及有效的外部增援机制等。

二、应急救援的目标与任务

（一）事故应急救援的目标

事故应急救援的总目标是通过有效的应急救援行动，尽可能地降低和减轻事故的后果，包括人员伤亡、财产损失和环境破坏等。

根据"人民至上，生命至上，安全第一"的原则，事故应急救援的首要目标是保障人民群众（包括应急救援人员）的生命安全，尽最大可能减少甚至避免人员伤亡，抢救和救助受害人员，对伤者进行医治，对亡者及其家属进行抚慰。在保障人员（包括应急救援人员）安全的前提下，事故应急救援的第二目标就是想方设法减少或减轻甚至避免财产损失、环境污染及破坏。事故应急救援的第三目标就是消除事故造成的不良影响，尽快恢复生产、生活，甚至比事故发生前的状况有所改善，变得更好。

（二）事故应急救援的任务

事故应急救援的任务包括下列几个方面。

（1）立即组织营救受害人员,组织撤离或者采取其他措施保护危害区域内的其他人员。营救受害人员是事故应急救援的首要任务。在应急救援行动中,快速、有序、有效地实施现场急救与安全转送伤员是降低伤亡率、减少事故损失的关键。由于重大事故发生突然、扩散迅速、涉及范围大、危害大,应及时指导和组织群众采取各种措施进行自我防护,必要时迅速撤离出危险区或可能受到危害的区域。在撤离过程中,应积极组织群众开展自救和互救工作。

（2）迅速控制危险源(危险状况),并对事故造成的危害进行检测、监测,测定事故的危害区域和危害性质及危害程度。及时控制造成事故的危险源(危险状况)是应急救援工作的重要任务。只有及时控制住危险源(危险状况),防止事故的继续扩展,才能及时、有效地进行救援。特别是对发生在城市或人口稠密地区的化学品事故,应尽快组织工程抢险队与事故单位技术人员一起及时控制事故继续扩大蔓延。

（3）做好现场清洁和现场恢复,消除危害后果。针对事故对人体、动植物、土壤、水源、空气造成的现实危害和可能的危害,迅速采取封闭、隔离、洗消等技术措施。对事故外溢的有毒有害物质和可能对人和环境继续造成危害的物质,应及时组织人员予以清除,消除危害后果,防止对人的继续危害和对环境的污染,应及时组织人员清理废墟和恢复基本设施,将事故现场恢复至相对稳定的状态。对危险化学品事故造成的危害进行监测、处置,直至符合国家环境保护标准。

（4）查清事故原因,评估危害程度。事故发生后应及时调查事故的发生原因和事故性质,评估出事故的危害范围和危险程度,查明人员伤亡情况,做好事故调查。

三、应急救援基本指导思想与原则

（一）事故应急救援指导思想

习近平总书记指出:"人命关天,发展决不能以牺牲人的生命为代价。这必须作为一条不可逾越的红线。"坚持"人民至上,生命至上"的原则,牢固树立"安全发展"的理念,认真贯彻"安全第一,预防为主,综合治理"的安全生产工作方针,本着对人民生命财产高度负责的精神,按照"预防为主,居安思危,常备不懈"以及"先救人、后救物和先控制、后处置"的指导思想,在发生事故时,必须迅速、有序、高效地实施应急救援行动,及时、妥善地处置重大事故,最大限度地减少人员伤亡和危害,维护国家安全和社会稳定,促进经济社会全面、协调、可持续发展。

（二）事故应急救援的基本原则

（1）集中领导、统一指挥。事故的抢险救灾工作必须在应急救援领导指挥中心的统一领导、指挥下展开。应急预案应当贯彻统一指挥的原则。各类事故具有随机性、突发性和扩展迅速、危害严重的特点,因此应急救援工作必须坚持集中领导、统一指挥的原则。在紧急情况下,多头领导会导致一线救援人员无所适从、贻误战机的不利局面。

（2）充分准备、快速反应、高效救援。针对可能发生的事故,应做好充分的准备;一旦发生事故,要快速做出反应,尽可能减少应急救援组织的层次,以利于事故和救援信息的快速传递，减少信息的失真，提高救援的效率。

（3）生命至上。应急救援的首要任务是不惜一切代价，维护人员的生命安全。事故发生后，应当首先保护老弱病残人群、游客顾客以及所有无关人员安全撤离现场，将他们转移到安全地点，并全力抢救受伤人员，以最大的努力保证受伤人员的生命安全，确保应急救援人员的安全。

（4）单位自救和社会救援相结合。在确保单位人员安全的前提下，事发单位和相关单位应首先立足自救，与社会救援相结合。单位熟悉自身各方面情况，又身处事故现场，有利于初起事故的救援，将事故消灭在初始状态。单位救援人员即使不能完全控制事态，也可为外部救援赢得时间。事故发生初期，事故单位必须按照本单位的应急预案积极组织抢险救援，迅速组织遇险人员疏散撤离，防止事故扩大。这是单位的法定义务。

（5）分级负责、协同作战。各级地方政府、有关单位应按照各自的职责分工实行分级负责、各尽其能、各司其职，做到协调有序、资源共享、快速反应，建立企业与地方政府、各相关方的应急联动机制，实现应急资源共享，共同积极做好应急救援工作。

（6）科学分析、规范运行、措施果断。科学、准确地分析、预测、评估事故事态发展趋势、后果，科学分析是做好应急救援的前提。依法规范，加强管理，规范运行可以保证应急预案的有效实施。在事故现场，果断决策采取适当、有效的应对措施是保证应急救援成效的关键。

（7）安全抢险。在事故抢险过程中，采取有效措施，确保救护人员的安全，严防抢险过程中发生二次事故；积极采用先进的应急技术及设施，避免次生、衍生事故发生。

第三节　应急管理的含义与阶段

一、应急管理的概念

（一）应急管理（emergency management）的定义

应急管理是指政府及其他公共机构在突发事件的事前预防、事发应对、事中处置和善后恢复过程中，通过建立必要的应对机制，采取一系列必要措施，应用科学、技术、规划与管理等手段，保障公众生命、健康和财产安全；促进社会和谐健康发展的有关活动。简单来说，应急管理是为了预防、控制及消除突发（紧急）事件，减少其对人员伤害、财产损失和环境破坏的程度而实施的计划、组织、指挥、协调和控制的活动。可以看出，"应急管理"实质上就是"应急救援管理"。

（二）应急管理的过程

尽管突发（紧急）事件的发生具有突发性和偶然性，但突发（紧急）事件的应急救援管理（即"应急管理"，在很多场合都使用"应急管理"这个术语，本书也如此）不只限于突发（紧急）事件发生后的应急救援行动。应急管理是对突发（紧急）事件的全过程管理，贯穿于突发（紧急）事件发生前、中、后的各个过程，充分体现"预防为主，常备不懈"的应急管理思想。因此，应急管理是一个动态的过程，包括预防、准备、响应和恢复四个阶段。尽管在实际情况中，这些阶段往往是交叉重叠的，但他们中的每一部分都有自己单独的目标,并且成为下个阶段内容的一部分;每一阶段又是构筑在前一阶段的基础之上,因而预防、准备、响应和恢复的相互关联,构成了突发(紧急)事件应急管理的动态循环过程。

应急管理包括预防、准备、响应和恢复四个阶段的动态循环过程,如图1-4所示。

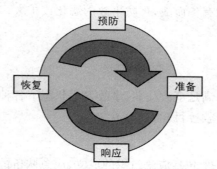

图 1-4　事故应急管理四个阶段的循环过程

二、应急管理的四个阶段及其联系

(一) 预防

1. 预防的含义

在应急管理中预防有两层含义。

(1) 突发(紧急)事件的预防工作,即通过安全管理和安全技术手段对突发(紧急)事件进行危险源辨识和风险评价、风险控制,尽可能避免突发(紧急)事件的发生,以实现本质安全的目的。

(2) 在假定突发(紧急)事件必然发生的前提下,通过预先采取的预防措施,达到降低或减缓突发(紧急)事件的影响或后果的严重程度,如加大建筑物的安全距离、工厂选址的安全规划、减少危险物品的存量、设置防护墙以及开展公众教育等。从长远看,低成本、高效率的预防措施是减少事故损失的关键。

2. 预防的工作内容

预防的基本工作内容是:事先进行危险源辨识和风险分析,预测可能发生的事故、事件,采取控制措施,尽可能避免事故的发生;进行现场应急专项检查、安全检查,查找问题,通过动态监控,预防事故发生;在出现事故征兆的情况下,及时采取防范措施,消除事故的发生;假定事故必然发生的前提下,通过预先采取的预防措施,最大限度地减少事故造成的人员伤亡、财产损失和社会影响(或后果)的严重程度。主要有以下几个工作环节。

(1) 危险源辨识。危险源辨识是应急管理的第一步。首先要把本单位、本辖区所存在的危险源进行全面认真的辨识、分析、普查、登记。

(2) 风险评价。在危险源辨识、分析完成后,要采用适当的评价方法,对危险源进行风险评价,确定可能存在不可接受风险的危险源,从而确定应急管理的重点控制对象。

(3) 预测预警。根据危险源的危险特性,对应急控制对象可能发生的事故进行预测,对出现的事故征兆和紧急情况及时发布相关信息进行预警，采取相应措施，将事故消灭在萌芽状态。

（4）预警预控。假定事故必然发生，在预警的同时必须预先采取必要的防范、控制措施，将可能出现的情形事先告知相关人员进行预警，将预防措施及相应处理程序告知相关人员，以便在事故发生时能有备而战，预防事故的恶化或扩大。

（二）准备

1. 准备的含义

通过充分的准备工作，满足事故征兆、事故发生状态下各种应急救援活动顺利进行的需求，从而实现预期的应急救援目标。

2. 准备的工作内容

应急准备的工作内容一般包括应急组织的成立、应急队伍的建设、应急人员的培训、应急预案的编制、应急物资的储备、应急装备的配备、应急技术的研发、应急通信的保障、应急预案的演练、应急资金的保障、外部救援力量的衔接以及其他，主要有以下几个工作环节。

（1）应急预案编制。应急救援不能打无准备之仗，应急准备的第一步就是要编制应急救援预案。应急预案有利于做出及时的应急响应，降低事故后果，应急行动对时间要求十分敏感，不允许有任何拖延，应急预案预先明确了应急各方职责和响应程序，在应急资源等方面进行先期准备，可以指导应急救援迅速、高效、有序地开展，将事故造成的人员伤亡、财产损失和环境破坏降到最低限度。

（2）应急资源保障。根据应急预案的要求，进行人力、物力、财力等资源的准备，为应急救援的具体实施提供保障。各项应急保障是否到位对应急救援行动的成败起着至关重要的作用。

（3）应急培训。应急培训工作，是提高各级领导干部处置突发事件能力的需要，是增强公众公共安全意识、社会责任意识和自救、互救能力的需要，是最大限度预防和减少突发事件发生及其造成损害的需要。应急培训是应急准备中极其重要的一项内容和工作方法之一。

（4）应急演练。应急演练活动是检验应急管理体系的适应性、完备性和有效性的最好方式。定期进行应急演练，不仅可以强化相关人员的应急意识，提高参与者的快速反应能力和实战水平，又能暴露应急预案和管理体系中的不足，检测制定的突发事件应变计划是否实在、可行。同时，有效的应急演练还可以减少应急行动中的人为错误，降低现场宝贵应急资源和响应时间的耗费。

（三）响应

1. 应急响应的含义

应急响应的含义有两个：①接到事故预警信息后，采取相应措施，将事故扼制于萌芽状态。②事故发生后，尽可能地抢救受害人员，保护可能受威胁的人群，尽可能控制并消除事故；按照应急预案，采取相应措施，展开抢险、救援行动，及时控制事故，防止其恶化或扩大，最终控制住事故，使现场局面恢复到常态，最大限度地减少人员伤亡、财产损失和社会影响。

2. 应急响应的工作内容

应急响应的工作内容一般包括启动相应的应急系统和组织、报告有关政府机构、实施现场指挥和救援、控制事故扩大并消除、人员疏散和避难、环境保护和监测、现场搜寻和营救等。主要有以下几个工作环节。

（1）事态分析。事态分析包括现状分析和趋势分析。现状分析为分析事故险情、事故初期事态现状；趋势分析为预测分析和评估事故险情、事故发展趋势。

（2）启动预案。根据事态分析的结果，迅速启动相应应急预案并确定相应的应急响应级别。

（3）救援行动。预案启动后，根据应急预案中相应响应级别的程序和要求，有组织、有计划、有步骤、有目的地调配应急资源，迅速展开应急救援行动。

（4）事态控制。通过一系列紧张有序的应急行动，事故得以消除或控制，事态不会扩大或恶化，特别是不会发生次生或衍生事故，具备恢复常态的条件。

应急响应可划分为初级响应和扩大应急两个阶段。初级响应是指在事故初期，企业利用自身的救援力量，就使事故得到有效控制。但如果事故的性质、规模超出本单位的应急能力，则必须寻求社会或其他应急救援力量的支持，请求增援、扩大应急，以便最终控制事故。

3. 应急结束

当事故现场得以控制，环境符合标准，导致次生、衍生事故的隐患消除后，经事故现场应急指挥机构批准后，现场应急救援行动结束。

应急结束后，应明确：①事故情况上报事项。②需向事故调查处理组移交的相关事项。③事故应急救援工作总结报告。

应急结束特指应急响应行动的结束，并不意味着整个应急救援过程的结束。在宣布应急结束后，还要经过后期处置，即应急恢复。

（四）恢复

1. 应急恢复的内涵

应急恢复的目的是在事态得到控制之后，尽快让生产、生活、工作和生态环境等恢复到正常状态或得到进一步的改善，从根本上消除事故隐患，避免重新演化为事故状态；另外，通过迅速恢复到常态，减少事故损失，弱化不良影响。应急恢复包括现场恢复（短期恢复）和长期恢复。

现场恢复（短期恢复）工作应在事故发生后立即进行。首先应使事故影响区域恢复到相对安全的基本状态，然后逐步恢复到正常状态。要求立即进行的恢复工作包括事故损失评估、原因调查、清理废墟等。在短期恢复工作中，应注意避免出现新的紧急情况。

长期恢复包括厂区重建和受影响区域的重新规划和发展。在长期恢复工作中，应汲取事故和应急救援的经验教训，开展进一步的预防工作和减灾行动。

2. 应急恢复的工作内容

（1）清理现场。清理现场具体包括清理废墟、化学洗消、垃圾外运等。

（2）常态恢复。灾后重建，各方力量配合，使生产、生活、工作和生态环境等恢复到事故前的状态或变得比事故前状态更好。

（3）损失评估，保险理赔。

（4）事故调查。

（5）应急预案复查、评审和改进。

应急管理过程四个阶段的主要工作内容见表1-3。

表1-3　应急管理四个阶段的工作内容

阶　　段	工 作 内 容
预防阶段：为预防、控制和消除事故对人类生命财产长期危害所采取的行动（无论事故是否发生，企业和社会都处于风险之中）	• 风险辨识、评价与控制 • 安全规划 • 安全研究 • 安全法规、标准制定 • 危险源监测监控 • 事故灾害保险 • 税收激励和强制性措施等
准备阶段：事故发生之前采取的各种行动，目的是提高事故发生时的应急行动能力	• 制定应急救援方针与原则 • 应急救援工作机制 • 编制应急救援预案 • 应急救援物资、装备筹备 • 应急救援培训、演习 • 签订应急互助协议 • 应急救援信息库等
响应阶段：事故即将发生前、发生期间和发生后立即采取的行动。目的是保护人员的生命、减少财产损失、控制和消除事故	• 启动相应的应急系统和组织 • 报告有关政府机构 • 实施现场指挥和救援 • 控制事故扩大并消除 • 人员疏散和避难 • 环境保护和监测 • 现场搜寻和营救等
恢复阶段：事故后，使生产、生活恢复到正常状态或得到进一步的改善	• 损失评估 • 保险理赔 • 清理废墟 • 灾后重建 • 应急预案复查 • 事故调查

应急管理过程四个阶段之间的联系如图1-5所示。

三、有效的应急管理

（一）有效的应急管理的基本标准

有效的应急管理应做到如下六个方面。

（1）把预防工作放在应急管理的首位，重视突发（紧急）事件的预防工作。

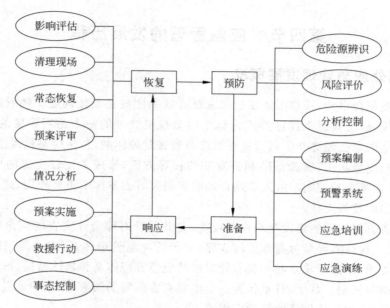

图 1-5 应急管理过程四个阶段之间的联系

（2）控制和缩减突发（紧急）事件的产生源头、影响范围，建立预警系统。

（3）编制有效的应急救援预案，对应急救援预案进行有计划的培训演练并持续改进。

（4）保证应急管理工作所需的物资供应。

（5）提高应急反应能力。

（6）完善恢复阶段的管理机制，迅速减轻突发（紧急）事件造成的损害。

（二）有效的应急管理应遵循的原则

（1）预防第一的原则。应急管理应从事前做起，辨别紧急事件的诱因，采取措施避免其发生。

（2）公众利益第一的原则。应急处理过程中，应将公众利益放在首位，为整个应急过程奠定良好的公众基础。

（3）服从全局利益的原则。为了确保应急管理工作的顺利进行，局部利益应服从全局利益。

（4）主动面对的原则。突发（紧急）事件发生时，事发组织应主动面对事实，主动配合媒体的采访和公众的提问，掌握对外发布信息的主动权，避免造成对外的误导。

（5）快速反应的原则。由于突发（紧急）事件的突发性，必须以最快的速度进行应急救援，调动所有的应急资源，开展全面的应急管理。

（6）持续改进的原则。由于内外部环境的变化，应对应急管理体系进行评审，识别新的紧急事件诱因，改进应急管理体系的不足，对应急管理体系持续改进，保证应急管理的有效性。

第四节　应急管理的发展历程

一、国外应急管理发展概况

早在工业革命早期，一些工业发达国家就开始关注应急救援问题。随着经济的发展和社会的进步，应急救援工作已经成为整个国家危机处理的一个相当重要的组成部分。一些工业发达国家已经建立了运行良好的应急救援管理体制，包括应急救援法规、管理机构、指挥系统、应急队伍、资源保障和公发知情权等方面，形成了比较完善的应急救援体系，救援体系在减少和控制事故人员伤亡和财产损失方面发挥了重要作用，成为经济和社会工作中重要的政策支柱。

我国应急管理体系的建设起步相对较晚，尤其是针对综合性灾害的应急管理体系来说，更是如此。这就需要参考海外比较成熟、完善的应急管理体系，在美国、日本、澳大利亚和加拿大等国，都已经建立起一套有针对性的应急管理体系和具体做法，形成了特色鲜明的应急体制与机制。其中，日本作为一个地震灾害频繁的国家，自然在地震应急方面就比较成熟，其理论和具体做法值得我们借鉴。

（一）美国应急管理体系

美国是当今世界上应急管理体系建设得比较完备的国家之一，不断完善的体制、机制和法制建设使其应对突发事件的能力越来越强。美国在应急管理方面的具体做法包括以下方面。

1. 不断在灾害中完善组织结构

1979 年前，美国的应急管理也和其他国家一样，属于各个部分和地区各自为战的状态，直到 1979 年，当时的卡特总统发布 12127 号行政命令，将原来分散的紧急事态管理机构集中起来，成立了联邦应急管理局（federal emergency management agency，FEMA），专门负责突发事件应急管理过程中的机构协调工作，其局长直接对总统负责。联邦应急管理局的成立标志着美国现代应急管理机制正式建立，同时也是世界现代应急管理的一个标志。

2001 年发生在纽约的"9·11"事件引起了美国各界对国家公共安全体制的深刻反思，它同时诱发了多个问题，政府饱受各方指责，如多头管理带来的管理不力，情报工作失误，反恐技术和手段落后……为了有效解决这些问题，布什政府于 2003 年 3 月 1 日组建了国土安全部，将 22 个联邦部门并入，FEMA 成为紧急事态准备与应对司下属的第三级机构。两年后，美国南部墨西哥湾沿岸遭受"卡特里娜飓风"袭击，由于组织协调不力，致使受灾最严重的新奥尔良市沦为"人间地狱"，死亡数千人，直到今天在新奥尔良生活的人口还没有达到灾前的一半。在这个事件后，国土安全部汲取教训，进行了应急功能的重新设计，机构在 2007 年 10 月加利福尼亚州发生的森林大火中获得重生，高效地解决了加州 50 多万人的疏散问题。

美国的其他专业应急组织还有疾病预防与控制中心，在应急管理中也发挥着重要作用。他们已经拥有一支强有力的机动队伍和运行高效的规程,在突发公共事件中有权采取及时有效的措施。

从以上应急机构演变的过程可以看到,美国的应急管理组织体系在经验和教训中不断成熟,逐渐走向完善。

2. 健全应急法制体系

1976 年实施的美国《紧急状态管理法》详细规定了全国紧急状态的过程、期限以及紧急状态下总统的权力,并对政府和其他公共部门(如警察、消防、气象、医疗和军队等)的职责做了具体的规范。此后,又推出了针对不同行业、不同领域的应对突发事件的专项实施细则,包括地震、洪灾、建筑物安全等。1959 年的《灾害救济法》几经修改后确立了联邦政府的救援范围及减灾、预防、应急管理和恢复重建的相关问题。"9·11"事件之后,美国对紧急状态应对的相关法规又做了更加细致而周密的修订,体系已经是一个相对全面的突发事件应急法制体系。

如今美国已形成了以国土安全部为中心,下分联邦、州、县、市、社区五个层次的应急和响应机构,通过实行统一管理、属地为主、分级响应、标准运行的机制,有效地应对各类突发的灾害事件。

(二)日本防灾减灾机制

日本地处欧亚板块、菲律宾板块、太平洋板块交接处,处于太平洋环火山带,台风、地震、海啸、暴雨等各种灾害极为常见,是世界易遭自然灾害破坏的国家之一。在长期与灾难的对抗中,日本形成了一套较为完善的综合性防灾减灾对策机制。

1. 完善的应急管理法律体系

作为全球较早制定灾害管理基本法的国家,日本的防灾减灾法律体系相当庞大。《灾害对策基本法》中明确规定了国家、中央政府、社会团体、全体公民等不同群体的防灾责任,除了这一基本法之外,还有各类防灾减灾法 50 多部,建立了围绕灾害周期而设置的法律体系,即基本法、灾害预防和防灾规划相关、灾害应急法、灾后重建与恢复法、灾害管理组织法五个部分,使日本在应对自然灾害类突发事件时有法可依。

2. 良好的应急教育和防灾演练

日本政府和国民极为重视应急教育工作,从中小学教育抓起,培养公民的防灾意识。将每年的 9 月 1 日定为"灾害管理日",8 月 30 日—9 月 5 日定为"灾害管理周",通过各种方式进行防灾宣传活动。政府和相关灾害管理组织机构协同进行全国范围内的大规模灾害演练,检验决策人员和组织的应急能力,使公众能训练有素地应对各类突发事件。

3. 巨灾风险管理体系

日本经济发达,频发的地震又极易造成大规模经济损失。为了有效地应对灾害,转移风险,日本建立了由政府主导和财政支持的巨灾风险管理体系,政府为地震保险提供后备金和政府再保险。巨灾保险制度在应急管理中起到了重要作用,为灾民正常的生产生活和灾后恢复重建提供了保障。

4. 严密的灾害救援体系

日本已建成了由消防、警察、自卫队和医疗机构组成的较为完善的灾害救援体系。消防机构是灾害救援的主要机构，同时负责收集、整理、发布灾害信息。警察的应对体制由情报应对体系和灾区现场活动两部分组成，主要包括灾区情报收集、传递、各种救灾抢险、灾区治安维持等。日本的自卫队属于国家行政机关，根据《灾害对策基本法》和《自卫队法》的规定，灾害发生时，自卫队长官可以根据实际情况向灾区派遣灾害救援部队，参与抗险救灾。

日本其他类型的人为事故灾害也在不断增加。例如，东京地铁沙林毒气事件就造成了 10 人死亡，75 人重伤，4700 人受到不同程度的影响。如何完善应急管理机制，提高应急管理能力，迎接新形势下的新的危机和挑战，也成为日本未来应急管理工作的一项新任务。

（三）澳大利亚应急管理

澳大利亚位于南半球的大洋洲，地广人稀，人口主要集中在悉尼这样的中心城市和沿海地区。在过去的几十年里，由于周围都是无边无际的大海，澳大利亚在战略上一直是一个处于低威胁的国家，其突发事件主要是自然灾害这一类，如洪水、暴雨、热带风暴、森林大火等，相应的应急管理也带有自己的鲜明特色。

1. 层次分明的应急管理体系

澳大利亚设立了一套三个层面、承担不同职责的政府应急管理体系。在联邦政府层面，隶属于澳大利亚国防部的应急管理局（EMA）是联邦政府主要的应急管理部门，负责管理和协调全国性的紧急事件管理。在州和地区政府层面，已经有六个州和两个地区通过立法，建立委员会机构以及提升警务、消防、救护、应急服务、健康福利机构等各方面的能力来保护生命、财产和环境安全。在社区层面，澳大利亚全国范围内约有 700 个社区，它们虽然不直接控制灾害响应机构，但在灾难预防、缓解以及为救灾进行协调等方面承担责任。

2. 森林火灾防治

澳大利亚地处热带和亚热带地区，在干旱季节，气温高、湿度小、风大，森林植被以桉树为主，桉树含油脂多，特别易燃，一旦发生火灾，极易形成狂燃大火，并产生飞火，很难扑救，森林损失十分严重。针对这些情况，澳大利亚经多年试验研制出了以火灭火的办法，采取计划火烧措施防治森林火灾，并采用气象遥感、图像信息传输和计算机处理等技术，实现了实时、快速、准确地预测预报森林火灾。此外，社会民众还成立了森林防火站、火灾管理委员会（AFAC）等民间组织来应对火灾。

3. 志愿者为特色的广泛社会参与

在澳大利亚，应急响应志愿者是抗灾的生力军，他们来自社区，服务于社区，积极参与社区的减灾和备灾活动。州应急服务中心是志愿者抗灾组织中比较普遍的一种形式，帮助社区处理洪灾和暴雨等灾害，而且志愿者并不是业余的，他们都参加培训且达到职业标准，并能熟练操作各种复杂的救灾设备。

（四）加拿大的应急管理

加拿大大部分地区属于寒带，冬季时间长，40％的陆地为冰封冻土地区，蒙特利尔冬季的温度可至－30℃，主要的自然灾害是冬季的暴风雪。所以，加拿大的应急管理是"以雪为令"。

1. 重视地方部门作用的应急管理体系

加拿大自 1948 年成立联邦民防组织，到 1966 年其工作范围已延伸到平时的应急救灾。1974 年，加拿大将民防和应急行动的优先程序倒过来。1988 年，加拿大成立应急准备局，使之成为一个独立的公共服务部门，执行和实施应急管理法。加拿大的应急管理体制分为联邦、省和市镇三级，实行分级管理。政府要求，任何紧急事件首先应由当地官方进行处置，如果需要协助，可再向省或地区紧急事件管理组织请求，如果事件不断升级以致超出了省或地区的资源能力，可再向加拿大政府寻求帮助。

2. 应对雪灾的全国协作机制

加拿大各级政府形成了一套针对雪灾的高效和系统的应急对策。清雪部门是常设机构，及时清理积雪，保障道路畅通，责任主要在各省市政府。其中，省政府负责辖区内高速路，市政府负责市内道路。据统计，加拿大全国每年清雪费用高达 10 亿加元，各级政府也都有专门的年度清雪预算。加拿大清雪基本是机械化，每个城市都配有系统的清雪设备，为把暴风雪的影响降到最低，加拿大各省市特别注重调动全社会的配合和参与。加拿大环境部网站不仅每天分时段公布各地市详细的天气预报，还提供未来一周的每日天气预报，并及时发布暴风雪等极端天气警报。各省市设有免费的实时路况信息热线。电台和电视台一般是每隔半小时播报一次当地天气和路况情况。各省市也都把清雪的预算、作业程序和标准以及投诉电话等公布在其官方网站上，供公众监督。加拿大各省市还常常通过多种方式向公众介绍防范冰雪天气的知识和技巧，提高公众应对暴风雪的能力。

（五）欧盟的应急管理

欧洲共同体于 1982 年颁布了《关于工业活动中重大危险源的法令》（SEVESO 法令），并于 1996 年进行了修改，法令中要求企业建立重大事故预防政策和安全管理体系，其中对高危险性设施的特别要求是制定应急预案。目前，欧洲各国救援法规体系完善，均建立了国家紧急救援指挥中心，综合管理国家紧急事务，并在全国设有多个区域紧急救援指挥中心。紧急救援实行专业组织和志愿者相结合，各国均设立了国家紧急救援训练基地或培训中心。例如，在德国，志愿者每年都要经过 80～120h 以上的专业培训，合格者才能到各小组去工作。全德国有 76000 名志愿技术协助人员，志愿者平时都有自己的工作，在发生险情时只要接到通知，就可迅速赶到集中地集结出发。

（六）俄罗斯的应急管理

俄罗斯于 1994 年设立联邦紧急事务部，负责整个联邦应急救援的统一指挥和协调，直接对总统负责。内部设有人口与领土保护司、灾难预防司、部队司、国际合作司、放射物及灾害救助司、科学与技术管理司等部门，同时下设俄罗斯联邦森林灭火机构委员会、俄罗斯联邦抗洪救灾委员会、海洋及河流盆地水下救灾协调委员会、俄罗斯联邦营救执照管理委员会等机构。在全国范围内，以中心城市为依托，下设莫斯科、圣彼得堡等9个区域性中心，负责89个州的救灾活动。每个区域和州设有指挥控制中心。司令部往往设在有化学工厂的城镇，下辖中央搜索分队80个，分队约由200名队员组成。联邦紧急事务部及其所属应急指挥机构和救援队伍在应对突发事件、各类灾害和社会危机等方面都发挥了重要作用，成为与国防部、外交部并列的重要国家部门。

经过多年努力，工业发达国家和一些发展中国家都建立了符合本国特色的应急救援体系，特色包括国家统一指挥的应急救援协调机构、精良的应急救援装备、充足的应急救援队伍、完善的工作运行机制。国外应急救援体系的发展过程既有先进的经验值得借鉴，也有如下教训应当汲取。

（1）应急救援工作的组织实施必须具有坚实的法律保障。

（2）应急救援指挥应当实行国家集中领导、统一指挥的基本原则。

（3）国家要大幅度地增加应急体系建设的整体投入。

（4）中央和地方政府要确保应急救援在国家政治、经济和社会生活中不可替代的地位。

（5）国家应急体系的管理日趋标准化、国际化。

（6）应急救援的主要基础是全社会总动员。

二、我国应急管理工作发展基本概况

我国自古以来经历着各种各样的灾害和灾难，形成了"居安思危，思则有备，有备无患""安不忘危，预防为主"等丰富的应急文化。

自中华人民共和国成立以来，我国应急管理工作所应对的范围逐渐扩大，由自然灾害为主逐渐扩大到自然灾害、事故灾难、公共卫生事件和社会安全事件等方面，应急管理系统从专业部门应对单一灾害逐步发展到综合协调的应急管理，其发展历程大致可分为四个阶段。

（一）新中国成立之初到改革开放之前的单项应对模式

在"一元化"领导体制下，建立了国家地震局、水利部、林业部、中央气象局、国家海洋局等专业性防灾减灾机构，一些机构又设置若干二级机构以及成立了一些救援队伍，形成了各部门独立负责各自管辖的灾害预防和抢险救灾的分散管理、单项应对模式。该时期我国政府对洪水、地震等自然灾害的预防与应对尤为重视，但相关组织机构职能与权限划分不清晰，在应对突发事件时，实行党政双重领导，应急响应过程往往是自上而下传递计划指令，被动式应对突发事件。

（二）改革开放之初到2003年"非典"事件分散协调、临时响应模式

该时期，政府应急力量分散，表现为"单灾种"的应急多，"综合性"的应急少，处置各类突发事件的部门多，但大多"各自为政"。为了提高政府应对各种灾害和危机的能力，我国政府

于 1989 年 4 月成立了中国国际减灾十年委员会,后于 2000 年 10 月更名为中国国际减灾委员会。1999 年,建立了一个统一的社会应急联动中心,将公安、交警、消防、急救、防洪、护林防火、防震、人民防空等政府部门纳入统一的指挥调度系统。2002 年 5 月广西南宁市社会应急联动系统正式建立标志着"应急资源整合"的思想落地。在此阶段,当重特大事件发生时,通常成立一个临时性协调机构以开展应急管理工作,但在跨部门协调时工作量很大,效果不好。这种分散协调、临时响应的应急管理模式一直延续到 2003 年"非典"事件暴发前。

(三)2003 年"非典"事件后至 2018 年初的综合协调应急管理模式

2003 年春,我国经历了一场由非典疫情引发的从公共卫生到社会、经济、生活全方位的突发公共事件。应急管理工作得到政府和公众的高度重视,全面加强应急管理工作开始起步。2005 年 4 月,中国国际减灾委员会更名为国家减灾委员会,标志着我国探索建立综合性应急管理体制。

2006 年 1 月 8 日,国务院正式发布《国家突发公共事件总体应急预案》。"防患于未然"是总体预案的一个基本要求。"预测和预警"被明确规定为一项重要内容。有关部门制定了或正在制定包括《国家地震应急预案》在内的 25 件专项预案、80 件部门预案,31 个省份制定了本地区的总体预案和专项预案。

2006 年 4 月,国务院办公厅设置国务院应急管理办公室(国务院总值班室),履行值守应急、信息汇总和综合协调职能,发挥运转枢纽作用。这是我国应急管理体制的重要转折点,是综合性应急体制形成的重要标志。同时,处理信访突出问题及群体性事件联席会议等统筹协调机制不断加强,国家防汛抗旱总指挥部、国家森林防火指挥部、国务院抗震救灾指挥部、国家减灾委员会、国务院安全生产委员会、国务院食品安全委员会等议事协调机构的职能不断完善,专项和地方应急管理机构得到充实。国务院有关部门和县级以上人民政府普遍成立了应急管理领导机构和办事机构,防汛抗旱、抗震救灾、森林防火、安全生产、公共卫生、公安、反恐怖、海上搜救和核事故应急等专项应急指挥进一步得到完善,解放军和武警部队应急管理的组织体系得到加强,形成了"国家建立统一领导、综合协调、分类管理、分级负责、属地管理为主的应急管理体制"的格局。这种综合协调应急管理模式应对了汶川特大地震、玉树地震、舟曲特大山洪泥石流、王家岭矿难、雅安地震等一系列重特大突发事件,但也暴露出应急主体错位、关系不顺、机制不畅等一系列结构性缺陷,而这需要通过顶层设计和模式重构完善新形势下的应急管理体系。

2007 年 11 月《中华人民共和国突发事件应对法》的正式实施标志着我国的应急管理制度建设进入一个新的阶段,明确了我国要建立统一领导、综合协调、分类管理、分级负责、属地管理为主的应急管理体制。这部法律从应急管理的机构设置到预防与应急准备、监测与预警、应急处置与救援、事后恢复与重建的各个环节均加以明确。2008 年年初的"南方冻灾""5·12"地震、"奥运火炬国际危机"为政府和民间社会积累了大量应急处置经验,极大地推动了我国应急管理体制的发展。截至目前,应急管理领域的"一案三制"(应急预案和体制、机制、法制)、"一网五库"(应急工作联络网、法规库、救援队伍库、专家库、典型案例库、救援物资库)体系已经建立,并被纳入地方政府应急管理工作的日常规划中。

全国应急预案体系已经形成,已制定各类预案约 135 万多件,全国各地省、市、县、乡镇均制定了应急预案。中央企业预案制定率达 100%,高危行业绝大部分规模以上企业都已制定应急预案。全国各地各单位均按要求开展应急演练。与此同时,应急管理专家队伍建设不断加强,资金物资投入力度不断加大,应急商品信息数据库的重点联系企业已经超过 1000 多家。

(四) 2018 年初以来综合应急管理模式

2018 年 4 月,我国成立应急管理部,将分散在国家安全生产监督管理总局、国务院办公厅、公安部(消防)、民政部、国土资源部、水利部、农业部、林业局、地震局以及防汛抗旱指挥部、国家减灾委、抗震救灾指挥部、森林防火指挥部等的应急管理相关职能进行整合,以防范化解重特大安全风险,健全公共安全体系,整合优化应急力量和资源,打造统一指挥、专常兼备、反应灵敏、上下联动、平战结合的中国特色应急管理体制。

纵观我国应急管理工作发展历程,从单项应对发展到综合协调,再发展到综合应急管理模式,我国应急管理工作理念发生了重大变革,从被动应对到主动应对,从专项应对到综合应对,从应急救援到风险管理。当前我国应急管理工作更加注重风险管理,坚持预防为主;更加注重综合减灾,统筹应急资源。现代社会风险无处不在,应急管理工作成为我国公共安全领域国家治理体系和治理能力的重要构成部分,明确了应急管理由应急处置向防灾减灾和应急准备为核心的重大转变。这个变革将有利于进一步推动安全风险的源头治理,从根本上保障人民群众的生命财产安全。

党中央和国务院十分重视应急救援管理工作。党的十六届三中全会提出"建立健全各种预警和应急机制,提高政府应对突发事件和风险能力"的总要求。第十届全国人大二次会议审议的《政府工作报告》中明确提出"各级人民政府要全面履行政府职能,在继续搞好经济调节、加强市场监管的同时,更加注重履行社会管理和公共服务职能。特别要加快建立健全各种突发事件应急机制,提高政府应对公共危机的能力"。

2021 年 3 月 11 日,第十三届全国人民代表大会第四次会议通过《国民经济和社会发展第十四个五年规划和 2035 年远景目标纲要》,在第十五篇《统筹发展和安全　建设更高水平的平安中国》中的第五十四章《全面提高公共安全保障能力》专列第四节《完善国家应急管理体系》,提出今后我国应急管理体系建设的主要任务:构建统一指挥、专常兼备、反应灵敏、上下联动的应急管理体制,优化国家应急管理能力体系建设,提高防灾减灾抗灾救灾能力;坚持分级负责、属地为主,健全中央与地方分级响应机制,强化跨区域、跨流域灾害事故应急协同联动;开展灾害事故风险隐患排查治理,实施公共基础设施安全加固和自然灾害防治能力提升工程,提升洪涝干旱、森林草原火灾、地质灾害、气象灾害、地震等自然灾害防御工程标准。加强国家综合性消防救援队伍建设,增强全灾种救援能力;加强和完善航空应急救援体系与能力;科学调整应急物资储备品类、规模和结构,提高快速调配和紧急运输能力;构建应急指挥信息和综合监测预警网络体系,加强极端条件应急救援通信保障能力建设。发展巨灾保险。

应急管理是国家治理体系和治理能力的重要组成部分。中华人民共和国成立后,党和国家始终高度重视应急管理工作,创造了许多抢险救灾、应急管理的奇迹,我国应急管理体制机制在实践中充分展现出自己的特色和优势。

三、我国应急管理工作存在的主要问题

近年来,包括自然灾害、事故灾难、公共卫生事件、社会安全事件在内的突发事件时有发生。突发事件的发生,在很大程度上带来人员伤亡和财产损失,影响社会秩序和经济持续协调发展。从 2003 年的"非典疫情"、2005 年的松花江水污染事件、2008 年我国南方雪灾和"5·12"四川汶川大地震的应对过程中,可以看出,我国突发事件应急管理已经取得了一定的成效,积累了许多应对突发事件的经验。但同时也应该看到,目前突发事件应急管理工作中还存在着一些问题和薄弱环节,如危机意识不强,危机预警、反应和处置能力有待提高,社会自救能力还比较欠缺,法制还不够健全等。与国外相比,我国在应急救援管理方面仍有较大差距。其中存在的一些问题还是应引起我们重视的,主要表现在以下几方面。

(1) 应急救援力量分散,应急指挥职能交叉。从总体上讲,我国目前尚缺乏完善的体系和管理制度对各种应急救援力量进行有效整合。应急救援力量分散于多个部门,各部门根据自身灾害特点建立了相对独立的应急体系,这些应急救援力量在指挥和协调上,基本上仅局限于各自领域,没有完全建立相互协调与统一指挥的工作机制。由于应急力量的分散,应急力量和资源还缺乏有效整合和统一协调机制,当发生重特大生产安全事故,尤其是发生涉及多种灾害或跨地区、跨行业和跨国的重特大事故时,仅仅依靠某一部门的应急力量和资源往往十分有限;而临时组织的应急救援力量,则往往存在职责不明、机制不顺、针对性不强等问题,难以协同作战,发挥整体救援能力。

(2) 应急救援管理薄弱,应急反应迟缓。我国多数地方与部门没有明确的应急工作的统一管理机构,整个应急救援体系缺乏统一规划、监督和指导,导致各部门应急救援体系各自为政,不可避免地造成应急能力和管理水平参差不齐,以及资源配置上的浪费。而地方各级人民政府面对相互孤立的众多应急救援体系,无论从经费、人员,还是从救援体系的建立和管理上都无所适从;有的即使建立了一些应急救援组织,但对应急队伍的建设、救援装备的配备、维护和应急响应机制等缺乏行之有效的管理,也没有建立完善的应急信息网络化管理以及有效的技术支持体系,加上缺乏经常性的应急演练和训练有素的专业标准人员与培训合格的志愿人员,导致体系的应急反应迟缓,应急能力低下。

(3) 应急装备数量不足、技术落后,救援能力差。我国的应急救援装备普遍存在数量不足、技术落后和低层次重复建设等问题,即使是已经非常完善的公安消防体系,在相当一部分城市也存在应急装备和器材数量不足的现象,更不用说配备针对性强的、特殊用途的先进救援装备了。在我国矿山和化学事故应急救援中,企业的救护队和消防队起着十分重要的作用,但企业应急队伍的建设普遍存在重视程度不够、经费不足的现象,应急装备和消防系统及器材数量不足,而且缺乏有效的维护,一旦发生重大事故,工程抢险手段原始、落后,很难有效地发挥应有的应急救援能力。

(4) 应急法制基础不健全。我国涉及应对突发事件的法律、行政法规和部门规章有126 件,包括 35 件法律、36 件行政法规、55 件部门规章。另外,还有相关文件 111 件,这构成了我国应急法制基础。但缺少高层次的法律,我国现行宪法仅对戒严、动员和战争状态等问题做了原则规定,缺乏对重大安全事故、地震、洪水、瘟疫等其他各类突发事件引起

的紧急状态的规定。由于缺少统一的紧急状态立法,对各种紧急状态的共性问题缺乏统一规定,导致出现紧急状态后,政府与社会成员、中央与地方的责任划分不清,行使权利与履行职责的程序不明,各种应急措施不到位,严重影响了及时、有效地应对重大事故。有些应急制度是由部门规章或者规范性文件确定的,规范性不强,效力不高,相互之间缺乏衔接,甚至存在矛盾,不利于有关部门工作之间的协调与配合。

(5) 应急预案操作性差,应急难以有序进行。大多数省、市、自治区地方人民政府和部分企业也制定了一些应急救援预案。这些预案在应对各类突发事件、减少生命财产损失、维护社会稳定方面发挥了重要作用,但各地、各部门的工作不平衡,预案操作性较差,存在一些缺陷。这些缺陷集中表现在:预案需求分析不足,预案框架结构与层次不尽合理,目标、责任与功能不够清晰准确,包括分级响应和应急指挥在内的运作程序缺乏标准化规定等。此外,我国应急管理中普遍存在的一个问题是缺乏必要的实际应急演练。

事故案例分析:
天津港"8·12"瑞海公司危险品仓库特别重大火灾爆炸事故

复习思考题

一、判断题

1. 事故具有随机性和突发性,是一种随机事件,因此事故发生是没有规律可循的。
（　　）

2. 一次造成 30 人死亡的生产安全事故属于重大事故。（　　）

3. 第二类危险源决定事故后果严重度的高低。（　　）

4. 城市公用设施事故风险不会成为重要的城市公共安全问题。（　　）

5. 危险源应由三个要素构成:潜在危险性、存在条件和触发因素。（　　）

6. 事故和事故后果是完全等同的一件事情。（　　）

7. 突发事件由高到低划分为特别重大（Ⅳ级）、重大（Ⅲ级）、较大（Ⅱ级）、一般（Ⅰ级）四个级别。（　　）

二、单项选择题

1. 关于重大事故的应急管理,下列说法有错误的是（　　）。

A. 重大事故的应急管理是指事故发生后的应急救援活动

B. 应急管理是对重大事故的全过程管理

C. 应急管理应贯穿于事故的全过程,体现"预防为主,常备不懈"的应急思想

D. 应急管理是一个动态的过程,包括预防、准备、响应和恢复四个阶段

2. 以下措施不属于重大事故应急管理"准备"阶段的是( )。

A. 应急现状的评价工作　　　　　　B. 应急预案的编制和演练

C. 应急队伍的建设和应急物资的准备　D. 应急机构的设立和职责的落实

3. 应急管理是对重大事故的全过程管理,贯穿于事故发生前、中、后的各个过程,充分体现了( )的应急思想。

A. 安全第一,预防为主　　　　　　B. 安全第一,常抓不懈

C. 预防为主,常备不懈　　　　　　D. 预防为主,常抓不懈

4. 恢复工作应在事故发生后立即进行,首先使事故( )恢复到相对安全的基本状态,然后逐步恢复到正常状态。

A. 发生区域　　　B. 影响生产　　　C. 引发地区　　　D. 影响区域

5. 根据重大事故发生的特点,应急救援的特点是:行动必须做到迅速、( )和有效。

A. 准确　　　　　B. 及时　　　　　C. 按时　　　　　D. 突然

6. 事故应急救援的总目标是通过有效的应急救援行动,尽可能地减少人员伤亡和财产损失。事故应急救援具有不确定性、( )、复杂性、后果影响易猝变等特点。

A. 长期性　　　　B. 必然性　　　　C. 突发性　　　　D. 整体性

7. 事故应急管理包括预防、准备、响应、恢复四个阶段。四个阶段均涉及的工作是( )。

A. 信息收集与应急决策、应急预案的演练、应急设备的维护

B. 信息收集与应急决策、应急预案的演练、开展公众应急教育

C. 信息收集与应急决策、事故损失评估、应急设备的维护

D. 信息收集与应急决策、事故损失评估、急救与医疗行动

8. 事故的应急管理是一个动态的过程,包括预防、准备、响应和恢复四个阶段。提高建筑物的抗震级别、加大建筑物的安全距离、减少危险物品的存量、设置防护墙以及开展公众教育等,属于事故应急管理( )阶段的工作内容。

A. 预防　　　　　B. 准备　　　　　C. 响应　　　　　D. 恢复

三、多项选择题(各题中至少有一个错项)

1. 事故应急管理中,"预防"阶段不包含的内容是( )。

A. 事故的预防工作,即通过安全管理和安全技术等手段,尽可能防止事故的发生

B. 假定事故必然发生,通过预先采取预防措施,降低或减缓事故的影响或后果

C. 从人、机、物、环等方面着手,彻底消除事故隐患

D. 事故后及时处理,并持续改进生产中出现的安全问题

E. 配置应急救援器材和装备

2. 以下有关重大事故应急管理中的"恢复"工作,说法正确的是( )。

A. 恢复工作应在事故发生后立即进行,首先使事故影响区域恢复到相对安全的基本状态,然后逐步恢复到正常状态

B. 要求立即进行的恢复工作包括原因调查、清理废墟、总结教训

C. 在短期恢复中出现新的紧急情况是不可避免的，应根据以往经验和当时情况冷静对待

D. 长期恢复包括完全按照原来的情况重新建设

E. 恢复在应急响应结束后才能进行

3. 现场恢复是事故被控制后进行的短期恢复，主要内容包括（　　）等。

A. 宣布应急结束的程序　　　B. 抢救受害人员　　　　　C. 恢复生产

D. 事故调查与后果评价　　　E. 恢复正常状态的程序

4. 事故应急救援的基本任务包括（　　）。

A. 立即组织营救受害人员，组织撤离或保护危害区域内的其他人员

B. 迅速控制事态，测定事故的危害区域、危害性质及危害程度

C. 消除危害后果，做好现场恢复

D. 查清事故原因，评估危害程度

E. 对事故责任人进行处理

5. 应急准备包括（　　）。

A. 机构与职责　　　　　　　B. 应急资源　　　　　　　C. 教育、训练与演练

D. 互助协议的签署　　　　　E. 预案演练

6. 某造纸企业为应对桉树原料堆场、原料切片车间、碱回收锅炉车间、烘干车间以及发电机组车间发生的突发事件，制定了相应的应急预案，根据有关规定，以下关于该企业应急管理工作的说法正确的有（　　）。

A. 堆场原料自燃，厂内外联合灭火应急演练属于响应阶段

B. 碱回收锅炉车间事故后的洗消属于恢复阶段

C. 原料切片车间发生卡机事故后进行的紧急停车属于响应阶段

D. 烘干车间改用小数量多批次的工艺降低危险属于预防阶段

E. 汽轮发电机组车间成立了应急响应分队属于准备阶段

7. 某危险化学品生产企业，主要的事故风险为中毒、火灾和爆炸。在应急管理中，针对突发事件采取了以下应对行动和措施：①编制《危险化学品应急预案》；②开展公众教育；③组织开展应急演练；④安置事故中的获救人员；⑤采取防止中毒后发生次生、衍生事故的措施。根据《突发事件应对法》，以下关于应急管理四个阶段的说法正确的有（　　）。

A. ①属于准备阶段　　　　　B. ④属于响应阶段　　　　　C. ②属于预防阶段

D. ③属于准备阶段　　　　　E. ⑤属于恢复阶段

四、简答题

1. 什么是突发事件？突发事件有哪些特征？

2. 我国对突发事件是如何进行分类分级的，并采用什么方法进行预警？

3. 火灾事故的等级是如何划分的？

4. 什么是危险源的三要素？

5. 简述危险源的分类。

6. 简述事故应急救援的指导思想和基本原则。

7. 事故应急救援的基本任务是什么？事故应急救援活动的特点是什么？

8. 简述事故应急管理过程及各阶段工作内容。

9. 简述有效的应急管理的基本标准和应遵循的基本原则。

10. 简述我国应急管理工作发展的基本历程。

11. 简述我国当前的应急管理模式。

第二章

应急管理体系

中华人民共和国成立后,党和国家始终高度重视应急管理工作,我国应急管理体系不断调整和完善,应对自然灾害和生产事故灾害能力不断提高,成功应对了一次又一次重大突发事件,有效化解了一个又一个重大安全风险,创造了许多抢险救灾、应急管理的奇迹,我国应急管理体制机制在实践中充分展现出自己的特色和优势。我国是世界上自然灾害最为严重的国家之一,灾害种类多,分布地域广,发生频率高,造成损失重,这是一个基本国情。同时,我国各类事故隐患和安全风险交织叠加、易发多发,影响公共安全的因素日益增多。加强应急管理体系和能力建设,既是一项紧迫任务,又是一项长期任务。

第一节　应急管理体系概述

一、应急管理体系的含义

应急管理体系即应急救援管理体系。从广义上讲,应急救援管理体系的内涵是指为了预防、控制及消除突发(紧急)事件,减少其对人员伤害、财产损失和环境破坏的程度,而对实施的计划、组织、指挥、协调和控制等活动所提出的一系列相互联系、相互作用的要求而形成的有机统一整体。

从狭义上讲,应急管理体系是指国家或政府层面处理紧急事务或突发事件的行政职能及其载体系统,是政府应急管理的职能与机构之和。加强应急管理体系建设,就要根据突发事件或危机事务,把握并设定应急职能和机构,进而形成科学、完整的应急管理体制。应急救援管理体系是开展应急救援活动的基础。

二、应急管理体系的基本构成

由于潜在的安全风险多种多样,所以相应每一类事故灾难、灾害等突发事件或危机事务的应急救援措施可能千差万别,但其基本应急模式是一致的。构建应急救援管理体系,应贯彻顶层设计和系统论的思想,以事件为中心,以功能为基础,分析和明确应急救援管理工作的各项需求,在应急能力评估和应急资源统筹安排的基础上,科学地建立规范化、标准化的应急救援管理体系,保障各级应急救援管理体系的统一和协调。一个完整的应急救援管理体系应由组织体制、运作机制、法制基础和保障系统四个部分构成。应急救援管理体系(SEMS)的构成和基本内容,如图 2-1 所示。

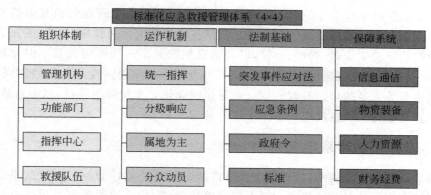

图 2-1　应急救援管理体系的构成和基本内容

1. 组织体制(应急管理体制)

在应急管理体系的组织体制建设中,管理机构是指维持应急日常管理的负责部门;功能部门包括与应急活动有关的各类组织机构,如消防、医疗机构等;应急指挥是在应急预案启动后,负责应急救援活动场外与场内指挥系统;救援队伍由专业和志愿人员组成。

2. 运作机制(应急管理机制)

应急救援活动一般划分为应急准备、初级反应、扩大应急和应急恢复四个阶段,在应急管理体系的组织体制建设中,运作机制与这四阶段的应急活动密切相关,主要由统一指挥、分级响应、属地为主和公众动员这四个基本机制组成。

统一指挥是应急活动的最基本原则。应急指挥一般可分为集中指挥与现场指挥,或场外指挥与场内指挥等。无论采用哪一种指挥系统,都必须实行统一指挥的模式,无论应急救援活动涉及单位的行政级别高低和隶属关系不同,但都必须在应急指挥部的统一组织协调下行动,有令则行,有禁则止,统一号令,步调一致。

分级响应是指在初级响应到扩大应急的过程中实行的分级响应的机制。扩大或提高应急级别的主要依据是事故灾难的危害程度、影响范围和控制事态能力。影响范围和控制事态能力是"升级"的最基本条件。扩大应急救援主要是提高指挥级别、扩大应急范围等。

属地为主强调"第一反应"的思想和以现场应急、现场指挥为主的原则。

公众动员机制是应急机制的基础,也是整个应急体系的基础。

3. 法制基础(应急管理法制)

在应急管理体系建设中,法制建设是应急管理体系的基础和保障,也是开展各项应急活动的依据,与应急有关的法律法规体系可分为四个层次:由国家立法机关通过的法律,如《中华人民共和国突发事件应对法》;由国务院颁布的行政法规,如《生产安全事故应急条例》等,以及《中华人民共和国立法法》规定的地方立法机关通过的地方性法规;国务院部委颁布的部门规章和《中华人民共和国立法法》规定的地方政府颁布的地方政府规章,如《生产安全事故应急预案管理办法》等，包括应急预案在内的以政府令形式颁布的政府法令、规定等；与应急救援活动直接有关的标准或管理办法等。

4. 保障系统

列于应急保障系统第一位的是信息与通信系统，构筑集中管理的信息通信平台是应急管理体系最重要的基础建设。应急信息通信系统要保证所有预警、报警、警报、报告、指挥等活动的信息交流快速、顺畅、准确，以及信息资源共享。物资与装备不但要保证有足够的资源，而且要实现快速、及时供应到位。人力资源保障包括专业队伍的加强、志愿人员以及其他有关人员的培训教育。应急财务保障应建立专项应急科目，如应急基金等，以保障应急管理运行和应急反应中各项活动的开支。

三、应急管理体系响应机制

建设应急救援管理体系，应根据突发事件或危机事务的性质、严重程度、事态发展趋势和控制能力实行分级响应机制。对不同的响应级别，相应地明确突发事件或危机事务的通报范围、应急中心的启动程度、应急力量的出动和设备、物资的调集规模、疏散的范围、应急总指挥的职位等。典型的响应级别通常可按下列原则划分为3级（也从可实际需要出发，划分为4级响应）。

1. Ⅰ级响应（一级紧急情况）

Ⅰ级响应是指必须利用所有有关部门及一切资源的紧急情况，或者需要各个部门同外部机构联合处理的各种紧急情况，通常要宣布进入紧急状态。在该级别中，做出主要决定的职责通常是紧急事务管理部门。现场指挥部可在现场做出保护生命和财产以及控制事态所必需的各种决定。解决整个紧急事件的决定，应该由紧急事务管理部门负责。

2. Ⅱ级响应（二级紧急情况）

Ⅱ级响应是指需要两个或更多个部门响应的紧急情况。该事故的救援需要有关部门的协作，并且提供人员、设备或其他资源。该级响应需要成立现场指挥部来统一指挥现场的应急救援行动。

3. Ⅲ级响应（三级紧急情况）

Ⅲ级响应是指能被一个部门正常可利用的资源处理的紧急情况。正常可利用的资源指在该部门权力范围内通常可以利用的应急资源，包括人力和物力等。必要时，该部门可以建立一个现场指挥部，所需的后勤支持、人员或其他资源增援由本部门负责解决。

《国家突发公共事件总体应急预案》把各类突发公共事件按照其性质、严重程度、可控性和影响范围等因素，划分为四级：Ⅰ级（特别重大）、Ⅱ级（重大）、Ⅲ级（较大）和Ⅳ级（一般）。突发事件类别对应着所要启动的应急预案类别，突发事件的级别对应着要启动什么级别的应急预案。当突发事件类别、级别确定后，启动哪一级别、哪一类别的应急预案就确定了。预案启动后，还需要实行分级响应机制，确定预案启动的程度和范围，每个响应等级对应着特定的事故的通报范围、应急中心的启动程度、应急力量的出动和设备、物资的调集规模、疏散的范围、应急总指挥的职位等。分级响应是指在初级响应到扩大应急的过程中实行分级响应的机制。扩大或提高应急响应级别的主要依据是：①事故灾难的危

1. 接警与响应级别确定

接到事故报警后,按照工作程序,对警情做出判断,初步确定相应的响应级别。如果事故不足以启动应急救援体系的最低响应级别,响应关闭。

2. 应急启动

应急响应级别确定后,按所确定的响应级别启动应急程序,如通知应急中心有关人员到位、开通信息与通信网络、通知调配救援所需的应急资源(包括应急队伍和物资、装备等)、成立现场指挥部等。

3. 救援行动

有关应急队伍进入事故现场后,迅速开展事故侦测、警戒、疏散、人员救助、工程抢险等有关应急救援工作,专家组为救援决策提供建议和技术支持。当事态超出响应级别无法得到有效控制时,向应急中心请求实施更高级别的应急响应。

4. 应急恢复

救援行动结束后,进入临时应急恢复阶段。该阶段主要包括现场清理、人员清点和撤离、警戒解除、善后处理和事故调查等。

5. 应急结束

执行应急关闭程序,由事故总指挥宣布应急结束。

五、现场指挥系统的组织结构

突发事件或危机事务的现场情况往往十分复杂,且汇集了各方面的应急力量与大量的资源,应急救援行动的组织、指挥和管理成为事发现场应急管理工作所面临的一个严峻挑战。

应急救援和处置过程中存在的主要问题有:

(1)太多的人员向现场指挥官汇报。

(2)应急响应的组织结构各异,机构间缺乏协调机制,且术语不同。

(3)缺乏可靠的突发事件或危机事务相关信息和决策机制,应急救援和处置的整体目标不清或不明。

(4)通信不兼容或不畅。

(5)授权不清或机构对自身现场的任务、目标不清。

对突发事件或危机事务势态的管理方式决定了整个应急行动的效率。为保证现场应急救援工作的有效实施,必须对事发现场的所有应急救援工作实施统一的指挥和管理,即建立现场指挥系统(ICS),形成清晰的指挥链,以便及时地获取事故信息、分析和评估势态,确定救援的优先目标,决定如何实施快速、有效的救援行动和保护生命的安全措施,指挥和协调各方应急力量的行动,高效地利用可获取的资源,确保应急决策的正确性和应急行动的整体性和有效性。

现场应急指挥系统(ICS)目的是在共同标准的结构下,将设施、设备、人员、程序和通信联为一个整体,提高事发现场管理的效率与质量。现场应急指挥系统(ICS)是一个通用模板,不仅适用组织短期事故现场行动,还适用于长期应急管理行为,从单纯到复杂事故,从自然灾害到人为事故可适用。

现场应急指挥系统适用于各级政府、各领域和行业,以及多数企事业单位,可广泛适用于包括恐怖袭击在内的各类突发公共安全事件。现场应急指挥系统的结构应当在突发事件或危机事务发生前就已建立,预先对指挥结构达成一致意见,将有助于保证应急各方明确各自的职责,并在应急救援过程中更好地履行职责。

现场应急指挥模式按照突发事件或危机事务的性质与规模大致可以划分为三种类型:单一应急指挥、区域应急指挥、联合应急指挥。这三种应急指挥模式也不是一成不变,可单独存在,也可互相结合,如多起突发事件或危机事务并发、影响性质严重、波及范围广泛时,则可采用区域联合指挥,以提高应急指挥效率和质量。

无论哪一种类型或哪一个级别的现场应急指挥,其组织机构基本原型都可以由指挥、行动、策划、后勤和财政/行政这五个核心应急响应职能组成,如图 2-3 所示。这是构成现场应急指挥系统的基本要素,并具有特定的功能。

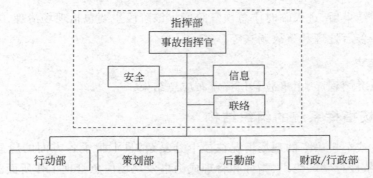

图 2-3 现场应急指挥系统结构图

1. 指挥部

应急指挥成员包括现场指挥员和各类专职岗位。

应急指挥员主要职责是:实施应急指挥;协调有效的通信;协调资源分配;确定事故优先级;建立相互一致的事故目标及批准应急策略;将事故目标落实到响应机构;审查和批准事故行动计划;确保整个响应组织与事故指挥系统/联合指挥融为一体;建立内外部协议;确保响应人员与公众的健康、安全和沟通媒体等。

专职岗位是指直接向现场应急指挥员负责并在指挥部门内负责专门事务的岗位,在特殊情况下,有权处理一些事先并未预测到的重大问题。事故应急指挥系统中主要有三类专职岗位:公共信息官员、安全官员和联络官员。

(1) 公共信息官员(PIO),负责与公众或体沟通,以及与其他相关机构交流事故信息。公共信息官员准确而有序报告有关事故原因、规模和现状的信息,还包括资源使用状况等内外部需要的一般信息。公共信息官员要发挥监督公共信息的重要作用。无论是哪一类指挥机构,仅能任命唯一的公共信息官员。所有事故重要信息的发布必须经事故指挥员批准。

（2）安全官员（SO），监测事故行动并向事故指挥员提出关于行动安全的建议，包括应急响应人员的安全与健康。安全官员直接对事故应急指挥负责，安全问题最终由各级事故指挥员负责。在应急行动过程中，安全官员有权制止或防止危及生命不安全行为。在应急指挥系统内，无论有多少机构参与，仅任命唯一的安全官员，联合指挥结构下其他部门或机构可以根据需要委派安全官员助手。行动部门领导策划部门领导、必须在应急响应人安全与健康问题上与安全官员密切配合。

（3）联络官员（INO），是应急指挥系统与其他机构，包括政府机构、非政府机构和企事业单位等的连接点。联络官员征求并收集参加应急救援各个功能负责单位和支持单位意见，及时向指挥员报告，同时也把指挥部的战略、战术意图传达给个参战单位，使所有应急救援行为更加统一、协调、有序。各参战部门也可以任命来自其他事故处理部门的助手或人员协助安全官员开展协调工作。

针对大型或复杂突发事件或危机事务，总指挥员可以配备一名或多名副职（副总指挥），协助指挥员行使应急管理功能。指挥成员负责组织管理其副职，每个副职都对总指挥负责，在其指定权力范围内可以发挥大作用。

2. 行动部门

行动部门负责管理事故现场战术行动，在第一线直接组织现场抢险，减少各类危害、抢救生命财产，维护事故现场秩序，恢复正常状态。

以功能为单元，行动部门的机构类型可能包括消防、执法、工程抢险、医疗救护、卫生防疫、环境保护、现场监测和组织疏散等应急活动。根据现场实际情况，可采用一个单位独立行动或几个单位联合行动。

根据事故的类型、参与机构、事故应急目标等情况，事故行动部门可以采用多种组织与执行方式，也可以根据辖区的边界和范围来选择对应的组织方式。

当应急活动或资源协调超出行动部门管理的范围时，则应在行动部门之下建立分片、分组或分部。分片是根据地理分界线来划分事故应急区域。分组则根据事故应急执行任务的实际活动划分出负责某些具体行动功能组别。出现以下三种情况时，应考虑建立分部。

（1）分片或分组数量和任务超出行动部门领导控制范围，分部之下再配备相应的分片或分组。

（2）可以根据事故性质设置功能分部。例如，如果大型的飞行器在城市坠落，城市的各部门（包括警察、消防、应急服务、公共卫生服务）均应建立功能分部，在统一行动指挥的指挥下行动。一般这类事故的行动部门领导来自消防部门，副手来自警察、公共卫生部门。

（3）事故已扩散到多个区域。在事故涉及多辖区情况下，可能要求国家、省、市、社区或企事业单位建立各自分部并在统一行动指挥下联合响应。

3. 策划部门

策划部门负责收集、评价、传输事故相关的战略信息。该部门应掌握最新情报，了解事故发展变化态势和事故应急资源现状与分配情况。策划部门要功能是制定应急活动方案(IAP)和事故指挥地图,并在指挥员批准后下达到相关应急功能单位。策划部门一般是由部门领导、资源配置计划、现状分析、文件管理、撤离善后和技术支持这六个基本单位组成。

策划部门领导组织和监督所有事故相关的资料收集和分析工作,提出替代战略行动、指导策划会议、制定各行动期间应急活动方案。

资源配置计划单位是负责提出有关人员、队伍、设施、供给、物资材料和主要设备的需求计划;确认所分配资源的最新位置与使用现状;制定当前和下期行动所用资源的管理清单。

现状分析单位收集、处理和组织管理现状信息;准备现状概述报告;提出事故有关工作的未来发展方向;准备地图等资料;收集并传输用于应急活动方案的信息与情报。

文件管理单位准确而完善地保持事故文件,包括解决事故应急问题重大步骤的完整记录;为事故应急人员提供文件资料复制服务;归档、维护、并保存文件,以备法律、事故分析和留作历史资料之用。

撤离善后单位负责制定事故解散计划,具体指示所有人员采取善后行动。该单位应在事故的一开始就开展工作。一旦事故善后计划受到批准,善后单位确保将计划通知到现场及其他有关部门,并指导监督其实施。

技术支持可由专家群(组)和专业技术支撑单位两部分组成。根据事故风险分析的需求选择各专业领域,包括气象、消防、急救、环境、防疫、化学和法律等各类技术专家。依据事故应急管理需要,请专家参加策划部门的工作,也可直接作为总指挥的顾问。另外,还应选择一些专业科技单位作为技术支撑单位,包括一些防灾中心和安全科技研究院。

4. 后勤部门

后勤部门支持所有的事故应急资源需求,包括通过采购部门定购资源,向事故应急人员提供后勤支持和服务。后勤部门一般是由领导、供应、装备与设施、运输、通信、食品、医疗七个部门组成。

(1) 领导是指在整个应急救援的后勤保障工作中居于领导中枢的各级人民政府。县级以上人民政府应当加强对生产安全事故应急救援队伍建设的统一规划、组织和指导,并根据本行政区域内可能发生的生产安全事故的特点和危害,储备必要的应急救援装备和物资,并及时更新和补充。生产安全事故发生地人民政府应当为应急救援人员提供必需的后勤保障,并组织通信、交通运输、医疗卫生、气象、水文、地质、电力、供水等单位协助应急救援。

(2) 供应单位负责定购、接收、贮存和处理事故应急资源与人力和供应。供应单位为所有的需求部门提供支持。供应单位还处理工具的运送,包括所有工具和便携式非消耗性设备的贮存、支付和服务。

(3) 装备与设施单位负责建立、保持和解散用于事故应急行动的设施。该单位还为事故应急行动提供必要的设施维护和保安服务支持。设施单位还在事故区域或周边地区设立应急指挥工作站、基地和营地,移动房屋或其他形式的掩体。事故救援基地与营地往往设立在有现成建筑物的场所,可以部分或全部利用现有建筑。设施单位还提供和建立应急人员必需生活设施。

（4）交通运输支持单位工作主要包括：维护并修复主要战略性设备、车辆、移动式地面支持设备。记录所有分配到事故工作的地面设备（包括合同设备）的使用时间；为所有移动设备提供燃料；提供支持事故应急行动交通工具；制定并实施事故交通计划，维持并保证交通顺畅有序。

（5）通信单位制定通信计划，以提高通信设备与设施使用效率，安装和检测所有通信设备，监督并维护事故通信中心，向个人分配并修复通信设备，在现场对设备进行维护与维修。通信单位的主要责任之一是为应急指挥系统进行有效的通信策划。尤其是在多机构参与事故应急时，这类策划对无线网的建立、机构间频率的分配、确保系统的相容性、优化通信能力都非常有意义。通信单位领导应参与所有的事故策划会议，确保通信系统能支持下一步行动期间的战略性行动。如无特殊情况，无线通信不得使用代码，避免复杂词汇或噪声引发的误解，降低出错的概率。

大型事故的无线通信网络通常可按下列要求组建五大网络。①指挥网络：将各有关方联系起来，包括事故指挥、指挥人员、部门领导、分管主任、分片和分组监督人员等；②战术性网络：建立几个战术性网络，将各机构、部门和地理区域、具体功能单位联系起来。应建立网络联合策划，通信单位领导应制定总体计划以保证网络运行；③支持网络：主要用来处理资源现状的变化，但也可能处理后勤方面的要求或外部支持的要求；④地面—空中网络：协调地面、空中交通，建立专项战略性频率或常规战略性网络；⑤空中—空中网络：事前往往预先设计并指定空对空网络。

（6）食品供应单位确定食品和水的需求，尤其在事故扩散范围很大时更为重要。食品供应单位必须能够预测事故需求，包括需要饮食的人员数量、类型、地点，或因为事故复杂性而对食品的特殊要求。该单位应为事故应急响应全过程提供食品服务，包括所有的偏远地点（如营地和集结区域），以及向不能离开岗位的行动人员提供饮食。食品单位应密切保持与其他策划、供应和交通运输等有关部门联系。为确保食品安全，饮食服务前与服务中心须仔细策划和监测，包括请公共卫生、环境卫生和检验安全专家参与。

（7）医疗单位的主要责任：为事故人员制定事故医疗计划；制定事故人员重大医疗紧急处理程序；提供24h持续医护，包括对事故人员提供接种免疫和对带菌者预控；提供职业卫生、预防、精神健康服务；为受伤事故人员提供交通服务；确保从起点到最终处置点，全程跟踪护送事故伤病人员，帮助处理人员受伤或死亡的文字登记工作；协调人员死亡时的人事和丧葬工作。

5. 财政/行政部门

事故管理活动需要财务和行政服务支持时，写必须建立财政/行政部门。对于大型复杂事故，争及来自多个机构的大量资金运作，财政/行政部门则是应急指挥系统的一个关键部门，为各类救援活动提供资金。该部门领导必须向指挥员跟踪报告财务支出的进展情况，以便指挥员预测额外开支，以免造成不良后果。该部门领导还应监督开支是否符合相关法纪规定，注意与策划以及后勤部门紧密配合，行动记录应与财务档案一致。

当事故的强度与范围都较小或救援活动比较单一时，不必建立专门的财政行政部门，可在策划中设立一位这方面的专业人员行使这方面的职能。

近年来，我国高度重视应急管理工作，在加强应急管理体系建构中，突出重点，抓住核心，建立制度，打牢基础，围绕应急预案和应急管理体制、机制、法制建设，构建起了应急管理体系"一案三制"的核心框架。《中华人民共和国突发事件应对法》为应急管理提供了重要法律依据。面对新形势下人民群众日益增长的公共安全需求，需要突出科学应急、有序应急理念，进一步明确和落实《中华人民共和国突发事件应对法》提出的重要原则，健全国家应急管理体系，关键是要加强国家应急管理体制机制顶层设计，建立健全统一、权威、高效的应急管理领导机构。

2020年年初，抗击新冠肺炎疫情的人民战争、总体战、阻击战，辐射面远远超出医疗卫生领域，对全社会各个领域都已产生重大而深远的影响。抗疫中出现的一些短板和不足，对健全国家应急管理体系提出更高要求。例如，因不具有现实紧迫性及政绩显现性，公共卫生和应急管理基础性工作容易被削弱；再如，应急准备及相关预案的培训演练不够充分，应急指挥体制机制和应急法治体系不够完善，疾控机构仍然存在能力不强、机制不活、动力不足等情况；加之当代突发事件越来越呈现出伤亡多、损失大、影响深、复杂性加剧和防控难度加大等新特点，公共安全与应急管理面临诸多风险挑战。针对这些短板和新挑战，健全国家应急管理体系，提高处理急难险重任务能力，既是一项紧迫任务，又是一项长期任务。

第二节　应急管理体制

应急管理体制作为"一案三制"的前提要素是行政管理的管理体制中重要的组成部分。

一、应急管理体制的内涵与构成

（一）应急管理体制的内涵

应急管理体制是为保障公共安全，有效预防和应对突发事件，避免、减少和减缓突发事件造成的危害，消除其对社会产生的负面影响而建立起来的以政府为核心，其他社会组织和公众共同参与的组织体系。与一般的体制有所不同，应急管理体制是一个开放的体系结构，由许多具有独立开展应急管理活动的单元体构成。从整体上看，应急管理体制可针对不同类型、不同级别和不同地域范围内的突发事件，快速灵活地构建起相应的应急管理体制。从功能上看，其目的在于根据应急管理目标，设计和建立一套组织机构和职位系统，确定职权关系，把内部联系起来，以保证组织机构的有效运转。

体制是指组织模式和主体相互权力关系的正式制度建构。应急管理体制是各级党政机关、武装部队、企事业单位、社会团体、社会公众等各利益相关方，在突发事件应对过程中的组织机构设置、职能配置、隶属关系、管理权限、责任划分等方面，所形成的体系、制度、方法、形式等的总称。应急管理体制主要是指应急指挥机构、社会动员体系、领导责任制度、专业救援队伍和专家咨询队伍等组成部分。

应急管理体制的基本要求是整合化。重点要解决以下三个问题。

（1）要明确指挥关系，建立一个规格高、有权威的应急指挥机构，合理划分各相关机构的职责,明确指挥机构和应急管理各相关机构之间的纵向关系,以及各应急管理机构之间的横向关系。

(2)要明确管理职能,科学设定一整套应急管理响应的程序,形成运转高效、反应快速、规范有序的突发公共事件行动功能体系。

(3)要明确管理责任,按照权责对等原则,通过组织整合、资源整合、信息整合和行动整合,形成政府应急管理的统一责任。

(二)应急管理体制的构成分析

从政府机构与职能角度分析,应急管理体制的构成通常有三个维度:纵向、横向和内部,其中最基本的是纵向政府间的关系。

1.应急管理体制的纵向构成

应急管理体制的纵向构成主要包括应急管理领导机构、应急管理办事机构、应急管理决策咨询机构等。

(1)应急管理领导机构。国务院和各级地方政府是各自负责范围内的突发事件应急管理工作的行政领导机构,统筹负责全国及其各级行政区域内突发事件应急管理工作。国务院及地方各级政府可以根据具体突发事件处置情况的实际需要,派出相应的工作组,指导突发事件应急处置的有关工作。

(2)应急管理办事机构。各级政府将值班室承担的值班职责和值守平台进行整合,组建新的政府应急办(总值班室),各有关部门设立应急办或赋予内设机构应急管理职能(一般在办公室)。目前,各地政府总值班室与应急办多实行"一套人马、两块牌子"其至"多块牌子"的管理体制,如应急管理、政府总值班、城市政府的市长热线、政府公开电话等,作为政府办的内设机构,对外可以使用"政府应急办"的名称,履行值守应急、信息汇总和综合协调的职责,发挥其运转枢组作用。

(3)应急管理决策咨询机构。自2007年开始,我国各级政府自上而下设置应急管理专家咨询委员会或专家组,为各类突发事件的应急管理提供专业的决策建议、咨询指导和技术支持,必要时参加突发事件的应急处置工作。

2.应急管理体制的横向构成

应急管理体制的横向构成主要包括应急管理工作机构、横向跨部门的应急指挥机构、议事协调机构等。

(1)应急管理工作机构。国务院、地方政府及其各级政府有关部门,依据有关法律、法规和各自职责规定,负责相关类别突发事件的应急管理工作,按照自然灾害、事故灾难、公共卫生事件和社会安全事件四类突发事件的不同特性,划分应急管理工作机构间的职责,实施应急管理工作。

(2)横向跨部门的应急指挥机构。主要包括三种形式:突发事件应急管理指挥部、应急管理指挥中心及通信指挥平台系统。突发事件应急管理指挥部是各级政府领导处置突发事件的基本组织形式,在各类突发公共事件处置中处于核心地位。应急管理指挥中心是指应急救援指挥体系在机构设置、领导关系等方面的组织制度,主要包括:管理机构、功能部门、应急指挥系统、救援队伍。通信指挥平台系统是应急保障系统的重要组成部分。

（3）议事协调机构。议事协调机构承担跨行政机构的重要业务工作的组织协调任务，在这些议事协调机构中，如防汛抗旱、抗震救灾、食品安全、安全生产、森林防火等机构，是以突发事件处置工作为主的机构。

3. 应急管理体制的内部构成

应急管理体制的内部构成主要是指各级、各类、各部门应急管理工作机构的内设机构。最晚在 2019 年以前，我国各级政府部门设置中，仍然是按照相关突发事件的类别，分工负责相关突发事件的应对工作，但缺乏综合性应急管理主管部门，如自然灾害、事故灾难、公共卫生事件、社会安全事件四大类突发事件，相应的政府管理部门就有民政、安监、卫生、公安等，在这些专业化的政府工作部门中，一般都建立有专门的应急管理办公室，或在办公厅、业务相近的职能司局加挂应急办牌子，负责本部门的值守应急、信息报送、综合协调等相关应急管理工作。

（三）应急管理体制的特征

应急管理作为政府的社会管理和公共服务职能，具有与其他组织管理职能相同的特征，又有不一样的特征。

1. 组织集权化

突发事件的不确定性、破坏性和扩散性，决定了应急管理的主体行使处置权力必须快速、高效，因而要求整个组织严格按照一体化集权方式管理和运行，上下关系分明，职权明确，有令必行，有禁必止，奖罚分明。强调统一领导、统一指挥、统一行动的一体化集权管理。

2. 职责双重性

在各国现阶段的应急管理实践中，除了部分应急管理人员从事专业应急管理工作，但大多数应急管理参与主体来自不同的社会领域和工作部门，在正常的情况下，他们从事社会的其他工作，只有在应急管理工作需要时，才参与应急管理活动，担负应急管理方面的职责。

3. 结构模块化

应急管理组织中每个单元体都有类似的内部结构和相似的外部功能，是一个独立的功能体系，由不同单元体系组成的功能体系也具有相似的结构和功能，具有模块化的组织结构。遇到不同类型、不同级别和不同区域的突发事件时，可通过灵活快速的单元体组合，形成相应的应急处置体系。

二、我国应急管理体制基本原则

借鉴发达国家应急管理经验，根据我国实际，在《突发事件应对法》中，集中表述了我国应急管理体制的基本原则及其主要内容，即实行"统一领导、综合协调、分类管理、分级负责、属地管理为主"的应急管理体制。目前，已初步形成了以中央政府坚强领导、有关部门和地方各级政府各负其责、社会组织和人民群众广泛参与的应急管理体制。

1. 统一领导

突发事件应对处置工作,必须成立应急指挥机构统一指挥。有关各方都要在应急指挥机构的领导下,依照法律、行政法规和有关规范性文件的规定,展开各项应对处置工作。突发事件应急管理体制,从纵向看包括组织自上而下的组织管理体制,实行垂直领导、下级服从上级的关系;从横向看同级组织有关部门,形成互相配合、协调应对、共同服务于指挥中枢的关系。在突发事件应对处理的各项工作中,必须坚持由各级人民政府统一领导,成立应急指挥机构,实行统一指挥。各有关部门都要在应急指挥机构的领导下,依照法律、行政法规和有关规范性文件的规定,开展各项应对处置工作。

2. 综合协调

在突发事件应对过程中,参与主体是多样的,既有政府及其政府部门,也有社会组织、企事业单位、基层自治组织、公民个人甚至还有国际援助力量,要实现反应灵敏、协调有序、运转高效的应急机制,必须加强在统一领导下的综合协调能力建设。综合协调人力、物力、财力、技术、信息等保障力量,形成统一的突发事件信息系统、统一的应急指挥系统、统一的救援队伍系统、统一的物资储备系统等,以整合各类行政应急资源,最后形成各部门协同配合、社会参与的联动工作局面。

3. 分类管理

由于突发事件有不同的类型,因此在集中统一的指挥体制下还应该实行分类管理。从管理的角度看,每一大类的突发事件应由相应的部门实行管理,建立一定形式的统一指挥体制,如在具体制订预案时,就明确了各专项应急部门收集、分析、报告信息,为专业应急决策机构提供有价值的咨询和建议,按各自职责开展处置工作。但是重大决策必须由组织主要领导作出,这样便于统一指挥,协调各种不同的管理主体。

4. 分级负责

对于突发事件的处置,不同级别的突发事件需要动用的人力和物力是不同的。无论是哪一种级别的突发事件,各级政府及其所属相关部门都有义务和责任做好预警和监测工作,地方政府平时应当做好信息的收集、分析工作,定期向上级机关报告相关信息,对可能出现的突发事件做出预测和预警,编制突发事件应急预案,组织应急预案的演练和对公务员及社会大众进行应急意识和相关知识的教育及培训工作。分级负责明确了各级政府在应对突发事件中的责任。如果在突发事件处置中发生了重大问题,造成了严重损失,必须追究有关政府和部门主要领导和当事人的责任。对于在突发事件应对工作中不履行职责,行政不作为,或者不按照法定程序和规定采取措施应对、处置突发事件的,要对其进行批评教育,直至对其进行必要的行政或法律责任追究。

5. 属地管理为主

强调属地管理为主,是由于突发事件的发生地政府的迅速反应和正确、有效应对,是有效遏止突发事件发生、发展的关键。大量的事故灾难类突发事件统计表明,80%死亡人员发生在事发最初 2h 内,是否在第一时间实施有效救援,决定着突发事件应对的关键。

因此，必须明确地方政府是发现突发事件苗头、预防发生、先行应对、防止扩散（引发、衍生新的突发事件）的第一责任人，赋予其统一实施应急处置的权力。出现重大突发事件，地方政府必须及时、如实向上级报告，必要时可以越级报告。实行属地管理为主，让地方政府能迅速反应、及时处理，是适应反应灵敏的应急管理机制的必然要求。当然，属地管理为主并不排斥上级政府及其有关部门对其应对工作的指导，也不能免除发生地其他部门和单位的协同义务。

三、新时代我国应急管理体制

党的十九大作出新时代我国社会主要矛盾发生转变的重要论断，明确将安全作为人民日益增长的美好生活需要的重要内容。人民有了安全感，获得感才有保障，幸福感才会持久。提高国家应急管理能力和水平，提高防灾、减灾、救灾能力，确保人民群众生命财产安全和社会稳定，是我们党治国理政的一项重大任务。中国特色社会主义进入新时代，我国社会主要矛盾发生深刻变化，我国经济已由高速增长阶段转向高质量发展阶段，治国理政的任务更加艰巨，对国家应急管理能力提出了新的要求。

总体国家安全观以整体的、系统的观点来思考和把握国家安全战略问题。坚持总体国家安全观，回应了人民对国家安全的新期待。

党的十八大以来，以习近平同志为核心的党中央深刻洞悉国家治理大势，坚持战略思维、底线思维和系统思维，以国家治理体系和治理能力现代化为导向，把国家应急管理能力建设纳入"总体国家安全观"的战略系统，以构建适应国家治理体系和治理能力现代化的应急管理新体制为目标，以推进国家应急管理机构职能优化协同高效为着力点，全面深化国家应急管理体制改革，构建系统完备、科学规范、运行高效的国家应急管理机构职能体系，提升国家应急管理效能和水平；以深化党和国家机构改革为契机，改革应急管理机构设置，优化应急管理职能配置，推动形成统一指挥、专常兼备、反应灵敏、上下联动、平战结合的中国特色应急管理体制，不断增强国家应急管理体制系统性、整体性、协同性，系统地回答了"建设一个什么样的适应新时代中国特色社会主义发展要求的应急管理体制和怎样建设这个应急管理体制"的重大课题，开启了中国特色应急管理体制的新时代。新时代中国特色应急管理体制建设工作及其成果主要包括以下几个方面。

（一）加强中国特色应急管理体制顶层设计

中共中央、国务院分别于 2016 年 12 月 9 日、2016 年 12 月 19 日和 2018 年 4 月 18 日颁布了《关于推进安全生产领域改革发展的意见》《关于推进防灾减灾救灾体制机制改革的意见》两个重要文件和《地方党政领导干部安全生产责任制规定》（我国安全生产领域第一部党内法规），成为新时代推进应急管理体制改革创新的重要依据。《关于推进安全生产领域改革发展的意见》是新中国成立后，第一次以中共中央、国务院名义印发的安全生产方面的文件。以理顺中央和地方在突发事件应急管理中的事权关系为目标，《关于推进防灾减灾救灾体制机制改革的意见》明确提出："特别重大自然灾害灾后恢复重建坚持中央统筹指导、地方作为主体、灾区群众广泛参与的新机制，中央与地方各负其责，协同推进灾后恢复重建。"国务院办公厅印发了《国家综合防灾减灾规划（2016—2020 年）》《（国办发

〔2016〕104 号)、《国家突发事件应急体系建设"十三五"规划》(国办发〔2017〕2 号)。《国家综合防灾减灾规划(2016—2020 年)》要求"强化各级政府的防灾减灾救灾责任意识,提高各级领导干部的风险防范能力和应急决策水平"。《国家突发事件应急体系建设"十三五"规划》明确提出"推进应急管理工作法治化、规范化、精细化、信息化""到 2020 年,建成与有效应对公共安全风险挑战相匹配、与全面建成小康社会要求相适应、覆盖应急管理全过程、全社会共同参与的突发事件应急体系"。

(二)优化国家应急管理机构设置和职能配置

国家应急管理机构是我们党治国理政的重要载体。应急管理机构改革和职能配置是深化党和国家机构改革的重要内容。在这次党和国家机构改革中,我国组建应急管理部,就是充分调度和有效整合执政资源以更好地满足新时代人民日益增长的公共安全需要,实现国家应急管理机构设置和职能配置与时俱进,适应应急管理统一领导、综合协调、高效运转的专业要求和发展趋势。按照《深化党和国家机构改革方案》,坚持优化协同高效原则,组建应急管理部,整合了分散在国家安全生产监督管理总局、国务院办公厅、公安部、民政部、国土资源部、水利部、农业部、国家林业局、中国地震局、国家防汛抗旱总指挥部、国家减灾委员会、国务院抗震救灾指挥部、国家森林防火指挥部 13 个部门的全部或部分职责。2018 年 4 月 16 日,应急管理部正式挂牌。应急管理部按照当好党和人民的"守夜人"的要求,以国家治理体系和治理能力现代化为目标转变职能,将进一步着力从过去分散的、单一的管理向统筹资源、综合管理转变。这次应急管理体制改革体现了系统性、整体性、协同性的改革思维,建立了综合性应急管理机构,使其朝着职责明确、集中统一的国家应急管理组织机构方向迈进,体现了大安全、大应急的理念。组建应急管理部,整合了相关领域的应急救援职能和资源,实现了"三个整合",即整合了防灾、减灾、救灾三种应急管理能力体系,整合了火灾、水旱灾害、地质灾害三种灾害防治体系和防治能力,整合了公安消防部队、武警森林部队、安全生产应急救援队伍三支常备应急骨干力量。这次机构改革打破了部门本位、条块分割、自成体系的碎片化应急管理格局,实现了国家突发事件应对机构从过去综合协调型向独立统一型转变,从"条块化、碎片化"应急管理模式向"系统化、综合化"应急管理模式转变。

(三)构建集中统一的国家物资储备应急管理能力体系

古语云:"民以食为天,食以安为先。"手中有粮,心中不慌。粮食和物资储备是国家治理体系和治理能力的重要组成部分。

按照《深化党和国家机构改革方案》,将国家粮食局的职责,国家发展和改革委员会的组织实施国家战略物资收储、轮换和管理,管理国家粮食、棉花和食糖储备等职责,以及民政部、商务部、国家能源局等部门的组织实施国家战略和应急储备物资收储、轮换和日常管理职责整合,组建国家粮食和物资储备局,由国家发展和改革委员会管理,不再保留国家粮食局。此举目的在于加强国家储备的统筹规划,构建统一的国家物资储备体系,强化中央储备粮棉的监督管理,提升国家储备应对突发事件的能力。

根据《深化党和国家机构改革方案》,国家粮食和物资储备局履行的主要职责是,根据国家储备总体发展规划和品种目录,组织实施国家战略和应急储备物资的收储、轮换、管理,统一负责储备基础设施的建设与管理,对管理的政府储备、企业储备以及储备政策落实情况进行监督检查,负责粮食流通行业管理和中央储备粮棉行政管理等。根据《国家粮食和物资储备局职能配置、内设机构和人员编制规定》,国家粮食和物资储备局与应急管理部建立职责分工、配合联动机制。

应急管理部负责提出中央救灾物资的储备需求和动用决策,组织编制中央救灾物资储备规划、品种目录和标准,会同国家粮食和物资储备局等部门确定年度购置计划,根据需要下达动用指令。国家粮食和物资储备局根据中央救灾物资储备规划、品种目录和标准、年度购置计划,负责中央救灾物资的收储、轮换和日常管理,根据应急管理部的动用指令按程序组织调出。

组建国家粮食和物资储备局,是全面实施国家粮食安全战略的具体行动,是着眼于新时代国家安全发展战略全局和推进国家治理现代化的重大变革。首先,强化应急物质储备的统一管理,减少职责交叉分散,将分散在国家发展和改革委员会、民政部、商务部和国家能源局等部门的相关职能进行了整合,突出了国家应急物质储备的系统工程特征。其次,打造优化协同高效的国家物资储备机构职能体系,解决多头管理、政出多门、责任不明、推诿扯皮的问题,为加快建立更高层次、更高质量、更高效率、可持续的国家粮食安全保障体系和应急物资储备体系提供强力支撑。组建应急管理部、国家粮食和物资储备局,打造了大安全、大应急、大协同模式,迈出了中国特色应急管理体制机制改革的关键一步,未来国家应急管理组织机构体系将会在全面深化改革探索实践中不断发展和进步。

（四）健全国家突发公共事件预警信息传播系统

随着互联网时代信息通信技术的迅猛发展,信息传播手段日新月异,传统的信息传播观念和方式被颠覆、突破和超越,这对国家应急管理能力提出了新挑战、新要求。国家需要开发基于互联网的突发公共事件应急管理预警体系和监测预警能力,健全国家突发公共事件预警信息发布系统,构建信息化、网络化、智能化的应急管理新模式,提升面向公众和社会的突发事件应急信息精准传播能力。

2013 年 4 月 22 日,"国家应急广播·芦山抗震救灾应急电台"开播。这是国家发生重大灾害时,首次以"国家应急广播"为呼号,对灾区民众定向播出的应急广播,为灾区群众及时提供了权威信息、行动指导、科普知识、沟通渠道和心理抚慰。国家应急广播中心开播是建立国家应急广播体系的有益尝试。2013 年 12 月 3 日,中央人民广播电台国家应急广播中心在北京揭牌,国家应急广播社区网站也同时上线,这标志着中国国家应急广播体系进入全面建设阶段。

2015 年 5 月 18 日,国家预警信息发布中心正式运行,挂靠中国气象局公共气象服务中心。这标志着我国突发事件预警信息发布工作进入常态化运行阶段。

（五）健全国家网络安全应急管理领导体制机制

对于社会和每位公民来说,"互联网＋"在变革我们的思维方式、生活方式和工作方式。对于政府来说,"互联网＋"既为提高国家治理现代化水平提供全新的动力和机制,又对国家主权、安全、发展利益带来了严峻挑战和难题。

网络安全和信息化是事关国家安全和国家发展、事关广大人民群众工作生活的重大战略问题,要从国际国内大势出发,总体布局,统筹各方,创新发展,努力把我国建设成为网络强国。网络安全应急管理是互联网时代国家治理能力的重要内容。互联网时代的网络安全事件特别是网络群体性事件呈多发、频发、高发态势,其所造成的损失及危害程度难以准确评估和测量,其爆发的时刻及地域也更难准确预测和判断。

网络安全应急管理的目标是预防和应对网络安全事件的发生、发展,尽可能地减小因此所造成的损失和影响,建设健康网络生态。2014 年 2 月 27 日,中央网络安全和信息化领导小组成立,习近平总书记亲自担任中央网络安全和信息化领导小组组长。领导小组的成立是以规格高、力度大、立意远来统筹指导中国迈向网络强国的发展战略,在中央层面设立一个更强有力、更有权威性的机构。之后,2018 年 3 月启动的深化党和国家机构改革,将中央网络安全和信息化领导小组改为中央网络安全和信息化委员会。

为适应网络信息技术发展需要,《中华人民共和国网络安全法》于 2016 年 11 月 7 日经全国人大常委会表决通过,并于 2017 年 6 月 1 日起正式施行,这是我国第一部全面规范网络空间安全管理问题的基础性法律,更是我国建立严格的网络治理体制、推进互联网治理体系和治理能力现代化的一个重要里程碑。该法用专门章节条款规定了网络安全"监测预警与应急处置"的法律遵循,提出国家建立网络安全监测预警和信息通报制度、健全网络安全风险评估和应急工作机制、制定网络安全事件应急预案并定期组织演练。

同时,该法还明确了网络安全管理部门、系统建设单位、运营服务企业、社会机构和公民等在应对网络安全事件相关环节中的义务和法律责任,是各级政府开展网络安全应急管理工作的重要依据;强调了要深刻认识互联网在现代国家治理中的重要作用,建立网络综合治理体系,健全网络突发事件应急处置机制,推进应急管理决策科学化、应急救援精准化、应急参与智能化、应急资源配置高效化。

(六)推进跨区域应急管理合作能力建设

复杂社会生态环境下突发公共事件的有效应对和处置,需要开发跨部门、跨区域应急管理协作能力。2016 年 7 月 29 日,国务院应急办印发《关于加强跨区域应急管理合作的意见》,明确提出加强相关省级政府应急管理机构及部门间的应急管理合作,积极推动基层毗邻地区和我国与周边国家地区的应急管理合作,同时针对区域共同面临的公共安全风险,加强专业领域的跨区域应急管理合作,努力构建适应区域协同发展和公共安全形势需要的跨区域应急管理合作格局。该意见同时提出,健全跨区域应急管理合作的政策法规制度,鼓励签订跨区域应急管理合作协议,组织编制跨区域突发事件应急预案,强化跨区域应急管理合作的约束力。

目前,我国跨区域应急管理合作制度相对不够健全。《中共中央国务院关于推进防灾减灾救灾体制机制改革的意见》提出:"探索建立京津冀、长江经济带、珠江三角洲等区域和自然灾害高风险地区在灾情信息、救灾物资、救援力量等方面的区域协同联动制度。"《国家突发事件应急体系建设"十三五"规划》提出"适应区域协同发展和公共安全形势需要的跨区域应急管理合作格局基本形成"的目标,强调要"完善各方联动机制,加强区域协同、城乡协同、行业领域协同、军地协同、应急应战协同"。

2009年9月，泛珠三角区域内地9省（区）共同签署了《泛珠三角区域内地9省（区）应急管理合作协议》，这是全国首个跨区域应急管理联动机制。

2014年8月，北京市应急办、天津市应急办、河北省应急办共同签署《北京市、天津市、河北省应急管理工作合作协议》，并召开第一次联席会议。根据协议，京津冀三地建立联席会议、合作交流和联合应急指挥机制，协同应对涉及跨区域的突发事件。

2016年5月11日，京津冀三地签署了《京津冀救灾物资协同保障协议》，建立灾情信息共享机制、救灾物资协同保障机制、毗邻区县合作机制、宣传演练联动机制。2016年7月，京津冀三地安全生产监督管理局在天津签署《关于建立京津冀区域安全生产应急联动工作机制的协议》。根据协议，三地安全监管部门将加快建立事故救援监测预警、跨区域快速会商决策等应急协作机制和协同应对事故灾难联席会议制度，提升京津冀区域间协同应对事故灾难的能力。2016年8月，江苏、安徽、山东和河南四省卫生计生委签署《苏皖鲁豫卫生应急合作协议》，构建四省跨区域突发事件卫生应急管理资源统筹协调和共享整合机制，提升相邻区域间各类突发事件的卫生应急能力。

2018年3月17日，厦门、泉州和漳州三地急救中心共同签署了《跨区域突发重大事件紧急医学救援合作协议》。上述协议都有助于健全和完善跨区域应急管理合作制度，推动应急管理资源和力量在区域层面整合，未来将会在国家应急管理体制机制改革的探索中不断发展和进步。

四、应急管理部架构下中国应急管理体制的变化

我国应急管理制度模式的演化经历了三个阶段：传统的安全管理阶段，以"一案三制"为核心的分散与集中相结合的突发事件联动管理阶段，以成立应急管理部为标志的全面应急管理阶段。

全面应急管理阶段是将应急管理体制纳入常态管理中，而非突发事件发生后成立临时组织，把应对突发情况作为日常管理体系的重要组成部分，整合优化应急力量和资源，建立统一指挥、反应灵敏、专常兼备、平战结合的中国特色应急管理体制，提升应急管理的灵敏度，推进国家治理体系和治理能力现代化，保证人民群众生命财产安全和社会稳定。在新的应急管理体制下，要抓好顶层的应急管理制度建设、全社会的风险治理机制设计、基层的风险文化和应急文化建设、应急管理网络与应急资源动员的能力建设。在坚持和完善"一案三制"的应急管理核心内容体系的基础上，要建设"一部三方"，即以应急管理部为中坚力量，做到政（政府）、军（军队）、民（民间）的三方协同；要加强应急管理的能力建设，实现"一网三化"，即大力建设以物联网、移动互联网为主的应急管理信息网，并实现应急管理的敏捷化、精准化、智能化。

（一）应急管理部架构下中国应急管理体制的总体变化

1. 职责变化

重组前，国务院应急办公室只是一个传达信息、协调各部门的办公室，没有直接指挥应急力量的职能，应急力量分散在各部门及委员会中。事实上，分散的力量最终仍需国务

院统一协调。新组建的应急管理部有利于突发事件的统一指挥应对和专业人才队伍建设。改组后的应急管理部主要职责是：组织编制国家应急总体规划，推进应急预案体系建设和演练；建立灾情报告制度，统一调度应急队伍建设和物资储备，组织救灾体系建设，承担国家应对特大灾害指挥工作；指导预防和控制火灾、洪水灾害、地质灾害等。

2. 功能变化

（1）面向发展。随着应急管理研究的深入及对安全的需求，建立符合我国国情的应急管理制度刻不容缓。通过设立应急管理部，明确应急管理机构归属，打破过去靠联席会议或临时机构指挥的方式，协调各类事故和自然灾害的应急救援物资和设备的储备与建设，使这些资源得以共享，消除多头储备，节省应急调度时间和救援成本，减少协调难度。简而言之，通过此次机构和职能的调整，今后各类应急救援工作的及时性、有效性和专业性都将发生根本性变化，这符合我国应急管理体制的发展趋势。

（2）战略导航。紧紧围绕社会发展的紧迫需求、国家安全的重大挑战，强化应急管理工作的任务部署应以应急管理创新驱动发展战略和"一带一路"倡议为导航。我国应急管理预防与预警技术水平和发达国家相比，还存在较大差距，应积极推进应急管理各领域新兴技术创新，推动移动宽带互联网、云计算、物联网、大数据、高性能计算、移动智能终端等技术在应急管理领域的运用，加强应急管理预警系统建设，提升高层建筑风险防范能力，严格源头管控，从规划、设计、施工阶段提高准入标准和消防水平。同时也需以"一带一路"倡议为导航，积极促进"一带一路"应急管理国际合作，努力实现政策沟通和设施联通，加强"一带一路"应急管理建设风险防范、风险评估与风险管理研究，提高突发事件处置能力，把握"安全监管、便利通关"的原则，打造应急管理国际合作新平台。

（3）应急护航。应急管理不仅包括灾后的应急响应，还包括日常预防及灾后恢复。应急管理体制改革的出发点是通过应急护航提高保障生产安全的能力、维护公共安全的能力及防灾减灾的能力，最终确保人民生命财产安全和社会稳定。

3. 模式变化

（1）面向单体事件转为面向集合事件。随着经济社会的快速发展，特别是城市化进程的深入推进，单一灾害事件发生后会产生次生或衍生灾害事件，大量灾害事件呈现连锁性、衍生性和综合性等特征，涉及水平方向的多个部门和垂直方向的多个层级，并非单一部门就可完成救援工作，靠单个部门临时牵头也不行，需集合国安、公安、城市管理、水利、环保、卫生、生产、交通、质检、气象等多个部门共同完成。组建应急管理部，改变不同部门不同类型的灾害和突发事件管理的现象，采取突发事件统一协调和指挥模式，形成应急响应综合性力量，提高应急调度效率和效果。

（2）单一应急管理转为全面应急管理。长期以来，我国实行"单灾种"型应急管理体系，如民政部门负责自然灾害救灾，消防部门负责火灾事故救援，卫生部门负责公共卫生事件的处理，这种分类管理模式的优点是专业化和垂直性，但同时也不免形成划分过细的模式，导致缺乏有效的联动，限制了应急响应的整体能力和综合效果。组建应急管理部，进一步整合优化应急力量和资源，从单一应急管理转为全面应急管理，克服原来各自为政的管理弊端，加强应急管理的总体谋划、综合统筹，有助于解决应急能力发展不平衡的难题。具体体现在全员、全对象、全过程、全方法"四全"应急管理。

全员是指应急管理工作不仅是政府需面对的事情，应急管理部的设立将有效贯通安全生产、消防救援、民政救灾、地质灾害、抗震救灾、防汛抗旱等领域的应急管理工作，协调企业、学校、科研机构、非政府组织、社会中介组织、社区和志愿者等参与应急管理救援工作。

全对象是指重大灾难救援需大量的资源支持，不仅包括应急储备资源，还需大量人力、物力、财力和技术等的支持，可能需集中整个国家甚至国际上的力量才能实现。组建应急管理部，实现应急物资储备及各方力量的共享，更容易实现全对象参与应急管理救援工作。

全过程是指应急管理部改组后的部门既有防灾功能，又有救灾功能；既有前端操作，也有后方指挥，涵盖了预防、准备、响应、恢复各个阶段活动的首尾闭合的应急管理全过程，在工作上形成首尾相连、循环往复、持续改进的管理闭环，有利于预防与救援间的有效连接。

全方法是指应急管理工作不仅需考虑救援问题，也需考虑预防问题，通过各种风险预防手段或方法来进一步防止各类突发事件发生。安全是一项系统工程，关系到每个人的切身利益，应采取各种能采取的科学化手段或方法，加强政府及社会的预防意识，提高应对突发事件的自觉性。

（3）单一方式转为多种方式结合。应急管理部的建立可进一步整合和优化应急响应力量和资源，促进统一指挥、专常兼备、上下联动、平战结合的应急管理体制的形成，提高防灾减灾救灾能力，具体通过预控结合、平战结合、军政结合、政民结合等方式实现。

预控结合是指组建应急管理部，并非只是为了应急，也包含预防为主的理念，在应对过程中重点关注应急准备、检测与预警、处置与救援、预防与控制等环节。灾害的发生不以人的意志为转移，所以日常应急管理工作中做好应对可能发生的重大灾害和事故的应急准备、风险评估、监测预警极其重要。

平战结合是指人民防空建设地下通道、地下停车场、地下商场、地铁、公路隧道、铁路隧道、过江隧道、海底隧道等各个方面的软、硬件设施，在不影响防空能力的前提下，和平时期可作为应急管理资源和设备，避免资源的多头储备。

军政结合是指应急管理工作中政府负责协调指挥，军队作为应急安保力量，执行应急管理指挥中心的行政指令。改革方案中提到，"公安消防部队、武警森林部队转制后，与安全生产等应急救援队伍共同作为综合常备应急骨干力量，由应急管理部管理"。采取军政结合方式，可实现统一领导、多方支援，提高应急管理处置效率，减少灾害造成的损失。

政民结合是指应急管理工作主要由政府统一协调指挥，保证政令畅通、指挥有效。同时要发挥市场机制和社会力量的作用，企业的专兼职救援队伍、科研院所、高等院校的专家、社会组织和全社会数百万志愿者都是不可或缺的应急响应力量。

（二）应急管理部架构下中国应急管理体制操作层面的变化

1. 权限变化

通过在国务院设立应急管理部，明确应急管理机构属于国务院组成部门，并拥有统一集中的指挥权,改变由临时成立的委员会进行救援指挥的情况。

2. 流程变化

《突发事件应对法》要求,国家建立基于统一领导、综合协调、分类管理、分级负责、属地管理的应急管理体制。大多数情况下突发事件发生在基层,早期处置、属地管理非常重要。根据分级负责原则,应急管理指挥协调处置流程发生变化,一般性灾害由各级地方政府负责协调处置,应急管理部代表中央政府统一响应支援;若发生特大灾害,应急管理部作为指挥部门,协助中央政府指定的负责同志组织应急响应工作,保证政令畅通、指挥有效。应急管理部要处理好防灾和救灾的关系,建立有效的协调配合机制。

3. 方式变化

设立应急管理部,实现集中指挥和救援力量的统一管理,将主要救援力量集中至一个部门,改变以往救援力量分散在多个部门的现象。一旦出现特别严重的事故灾难或自然灾害,仅靠各级应急管理部门是远远不够的,可建成综合性常备应急骨干力量,形成"救援队伍"新联合,这将对国家救援部队的联合训练、协同培养和救援合作产生深远影响。

4. 文化变化

组成应急管理部的13个部门长期以来形成了具有自身特色与风格的应急模式与应急文化。应急管理部成立后,这些部门需相互磨合与适应,打破本位主义与原有部门的利益分割,形成开放、包容的应急新文化。

以上海外滩"12·31"拥挤人群踩踏事件为例,考验着城市管理智慧和技术问题,暴露出公共安全领域系统脆弱性,主要原因有以下几点。

(1) 城市政府与公众在灾害管理中沟通不畅。对跨年地点变更风险评估及宣传准备应对不到位,导致信息不对称。

(2) 公共场所硬件设施规划不合理,不利于人群流动,疏散区域几乎为零。

(3) 大城市的灾害管理模式与快速扩张的城市规模不相协调。第一,缺乏城市应急联动统一指挥系统平台;第二,各职能部门在城市灾害中扮演的角色模糊,缺失联动救援能力。

(4) 城市灾害意识及公民的防灾安全意识淡薄,尚未评估城市存在的各种潜在风险。

基于人群踩踏事故的机理及事故整体的系统性考虑,可采取制度创新与技术创新结合方式,通过科学合理的城市规划,评估其基础设施及应急设施的合理性,建立人群踩踏事故预警系统,提高大规模活动的应急能力水平,减少城市灾害造成的损失。

首先,从制度创新的层面来看,可从强化城市政府对大型活动的宣传工作及潜在风险预估能力、建立城市应急联动统一指挥系统、界定各职能部门在城市灾害中的作用、提高公民的防灾安全意识等角度来进行改革。

其次,从技术创新的层面出发,可从几个方面着手解决:①从城市规划的源头建立大规模的灾害技术防护和物理防护系统。例如,可实行出入通道分离、栅栏隔断的分区使用、安全出口数量的增设、台阶出口宽度的合理设计等方式控制人流。②建立预防为主的大规模灾害预警系统。借助先进的信息平台,通过物联网、大数据等技术实时监控并及时收集城市灾害信息,通过多种方式评估灾害的危险级别并做出前瞻性分析和判断,从而制定相应的应急预防计划。③可在举行大型活动或容易形成人群聚集的公共场所，通过部署在路口、地铁站口、建筑物出入口等室内外场点的视频技术装置及 GIS 实时热点地图等，用于人流检测、人流追踪、轨迹记录、人群密度识别。同时，在一些重点区域可部署探测器、无人机携带的视频设备及人脸识别图像采集设备等，以便实时监控并采集现场人群的异常行为信息，用于判断人群聚集的风险程度。根据风险分析的结果，通过现场广播系统、LED 显示屏及短信群发设备等发布现场信息，对现场警力进行预警信息发布和处置指令的发送，消除在拥挤状态下可能发生的谣言。

（三）应急管理部架构下国家重大突发事件应对"五跨协同"变化

重大突发事件的应对需做到"五跨协同"，即实现跨层级、跨地域、跨系统、跨部门、跨业务的协同。应急管理部成立后，应重构应急管理流程，整合相关力量，使之产生"化学反应"和协同效应，努力实现我国应急管理水平跨越式发展。新组建的应急管理部并没有将公共卫生与社会安全事件处置的职能纳入其中。未来，应急管理部要与卫健委、公安部等有关部委建立密切、长效的联系，以便紧急状态下可以共同发力、协同应对。所以，必须在党中央国务院的统一领导下，进一步加强协调配合，处理好应急管理部和其他有关部委的联动问题。以地震、洪水、化学物泄漏、人群踩踏四类有代表性的突发事件为例加以分析。

1. 地震灾害应对的"五跨协同"变化

地震是一个突发性灾种，涉及面广、破坏性强，抗震救灾是全社会需共同面对的问题，并非单一部门、地区或技术就能解决，可建立以应急管理部为核心、地方各级抗震救灾指挥部、同级政府公共应急平台间的跨层级、跨地域、跨系统、跨部门、跨业务的"五跨协同"联动机制，实现政府统一调度指挥、多部门相互支援和协同应对，及时响应地震救灾的应急需求。按照《突发事件应对法》中"属地管理、地方指挥"规范，我国建立了涵盖各地区和各级抗震救灾工作的应急指挥机构，由国务院应急管理部统一领导和部署地方各级抗震救灾指挥机构的应急救援行动，从而构成了跨层级、跨地域的组织紧密、层级分工、指挥有序、实施有力的应急指挥系统，包括抢险救援组、地震检测组、卫生防疫组、群众生活组、基础设施保障与灾后重建组、生产恢复组、社会治安组、水利组、宣传组、灾后重建规划组、专家组等。

部分省份已建立地震应急信息协同技术系统，在报送灾情信息、监测评估灾情的动态变化、应急指挥图像的实时传输等抗震应急救援过程中，可应用该系统并结合如小型无人机、卫星电话、地理信息系统、北斗定位系统等技术装置，服务于不同层级。应急管理部地震局通过中心控制端向后方不同救援组实时推送指挥部应急指令、灾情实时跟踪资料、现场救灾进展情况等，使得不同层级的应急救援人员能够及时掌握地震救援情况的关键信息，实现地震抗灾的跨系统、跨部门、跨业务的联动协同，从而提升应急响应效率。

2. 洪水灾害应对的"五跨协同"变化

洪水灾害的特点决定了洪水应急决策的复杂化，洪水灾害应急是多部门、多角色的跨层级、跨地域、跨系统、跨部门、跨业务的"五跨协同"过程,主要涉及应急预警信息发布、组织灾民疏散、逃生应急救援、救援过程协同、应急资源调度等多个方面。基于洪水灾害链的形式多样、演变突然等特点,国内部分学者已展开洪水灾害实战应急演练研究,通过计算机虚拟仿真技术模拟灾害动态演变过程、应急救援过程、灾民疏散过程,建立洪水灾害应急辅助决策支持系统并将其运用于典型洪水灾害应急过程模拟,实现灾害过程的可视化及不同对象的协同过程,提高洪水灾害的应急处置效率。通过该系统,指挥决策人员可从预警预报人员和救援人员处获取灾情信息,向其他协助人员发布命令信息,制定应急策略、指挥应急过程,实现洪水灾害的跨层级、跨地域的协同应急救援。

同时,洪水灾害救援工作涉及的现场救援人员包括应急管理部、气象部门、电力部门、医护部门、交管部门等单位人员,应急管理部消防局、水利部可与相关部门联合,实现洪水灾害的跨系统、跨部门、跨业务的协同救援。应急管理部消防局主要研究避灾点选址问题,保证尽可能多的民众能在最短的时间内到达避灾点,还包括救援物资配送、交通路网疏散、引导民众疏散等工作。应急管理部、水利部主要负责排涝站对淹没区域的排涝能力评估,保障道路交通。气象预警人员主要负责暴雨洪水灾害预警预报作用,在整个过程中监测暴雨洪水情况,并实时将暴雨洪水情况以广播的形式进行发布。经过广播的消息传递后用来模拟整个洪水灾害过程,警示民众及时做好防范措施。电力部门主要负责为消防设施、避灾点提供电力支持。医护部门主要负责受伤人员救助工作。交管部门主要研究道路交通情况、车辆可通行能力等,保证其他救援人员顺利抵达受灾点,实现救灾通道的顺畅。

3. 化学物泄漏应对的"五跨协同"变化

化学物泄漏所导致的辐射及对生态环境的污染决定了化学物泄漏应对的重要性,需建立跨层级、跨地域、跨系统、跨部门、跨业务"五跨协同"的国家、省、地级市、县和企业 5 级化学物泄漏事故应急救援体系,提高协同应对事故的能力。

从政府层面出发,化学物泄漏应对的"五跨协同"变化主要体现在以下几个方面。

(1)部分省份已建立健全跨地域的化学物安全法律法规,规范企业的放射性废物排放行为,各级安全生产应急救援指挥中心可建立放射性污染防治法中的监督检查制度,面对化学物泄漏突发事故时才能有法可依。

(2)各级安全生产应急救援指挥中心可建立健全化学物安全应急救援指挥体系,做好各类化学物泄漏应急预案的制定和修订工作,将应急预案建设落到企业、社区等基层单位,完善化学物安全应急工作的跨层级协调联动机制。

(3)加强以防化兵部队、应急管理部消防队伍为中坚、专业救援队伍为骨干的国家、行业、企业三级化学物安全紧急救援队伍体系,完善应急救援的跨系统、跨部门的协调机制,提高救援作业能力。

(4)部分化工厂所在地方的市、县结合城市规划及各种公共设施建设,完善应急避难场所及避险通道建设,统筹安排交通、通信、水电、环保、物资储备等设备设施保障能力建设,实现救援保障的跨业务协同规划,提高化学物安全应急救援救助保障能力。

从企业层面出发,首先应尽快加强化学物应急救援基础技术能力建设,如提供技术支持、建设监测系统及信息共享系统等。企业可成立化学物安全应急科学小组,专业的科学分析能在事故发生后在有限的时间内做出正确的判断，为科学决策提供可靠的信息。其次，企业应强化人员安全意识。应建立严格的规章制度来约束、规范、管理、控制，并提高员工业务技术能力，凡是从事该工作的员工都应给予系统培训，经过严格培训、考试、模拟操作等硬性条例才能让其上岗，共同筑牢安全防线。最后，企业应加强公众对化学物泄漏的普遍认识，尤其对化工企业周边的居民，普及化学物安全、泄漏防护的知识，还应让他们了解必要的自救、互救方法，邀请他们参加培训演练和应急演习。

4. 大规模人群踩踏事件防控的"五跨协同"变化

人群密集、构成复杂、人群心理素质难预测等特点决定了大规模人群踩踏事件防控的复杂化，大量学者提出大数据技术在大型活动拥挤踩踏事故危险信息采集与分析、快速预测事态及提供解决方案等方面具有优势，可实现拥挤踩踏事故的跨层级、跨地域、跨系统、跨部门、跨业务的预警分析，为预防拥挤踩踏事故提供科学的技术指导和参考。基于学者研究，可从以下几个方面实现大规模人群踩踏事件防控的"五跨协同"变化。

（1）增强安全意识。政府要提高开放型公共场所踩踏事件的防范意识，加强开放型公共场所的人群安全管理工作，通过活动宣传、学生教育、社区活动提高应急教育水平；个人要积极学习应急求生技能，提高自我安全保护意识，增强应急逃生能力。从政府、社会、个人三个层面共同实现踩踏事件跨层级、跨地域的事前预防，降低踩踏事件风险发生概率。

（2）优化预警系统。综合使用多种人流预警手段，例如通过大数据、智能视频分析、百度热点地图等方式，采用数据分析技术、智能视频人群监控技术、地理位置大数据人群密度分析等先进技术，提高人流预测技术的精确程度。同时可将开放型公共场所的应急预案工作细化，编制人群安全管理专项预案，落实每个环节的工作责任，实现踩踏事故的跨业务预警分析，对灾害的危险级别做出前瞻性的分析和判断并启动响应预案，消除灾害隐患。

（3）善用安防资源。开放型公共场所可根据实际情况科学灵活部署公安、武警等跨部门合作的安防力量，分布在活动场地内外及邻近路线，实时疏导控制人流，并根据现场人流的变化情况调整安保力量，实现应急处置的灵活变化。

（4）强化交通管制。交管部门可与应急管理部消防局联合行动，采取封锁部分轨道交通和道路、限制车辆种类、实行限时限速通行、提供临时停车位、保护应急车道等临时交通管制措施，以减少车辆进入人群密集区，实现踩踏事件应急救援的跨部门、跨系统合作，保障应急救援畅通无阻。

（5）运用信息技术。充分利用互联网、移动互联网、物联网等信息技术，对踩踏风险预警信息进行收集、汇总和分析研判，按照预案在规定时间上报险情，提高信息传播的效率与精度。同时可充分发挥社会中介组织、民间团体、媒体和个人的作用，形成全社会响应、全民参与的跨地域、跨业务的局面，在微博、微信、手机短信、地图软件等自媒体和平台实时发布活动现场情况，提供相关交通资讯，使应急处置过程更加透明，实现信息传播的优化。

第三节 应急管理机制

一、应急管理机制的含义

在日常工作和生活中,"机制"有时也称"运行机制""工作机制""运作机制"。从词义来看,机制有多重含义,如机器的构造和工作原理,有机体的构造、功能和相互关系,泛指一个复杂的工作系统和某些自然现象的物理、化学规律等。

按照《辞海》的解释,"机制"原指机器的构造和运作原理,借指事物的内在工作方式,包括有关组成部分的相互关系以及各种变化的相互联系。《现代汉语词典》认为,"机制"是指有机体的构造、功能和相互关系,泛指一个工作系统的组织或部分之间相互作用的过程和方式,如市场机制、竞争机制、用人机制等。机制运行规则都是人为设定的,具有强烈的社会性。显然,"机制"由有机体喻指一般事物,是一定的机体内各种构成要素之间的相互联系以及决定组织运转的调解方式、机理,重在事物内部各部分的机理即相互关系。

从本质上说,机制指的是一种抽象的运作过程,它是一种看不见的作用过程,是实现系统目标的各要素在制度环境中相互作用和影响的有机活动过程。所看到的往往只是其作用的结果。从某种程度上说,机制就像一支"看不见的手",它用其无形的力量对组织系统实现目标过程中各个环节进行协调,对各种要素进行有机组合和支配,随时对组织系统施加强大的影响,是整个组织系统目标过程得以运行的潜在动力。

简而言之,机制是各种程序、关系构成的动作模式,是各种制度化、程序化的方法与措施。这些方法和措施是经过实践证明有效的,通过总结归纳上升到一定的理论高度,并有相应的规章制度保障的工作方式和方法。机制具有功能性的特征,侧重的是系统实际运作的功效发挥、行为性能或者绩效表现。机制的衡量标准主要是灵活性、效率性、顺畅性、协调性等。

二、应急管理机制的内涵和外延

(一)应急管理机制的内涵

从实质内涵来看,应急管理机制是一组以相关法律、法规和部门规章为基础的政府应急管理工作流程。从外在形式来看,应急管理机制体现了政府应急管理的各项具体职能。

从工作重点来看,应急管理机制侧重在突发事件的防范、处置和善后的整个过程中,相关部门和人员如何更好地组织和协调各方面的资源和能力,来更好地防范与处置突发事件。

从功能目标来看,应急管理机制建设通过在突发事件预防、处置到善后的全过程管理过程中,规范应急管理工作流程,完善相关工作制度,推动应急管理逐步走上规范化、系统化、科学化的轨道。

(二)应急管理机制的外延

从相互关系来看,应急管理机制是以"一案三制"为核心的应急管理体系的强大动力和重要支撑，是应急预案、应急管理体制（侧重应急管理组织体系）和应急管理法制的具体化、动态化、规范化。

具体化，指法律法规和应急预案的相关规定，最终要落实和细化为具体、翔实、规范的工作流程和制度规范；动态化，指各种静态的应急管理组织和法规，必须通过各种动态的机制才能运转起来，发挥积极的功能；规范化，指开发和优化工作流程和制度，用各种实现制度性规范来代替各种临时性行为，做到职责明确、流程优化、运转协调。

如果把应急管理体制看成是人机系统中的"硬件"，则应急管理机制相当于人机系统中的"软件"。通过软件的作用，应急管理机制能让应急管理体制按照既定的工作流程正常运转起来，从而发挥体制应有的积极功效。

三、我国突发事件应急管理机制建设

根据《突发事件应对法》等有关法律法规的规定，总体来说，我国突发事件应急管理机制建设涵盖事前、事发、事中和事后各个阶段，主要包括预防准备、信息收集与报告、监测预警、应急处置、协调联动、社会参与、舆论引导、恢复重建、调查评估、科普宣教十个方面应急管理机制建设的内容。

（一）应急预防准备机制

应急预防准备机制建设是为预防准备突发事件的发生，提高应急处置的效率所开展的各种经常性、基础性的工作。目的是在更基础的层面实现应急管理从集中性、突击性向经常性、日常性转变。基层是突发事件的第一反应者，应急管理必须坚持预防准备为主，必须进社区、进机关、进学校、进农村、进家庭。

应急预防准备机制建设的具体内容，主要包括以下六个方面。

（1）提高和强化全社会的突发事件风险意识和应急能力的制度建设。主要包括：①各级各类学校应当把应急知识教育纳入教学内容，对学生进行应急知识教育，培养学生的安全意识和自救与互救能力。②教育主管部门应当对学校开展应急知识教育进行指导和监督。③县级人民政府及其有关部门、乡级人民政府、街道办事处应当组织开展应急知识的宣传普及活动和必要的应急演练。④居民委员会、村民委员会、企业事业单位应当根据所在地人民政府的要求，结合各自的实际情况，开展有关突发事件应急知识的宣传普及活动和必要的应急演练。⑤新闻媒体应当无偿开展突发事件预防与应急、自救与互救知识的公益宣传。⑥县级以上人民政府应当建立健全突发事件应急管理培训制度，对人民政府及其有关部门负有处置突发事件职责的工作人员定期进行培训。

（2）突发事件风险评估、隐患调查和监控制度建设。主要包括：①国家建立重大突发事件风险评估体系，对可能发生的突发事件进行综合性评估，减少重大突发事件的发生，最大限度地减轻重大突发事件的影响。国家发展保险事业，建立国家财政支持的巨灾风险保险体系，并鼓励单位和公民参加保险。②县级人民政府应当对本行政区域内容易引发自然灾害、事故灾难和公共卫生事件的危险源、危险区域进行调查、登记、风险评估，定期进行检查、监控，并责令有关单位采取安全防范措施。省级和设区的市级人民政府应当对本行政区域内容易引发特别重大、重大突发事件的危险源、危险区域进行调查、登记、

风险评估,组织进行检查、监控,并责令有关单位采取安全防范措施。③所有单位应当建立健全安全管理制度,定期检查本单位各项安全防范措施的落实情况,及时消除事故隐患;掌握并及时处理本单位存在的可能引发社会安全事件的问题,防止矛盾激化和事态扩大;对本单位可能发生的突发事件和采取安全防范措施的情况,应当按照规定及时向所在地人民政府或者人民政府有关部门报告。

(3)突发事件应急预案建设。主要包括:①国家建立健全突发事件应急预案体系。国务院制定国家突发事件总体应急预案,组织制定国家突发事件专项应急预案;国务院有关部门根据各自的职责和国务院相关应急预案,制定国家突发事件部门应急预案。②地方各级人民政府和县级以上地方各级人民政府有关部门根据有关法律、法规、规章、上级人民政府及其有关部门的应急预案以及本地区的实际情况,制定相应的突发事件应急预案。③应急预案制定机关应当根据实际需要和情势变化,适时修订应急预案。应急预案的制定、修订程序由国务院规定。④矿山、建筑施工单位和易燃易爆物品、危险化学品、放射性物品等危险物品的生产、经营、储运、使用单位,应当制定具体应急预案,并对生产经营场所、有危险物品的建筑物、构筑物及周边环境开展隐患排查,及时采取措施消除隐患,防止发生突发事件。⑤公共交通工具、公共场所和其他人员密集场所的经营单位或者管理单位应当制定具体应急预案,为交通工具和有关场所配备报警装置和必要的应急救援设备、设施,注明其使用方法,并显著标明安全撤离的通道、路线,保证安全通道、出口的畅通。有关单位应当定期检测、维护其报警装置和应急救援设备、设施,使其处于良好状态,确保正常使用。

应急预案应当根据《突发事件应对法》以及有关法律、法规的规定,针对突发事件的性质、特点和可能造成的社会危害,具体规定突发事件应急管理工作的组织指挥体系与职责和突发事件的预防与预警机制、处置程序、应急保障措施以及事后恢复与重建措施等内容。

(4)应急救援队伍的建设制度。主要包括:①县级以上人民政府应当整合应急资源,建立或者确定综合性应急救援队伍。②人民政府有关部门可以根据实际需要设立专业应急救援队伍。③县级以上人民政府及其有关部门可以建立由成年志愿者组成的应急救援队伍。④单位应当建立由本单位职工组成的专职或者兼职应急救援队伍。⑤县级以上人民政府应当加强专业应急救援队伍与非专业应急救援队伍的合作,联合培训、联合演练,提高合成应急、协同应急的能力。

(5)突发事件应对保障制度。主要包括:①经费保障。国务院和县级以上地方各级人民政府应当采取财政措施,保障突发事件应对工作所需经费。②应急物资储备保障。国家建立健全应急物资储备保障制度,完善重要应急物资的监管、生产、储备、调拨和紧急配送体系。设区的市级以上人民政府和突发事件易发、多发地区的县级人民政府应当建立应急救援物资、生活必需品和应急处置装备的储备制度。县级以上地方各级人民政府应当根据本地区的实际情况,与有关企业签订协议,保障应急救援物资、生活必需品和应急处置装备的生产、供给。③应急通信保障。国家建立健全应急通信保障体系,完善公用通信网,建立有线与无线相结合、基础电信网络与机动通信系统相配套的应急通信系统,确保突发事件应对工作的通信畅通。④社会支持和捐赠。国家鼓励公民、法人和其他组织为人民政府应对突发事件工作提供物资、资金、技术支持和捐赠。

（6）城乡规划满足应急需要的制度。城乡规划应当符合预防、处置突发事件的需要，统筹安排应对突发事件所必需的设备和基础设施建设，合理确定应急避难场所。

（二）应急信息收集与报告机制

应急信息报告是指信息在应急管理系统由下向上纵向传递（报告）以及在不同部门、地区之间横向传递（通报）的过程。信息报告的三个环节是：初报（首报）、续报、结报（终报）。每个环节均需要注意加强核报、加强审核把关，不能是简单的"二传手""传声筒""复印机"，要当好应急信息报告的"鉴定师""分析师"。要避免应急信息报告不及时（迟报）、不准确（谎瞒报）、不全面（错报漏报）。应急信息报告的基本要求：即到即报；及时核实；加强研判；随时续报；决不允许迟报、谎报、瞒报和漏报。

应急信息收集与报告机制的具体内容，主要包括三个方面：①建立统一的突发事件信息系统。国务院建立全国统一的突发事件信息系统。县级以上地方各级人民政府应当建立或者确定本地区统一的突发事件信息系统，汇集、储存、分析、传输有关突发事件的信息，并与上级人民政府及其有关部门、下级人民政府及其有关部门、专业机构和监测网点的突发事件信息系统实现互联互通，加强跨部门、跨地区的信息交流与情报合作。县级以上人民政府及其有关部门、专业机构应当通过多种途径收集突发事件信息。县级人民政府应当在居民委员会、村民委员会和有关单位建立专职或者兼职信息报告员制度。②应急信息的及时报告报送制度。获悉突发事件信息的公民、法人或者其他组织，应当立即向所在地人民政府、有关主管部门或者指定的专业机构报告。地方各级人民政府应当按照国家有关规定向上级人民政府报送突发事件信息。县级以上人民政府有关主管部门应当向本级人民政府相关部门通报突发事件信息。专业机构、监测网点和信息报告员应当及时向所在地人民政府及其有关主管部门报告突发事件信息。有关单位和人员报送、报告突发事件信息，应当做到及时、客观、真实，不得迟报、谎报、瞒报、漏报。③应急信息的分析、会商和评估制度。县级以上地方各级人民政府应当及时汇总分析突发事件隐患和预警信息，必要时组织相关部门、专业技术人员、专家学者进行会商，对发生突发事件的可能性及其可能造成的影响进行评估；认为可能发生重大或者特别重大突发事件的，应当立即向上级人民政府报告，并向上级人民政府有关部门、当地驻军和可能受到危害的毗邻或者相关地区的人民政府通报。

（三）应急监测预警机制

应急监测预警是指收集重大危险源、危险区域、关键基础设施和重要防护目标等的空间分布、运行状况及社会安全形势等有关信息，并根据突发事件可能造成的危害程度、紧急程度和发展趋势，确定相应预警级别，发布相关信息，采取相关措施的过程。

应急监测预警机制的具体内容，主要包括以下四个方面。

（1）建立健全突发事件监测网络。国家建立健全突发事件监测制度。县级以上人民政府及其有关部门应当根据自然灾害、事故灾难和公共卫生事件的种类和特点，建立健全基础信息数据库，完善监测网络，划分监测区域，确定监测点，明确监测项目，提供必要的设备、设施,配备专职或者兼职人员,对可能发生的突发事件进行监测。具体包括:在完善现有气象、水文、地震、地质、海洋、环境等自然灾害监测网的基础上,适当增加监测密度,提高技术装备水平;建立危险源、危险区域的实时监控系统和危险品跨区域流动监控系统。

(2)实行预警级别制度。国家建立健全突发事件预警制度。可以预警的自然灾害、事故灾难和公共卫生事件的预警级别,按照突发事件发生的紧急程度、发展势态和可能造成的危害程度分为一级、二级、三级和四级,分别用红色、橙色、黄色和蓝色标示,一级为最高级别。预警级别的划分标准由国务院或者国务院确定的部门制定。

(3)实行预警警报的发布权制度,可以预警的突发事件灾难即将发生或者发生的可能性增大时,县级以上地方各级人民政府应当根据有关法律、行政法规和国务院规定的权限和程序,发布相应级别的警报,决定并宣布有关地区进入预警期,同时向上一级人民政府报告,必要时可以越级上报,并向当地驻军和可能受到危害的毗邻或者相关地区的人民政府通报。原则上,预警的突发事件发生地的县级人民政府享有警报的发布权,但影响超过本行政区域范围的,应当由上级人民政府发布预警警报。确定预警警报的发布权,应当遵守属地为主、权责一致、受上级领导三项原则。

(4)实行预警措施制度。发布三级、四级警报,宣布进入预警期后,县级以上地方各级人民政府应当根据即将发生的突发事件的特点和可能造成的危害,采取下列措施:启动应急预案;责令有关部门、专业机构、监测网点和负有特定职责的人员及时收集、报告有关信息,向社会公布反映突发事件信息的渠道,加强对突发事件发生、发展情况的监测、预报和预警工作;组织有关部门和机构、专业技术人员、有关专家学者,随时对突发事件信息进行分析评估,预测发生突发事件可能性的大小、影响范围和强度以及可能发生的突发事件的级别;定时向社会发布与公众有关的突发事件预测信息和分析评估结果,并对相关信息的报道工作进行管理;及时按照有关规定向社会发布可能受到突发事件危害的警告,宣传避免、减轻危害的常识,公布咨询电话。

发布一级、二级警报,宣布进入预警期后,县级以上地方各级人民政府除采取三级、四级警报的措施外,还应当针对即将发生的突发事件的特点和可能造成的危害,采取下列一项或者多项措施:责令应急救援队伍、负有特定职责的人员进入待命状态,并动员后备人员做好参加应急救援和处置工作的准备;调集应急救援所需物资、设备、工具,准备应急设施和避难场所,并确保其处于良好状态、随时可以投入正常使用;加强对重点单位、重要部位和重要基础设施的安全保卫,维护社会治安秩序;采取必要措施,确保交通、通信、供水、排水、供电、供气、供热等公共设施的安全和正常运行;及时向社会发布有关采取特定措施避免或者减轻危害的建议、劝告;转移、疏散或者撤离易受突发事件危害的人员并予以妥善安置,转移重要财产;关闭或者限制使用易受突发事件危害的场所,控制或者限制容易导致危害扩大的公共场所的活动;法律、法规、规章规定的其他必要的防范性、保护性措施。

(四)应急处置机制

突发事件发生以后,首要的任务是进行有效的处置,防止事态扩大和次生、衍生事件的发生。突发事件发生后,履行统一领导职责或者组织处置突发事件的人民政府应当针对其性质特点和危害程度,立即组织有关部门,调动应急救援队伍和社会力量,依照有关法律、法规、规章的规定采取应急处置措施。突发事件应急处置要科学化、专业化。

自然灾害、事故灾难或者公共卫生事件发生后,履行统一领导职责的人民政府可以采取下列一项或者多项应急处置措施:①组织营救和救治受害人员,疏散、撤离并妥善安置受到威胁的人员以及采取其他救助措施;②迅速控制危险源,标明危险区域,封锁危险场所,划定警戒区,实行交通管制以及其他控制措施;③立即抢修被损坏的交通、通信、供水、排水、供电、供气、供热等公共设施,向受到危害的人员提供避难场所和生活必需品,实施医疗救护和卫生防疫以及其他保障措施;④禁止或者限制使用有关设备、设施,关闭或者限制使用有关场所,中止人员密集的活动或者可能导致危害扩大的生产经营活动以及采取其他保护措施;⑤启用本级人民政府设置的财政预备费和储备的应急救援物资,必要时调用其他急需物资、设备、设施、工具;⑥组织公民参加应急救援和处置工作,要求具有特定专长的人员提供服务;⑦保障食品、饮用水、燃料等基本生活必需品的供应;⑧依法从严惩处囤积居奇、哄抬物价、制假售假等扰乱市场秩序的行为,稳定市场价格,维护市场秩序;⑨依法从严惩处哄抢财物、干扰破坏应急处置工作等扰乱社会秩序的行为,维护社会治安;⑩采取防止发生次生、衍生事件的必要措施。

履行统一领导职责或者组织处置突发事件的人民政府,必要时可以向单位和个人征用应急救援所需设备、设施、场地、交通工具和其他物资,请求其他地方人民政府提供人力、物力、财力或者技术支援,要求生产、供应生活必需品和应急救援物资的企业组织生产、保证供给,要求提供医疗、交通等公共服务的组织提供相应的服务。

履行统一领导职责或者组织处置突发事件的人民政府,应当组织协调运输经营单位,优先运送处置突发事件所需物资、设备、工具、应急救援人员和受到突发事件危害的人员。

突发事件发生地的居民委员会、村民委员会和其他组织应当按照当地人民政府的决定、命令,进行宣传动员,组织群众开展自救和互救,协助维护社会秩序。

受到自然灾害危害或者发生事故灾难、公共卫生事件的单位,应当立即组织本单位应急救援队伍和工作人员营救受害人员,疏散、撤离、安置受到威胁的人员,控制危险源,标明危险区域,封锁危险场所,并采取其他防止危害扩大的必要措施,同时向所在地县级人民政府报告;对因本单位的问题引发的或者主体是本单位人员的社会安全事件,有关单位应当按照规定上报情况,并迅速派出负责人赶赴现场开展劝解、疏导工作。

突发事件发生地的其他单位应当服从人民政府发布的决定、命令,配合人民政府采取的应急处置措施,做好本单位的应急救援工作,并积极组织人员参加所在地的应急救援和处置工作。

突发事件发生地的公民应当服从人民政府、居民委员会、村民委员会或者所属单位的指挥和安排,配合人民政府采取的应急处置措施,积极参加应急救援工作,协助维护社会秩序。

（五）应急协调联动机制

随着突发事件外溢性日益增强和"跨界"事项不断增多,要推动地区之间、部门之间、条块之间、军地之间建立自觉自愿、自主自发的应急协调机制,相互间基于互利合作而不是行政命令和领导权威开展合作。要加强政府间以及政府部门间的相互援助和良好合作,构建应急管理多层次的政府间整体联动系统。

通过签订相互援助合作协定,各政府之间层次清楚,应急管理职能分工明确、权责分明,在应急管理中互相配合,形成一个以各级政府为基础、多层面、全方位的政府间应急管理整体联动系统。在具体的突发事件应对过程中,根据突发事件发生的地点、范围、规模和严重程度,确定各层次政府以及政府部门介入的方式和程度,从而形成整体联动的突发事件应对系统。

(六) 社会参与应急救援的机制

在我国经济发展新常态下,加强社会参与应急机制建设,要着眼于提高基层基础能力,打破长期以来存在的"强政府、弱社会"的格局,形成政府统筹协调、群众广泛参与的社会参与机制。应重视各类社会组织尤其是工商企业组织在应急管理中的广泛参与,建立政府与社会组织的伙伴合作关系,加强应急管理中公共部门与私人部门之间的通力合作,建立公民、社会组织、工商企业在应急管理中的高度参与机制,构建全社会型的多级立体交叉的应急管理网络系统。

(七) 应急舆论引导机制

应急舆论引导指运用各种沟通媒介,帮助政府控制突发事件事态、渡过难关、挽回影响、重塑形象的过程。《突发事件应对法》明确规定:"履行统一领导职责或者组织处置突发事件的人民政府,应当按照有关规定统一、准确、及时发布有关突发事件事态发展和应急处置工作的信息。""任何单位和个人不得编造、传播有关突发事件事态发展或者应急处置工作的虚假信息。"必须主动引导和把握舆论有利于增强信息的透明度,把握舆论主动权,保障民众的知情权。通过电视和报纸杂志等新闻媒体,召开媒体沟通会或新闻发布会,发布新闻公告和声明,就突发事件的发生表示遗憾,向受害者表示慰问和同情,并澄清各种不利谣言。坚持及时主动、准确把握、正确引导、讲究方式、注重效果、遵守纪律、严格把关的原则,及时主动、公开透明地发布信息,正确引导社会舆论和公众行为,及时消除社会上不正确信息造成的负面影响。

当前,互联网已成为掌握群众舆论动态,了解民意的主要载体。在互联网新媒体时代,突发事件应急管理过程中政策的执行不可避免地要与网络舆情产生碰撞,如何巧妙地化解二者之间的冲突,成为建立健全突发事件应急舆论引导体系的焦点。互联网网络空间已经成为"公共领域或公共空间",网络新媒体成为舆论渠道。

(八) 应急恢复重建机制

应急恢复重建是指在应急处置工作结束后,促进灾区社会稳定和经济发展,正确总结和处理遗留问题,尽快帮助灾区民众恢复常态,使得灾区群众向灾前正常的生活、生产和工作秩序回归的过程。突发事件的威胁和危害基本得到控制和消除后,应当及时组织开展事后恢复和重建工作,以减轻突发事件造成的损失和影响,尽快恢复生产、生活、工作和社会秩序,妥善解决处置突发事件过程中引发的矛盾和纠纷。

突发事件恢复重建机制建设的具体内容,主要包括以下五个方面。

(1) 及时停止应急措施。突发事件的威胁和危害得到控制或者消除后,履行统一领导职责或者组织处置突发事件的人民政府应当停止执行依照本法规定采取的应急处置措施,同时采取或者继续实施必要措施,防止发生自然灾害、事故灾难、公共卫生事件的次生、衍生事件或者重新引发社会安全事件。

(2) 制定恢复重建计划。突发事件应急处置工作结束后,履行统一领导职责的人民政府应当立即组织对突发事件造成的损失进行评估,组织受影响地区尽快恢复生产、生活、工作和社会秩序,制定恢复重建计划,并向上一级人民政府报告。

受突发事件影响地区的人民政府应当及时组织和协调公安、交通、铁路、民航、邮电、建设等有关部门恢复社会治安秩序,尽快修复被损坏的交通、通信、供水、排水、供电、供气、供热等公共设施。

(3) 上级人民政府提供指导和援助。受突发事件影响地区的人民政府开展恢复重建工作需要上一级人民政府支持的,可以向上一级人民政府提出请求。上一级人民政府应当根据受影响地区遭受的损失和实际情况,提供资金、物资支持和技术指导,组织其他地区提供资金、物资和人力支援。

(4) 国务院根据受突发事件影响地区遭受损失的情况,制定扶持该地区有关行业发展的优惠政策。受突发事件影响地区的人民政府应当根据本地区遭受损失的情况,制定救助、补偿、抚慰、抚恤、安置等善后工作计划并组织实施,妥善解决因处置突发事件引发的矛盾和纠纷。

公民参加应急救援工作或者协助维护社会秩序期间,其在本单位的工资待遇和福利不变;表现突出、成绩显著的,由县级以上人民政府给予表彰或者奖励。

县级以上人民政府对在应急救援工作中伤亡的人员依法给予抚恤。

履行统一领导职责的人民政府应当及时查明突发事件的发生经过和原因,总结突发事件应急处置工作的经验教训,制定改进措施,并向上一级人民政府提出报告。

(5) 完善紧急征用和补偿机制。明确突发事件应急处置过程中社会资源紧急征用、市场管理强制性措施采取等行为的法律依据,规范紧急征用和借用的启动条件、基本程序以及基于市场原则的补助、补偿、赔偿标准和程序,使政府运用各种应急社会资源的行为具有更高的透明度、更大的规范性和更强的可预见性。

(九) 应急调查评估机制

应急调查评估指在一定的工作流程指导下,由特定的人或小组、委员会等获得被调查突发事件、部门、项目等信息,并对这些信息进行规范性分析判断,据此采取相应的奖惩和工作改进等措施的过程。

应急调查评估机制的基本原则如下。

(1) 客观公正,可由独立第三方组织或参与,保持相对独立性。

(2) 科学全面,全面评估事件的原因、过程和结果等各个方面。

(3) 公开透明,调查评估的过程和结果都尽可能向社会公开。

（4）目标合理，调查评估的目的侧重改进工作，兼顾追究责任。

建立科学合理的责任追究制度。按照"宽严相济、惩教结合"的原则，既要落实责任追究制度，对有失职、渎职、玩忽职守等行为的依法追究责任，又要改变当前问责简单化与情绪化的倾向，提高问责的科学化、理性化、制度化水平，避免用对个别官员的简单问责代替对突发事件的科学调查。

（十）应急科普宣教机制

应急科普宣教是将应急管理的知识、智慧、能力有效传递给人的活动，以提高人们应急素质和能力为目的，对公众、领导者、应急管理者、救援者和志愿者等群体和个人开展应急意识、知识、技能与心理等方面的科普宣传、教育培训的活动和行为。

应急科普宣教，是一项政府与社会公众共同参与的系统工程，具体指应急知识的宣传、普及和应急技能的训练、应用。应急科普宣教作为应急管理工作的重要内容，是针对突发事件所做的预防和准备，并在这个预防与准备的过程中培养政府和公众的危机意识，以及应对各类突发事件的思想和技能准备。应急管理的成效取决于各级领导干部和公务员应急管理的能力，取决于国民的整体素质。应急科普宣教将有助于培育应急管理的"预防文化"，因此应急科普宣教是应急管理的基础和前提。

加强应急科普宣教工作，建立应急科普宣教体系，有效提高科普宣教水平，是加强应急管理工作的切入点和着力点之一，是全面提升应急管理水平的重要基础性工作。加强应急科普宣教体系建设意义重大，必须防止目前我国应急管理中重视政府应急能力建设而忽视全民应急科普宣教体系建设的倾向。

第四节 应急管理法制

一、我国应急管理法律法规体系概述

法制是法律和制度的总称。应急管理法制是指关于应急管理的法律及制度的总称。应急管理法律法规体系，是指我国全部现行的、不同的应急管理法律规范形成的有机联系的统一整体。

我国应急管理法律法规体系包括：宪法中有关应急管理的规定；有关应急管理的法律、法规（行政法规和地方性法规）、规章（部门规章和地方政府规章）；法定应急管理标准，如图 2-4 所示（实线表示有上下位关系，虚线表示无上下位关系）。

1. 宪法条款

宪法条款主要涉及战争状态和紧急状态的决定和宣布，明确了国家机关行使紧急权力的宪法依据，确定了国家紧急权力必须依法行使的基本原则。2004 年宪法修正案通过后，涉及战争状态和紧急状态的条款有第 67、第 80、第 89 三条。第 67 条第（18）项和第（20）项分别规定了全国人大常委会决定进入战争状态和紧急状态的权限，第 80 条规定由国家主席宣布进入战争状态和紧急状态。第 89 条规定国务院依照法律规定决定省、自治区、直辖市范围内部分地区进入紧急状态。

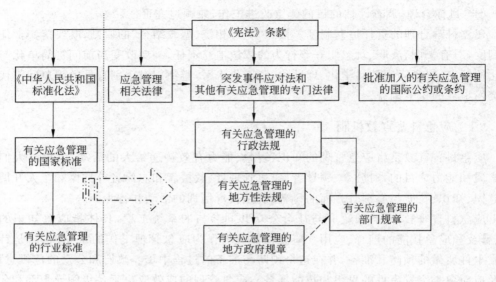

图 2-4　我国应急管理法律法规体系

2. 法律层面

法律层面制定了应对一般性突发事件的基本法《突发事件应对法》。法律层面关于突发事件的立法中有一部分是专门立法，包括《防震减灾法》《防沙治沙法》《防洪法》《传染病防治法》等；多数立法并非是关于突发事件预防和应对的专门立法，只是部分条款与突发事件的应对相关，内容因之相对简单，但由于规定在部门管理法中，又具有很强的针对性。如自然灾害类的《水法》《森林法》；事故灾难类的《安全生产法》《消防法》《劳动法》《煤炭法》；公共卫生事件类的《食品卫生法》《国境卫生检疫法》《动物防疫法》；社会安全事件类的《国家安全法》《国防法》《兵役法》《人民防空法》等。

3. 行政法规层面

行政法规层面分布的专门性立法数量最多，包括《生产安全事故应急条例》《自然灾害救助条例》《破坏性地震应急条例》《突发公共卫生事件应急条例》《重大动物疫情应急条例》《森林防火条例》《核电厂核事故应急管理条例》《地质灾害防治条例》《军队参加抢险救灾条例》，以及针对 2008 年汶川大地震后面临的艰巨而又复杂的灾后重建工作所制定的区域性立法《汶川地震灾后恢复重建条例》等。

4. 其他层面

地方性法规、行政规章数量庞大。地方性法规与行政规章的立法多数是实施性立法。如《辽宁省突发事件应对条例》《广东省突发事件应对条例》《江苏省实施〈中华人民共和国突发事件应对法〉办法》《河北省安全生产应急管理规定》等。

此外，从国务院到地方各级人民政府还以"意见""通知"等形式下发了大量内部文件，如《国务院办公厅关于加强基层应急管理工作的意见》《国务院关于全面加强应急管理工作的意见》《国家安全监督管理总局关于建设国家矿山危险化学品应急救援基地的通知》《民政部关于加强突发灾害应急救助联动工作的通知》《乌鲁木齐市人民政府办公厅关于印发乌鲁木齐市生活必需品应急预案的通知》等。

在立法之外，还建立了从中央到地方、从总体预案到专项预案和部门预案的突发事件应急预案体系，将立法规定具体化，但不少应急预案存在照抄照搬立法条款的现象，未真正实现应急预案的功能。

二、我国应急管理法律体系建设工作发展主要历程

我国应急管理法律法规体系建设工作发展有两个重要的历史节点。

第一个重要节点是 2003 年抗击"非典"。2003 年以前，我国的应急管理法律体系呈现分散化。其中，2003 年 5 月 12 日正式颁布《突发公共卫生事件应急条例》，标志着我国公共卫生应急处理工作进入法制化轨道；2003 年之后，我国的应急管理体系已经与现代法治、现代管理理念接轨，进而开始构建我国独有的应急管理体系。同时在这一过程中，逐步建立和完善了我国应急管理的法律体系框架。这个框架的建成以《突发事件应对法》出台为标志，这是我国第一部应对各类突发事件的综合性法律，标志着我国确立了规范各类突发事件应对的基本法律制度，我国的突发事件应对工作进一步走上法制化轨道。

第二个重要节点是 2008 年抗击南方雨雪冰冻灾害、应对"5·12"汶川特大地震。从那时起，我国开始更加重视应急管理法制体系的构建，一些应急管理相关的法律法规中的部分条款、有关国际公约和协定、突发事件应急预案有力地补充了我国应急管理法律法规体系。各地方人民政府据此各自颁布了适用于本行政区域的地方性法规、地方规章和法规性文件，逐步形成了一个以《突发事件应对法》为核心的应急管理法律体系。

近年来，尤其是党的十八大以来，应急管理相关的法律法规不断完善，整个应急管理法律体系以《宪法》（含紧急状态的法律法规）为依据，以《突发事件应对法》为核心，以相关单项法律法规为配套（如《防洪法》《消防法》《安全生产法》《传染病防治法》等）的特点，应急管理工作逐步走上了规范化、法制化的轨道。

三、各类突发事件应急管理的单项立法介绍

在《突发事件应对法》之外，我国还存在大量单项立法。这些立法有的是关于突发事件应对的专门单行立法，如《防震减灾法》《生产安全事故应急条例》《破坏性地震应急条例》《突发公共卫生事件应急条例》等；多数则是部门管理的行政立法中部分条款涉及突发事件的应对工作。单项立法的优点是针对性强，或者结合某类突发事件的特点，或者结合某个阶段应对工作的特点，规定更具针对性的应对措施。数量众多的单项立法已经覆盖了突发事件的各个领域。《突发事件应对法》将突发事件大分为自然灾害、事故灾难、公共卫生事件和社会安全事件。四大类事件之下又可以细分为诸多种类，如自然灾害包括洪水、地震、台风、冰雪等，事故种类就更多了。我国现行数量众多的单项立法可以说基本覆盖了人类目前认识到的已经发生的各类突发事件。当然，很多立法的规定非常不完善，但就其覆盖面而言，形式上已经覆盖了一般性突发事件领域中的各种类型突发事件的应对。

1. 自然灾害类

自然灾害类立法主要包括《水法》《防汛条例》《蓄滞洪区运用补偿暂行办法》《防沙治沙法》《人工影响天气管理条例》《军队参加抢险救灾条例》《防震减灾法》《破坏性地震应急

条例》《森林法》《森林防火条例》《森林病虫害防治条例》《森林法实施条例》《草原防火条例》《自然保护区条例》《地质灾害防治条例》《海洋石油勘探开发环境保护管理条例》《气象法》等。

2. 事故灾难类

事故灾难类立法主要包括《生产安全事故应急条例》《生产安全事故报告和调查处理条例》《电力安全事故应急处置和调查处理条例》《铁路交通事故应急救援和调查处理条例》《放射性同位素与射线装置安全和防护条例》《建筑法》《消防法》《矿山安全法实施条例》《国务院关于预防煤矿生产安全事故的特别规定》《煤矿安全监察条例》《建设工程质量管理条例》《工伤保险条例》《劳动保障监察条例》《建设工程安全生产管理条例》《道路运输条例》《内河交通安全管理条例》《渔业船舶检验条例》《河道管理条例》《海上交通安全法》《海上交通事故调查处理条例》《铁路运输安全保护条例》《电力监管条例》《电信条例》《计算机信息系统安全保护条例》《特种设备安全监察条例》《环境保护法民用核设施安全监督管理条例》《防治海岸工程建设项目污染损害海洋环境管理条例》《水污染防治法实施细则》《大气污染防治法》《环境噪声污染防治法》《水污染防治法》《固体废物污染环境防治法》《海洋环境保护法》《防止拆船污染环境管理条例》《淮河流域水污染防治暂行条例》《防止船舶污染海域管理条例》《危险化学品安全管理条例》《放射性污染防治法》《核电厂核事故应急管理条例》《农业转基因生物安全管理条例森林防火条例》《森林病虫害防治条例》《森林法实施条例》《草原防火条例》《自然保护区条例》《地质灾害防治条例》《海洋石油勘探开发环境保护管理条例》等。

3. 公共卫生事件类

公共卫生事件类立法主要包括《重大动物疫情应急条例》《传染病防治法》《传染病防治法实施办法》《突发公共卫生事件应急条例》《食品卫生法》《进出境动植物检疫法》《动物防疫法》《国境卫生检疫法》《进出境动植物检疫法》《植物检疫条例》《国境卫生检疫法实施细则》等。

4. 社会安全事件类

社会安全事件类立法主要包括《民族区域自治法》《戒严法》《人民警察法》《监狱法》《信访条例》《企业劳动争议处理条例》《行政区域边界争议处理条例》《殡葬管理条例》《营业性演出管理条例》《中国人民银行法》《商业银行法》《保险法》《证券法》《银行业监督管理法》《期货交易管理暂行条例》《预备役军官法》《领海及毗连区法》《专属经济区和大陆架法》《国防交通条例》《民兵工作条例》《民用运力国防动员条例》《退伍义务兵安置条例》《军人抚恤优待条例》《价格法》《农业法》《粮食流通管理条例》《中央储备粮管理条例》《民用爆炸物品管理条例》《种子法》《野生动物保护法》《民用航空安全保卫条例》《农药管理条例》《兽药管理条例》《饲料和饲料添加剂管理条例》《水生野生动物保护实施条例》《陆生野生动物保护实施条例》等。

我国应急管理法律体系经历了从无到有、从分散到综合、一直在完善的过程，取得了一系列成就，但还存在一些问题和不足。如一些法律法规，尤其是《突发事件应对法》的操作性不强；针对单一类型突发事件的单行法不够全面，缺乏有关领域的专门立法，如救助和补偿;许多立法在内容上较为原则、抽象,缺乏具体的配套制度、实施细则和办法,非政府力量参与应急救援尚未纳入我国应急管理法律体系;现有的应急管理法律法规需要清理,关键法律法规亟须修订等。

第五节　应急救援预案

一、应急救援预案基本知识

(一)应急救援预案的定义

应急救援预案,又可称为"预防和应急处理预案""应急处理预案""应急计划"或"应急预案",是事先针对可能发生的事故(件)或灾害进行预测,而预先制定的应急与救援行动、降低事故损失的有关救援措施、计划或方案。应急预案实际上是标准化的反应程序,以使应急救援活动能迅速、有序地按照计划和最有效的步骤来进行。

应急预案最早就是化工生产企业为预防、预测和应急处理"关键生产装置事故""重点生产部位事故""化学泄漏事故"而预先制订的对策方案,其有三个方面的含义:①事故预防。通过危险辨识、事故后果分析,采用技术和管理手段降低事故发生的可能性且使可能发生的事故控制在局部,防止事故蔓延。②应急处理。万一发生事故(或故障)有应急处理程序和方法,能快速反应处理故障或将事故消除在萌芽状态。③抢险救援。采用预定现场抢险和抢救的方式,控制或减少事故造成的损失。

《突发事件应急预案管理办法》(国办发〔2013〕101 号)规定,应急预案是指各级人民政府及其部门、基层组织、企事业单位、社会团体等为依法、迅速、科学、有序应对突发事件,最大程度减少突发事件及其造成的损害而预先制定的工作方案。《生产经营单位生产安全事故应急预案编制导则》(GB/T 29639—2020)规定,应急预案(emergency response plan)是指针对可能发生的事故,为最大程度减少事故损害而预先制定的应急准备工作方案。

针对可能发生的事故,为最大程度减少事故损害而预先制定的应急准备工作方案。根据 ILO《重大工业事故预防规程》,应急救援预案(又称应急救援计划)的定义是:①基于在某一处发现的潜在事故及其可能造成的影响所形成的一个正式书面计划,该计划描述了在现场和场外如何处理事故及其影响;②重大危害设施的应急计划应包括对紧急事件的处理;③应急计划包括现场计划和场外计划两个重要组成部分;④企业管理部门应确保遵守国家法律并符合法定标准的要求,不应把应急计划作为在设施内维持良好标准的替代措施。

(二)应急预案和应急救援管理体系两者之间的关系

应急预案以应急救援管理体系的各项要求为内容,是应急救援管理体系的有形载体。应急救援管理体系是个抽象的概念,即人们针对突发事件事故的应急管理和处置活动所提出的一系列相互联系、相互作用的要求。应急预案是按照专门的文件格式并满足这些要求的规范性文件,是应急救援管理体系的文件化。这就是应急预案和应急救援管理体系两者之间的关系。

　　应急预案是在辨识和评估潜在的重大危险、事故类型、事故发生的可能性及发生过程、事故后果及影响严重程度的基础上，对应急机构职责、人员、技术、装备、设施（设备）、物资、救援行动及其指挥与协调等方面预先做出的具体安排。应急预案应明确在突发事故发生之前、发生过程中以及刚结束之后，谁负责做什么、何时做以及相应的策略和资源准备等。

　　近年来，我国相继颁布的一系列法律法规，如《安全生产法》《消防法》《职业病防治法》《突发事件应对法》《危险化学品安全管理条例》《特种设备安全监察条例》等，对政府和生产经营单位制定应急救援预案（应急预案）做出了强制性的规定。

二、编制应急预案的目的和作用

（一）编制应急预案的目的

　　为了在重大事故发生后能及时予以控制，防止重大事故的蔓延，有效地组织抢险和救助，政府和企业应对已初步认定的危险场所和部位进行重大危险源的评估。对所有被认定的重大危险源，应事先进行重大事故后果定量预测，估计在重大事故发生后的状态、人员伤亡情况及设备破坏和损失程度，以及由于物料的泄漏可能引起的爆炸、火灾、有毒有害物质扩散对单位及周边地区可能造成危害程度。依据预测，提前制订重大事故应急预案，组织、培训抢险队伍和配备救助器材，以便在重大事故发生后，能及时按照预定方案进行救援，在短时间内使事故得到有效控制。

　　综上所述，编制事故应急预案有两个主要目的：采取预防措施使事故控制在局部，消除蔓延条件，防止突发性重大或连锁事故发生；能在事故发生后迅速有效控制和处理事故，尽力减轻事故对人和财产的影响。

（二）应急预案的作用

　　应急预案在应急系统中起着关键作用，它明确了在突发事件发生之前、发生过程中，以及刚刚结束之后，谁负责做什么，何时做，相应的策略和资源准备等。它是针对可能发生的突发环境事件及其影响和后果严重程度，为应急准备和应急响应的各个方面所预先做出的详细安排，是开展及时、有序和有效事故应急救援工作的行动指南。

　　编制重大事故应急预案是应急救援准备工作的核心内容，是及时、有序、有效地开展应急救援工作的重要保障。应急预案在应急救援中的重要作用和地位体现在以下几个方面。

　　（1）应急预案确定了应急救援的范围和体系，使应急准备和应急管理不再是无据可依、无章可循。尤其是培训和演习，它们依赖于应急预案：培训可以让应急响应人员熟悉自己的任务，具备完成指定任务所需的相应技能；演习可以检验预案和行动程序，并评估应急人员技能和整体协调性。

　　（2）制定应急预案有利于做出及时的应急响应，降低事故后果。应急行动对时间要求十分敏感，不允许有任何拖延。应急预案预先明确了应急各方的职责和响应程序，在应急力量应急资源等方面做了大量准备，可以指导应急救援迅速、高效、有序地开展，将事故的人员伤亡、财产损失和环境破坏降到最低限度。此外，如果预先制定了预案，对重大事故发生后必须快速解决的一些应急恢复问题,也就很容易解决。

(3)成为各类突发重大事故的应急基础。通过编制基本应急预案,可保证应急预案足够的灵活性,对那些事先无法预料到的突发事件或事故,也可以起到基本的应急指导作用,成为开展应急救援的"底线"。在此基础上,可以针对特定危害编制专项应急预案,有针对性制定应急措施、进行专项应急准备和演习。

(4)当发生超过应急能力的重大事故时,便于与上级应急部门的联系和协调。

(5)有利提高风险防范意识。预案的编制、评审以及发布和宣传,有利于各方了解可能面临的重大风险及其相应的应急措施,有利于促进各方提高风险防范意识和能力。

三、应急预案体系

(一)国家突发事件应急预案体系

《突发事件应对法》规定,国家建立健全突发事件应急预案体系。国务院制定国家突发事件总体应急预案,组织制定国家突发事件专项应急预案;国务院有关部门根据各自的职责和国务院相关应急预案,制定国家突发事件部门应急预案。地方各级人民政府和县级以上地方各级人民政府有关部门根据有关法律、法规、规章、上级人民政府及其有关部门的应急预案以及本地区的实际情况,制定相应的突发事件应急预案。由此可见,我国将按照政府行政管理层级建立如下结构的国家突发事件应急预案体系:国家级应急预案,包括国家总体预案、国家专项预案、国务院部门预案;地方级应急预案,包括地方各级人民政府总体预案和专项预案、县级以上地方各级人民政府有关部门预案。

(二)全国突发公共事件应急预案体系

国务院于 2006 年 1 月 8 号发布并实施的《国家突发公共事件总体应急预案》明确规定,全国突发公共事件应急预案体系如下。

(1)突发公共事件总体应急预案。总体应急预案是全国应急预案体系的总纲,是国务院应对特别重大突发公共事件的规范性文件。

(2)突发公共事件专项应急预案。专项应急预案主要是国务院及其有关部门为应对某一类型或某几种类型突发公共事件而制定的应急预案。

(3)突发公共事件部门应急预案。部门应急预案是国务院有关部门根据总体应急预案、专项应急预案和部门职责为应对突发公共事件制定的预案。

(4)突发公共事件地方应急预案。具体包括:省级人民政府的突发公共事件总体应急预案、专项应急预案和部门应急预案;各市(地)、县(市)人民政府及其基层政权组织的突发公共事件应急预案。上述预案在省级人民政府的领导下,按照分类管理、分级负责的原则,由地方人民政府及其有关部门分别制定。

(5)企事业单位根据有关法律、法规制定的应急预案。

(6)举办大型会展和文化体育等重大活动,主办单位应当制定应急预案。

在上述的应急预案体系中,前三类预案属于国家级应急预案,依次分别是国家总体预案、国家专项预案、国务院部门预案;第 4 类预案属于地方级应急预案,依次分别是省级总体预案和专项预案及部门预案、地市级应急预案、县市级应急预案、基层政权组织应急预案；第 5 类预案属于基层单位——企事业单位依法指定的应急预案；第 6 类是重大活动主办单位制定的应急预案，这是一种临时生效和发挥作用的预案，随着重大活动的结束和终止，该预案将失效，我们称为单项预案，由于其指向活动具体的过程和场所，也将其纳入现场预案的范畴。当这类重大活动应急预案是由企事业单位制定，则又属于基层单位应急预案；若由有关人民政府或其部门制定，则又属于国家级或地方级应急预案。全国突发公共事件应急预案体系结构如图 2-5 所示。

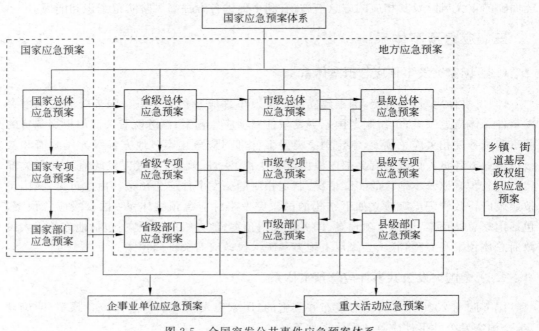

图 2-5   全国突发公共事件应急预案体系

（三）生产经营单位应急预案体系

《生产安全事故应急预案管理办法》(2019 年 7 月 11 日应急管理部令第 2 号)规定，生产经营单位应急预案分为综合应急预案、专项应急预案和现场处置方案。

在应急预案体系的概念中，要特别注意区分总体预案和综合预案两个术语的使用条件和环境。在国家突发事件应急预案体系中，国务院、省级、地市级、县级人民政府直到基层政权组织等按规定编制突发事件总体应急预案，而不能使用综合预案这个术语；在企事业单位应急预案体系中，企事业单位按规定编写综合应急预案，而不能使用总体预案这个术语。

四、应急预案的分级分类

（一）应急预案的级别划分

从全国突发公共事件应急预案体系建设结构出发，以应急预案制定主体的行政管理层级、权限大小和管辖范围为标准,可以将应急预案划分为五个级别,见表2-2。

表 2-2　应急预案的级别

级 别 编 号	级 别 名	级 别 关 系
Ⅰ	国家级	
Ⅱ	省级	
Ⅲ	市/地区级	
Ⅳ	县、市/基层政权组织级	
Ⅴ	企事业单位级	

1. 国家级(Ⅰ级)

国家级应急预案包括国家总体预案、国家专项预案、国务院部门预案。对事故后果超过省、直辖市、自治区边界以及列为国家级事故隐患、重大危险源的设施或场所,应制定国家级应急预案。

2. 省级(Ⅱ级)

省级应急预案包括省级总体预案、省级专项预案、省级部门预案。对可能发生的特大火灾、爆炸、毒物泄漏事故,以及属省级特大事故隐患、省级重大危险源应建立省级事故应急反应预案。它可能是一种规模极大的灾难事故,也可能是一种需要用事故发生的城市或地区所没有的特殊技术和设备进行处理的特殊事故。这类意外事故需用全省范围内的力量来控制。

3. 市/地区级(Ⅲ级)

地市级应急预案包括地市级总体预案、地市专项预案、地市部门预案。事故影响范围大,后果严重,或是发生在两个县或县级市管辖区边界上的事故。应急救援需动用地区的力量。

4. 县、市/基层政权组织级(Ⅳ级)

县、市/基层政权组织级应急预案包括县市级总体预案、县市专项预案、县市部门预案以及基层政权组织制定的预案。所涉及的事故及其影响可扩大到公共区(社区),但可被该县(市、区)或基层政权组织(如社区)的力量,加上所涉及的工厂或工业部门的力量所控制。

5. 企事业单位级(Ⅴ级)

企事业单位级应急预案对应的事故的有害影响局限在一个单位(如某个化工厂)的界区之内,并且可被现场的操作者遏制和控制在该区域内。这类事故可能需要投入整个单位的力量来控制,但其影响预期不会扩大到社区(公共区)。

(二)应急预案的分类

1. 按照突发事件的种类划分

《国家突发公共事件总体应急预案》把突发公共事件划分为四大类:自然灾害、事故灾难、公共卫生事件、社会安全事件。针对每一大类突发公共事件下不同具体种类的事件，分别编制应急预案。为了规范事故灾难类突发公共事件的应急管理和应急响应程序，及时有效地实施应急救援工作，最大程度地减少人员伤亡、财产损失，维护人民群众生命财产安全和社会稳定，国务院针对事故灾难类突发公共事件发布了9部相应的应急预案：①国家安全生产事故灾难应急预案；②国家处置铁路行车事故应急预案；③国家处置民用航空器飞行事故应急预案；④国家海上搜救应急预案；⑤国家处置城市地铁事故灾难应急预案；⑥国家处置电网大面积停电事件应急预案；⑦国家核应急预案；⑧国家突发环境事件应急预案；⑨国家通信保障应急预案。

2. 按制定主体和责任主体的不同来划分

《突发事件应急预案管理办法》（国办发〔2013〕101号）规定，应急预案按照制定主体划分，分为政府及其部门应急预案、单位和基层组织应急预案两大类。政府及其部门应急预案由各级人民政府及其部门制定，包括总体应急预案、专项应急预案、部门应急预案等。

总体应急预案是应急预案体系的总纲，是政府组织应对突发事件的总体制度安排，由县级以上各级人民政府制定。专项应急预案是政府为应对某一类型或某几种类型突发事件，或者针对重要目标物保护、重大活动保障、应急资源保障等重要专项工作而预先制定的涉及多个部门职责的工作方案，由有关部门牵头制订，报本级人民政府批准后印发实施。部门应急预案是政府有关部门根据总体应急预案、专项应急预案和部门职责，为应对本部门（行业、领域）突发事件，或者针对重要目标物保护、重大活动保障、应急资源保障等涉及部门工作而预先制定的工作方案，由各级政府有关部门制定。

鼓励相邻、相近的地方人民政府及其有关部门联合制定应对区域性、流域性突发事件的联合应急预案。

政府及其部门应急预案通常被简称为政府预案（场外预案），单位和基层组织应急预案通常被称为基层单位或企事业单位应急预案（场内、现场预案）。

政府预案和企事业单位预案两者具有共同的目的和最终目标，两者的总体框架、结构基本相同。政府预案和企事业单位预案在启动时，都必须做到双向畅通和联动。但是政府预案和企事业单位预案在适用范围、具体内容、责任主体等方面存在很大的差异，特别在处置的突发事件或事故的性质、规模和后果上存在较大差异。

（1）政府预案是社会性的，由政府来主导和负责，并承担主要责任；针对的是政府行政辖区内的社会生产生活活动，并不具体针对特定的人、物、组织，可以看作是外向型预案，是最主要的"场外预案"之一。

（2）企事业单位预案是自我管理性的，是单位承担安全保障责任的一种体现，立足自救的具体方案，由单位自己主导和负责，并承担主要责任；针对的是本单位的生产经营活动以及特定的人员范围及财产，可以看作是内向型预案，也可称为"现场预案"或"场内预案"。

政府预案作为"场外预案"和单位预案作为"现场预案"，两者之间必须具有良好的衔接。

3. 按功能和适用对象范围的不同来划分

根据应急预案的具体功能和适用范围的不同，生产经营单位应急预案可划分为三个层次类型：综合应急预案、专项应急预案、现场处置方案（现场预案、单项预案）。它们之间的内在基本关系如图 2-6 所示。

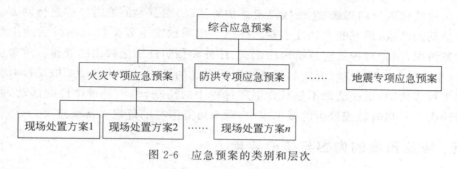

图 2-6　应急预案的类别和层次

（1）综合应急预案，是指生产经营单位为应对各种生产安全事故而制定的综合性工作方案，是本单位应对生产安全事故的总体工作程序、措施和应急预案体系的总纲。从总体上阐述生产经营单位应急目标、原则、应急组织结构及相应职责，以及应急行动的整体思路等。通过综合预案可以较为清晰地了解生产经营单位应急管理体系和应急预案体系，更重要的是可以作为应急工作的基础和"底线"，即使对那些没有分析到的紧急情况或没有预案的事故也能起到一定的应急指导作用。综合预案一般不会涉及过多的现场工作内容，将现场处理工作放在"专项预案"和"现场处置方案"中，而且主要放在"现场处置方案"中，因此，综合预案的可操作性较弱。

一般来说，综合预案是总体、全面的预案，以场外指挥与集中指挥为主，侧重在应急救援活动的组织协调。一般大型企业或行业集团，下属很多分公司，比较适于编制这类预案，可以做到统一指挥和资源的最大利用。

（2）专项应急预案，是指生产经营单位为应对某一种或者多种类型生产安全事故，或者针对重要生产设施、重大危险源、重大活动防止生产安全事故而制定的专项性工作方案。专项预案是建立在对特定风险分析基础上的，它以综合预案为前提，对应急策划、应急准备等作了更加详尽的描述，专项预案比综合预案的可操作性进一步加强，是"现场处置方案"的基础。专项预案往往是针对较为突出或集中的事故风险的，一个专项预案所针对的事故一般是存在于多个生产场所的，所以同一个专项预案可以对多个事故现场的应急起到指导作用。专项预案注重于某一项事故的应急处理，应尽量避免在专项预案中涉及过多的现场条件，以防缩小专项预案的适用范围，或导致专项预案与现场预案界限不清。

（3）现场处置方案，是指生产经营单位根据不同生产安全事故类型，针对具体场所、装置或者设施所制定的应急处置措施。在综合预案和专项预案的基础上，根据具体情况需要而编制的。它是针对特定的具体场所而制定的预案，通常是事故风险较大的场所。现场预案的特点是针对某一具体现场的特殊危险，在详细分析的基础上，对应急救援中的各个方面都做出具体、周密的安排，因而现场预案具有更强的针对性、指导性和可操作性。

现场处置方案的编制要以实用、简洁为标准，过于庞大的现场处置方案不便于应急情况下的使用。

现场处置方案的另一种特殊形式为单项预案。单项预案可以是针对大型公众聚集活动（如经济、文化、体育、民俗、娱乐、集会等活动）、高风险的建设施工或维修活动（如人口高密度区建筑物的定向爆破、生命线施工维护等活动）而制定的临时性应急行动方案。随着这些活动的结束，预案的有效性也随之终结。单项预案主要是针对临时活动中可能出现的紧急情况，预先对相关应急机构的职责、任务和预防性措施做出的安排。单项应急救援方案，主要针对一些单项、突发的紧急情况所设计的具体行动计划。一般是针对某些临时性的工程或活动，这些活动不是日常生产过程中的活动，也不是规律性的活动，但这类作业活动由于其临时性或发生的概率很少，对于可能潜在的危机常常被忽视。

五、应急预案的内容与核心要素

应急预案是针对可能发生的重大事故所需的应急准备和应急响应行动而制定的指导性文件，其核心内容包括：①对紧急情况或事故灾害及其后果的预测、辨识和评估；②规定应急救援各方组织的详细职责；③应急救援行动的指挥与协调；④应急救援中可用的人员、设备、设施、物资、经费保障和其他资源，包括社会和外部援助资源等；⑤在紧急情况或事故灾害发生时保护生命、财产和环境安全的措施；⑥现场恢复；⑦其他，如应急培训和演练，法律法规的要求等。

《中华人民共和国突发事件应对法》规定，应急预案应当根据本法和其他有关法律、法规的规定，针对突发事件的性质、特点和可能造成的社会危害，具体规定突发事件应急管理工作的组织指挥体系与职责和突发事件的预防与预警机制、处置程序、应急保障措施以及事后恢复与重建措施等内容。

《生产安全事故应急条例》规定，生产安全事故应急救援预案应当符合有关法律、法规、规章和标准的规定，具有科学性、针对性和可操作性，明确规定应急组织体系、职责分工以及应急救援程序和措施。

《生产安全事故应急预案管理办法》规定，综合应急预案应当规定应急组织机构及其职责、应急预案体系、事故风险描述、预警及信息报告、应急响应、保障措施、应急预案管理等内容。专项应急预案应当规定应急指挥机构与职责、处置程序和措施等内容。现场处置方案应当规定应急工作职责、应急处置措施和注意事项等内容。

结合上面的分析并从有关法律法规的规定出发，按照系统论的思想，应急救援预案是一个开放、复杂和庞大的系统。应急预案内容的设计和组织实施应遵循体系要素构成和持续改进的指导思想。应急预案是整个应急管理体系的反映，它不仅包括事故发生过程中的应急响应和救援措施，而且应包括事故发生前的各种应急准备和事故发生后的紧急恢复，以及预案的管理与更新等。因此，一个完善的应急预案，其内容按相应的过程可归纳划分为六个一级关键要素：①方针与原则；②应急策划；③应急准备；④应急响应；⑤现场恢复；⑥预案管理与评审改进。

上述六个一级要素相互之间既相对独立又紧密联系，从应急的方针、策划、准备、响应、恢复到预案的管理与评审改进，形成了一个有机联系并持续改进的体系结构。根据一级要素中所包括的任务和功能，其中应急策划、应急准备和应急响应三个一级关键要素可进一步划分成若干个二级要素。所有这些要素构成了应急预案的核心要素。这些要素是重大事故应急预案编制应当涉及的基本面要求。重大事故应急预案的核心要素见表 2-3。

表 2-3　重大事故应急预案的核心要素

1. 方针与原则	2. 应急策划	3. 应急准备	4. 应急响应	5. 现场恢复	6. 预案管理与评审改进
	2.1　危险分析 2.2　资源分析 2.3　法律法规要求	3.1　机构与职责 3.2　应急资源 3.3　教育、训练与演习 3.4　互助协议	4.1　接警与通知 4.2　指挥与控制 4.3　警报和紧急公告 4.4　通信 4.5　事态监测与评估 4.6　警戒与治安 4.7　人群疏散与安置 4.8　医疗与卫生 4.9　公共关系 4.10　应急人员安全 4.11　消防和抢险 4.12　泄漏物控制		

在实际编制应急预案时,可根据职能部门的设置和职责分配、风险性质和规模等具体情况,将要素进行合并、增加、重新编排或适当的删减等,以便于组织编写。原则上,无论综合预案、专项预案、现场预案都可以由上述这些要素构成,只是不同类型预案中各要素阐述的侧重点不同。下面对这些要素的基本内容及要求分别进行介绍。

（一）方针与原则

应急救援体系首先应有一个明确的方针和原则来作为指导应急救援工作的纲领。方针与原则反映了应急救援工作的优先方向、政策、范围和总体目标,如保护人员安全优先、防止和控制事故蔓延优先、保护环境优先。此外,方针与原则还应体现预防为主、常备不懈、事故损失控制、统一指挥、高效协调以及持续改进的思想。

（二）应急策划

应急预案是有针对性的,具有明确的对象,其对象可能是某一类或多类可能的重大事故类型。应急预案的制定必须基于对所针对的潜在事故类型有一个全面系统的认识和评价,识别出重要的潜在事故类型、性质、区域、分布及事故后果。同时,根据危险分析的结果,分析应急救援的应急力量和可用资源情况,并提出建设性意见。在进行应急策划时,应当列出国家、地方相关的法律法规,以作为预案的制定、应急工作的依据和授权。应急策划包括危险分析、资源分析和法律法规要求 3 个二级要素。

1. 危险分析

危险分析是应急预案编制的基础和关键过程。危险分析的结果不仅有助于确定需要重点考虑的危险,提供划分预案编制优先级别的依据,而且也为应急预案的编制、应急准备和应急响应提供必要的信息和资料。危险分析的最终目的是要明确应急的对象(可能存在的重大事故)、事故的性质及其影响范围、后果严重程度等。危险分析应依据国家和地方有关的法律法规要求,根据具体情况进行。危险分析包括危险识别、脆弱性分析和风险分析。

（1）危险识别。要调查所有的危险并进行详细的分析是不可能的。危险识别的目的是要将城市中可能存在的重大危险因素识别出来,作为下一步危险分析的对象。危险识别应分析本地区的地理、气象等自然条件,工业和运输、商贸、公共设施等的具体情况,总结本地区历史上曾经发生的重大事故,来识别出可能发生的自然灾害和重大事故。危险识别还应符合国家有关法律法规和标准的要求。

危险识别应明确下列内容:

① 危险化学品工厂（尤其是重大危险源）的位置和运输路线;

② 伴随危险化学品的泄漏而最有可能发生的危险（如火灾、爆炸和中毒）;

③ 城市内或经过城市进行运输的危险化学品的类型和数量;

④ 重大火灾隐患的情况,如地铁、大型商场等人口密集场所;

⑤ 其他可能的重大事故隐患,如大坝、桥梁等;

⑥ 可能的自然灾害,以及地理、气象等自然环境的变化和异常情况。

（2）脆弱性分析。脆弱性分析要确定的是:一旦发生危险事故,哪些地方、哪些人及人群、什么财物和设施等容易受到破坏、冲击和影响。脆弱性分析结果应提供下列信息:

① 受事故或灾害严重影响的区域,以及该区域的影响因素（如地形、交通、风向等）;

② 预计位于脆弱带中的人口数量和类型（如居民、职员,敏感人群——医院、学校、疗养院、托儿所）;

③ 可能遭受的财产破坏,包括基础设施（如水、食物、电、医疗）和运输线路;

④ 可能的环境影响。

（3）风险分析。风险分析是根据脆弱性分析的结果,评估事故或灾害发生时,对城市造成破坏（或伤害）的可能性,以及可能导致的实际破坏（或伤害）程度。通常可能会选择对最坏的情况进行分析。风险分析可以提供下列信息:

① 发生事故和环境异常（如洪涝）的可能性,或同时发生多种紧急事故的可能性;

② 对人造成的伤害类型（急性、延时或慢性的）和相关的高危人群;

③ 对财产造成的破坏类型（暂时、可修复或永久的）;

④ 对环境造成的破坏类型（可恢复或永久的）。

要做到准确分析事故发生的可能性是不太现实的,一般不必过多地将精力集中到对事故或灾害发生的可能性进行精确的定量分析上,可以用相对性的词汇（如低、中、高）来描述发生事故或灾害的可能性,但关键是要在充分利用现有数据和技术的基础上进行合理的评估。

2. 资源分析

针对危险分析所确定的主要危险,明确应急救援所需的资源,列出可用的应急力量和资源,包括:

① 各类应急力量的组成及分布情况;

② 各种重要应急设备、物资的准备情况;

③ 上级救援机构或周边可用的应急资源。

通过资源分析,可为应急资源的规划与配备、与相邻地区签订互助协议和预案编制提供指导。

3. 法律法规要求

有关应急救援的法律法规是开展应急救援工作的重要前提保障。应急策划时,应列出国家、省、地方涉及应急各部门职责要求以及应急预案、应急准备和应急救援的法律法规文件,以作为预案编制和应急救援的依据和授权。

(三) 应急准备

应急预案能否在应急救援中成功地发挥作用,不仅取决于应急预案自身的完善程度,还取决于应急准备的充分与否。应急准备应当依据应急策划的结果开展,包括各应急组织及其职责权限的明确、应急资源的准备、公众教育、应急人员培训、预案演练和互助协议的签署等。

1. 机构与职责

为保证应急救援工作的反应迅速、协调有序,必须建立完善的应急机构组织体系,包括城市应急管理的领导机构、应急响应中心以及各有关机构部门等。对应急救援中承担任务的所有应急组织,应明确相应的职责、负责人、候补人及联络方式。

2. 应急资源

应急资源的准备是应急救援工作的重要保障,应根据潜在事故的性质和后果分析,合理组建专业和社会救援力量,配备应急救援中所需的消防手段、各种救援机械和设备、监测仪器、堵漏和清消材料、交通工具、个体防护设备、医疗设备和药品、生活保障物资等,并定期检查、维护与更新,保证始终处于完好状态。另外,对应急资源信息应实施有效的管理与更新。

3. 教育、训练与演习

为全面提高应急能力,应急预案应对公众教育、应急训练和演习做出相应的规定,包括其内容、计划、组织与准备、效果评估等。

公众意识和自我保护能力是减少重大事故伤亡不可忽视的一个重要方面。作为应急准备的一项内容,应对公众的日常教育做出规定,尤其是位于重大危险源周边的人群,使他们了解潜在危险的性质和对健康的危害,掌握必要的自救知识,了解预先指定的主要及备用疏散路线和集合地点,了解各种警报的含义和应急救援工作的有关要求。

应急训练的基本内容主要包括基础培训与训练、专业训练、战术训练及其他训练等。基础培训与训练的目的是保证应急人员具备良好的体能、战斗意志和作风,明确各自的职责,熟悉城市潜在重大危险的性质、救援的基本程序和要领,熟练掌握个人防护装备和通信装备的使用等;专业训练关系到应急队伍的实战能力,训练内容主要包括专业常识、堵源技术、抢运和清消及现场急救等技术;战术训练是各项专业技术的综合运用,使各级指挥员和救援人员具备良好的组织指挥能力和应变能力;其他训练应根据实际情况,选择开展如防化、气象、侦检技术、综合训练等项目的训练,以进一步提高救援队伍的救援水平。

预案演习是对应急能力的综合检验。应急演习包括桌面演习和实战模拟演习。组织由应急各方参加的预案训练和演习，使应急人员进入"实战"状态，熟悉各类应急处理和整个应急行动的程序，明确自身的职责，提高协同作战的能力。同时，应对演练的结果进行评估，分析应急预案存在的不足，并予以改进和完善。

4. 互助协议

当有关的应急力量与资源相对薄弱时，应事先寻求与邻近区域签订正式的互助协议，并做好相应的安排，以便在应急救援中及时得到外部救援力量和资源的援助。此外，也应与社会专业技术服务机构、物资供应企业等签署相应的互助协议。

（四）应急响应

应急响应包括应急救援过程中一系列需要明确并实施的核心应急功能和任务，这些核心功能具有一定的独立性，但相互之间又密切联系，构成了应急响应的有机整体。应急响应的核心功能和任务包括：接警与通知、指挥与控制、警报和紧急公告、通信、事态监测与评估、警戒与治安、人群疏散与安置、医疗与卫生、公共关系、应急人员安全、消防和抢险、泄漏物控制。

1. 接警与通知

准确了解事故的性质和规模等初始信息，是决定启动应急救援的关键。接警作为应急响应的第一步，必须对接警要求做出明确规定，保证迅速、准确地向报警人员询问事故现场的重要信息。接警人员接受报警后，应按预先确定的通报程序，迅速向有关应急机构、政府及上级部门发出事故通知，以采取相应的行动。

2. 指挥与控制

重大事故的应急救援往往涉及多个救援机构，因此对应急行动的统一指挥和协调是应急救援有效开展的关键，应建立分级响应、统一指挥、协调和决策程序，以便对事故进行初始评估，确认紧急状态，迅速有效地进行应急响应决策，建立现场工作区域，确定重点保护区域和应急行动的优先原则，指挥和协调现场各救援队伍开展救援行动，合理高效地调配和使用应急资源。

3. 警报和紧急公告

当事故可能影响到周边地区，对周边地区的公众可能造成威胁时，应及时启动警报系统，向公众发出警报，同时通过各种途径向公众发出紧急公告，告知事故性质、对健康的影响、自我保护措施、注意事项等，以保证公众能够及时作出自我防护响应。决定实施疏散时，应通过紧急公告确保公众了解疏散的有关信息，如疏散时间、路线、随身携带物、交通工具及目的地等。

该部分应明确在发生重大事故时，如何向受影响的公众发出警报，包括什么时候，谁有权决定启动警报系统，各种警报信号的不同含义，警报系统的协调使用、可使用的警报装置的类型和位置，以及警报装置覆盖的地理区域。如果可能，应指定备用措施。

4. 通信

通信是应急指挥、协调和与外界联系的重要保障,在现场指挥部、应急中心、各应急救援组织、新闻媒体、医院、上级政府和外部救援机构等之间,必须建立畅通的应急通信网络。该部分应说明主要通信系统的来源、使用、维护以及应急组织通信需要的详细情况等,并充分考虑紧急状态下的通信能力和保障,并建立备用的通信系统。在该应急功能中应明确:

(1)维护自己的通信设备和尽量维持应急通信系统,按照已建立的程序与在现场行动的组织成员之间通信,并保持与应急中心的通信联络。

(2)准备和必要时启动备用的通信系统,使用移动电话或者便携式无线通信设备,提供与应急中心和人员安置场所之间的备用通信联络。

(3)恢复正常运转时或者保管前对所有通信设备进行清洁、维修和维护。

不同的应急组织有可能使用不同的无线频率,为保证所有组织之间在应急过程中准确和有效的通信,应当做出特别规定。可以考虑建立统一的"现场"指挥无线频率,至少应该在执行类似功能的组织之间建立一个无线通信网络。在易燃易爆危险物质事故中,所有的通信设备都必须保证本质安全。

5. 事态监测与评估

事态监测与评估在应急救援和应急恢复决策中具有关键的支持作用。消防和抢险、应急人员的安全、公众的就地保护措施或疏散、食物和水源的使用、污染物的围堵收容和清消、人群的返回等,都取决于对事故性质、事态发展的准确监测和评估。在应急救援过程中必须对事故的发展势态及影响及时进行动态的监测,建立对事故现场及场外进行监测和评估的程序。可能的监测活动包括:事故影响边界,气象条件,对食物、饮用水卫生以及水体、土壤、农作物等的污染,可能的二次反应有害物,爆炸危险性和受损建筑垮塌危险性,以及污染物质滞留区等。事态监测与评估在应急决策中起着重要作用。可能的监测活动包括:事故规模及影响边界;气象条件;对食物、饮用水、卫生以及水体、土壤、农作物等的污染;可能的二次反应有害物;爆炸危险性和受损建筑垮塌危险性以及污染物质滞留区等。在该应急功能中应明确:

(1)由谁来负责监测与评估活动。

(2)监测仪器设备及现场监测方法的准备。

(3)实验室化验及检验支持。

(4)监测点的设置及现场工作的报告程序。

6. 警戒与治安

为保障现场应急救援工作的顺利开展,在事故现场周围建立警戒区域,实施交通管制,维护现场治安秩序是十分必要的。其目的是防止与救援无关的人员进入事故现场,保障救援队伍、物资运输和人群疏散等的交通畅通,并避免发生不必要的伤亡。此外,警戒与治安还应该协助发出警报、现场紧急疏散、人员清点、传达紧急信息、执行指挥机构的通告、协助事故调查等。对危险物质事故,必须列出警戒人员有关个体防护的准备。为保障现场应急救援工作的顺利开展,在事故现场周围建立警戒区域,实施交通管制,维护现场治安秩序是十分必要的，其目的是要防止与救援无关人员进入事故现场，保障救援队伍、物资运输和人群疏散等的交通畅通，并避免发生不必要的伤亡。

该项功能的具体职责如下。

（1）实施交通管制，对危害区外围的交通路口实施定向、定时封锁，严格控制进出事故现场的人员，避免出现意外的人员伤亡或引起现场的混乱。

（2）指挥危害区域内人员的撤离，保障车辆的顺利通行；指引不熟悉地形和道路情况的应急车辆进入现场，及时疏通交通堵塞。

（3）维护撤离区和人员安置区场所的社会治安工作，保卫撤离区内和各封锁路口附近的重要目标和财产安全，打击各种犯罪分子。

（4）除上述职责以外，警戒人员还应该协助发出警报、现场紧急疏散、人员清点、传达紧急信息以及事故调查等。

在该部分应明确承担上述职责的组织及其指挥系统。该职责一般由公安、交通、武警部门负责，必要时，可启用联防、驻军和志愿人员。对已确认的可能重大事故地点，应标明周围应驻守的控制点。

由于警戒和治安人员往往是第一个到达现场，对危险物质事故必须规定有关培训安排，并列出警戒人员有关个体防护的准备。

7. 人群疏散与安置

人群疏散是减少人员伤亡扩大的关键，也是最彻底的应急响应。当事故现场的周围地区人群的生命可能受到威胁时，将受威胁人群及时疏散到安全区域，是减少事故人员伤亡的一个关键。事故的大小、强度、爆发速度、持续时间及其后果严重程度是实施人群疏散应予考虑的一个重要因素，它将决定撤退人群的数量、疏散的可用时间以及确保安全的疏散距离。人群疏散可由公安、民政部门和街道居民组织抽调力量负责具体实施，必要时可吸收工厂、学校中的骨干力量或组织志愿者参加。对人群疏散所做的规定和准备应包括：

（1）针对不同的疏散规模或现场紧急情况的严重程度，明确谁有权发布疏散命令。

（2）明确进行人群疏散时可能出现的紧急情况和通知疏散的方法。

（3）对预防性疏散的规定。

（4）列举有可能需要疏散的地区（如位于生产、使用、运输、存储危险物品企业周边地区等）。

（5）对疏散人群数量、所需的警报时间、疏散时间以及可用的疏散时间。

8. 医疗与卫生

对受伤人员采取及时有效的现场急救以及合理地转送医院进行治疗，是减少事故现场人员伤亡的关键。在该部分应明确针对城市可能的重大事故，为现场急救、伤员运送、治疗及健康监测等所做的准备和安排，包括：可用的急救资源列表，如急救中心、救护车和现场急救人员的数量；医院、职业中毒治疗医院及烧伤等专科医院的列表，如数量、分布、可用病床、治疗能力等；抢救药品、医疗器械、消毒、解毒药品等的城市内、外来源和供给;医疗人员必须了解城市内主要危险对人群造成伤害的类型,并经过相应的培训,掌握对危险化学品受伤害人员进行正确消毒和治疗的方法。

9. 公共关系

重大事故发生后,不可避免地会引起新闻媒体和公众的关注。因此,应将有关事故的信息、影响、救援工作的进展等情况及时向媒体和公众进行统一发布,以消除公众的恐慌心理,控制谣言,避免公众的猜疑和不满。该部分应明确信息发布的审核和批准程序,保证发布信息的统一性;指定新闻发言人,适时举行新闻发布会,准确发布事故信息,澄清事故传言;为公众咨询、接待、安抚受害人员家属做出安排。该应急功能负责与公众和新闻媒体的沟通,向公众和社会发布准确的事故信息、公布人员伤亡情况,以及政府已采取的措施。在该应急功能中,应明确:

(1) 信息发布的审核和批准程序,保证发布信息的统一性,避免出现矛盾信息。

(2) 指定新闻发言人,适时举行新闻发布会,准确发布事故信息,澄清事故传言。

(3) 为公众了解事故信息、防护措施以及查找亲人下落等有关咨询提供服务安排。

(4) 接待、安抚死者及受伤人员的家属。

10. 应急人员安全

城市重大事故,尤其是涉及危险物质的重大事故的应急救援工作危险性极大,必须对应急人员自身的安全问题进行周密的考虑,包括安全预防措施、个体防护等级、现场安全监测等,明确应急人员进出现场和紧急撤离的条件和程序,保证应急人员的安全。应急响应人员自身的安全是城市重大工业事故应急预案应予考虑的一个重要因素,在该应急功能中应明确保护应急人员安全所做的准备和规定,包括:

(1) 应急队伍或应急人员进入和离开现场的程序,包括向现场总指挥报告、有关培训确认等。

(2) 根据事故的性质,确定个体防护等级,合理配备个人防护设备,并在收集到事故现场更多的信息后,应重新评估所需的个体防护设备,以确保选配和使用的是正确的个体防护设备。

(3) 应急人员的消毒设施及程序。

(4) 对应急人员有关保证自身安全的培训安排,包括各种情况下的自救和互救措施,正确使用个体防护设备等。

11. 消防和抢险

消防和抢险是应急救援工作的核心内容之一,其目的是为尽快地控制事故的发展,防止事故的蔓延和进一步扩大,从而最终控制住事故,并积极营救事故现场的受害人员。尤其是涉及危险物质的泄漏、火灾事故,其消防和抢险工作的难度和危险性巨大。该部分应对消防和抢险工作的组织、相关消防抢险设施、器材和物资、人员的培训、行动方案以及现场指挥等做好周密的安排和准备。消防与抢险在城市重大事故应急救援中对控制事态的发展起着决定性的作用,承担着火灾扑救、救人、破拆、堵漏、重要物资转移与疏散等重要职责。该应急功能应明确:

（1）消防、事故责任单位、市政及建设部门、当地驻军（包括防化部队）等的职责与任务。

（2）消防与抢险的指挥与协调。

（3）消防及抢险的力量情况。

（4）可能的重大事故地点的供水及灭火系统情况。

（5）针对可能事故的性质，拟采取的扑救和抢险对策和方案。

（6）消防车、供水方案或灭火剂的准备。

（7）堵漏设备、器材及堵漏程序和方案。

（8）破拆、起重（吊）、推土等大型设备的准备。

12. 泄漏物控制

危险物质的泄漏以及灭火用的水由于溶解了有毒蒸气，都可能对环境造成重大影响，同时也会给现场救援工作带来更大的危险，因此必须对危险物质的泄漏物进行控制。该部分应明确可用的收容装备（泵、容器、吸附材料等）、洗消设备（包括喷雾洒水车辆）及洗消物资，并建立洗消物资供应企业的供应情况和通信名录，保证对泄漏物的及时围堵、收容、洗消和妥善处置。

（五）现场恢复

现场恢复是指将事故现场恢复至一相对稳定、安全的基本状态。应避免现场恢复过程中可能存在的危险，并为长期恢复提供指导和建议。现场恢复也可称为紧急恢复，是指事故被控制住后所进行的短期恢复，从应急过程来说意味着应急救援工作的结束，进入另一个工作阶段，即将现场恢复到一个基本稳定的状态。大量的经验教训表明，在现场恢复的过程中仍存在潜在的危险，如余烬复燃、受损建筑倒塌等，所以应充分考虑现场恢复过程中可能的危险。该部分主要内容应包括：

（1）撤点、撤离和交接程序。

（2）宣布应急结束的程序。

（3）重新进入和人群返回的程序。

（4）现场清理和公共设施的基本恢复。

（5）受影响区域的连续检测。

（6）事故调查与后果评价。

（六）预案管理与评审改进

应急预案是应急救援工作的指导文件，具有法规权威性，所以应当对预案的制定、修改、更新、批准和发布做出明确的管理规定，并保证定期或在应急演习、应急救援后对应急预案进行评审，针对实际情况以及预案中所暴露出的缺陷，不断地更新、完善和改进。

事故案例分析：
2013青岛"11·22"中石化东黄输油管道泄漏爆炸特别重大事故

复习思考题

一、单项选择题

1. 重大事故应急救援体系应实行分级响应机制,其中第三级响应级别是指(　　)。

　　A. 必须利用一个城市所有部门的力量解决的

　　B. 需要国家的力量解决的

　　C. 只涉及一个政府部门权限所能解决的

　　D. 需要多个政府部门协作解决的

2. 应急预案的层次可划分为(　　)。

　　A. 综合预案、专项预案、现场预案　　　　B. 综合预案、前馈预案、具体预案

　　C. 整体预案、专项预案、现场预案　　　　D. 整体预案、前馈预案、具体预案

3. 《危险化学品安全管理条例》规定,县级以上地方各级人民政府安全生产监督管理部门应当会同同级有关部门制定危险化学品事故应急救援预案,报(　　)批准后实施。

　　A. 公安部　　　　B. 省级人民政府　　　　C. 上级公安部门　　　　D. 本级人民政府

4. 《危险化学品安全管理条例》规定,危险化学品单位应当制定本单位事故应急救援预案,配备应急救援人员和必要的应急救援器材和设备,并(　　)。

　　A. 实施监督　　　　　　　　　　　　B. 制订安全责任制

　　C. 定期组织演练　　　　　　　　　　D. 进行培训

5. (　　)的最终目的是要明确应急的对象(存在哪些可能的重大事故)、事故的性质及其影响范围、后果严重程度等,为应急准备、应急响应和减灾措施提供决策和指导依据。

　　A. 资源分析　　　　B. 程序分析　　　　C. 脆弱性分析　　　　D. 危险分析

6. 一个完善的应急预案,从应急方针、策划、准备、响应、恢复到预案的管理与评审改进,形成了一个(　　)并持续改进的体系结构。

　　A. 相对独立　　　　B. 紧密联系　　　　C. 有机联系　　　　D. 各自独立

7. 事态监测与评估作为应急响应的一项核心功能和任务,在应急救援和应急恢复决策中具有关键的支持作用,其目的是(　　)。

　　A. 动态监测风向和环境的变化　　　　B. 动态监测事故发展势态及其影响

　　C. 动态估算经济损失的大小　　　　　D. 动态评估事故预防的有效性

8．一个完善的应急预案按相应过程，包括方针与原则、应急策划、应急准备、应急响应、现场恢复、预案管理与评审等6个一级关键要素。机构与职责、应急资源、教育培训与演练互助协议等二级要素属于一级关键要素中的（　　　）。

　　A．方针与原则　　　B．应急策划　　　C．应急准备　　　D．应急响应

9．"收集、评价、分析及发布事故相关的战术信息"是（　　　）的职责。

　　A．事故指挥官　　　B．行动部　　　C．策划部　　　D．资金/行政部

二、多项选择题（各题中至少有一个错项）

1．事故应急救援系统的应急响应程序按过程可分为接警、（　　）和应急结束等几个过程。

　　A．响应级别分析　　　B．响应级别确定　　　C．应急启动
　　D．救援行动　　　E．应急恢复

2．应急准备包括（　　）。

　　A．机构与职责　　　B．应急资源　　　C．教育、训练与演练
　　D．互助协议的签署　　　E．预案演练

3．应急策划包括（　　）等二级要素。

　　A．应急训练　　　B．危险分析　　　C．资源分析
　　D．法律法规要求　　　E．预案演练

4．应急响应包括（　　）。

　　A．警报和紧急公告　　　B．指挥与控制　　　C．接警与通知
　　D．事态监测与评估　　　E．教育、训练与演练

5．政府应急管理工作的核心是"一案三制"。"一案三制"是指（　　）。

　　A．应急工作体制　　　B．工作运行机制　　　C．法制建设
　　D．应急预案　　　E．应急工作方案

三、简答题

1．简述应急救援管理体系的基本构成。

2．说明应急响应级别划分的基本依据和划分方法。

3．简述应急救援响应的基本程序。

4．现场指挥系统有哪些基本职能？

5．简要说明应急管理体制的内涵与构成。

6．简述我国应急管理体制基本原则。

7．新时代中国特色应急管理体制建设工作及其成果主要包括哪些内容？

8．简要指出应急管理部架构下中国应急管理体制发生的变化。

9．简述应急管理机制的内涵和外延。

10．简要说明我国突发事件应急管理机制建设涵盖的内容。

11．简述应急预防准备机制建设主要包括哪些具体内容。

12．请指出应急信息收集与报告机制建设包括的主要内容。

13．应急监测预警机制建设主要包括哪些具体内容？

14. 概述我国应急管理法律法规体系。
15. 应急救援预案的级别和类别是如何划分的？
16. 简述事故应急救援的指导思想和基本原则。
17. 简述应急预案核心要素"应急准备"的主要内容。
18. 应急预案核心要素"应急响应"包括哪些核心功能和任务？
19. 在我国,总体预案和综合预案是否一回事？若不是一回事,两者如何区分？
20. 什么是专项应急预案和现场处置方案？

生产安全事故应急预案管理

《突发事件应急预案管理办法》(国办发〔2013〕101 号)明确规定,应急预案管理包括应急预案的规划、编制、审批、发布、备案、演练、修订、培训、宣传教育等工作内容。《生产安全事故应急预案管理办法》(2019 年 7 月 11 日应急管理部令第 2 号)规定了生产安全事故应急预案的管理主要包括应急预案的编制、评审、公布、备案、实施等工作内容,并明确应急预案的管理遵循属地为主、分级负责、分类指导、综合协调、动态管理的原则。本章将重点介绍和讲解生产安全事故应急预案的编制、评审、审批、公布、备案、修订、培训、宣传教育等内容。

第一节　生产安全事故应急预案的编制

《中华人民共和国安全生产法》规定,县级以上地方各级人民政府应当组织有关部门制定本行政区域内生产安全事故应急救援预案,建立应急救援体系。生产经营单位应当制定本单位生产安全事故应急救援预案,与所在地县级以上地方人民政府组织制定的生产安全事故应急救援预案相衔接,并定期组织演练。

一、编制应急预案的原则和要求

1. 应急预案的编制应当遵循的原则

应急预案的编制应当遵循以人为本、依法依规、符合实际、注重实效的原则,以应急处置为核心,明确应急职责、规范应急程序、细化保障措施。

2. 应急预案编制的基本要求

(1) 应急预案的编制应符合的基本要求:有关法律、法规、规章和标准的规定;本地区、本部门、本单位的安全生产实际情况;本地区、本部门、本单位的危险性分析情况;应急组织和人员的职责分工明确,并有具体的落实措施;有明确、具体的应急程序和处置措施,并与其应急能力相适应;有明确的应急保障措施,满足本地区、本部门、本单位的应急工作需要;应急预案基本要素齐全、完整,应急预案附件提供的信息准确;应急预案内容与相关应急预案相互衔接。

（2）生产经营单位编制应急预案应针对的三大基本因素：本单位可能发生的生产安全事故的特点和危害、风险辨识和评估结果；适用的有关法律、法规、规章和相关标准；结合本单位组织管理体系、生产规模。

（3）生产产经营单位生产安全事故应急预案应规定的基本内容：应急组织体系、职责分工以及应急救援程序和措施。

（4）生产经营单位应急预案应体现的主要特点：自救互救和先期处置；与相关预案保持衔接；具有科学性、针对性和可操作性。

二、生产经营单位生产安全事故应急预案体系的策划

生产经营单位应急预案分为综合应急预案、专项应急预案和现场处置方案。生产经营单位应当根据有关法律、法规和相关标准，结合本单位组织管理体系、生产规模和可能发生的事故特点，科学合理确立本单位的应急预案体系，并注意与其他类别应急预案相衔接。

1. 综合应急预案

综合应急预案是指生产经营单位为应对各种生产安全事故而制定的综合性工作方案，是本单位应对 生产安全事故的总体工作程序、措施和应急预案体系的总纲。

（1）生产经营单位风险种类多、可能发生多种类型事故的，应当组织编制综合应急预案。

（2）综合应急预案应当规定应急组织机构及其职责、应急预案体系、事故风险描述、预警及信息报告、应急响应、保障措施、应急预案管理等内容。

2. 专项应急预案

专项应急预案是指生产经营单位为应对某一种或者多种类型生产安全事故，或者针对重要生产设施、重大危险源、重大活动防止生产安全事故而制定的专项工作方案。对于某一种或者多种类型的事故风险，生产经营单位可以编制相应的专项应急预案，或将专项应急预案并入综合应急预案。

（1）专项应急预案与综合应急预案中的应急组织机构、应急响应程序相近时，可不编写专项应急预案，相应的应急处置措施并入综合应急预案。

（2）专项应急预案应当规定应急指挥机构与职责、处置程序和措施等内容。

3. 现场处置方案

现场处置方案是指生产经营单位根据不同生产安全事故类型，针对具体场所、装置或者设施所制定的应急处置措施。

（1）对于危险性较大的场所、装置或者设施，生产经营单位应当编制现场处置方案。事故风险单一、危险性小的生产经营单位，可以只编制现场处置方案。

（2）现场处置方案重点规范事故风险描述、应急工作职责、应急处置措施和注意事项，应体现自救互救、信息报告和先期处置的特点。

4. 支持附件

生产经营单位应急预案应当包括向上级应急管理机构报告的内容、应急组织机构和

人员的联系方式、应急物资储备清单等附件信息。附件信息发生变化时，应当及时更新，确保准确有效。

支持附件是指应急救援的有关支持保障系统的描述及有关的附图表，是应急预案的重要组成部分，必须完整充分、翔实准确，及时更新，确保有效。

三、应急预案编制程序

《生产安全事故应急预案管理办法》规定，编制应急预案应当成立编制工作小组，由本单位有关负责人任组长，吸收与应急预案有关的职能部门和单位的人员，以及有现场处置经验的人员参加。编制应急预案前，编制单位应当进行事故风险辨识、评估和应急资源调查。

事故风险辨识、评估，是指针对不同事故种类及特点，识别存在的危险危害因素，分析事故可能产生的直接后果以及次生、衍生后果，评估各种后果的危害程度和影响范围，提出防范和控制事故风险措施的过程。

应急资源调查，是指全面调查本地区、本单位第一时间可以调用的应急资源状况和合作区域内可以请求援助的应急资源状况，并结合事故风险辨识评估结论制定应急措施的过程。

生产经营单位应急预案编制程序包括成立应急预案编制工作组、资料收集、风险评估、应急资源调查、应急预案编制、桌面推演、应急预案评审和批准实施等8个步骤。按此编制程序的要求，在工作组内部建立编制任务清单，并应制定一份预案编制工作时间进度表，见表3-1。

表3-1　预案编制工作时间进度表

月　份	1	2	3	4	5	6	7	8	9	10
第一稿	■	■	■							
桌面推演				■	■					
第二稿						■	■			
评审								■	■	
最终稿										■
打印										■
批准发布										■

（一）成立应急预案编制工作组

结合本单位部门职能和分工，成立以单位有关负责人为组长，单位相关部门人员（如生产、技术、设备、安全、行政、人事、财务人员）参加的应急预案编制工作组，明确工作职责和任务分工，制订工作计划，组织开展应急预案编制工作，预案编制工作组中应邀请相关救援队伍以及周边相关企业、单位或社区代表参加。

（二）资料收集

应急预案编制工作组应收集下列相关资料。

（1）适用的法律法规、部门规章、地方性法规和政府规章、技术标准及规范性文件。

（2）企业周边地质、地形、环境情况及气象、水文、交通资料。

（3）企业现场功能区划分、建（构）筑物平面布置及安全距离资料。

（4）企业工艺流程、工艺参数、作业条件、设备装置及风险评估资料。

（5）本企业历史事故与隐患、国内外同行业事故资料。

（6）属地政府及周边企业、单位应急预案。

（三）风险评估

开展生产安全事故风险评估，撰写评估报告，其内容包括但不限于：

（1）辨识生产经营单位存在的危险有害因素，确定可能发生的生产安全事故类别。

（2）分析各种事故类别发生的可能性、危害后果和影响范围。

（3）评估确定相应事故类别的风险等级。

风险评估报告编制大纲主要包括：①危险有害因素辨识。描述生产经营单位危险有害因素辨识的情况（可用列表形式表述）；②事故风险分析。描述生产经营单位事故风险的类型、事故发生的可能性、危害后果和影响范围（可用列表形式表述）；③事故风险评价。描述生产经营单位事故风险的类别及风险等级（可用列表形式表述）；④结论建议。得出生产经营单位应急预案体系建设的计划建议。

（四）应急资源调查

全面调查和客观分析本单位以及周边单位和政府部门可请求援助的应急资源状况，撰写应急资源调查报告，其内容包括但不限于：

（1）本单位可调用的应急队伍、装备、物资、场所。

（2）针对生产过程及存在的风险可采取的监测、监控、报警手段。

（3）上级单位、当地政府及周边企业可提供的应急资源。

（4）可协调使用的医疗、消防、专业抢险救援机构及其他社会化应急救援力量。

应急资源调查报告编制大纲包括：①单位内部应急资源。按照应急资源的分类，分别描述相关应急资源的基本现状、功能完善程度、受可能发生的事故的影响程度（可用列表形式表述）；②单位外部应急资源。描述本单位能够调查或掌握可用于参与事故处置的外部应急资源情况（可用列表形式表述）；③应急资源差距分析。依据风险评估结果得出本单位的应急资源需求，与本单位现有内外部应急资源对比，提出本单位内外部应急资源补充建议。

（五）应急预案编制

1. 应急预案编制工作总要求

应急预案编制应当遵循以人为本、依法依规、符合实际、注重实效的原则，以应急处置为核心，体现自救互救和先期处置的特点，做到职责明确、程序规范、措施科学，尽可能简明化、图表化、流程化。

应急预案编制格式和要求如下列所示。一般采用A4版面印刷，最好活页装订。

（1）封面。应急预案封面主要包括应急预案编号、应急预案版本号、生产经营单位名称、应急预案名称及颁布日期。

（2）批准页。应急预案应经生产经营单位主要负责人批准方可发布。

（3）目次。应急预案应设置目次，目次中所列的内容及次序如下：①批准页；②应急预案执行部门签署页；③章的编号、标题；④带有标题的条的编号、标题（需要时列出）；⑤附件，用序号表明其顺序。

2. 应急预案编制工作具体内容

应急预案编制工作包括但不限下列：

（1）依据事故风险评估及应急资源调查结果，结合本单位组织管理体系、生产规模及处置特点，合理确立本单位应急预案体系。

（2）结合组织管理体系及部门业务职能划分，科学设定本单位应急组织机构及职责分工。

（3）依据事故可能的危害程度和区域范围，结合应急处置权限及能力，清晰界定本单位的响应分级标准，制定相应层级的应急处置措施。

（4）按照有关规定和要求，确定事故信息报告、响应分级与启动、指挥权移交、警戒疏散方面的内容，落实与相关部门和单位应急预案的衔接。

（六）桌面推演

按照应急预案明确的职责分工和应急响应程序，结合有关经验教训，相关部门及其人员可采取桌面演练的形式，模拟生产安全事故应对过程，逐步分析讨论并形成记录，检验应急预案的可行性，并进一步完善应急预案。桌面演练的相关要求参见第四章的内容。

（七）应急预案评审

应急预案编制完成后，生产经营单位应按法律法规有关规定组织评审或论证。生产经营单位应认真分析研究，按照评审意见对应急预案进行修订和完善。评审表决未通过的，生产经营单位应修改完善后按评审程序重新组织专家评审，生产经营单位应写出根据专家评审意见的修改情况说明，并经专家组组长签字确认。关于应急预案评审的要求、形式、方法、程序等详细内容，参见本章第二节的内容。

（八）批准实施

通过评审的应急预案，由生产经营单位主要负责人签发实施。

四、综合应急预案内容与编制提纲

（一）总则

1. 适用范围

说明应急预案适用的范围。

2. 响应分级

依据事故危害程度、影响范围和生产经营单位控制事态的能力,对事故应急响应进行分级,明确分级响应的基本原则。响应分级不可照搬事故分级。

(二) 应急组织机构及职责

明确应急组织形式(可用图示)及构成单位(部门)的应急处置职责。应急组织机构可设置相应的工作小组,各小组具体构成、职责分工及行动任务以工作方案的形式作为附件。

应急功能是指应急救援中通常都要采取的一系列要实施的紧急任务和行动。由于应急功能是围绕应急行动的,因此它们的主要对象是任务执行机构。要明确应急救援过程中所要完成的各种应急任务或功能,并确定负责完成这些任务、承担这些功能的有关组织、部门、机构或人员。为直观地描述应急功能与相关部门、应急机构的对应关系,可采用应急功能矩阵表,见表3-2。

表 3-2　应急功能矩阵表

部门	应急功能							
	接警与通知	警报和紧急公告	事态监测与评估	警戒与管制	人群疏散	医疗与卫生	消防和抢险	……
应急中心	R	R	S		S			
生产		S	S		S		S	
消防	S	S	S	S	S	S	R	
保卫	S			R	R	S	S	
卫生			S			R		
安环	S	S	R		S		S	
技术			S				S	
……								

注:R—负责部门;S—支持部门。

(三) 应急响应

1. 信息报告

(1) 信息接报。明确应急值守电话、事故信息接收、内部通报程序、方式和责任人,向上级主管部门、上级单位报告事故信息的流程、内容、时限和责任人,以及向本单位以外的有关部门或单位通报事故信息的方法、程序和责任人。

(2) 信息处置与研判。①明确响应启动的程序和方式。根据事故性质、严重程度、影响范围和可控性,结合响应分级明确的条件,可由应急领导小组做出响应启动的决策并宣布,或者依据事故信息是否达到响应启动的条件自动启动;②若未达到响应启动条件,应急领导小组可做出预警启动的决策,做好响应准备,实时跟踪事态发展;③响应启动后,应注意跟踪事态发展,科学分析处置需求,及时调整响应级别,避免响应不足或过度响应。

2．预警

（1）预警启动。明确预警信息发布渠道、方式和内容。

（2）响应准备。明确做出预警启动后应开展的响应准备工作，包括队伍、物资、装备、后勤及通信。

（3）预警解除。明确预警解除的基本条件、要求及责任人。

3．响应启动

确定响应级别，明确响应启动后的程序性工作，包括应急会议召开、信息上报、资源协调、信息公开、后勤及财力保障工作。

4．应急处置

明确事故现场的警戒疏散、人员搜救、医疗救治、现场监测、技术支持、工程抢险及环境保护方面的应急处置措施，并明确人员防护的要求。

5．应急支援

明确当事态无法控制情况下，向外部（救援）力量请求支援的程序及要求、联动程序及要求，以及外部（救援）力量到达后的指挥关系。

6．响应终止

明确响应终止的基本条件、要求和责任人。

（四）后期处置

明确污染物处理、生产秩序恢复、人员安置方面的内容。

（五）应急保障

1．通信与信息保障

明确应急保障的相关单位及人员通信联系方式和方法，以及备用方案和保障责任人。

2．应急队伍保障

明确相关的应急人力资源，包括专家、专兼职应急救援队伍及协议应急救援队伍。

3．物资装备保障

明确本单位的应急物资和装备的类型、数量、性能、存放位置、运输及使用条件、更新及补充时限、管理责任人及其联系方式，并建立台账。

4．其他保障

根据应急工作需求而确定的其他相关保障措施，如能源保障、经费保障、交通运输保障、治安保障、技术保障、医疗保障及后勤保障。

应急保障尽可能在应急预案的附件中体现。

五、专项应急预案内容

专项应急预案包括但不限于下述五项内容。

（一）适用范围

说明专项应急预案适用的范围，以及与综合应急预案的关系。

（二）应急组织机构及职责

明确应急组织形式（可用图示）及构成单位（部门）的应急处置职责。应急组织机构以及各成员单位或人员的具体职责。应急组织机构可以设置相应的应急工作小组，各小组具体构成、职责分工及行动任务建议以工作方案的形式作为附件。

（三）响应启动

明确响应启动后的程序性工作，包括应急会议召开、信息上报、资源协调、信息公开、后勤及财力保障工作。

（四）处置措施

针对可能发生的事故风险、危害程度和影响范围，明确应急处置指导原则，制定相应的应急处置措施。

（五）应急保障

根据应急工作需求明确保障的内容。

六、现场处置方案主要内容

（一）事故风险描述

简述事故风险评估的结果（可用列表的形式附在附件中）。

（二）应急工作职责

明确应急组织分工和职责。

（三）应急处置

应急处置主要包括以下内容。

（1）应急处置程序。根据可能发生的事故及现场情况，明确事故报警、各项应急措施启动、应急救护人员的引导、事故扩大及同生产经营单位应急预案的衔接程序。

（2）现场应急处置措施。针对可能发生的事故从人员救护、工艺操作、事故控制、消防、现场恢复等方面制定明确的应急处置措施。

（3）明确报警负责人以及报警电话及上级管理部门、相关应急救援单位联络方式和联系人员，事故报告基本要求和内容。

（四）注意事项

注意事项包括人员防护和自救互救、装备使用、现场安全方面的内容。

七、应急预案的附件

（一）生产经营单位概况

简要描述本单位地址、从业人数、隶属关系、主要原材料、主要产品、产量，以及重点岗位、重点区域、周边重大危险源、重要设施、目标、场所和周边布局情况。

（二）风险评估的结果

简述本单位风险评估的结果。

（三）预案体系与衔接

简述本单位应急预案体系构成和分级情况，明确与地方政府及其有关部门、其他相关单位应急预案的衔接关系（可用图示）。

（四）应急物资装备的名录或清单

列出应急预案涉及的主要物资和装备名称、型号、性能、数量、存放地点、运输和使用条件、管理责任人和联系电话等。

（五）有关应急部门、机构或人员的联系方式

列出应急工作中需要联系的部门、机构或人员及其多种联系方式。

（六）格式化文本

列出信息接报、预案启动、信息发布等格式化文本。

（七）关键的路线、标识和图纸

关键的路线、标识和图纸等资料，包括但不限于：

（1）警报系统分布及覆盖范围。

（2）重要防护目标、风险清单及分布图。

（3）应急指挥部（现场指挥部）位置及救援队伍行动路线。

（4）疏散路线、集结点、警戒范围、重要地点的标识。

（5）相关平面布置、应急资源分布的图纸。

（6）生产经营单位的地理位置图、周边关系图、附近交通图。

（7）事故风险可能导致的影响范围图。

（8）附近医院地理位置图及路线图。

（八）有关协议或者备忘录

列出与相关应急救援部门签订的应急救援协议或备忘录。

八、政府和部门应急预案的编制

《生产安全事故应急条例》规定,县级以上人民政府及其负有安全生产监督管理职责的部门和乡、镇人民政府以及街道办事处等地方人民政府派出机关,应当针对可能发生的生产安全事故的特点和危害,进行风险辨识和评估,制定相应的生产安全事故应急救援预案,并依法向社会公布。

地方各级人民政府应急管理部门和其他负有安全生产监督管理职责的部门应当根据法律、法规、规章和同级人民政府以及上一级人民政府应急管理部门和其他负有安全生产监督管理职责的部门的应急预案,结合工作实际,组织编制相应的部门应急预案。

部门应急预案应当根据本地区、本部门的实际情况,明确信息报告、响应分级、指挥权移交、警戒疏散等内容。

九、应急预案的衔接

《中华人民共和国安全生产法》规定,生产经营单位制定的生产安全事故应急救援预案应与所在地县级以上地方人民政府组织制定的生产安全事故应急救援预案相衔接。《生产安全事故应急预案管理办法》规定,生产经营单位编制的各类应急预案之间应当相互衔接,并与相关人民政府及其部门、应急救援队伍和涉及的其他单位的应急预案相衔接。

应急预案的衔接包括:①场内预案与场外预案的衔接,即企事业单位应急预案与政府预案的衔接(尤其是当地政府)、企事业单位应急预案与其上级单位应急预案的衔接;②企事业单位内部各级各类预案的衔接,包括生产经营单位的综合应急预案、专项预案和现场处置方案的衔接以及同级预案间的衔接。

(一)应急预案衔接内容要求

不管是哪种形式的预案衔接,在衔接内容上,应从应急机构、应急资源、应急信息等方面考虑。

1. 应急机构的衔接

在预案中,应明确专门的负责日常应急工作事务的应急管理部门;应明确应急工作职责和责任人。使厂内预案、厂外预案能够形成工作对应关系。

2. 应急资源的衔接

在预案中明确自己的应急资源状况,以及当发生事故时所需的资源,自身资源的满足情况;如何向外求援,资源的分布,应急队伍和装备状况,以及互助协议,联络通信方式等。

3. 应急信息的衔接

在预案中明确报警的程序和范围,接警和警情的分析,信息通报程序、范围、方式、时间等,以及确保事件信息的及时性、快速性,从而使各方面能够及时根据事件发展态势做出决策，采取相应的应急决策和措施。

（二）企事业单位应急预案与政府应急预案的衔接方式

企事业单位应急预案与政府应急预案相互衔接，可通过以下方式来实现。

1. 应急管理机构的衔接

企业应根据所在地政府的要求，设立与政府相关部门及其应急预案向对应的负责应急管理工作的职能部门，做到工作上及时沟通、衔接，当应急扩大、请求增援后，外部应急力量介入，企业自身如何配合、如何发挥作用。

2. 应急信息的衔接

企业应确定事故事件报告、通报的时限、范围、责任部门、责任人等，以及明确政府应急预案启动的条件。特别是要确定扩大应急的条件，请求增援的时机和向谁请求。

3. 应急资源的衔接

企业应确定自身可能面临危险，所具有的应急保障能力，包括应急队伍、装备、器材、技术等，当事态扩大自身应急资源不足所需要的应急资源，同时应搞清楚外部可提供的应急资源，并确定获得外部应急力量的途径、方式。

（三）企事业单位内部应急预案的衔接

生产经营单位内部应急预案相互衔接主要是按照事故事件的类型、性质、规模、影响范围等，从内部各层次职责分工、应急处置能力和对事态控制能力的大小出发，确定应急响应的级别、应急功能分配、事故指挥官的职位高低、动员范围、力量调集规模等。生产经营单位内部应急预案相互衔接实现的方式如下。

（1）按照内部管理层次，由相应的管理层次负责处置和应对相应级别的事故事件，并确定上一级层次的协调、指导、支持的职责。

（2）按照事故事件类型，明确具体牵头负责的主责部门/单位，明确其他部门/单位的应急功能。

（3）明确应急资源如何在本单位内部统一管理、调配和使用。

十、生产经营单位应急处置卡的编制

《生产安全事故应急预案管理办法》规定，生产经营单位应当在编制应急预案的基础上，针对工作场所、岗位的特点，编制简明、实用、有效的应急处置卡。应急处置卡应当规定重点岗位、人员的应急处置程序和措施，以及相关联络人员和联系方式，便于从业人员携带。编制应急处置卡的样式范例，如图 3-1 所示。

应急总指挥应急处置卡

应急岗位: 应急总指挥　　姓名: 张三

职务	联系方式	上级应急岗位	姓名	职务	联系方式
副总经理	158XXXXXXXX	应急总指挥	李四	总经理	139XXXXXXXX
下级应急岗位	姓名	职务	联系方式	应急组织架构	
通信组组长	王五	综合部部长	138XXXXXX		
医疗救护组组长	……				
抢险救灾组组长	……				
……	……				
协调应急部门	联系方式	协调应急部门	联系方式		
安监部门		医疗部门			
消防部门		交通部门			

（处置卡的"正面"印制内容）

序号	应急处置要点
1	接到现场报警后,如造成人员伤亡,在一小时内将事故情况上报所在地区级以上安监部门和负有安全生产监督管理职责的有关部门。
2	当需要启动公司级应急预案时,第一时间下令启动预案,并到达现场或应急指挥机构,担任总指挥,通过应急指挥机构办公室通知应急指挥机构各成员（电话见背面）和可能波及到的周边企业。
3	根据事故情况,结合各应急指挥机构成员（如抢险救援组和技术保障组等）意见,指挥应急救援工作。
4	如判断企业无法独立完成救援工作,通过应急指挥机构办公室向上级政府请求支援。
5	在上级政府应急指挥机构成立后,向其提交指挥权,介绍事故情况,做好前勤保障工作,配合开展救援。
6	组织重伤以下事故调查处理,抚慰伤亡人员,总结应急工作经验,落实整改措施。

（处置卡的"背面"印制内容）

配电房应急处置卡

岗位名称	配电室	上级联系方式	
岗位主要风险类型	触电、火灾		

1、触电事故应急处置要点
(1) 事故现场确认,了解确认事故现场情况,切断故障点电源。
(2) 信息报告。报告上级,若伤势严重,直接拨打120。
(3) 抢救伤员,使触电者尽快脱离电源,若无法关闭电源,可借助绝缘体把电源推离触电者,高空触电做好防触电防坠落保护。当伤者出现呼吸、心跳停止症状时,应进行心肺复苏,直至120到达。
(4) 警戒隔离,设置警戒隔离。
(5) 引导救援,安排接引救护车辆。

2、火灾事故应急处置要点
(1) 信息报告,发现者立即停止作业并上报事故信息,电话报告公司办公室(电话: xxxxxxx)同时,对相关地方进行防护,防止火势扩大。电气火灾必须切断电源后才能灭火,如果不能确保是否已全部断电源,严禁使用水灭火。
(2) 初期灭火,直接用灭火器对着火点进行灭火,如通知附近其他人员提(推)灭火器前来支援,同时对其它未着火的地方进行防护,防止火势扩大。
(3) 火势扑灭,若火势扩大,切断电源,报告上级,对火灾、爆炸现场起警戒,同时疏散人员,如有人员伤亡,保证自身安全的前提下,救出伤员并进行现场急救,及时将伤员转送医院。
(4) 人员防护,抢险人员要穿戴好必要的防护装备(呼吸器、防护服),以防止抢险救援人员受到伤害。

（处置卡的"正面"印制内容）

紧急救护

心肺复苏术
(1) 确认现场环境安全。
(2) 意识判断,判断昏倒的人有无意识。
(3) 呼救,如无反应,立即呼救,叫"来人啊!救命啊!"
(4) 翻转体位,迅速将伤员放置于仰卧位,放在坚硬的地面上。
(5) 检查脉搏,检查心脏、呼吸状态。
(6) 心脏按压,先进行胸外心脏按压30次。
(7) 打开气道,清除口腔异物,使用仰头举颏法打开气道。
(8) 人工呼吸,如无呼吸,立即口对口吹气两次。
(9) 按30:2重复以上过程,直至救援到达或伤者能动为止。

创伤救护
(1) 基本要求。创伤救护原则上是先抢救,后固定,再搬运,并注意采取防止伤情加重或污染的措施,必要时迅速送医院救治的,应立即使好伤员的止血包扎固定。
(2) 创伤止血,使用敷料、纱布、三角巾、止血带等。采用加压包扎、指压止血、填塞止血、止血带止血等方法,对伤者进行止血。在使用毛巾、手帕、绸带、衣物;禁止使用铁线、电线、细子等代替。
(3) 伤口包扎,为了保护伤口,减少感染,减少出血,应根据创伤部位,在进行止血和固定后,对伤口要妥善固定。
(4) 骨折固定,在进行止血包扎后,在伤员平卧时,若怀疑伤员有颈椎损伤,在包员平卧时(或其他代替物)放置头部两侧使颈部固定不动,腰椎骨折时应将伤员仰卧在平硬木板上,并将臀部两侧下垫一同使固定定。
(5) 搬运护送,搬运时应急救人合作,保持平稳,不能扭曲腰部。途中应观察病情变化。

（处置卡的"背面"印制内容）

图 3-1　现场应急处置卡范例

第二节　生产安全事故应急预案的评审、发布与备案

一、应急预案的评审

(一) 关于应急预案评审的基本要求

地方各级人民政府应急管理部门应当组织有关专家对本部门编制的部门应急预案进行审定;必要时,可以召开听证会,听取社会有关方面的意见。

矿山、金属冶炼企业和易燃易爆物品、危险化学品的生产、经营(带储存设施的,下同)、储存、运输企业,以及使用危险化学品达到国家规定数量的化工企业、烟花爆竹生产、批发经营企业和中型规模以上的其他生产经营单位,应当对本单位编制的应急预案进行评审,并形成书面评审纪要。其他生产经营单位可以根据自身需要,对本单位编制的应急预案进行论证。

参加应急预案评审的人员应当包括有关安全生产及应急管理方面的专家。评审人员与所评审应急预案的生产经营单位有利害关系的,应当回避。

(二) 应急预案评审的内容

应急预案的评审或者论证应当注重基本要素的完整性、组织体系的合理性、应急处置程序和措施的针对性、应急保障措施的可行性、应急预案的衔接性等内容。

应急预案评审内容主要包括:风险评估和应急资源调查的全面性、应急预案体系设计的针对性、应急组织体系的合理性、应急响应程序和措施的科学性、应急保障措施的可

行性、应急预案的衔接性。

（三）应急预案评审程序

应急预案评审程序包括以下步骤。

（1）评审准备。成立应急预案评审工作组，落实参加评审的专家，将应急预案、编制说明、风险评估、应急资源调查报告及其他有关资料在评审前送达参加评审的单位或人员。

（2）组织评审。评审采取会议审查形式，企业主要负责人参加会议，会议由参加评审的专家共同推选出的组长主持，按照议程组织评审；表决时，应有不少于出席会议专家人数的三分之二同意方为通过；评审会议应形成评审意见（经评审组组长签字），附参加评审会议的专家签字表。表决的投票情况应当以书面材料记录在案，并作为评审意见的附件。书面评审纪要样式和签字表，见表3-3和表3-4。

表3-3　生产经营单位生产安全事故应急预案评审纪要

单位名称				
评审时间		评审地点		
预案类别	综合预案　□	专项预案□		现场处置方案□

专家组评审意见
　一、与会专家认真听取企业预案编制情况的介绍，经评审，×××××有限公司编制的综合、专项和现场处置等预案基本符合编制导则规范，各要素构成、内容基本符合评审指南的规定，×××××××××××××××××××××。
　二、企业应当对应急预案进行如下修改：
综合预案：
1.×××××；2.×××××；3.×××××。（问题及修改意见）
专项应急预案：
1.×××××；2.×××××；3.×××××。（问题及修改意见）
现场处置方案：
1.×××××；2.×××××；3.×××××。（问题及修改意见）
附件：
1.×××××；2.×××××；3.×××××。（问题及修改意见）
专家组认为，《预案》根据专家组意见进行修改完善后，报×××市（县）安监局备案。
专家组成员：×××、×××、×××
专家组组长：×××

_____年____月____日

表3-4　×××有限公司应急预案评审人员名单

姓　　名	单　　位	职务（职称）	联系电话	签　　名
本单位人员	××××有限公司			
本单位人员				
本单位人员				
评审专家				
评审专家				
评审专家				

姓　　名	单　　位	职务（职称）	联系电话	签　名
安监人员				
安监人员				
……				

（3）修改完善。生产经营单位应认真分析研究，按照评审意见对应急预案进行修订和完善。评审表决不通过的，生产经营单位应修改完善后按评审程序重新组织专家评审，生产经营单位应写出根据专家评审意见的修改情况说明，并经专家组组长签字确认。

（四）应急预案评审目的和依据

1. 评审目的

（1）发现应急预案存在的问题，完善应急预案体系。

（2）提高应急预案的针对性、实用性和可操作性。

（3）实现生产经营单位应急预案与相关单位应急预案衔接。

（4）增强生产经营单位事故防范和应急处置能力。

2. 评审依据

应急预案的评审应依据以下文件并结合本单位实际情况展开。

（1）国家及地方政府有关法律、法规、规章和标准，以及有关方针、政策和文件。

（2）地方政府、上级主管部门以及本行业有关应急预案及应急措施。

（3）生产经营单位可能存在事故风险和生产安全事故应急能力。

（五）评审方法

应急预案的评审方法和类型有多个。按照组织应急预案评审的主体的不同，应急预案的评审类型可划分为内部评审和外部评审。内部评审是指由编制单位组织本单位编制人员或有关人实施的评审；外部评审是指由外部有关单位组织人员实施的评审。按照组织评审的外部单位的不同类型，外部评审还可划分为同行评审、上级评审、社区评审、政府评审。按照评审内容的不同，应急预案的评审类型可划分为形式评审和要素评审。这些应急预案评审类型之间在组织者、参加人员以及目标作用上存在一定的差别，见表3-5。另外，这些评审方法也存在相互联系，如图3-2所示。

表 3-5　应急预案的评审方法和类型

评审类型		组　织　者	评审人员	评审目标
内部评审		编制单位	编制单位的编制组成员或有关人员	预案语句通畅、内容完整
外部评审	同行评审	同行业有关单位	同行业具有相应资格的专业人员	听取同行对预案的客观意见
	上级评审	上级主管单位	对预案有监督职责的上级组织或人员	对预案中要求的资源予以授权和做出相应的承诺

续表

评审类型		组 织 者	评审人员	评审目标
外部评审	社区评审	编制单位所在的社区组织	社区公众、媒体	对预案完整性；促进公众对预案的理解和为各社区接受
	政府评审	编制单位所在的地方政府	政府部门的有关专家	确认预案符合法律法规、标准和上级政府规定要求；确认预案与其他预案协调一致；对预案进行认可，予以备案
形式评审		有关政府部门	同"政府评审"	同"政府评审"
要素评审		编制单位	同"内部评审"	同"内部评审"
		同行业有关单位	同"同行评审"	同"同行评审"
		上级主管单位	同"上级评审"	同"上级评审"

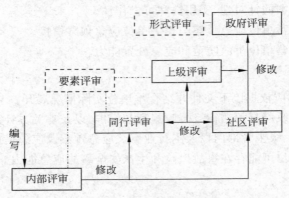

图 3-2　应急预案评审方法的相互联系

1. 形式评审

依据有关规定和要求，对应急预案的层次结构、内容格式、语言文字和制订过程等内容进行审查。形式评审的重点是应急预案的规范性和可读性。应急预案形式评审见表 3-6。评审意见按照符合、基本符合、不符合给出。

表 3-6　应急预案形式评审表

评审项目	评审内容及要求	评审意见
封面	① 应急预案编号、应急预案版本号、应急预案名称、生产经营单位名称、颁布日期等内容。 ② 应急预案封面反映的内容正确	□ 符合 □ 基本符合 □ 不符合
批准页	① 有批准页（仅适用于备案评审）。 ② 批准页对应急预案的发布及实施提出具体要求。 ③ 批准页经过预案发布单位主要负责人签批或经发布单位签章。 ④ 应急预案签发日期（年、月、日）与预案封面的颁布日期一致	□ 符合 □ 基本符合 □ 不符合

续表

评审项目	评审内容及要求	评审意见
目录	① 有目录(预案简单时可省略)。 ② 目录结构完整,包含批准页,章的编号和标题,条的编号和标题,附件等内容。 ③ 目录层次清晰、合理。 ④ 目录的页码与实际内容页码对应	□ 符合 □ 基本符合 □ 不符合
正文	① 文字通顺、语言精练、通俗易懂。 ② 正文段落结构清晰,层次明显,可快速、方便地查找有关内容。 ③ 正文中的图表、文字清楚,编排合理(名称、顺序、大小等)。 ④ 正文无错别字,同类文字的字体、字号相互统一。 ⑤ 文字通常从左至右横排,特殊除外。 ⑥ 正文文字通常采用宋体或仿宋,不采用特殊的艺术字体	□ 符合 □ 基本符合 □ 不符合
附件	① 应急预案附件齐全,编排顺序清晰、合理。 ② 附件如有序号使用阿拉伯数码(如"附件:1.×××××")。 ③ 附件左上角标识"附件",有序号时标识序号。 ④ 附件名称及序号应在目录中体现,做到前后标识一致。 ⑤ 特殊情况下,附件可以独立装订	□ 符合 □ 基本符合 □ 不符合
编制过程	① 全面分析本单位危险因素,确定可能发生的事故类型及危害程度。 ② 针对事故危险源和存在的问题,确定相应的防范措施。 ③ 客观评价本单位应急能力。 ④ 建立了安全生产应急预案体系,制定了相关专项预案和现场处置方案。 ⑤ 充分征求预案相关部门意见,并有意见汇总及采纳情况记录。 ⑥ 必要时,与相关应急救援单位签订应急救援协议	□ 符合 □ 基本符合 □ 不符合

2. 要素评审

依据有关规定和标准,从符合性、适用性、针对性、完整性、科学性、规范性和衔接性等方面对应急预案进行评审。要素评审包括关键要素和一般要素。为细化评审,可采用列表方式分别对应急预案的要素进行评审。评审应急预案时,将应急预案的要素内容与表中的评审内容及要求进行对应分析,判断是否符合表中要求,发现存在问题及不足。应急预案形式评审内容及要求见表3-7至表3-10。评审意见也是按照符合、基本符合、不符合给出。

表 3-7　综合应急预案要素评审表

评审项目		评审内容及要求	评审意见
总则	编制目的	编制目的明确,内容简明扼要	□ 符合 □ 基本符合 □ 不符合
	编制依据	① 引用文件均为应急预案编制时期最新版本。 ② 不得越级引用应急预案	□ 符合 □ 基本符合 □ 不符合
	应急预案体系	① 能够清晰描述本单位的预案体系构成 ② 应急预案体系基本能够覆盖本单位可能发生的事故类型	□ 符合 □ 基本符合 □ 不符合
	应急工作原则	① 能够体现以人为本、预防为主、依法规范。 ② 能够体现统一指挥、协调有序、平战结合、快速响应	□ 符合 □ 基本符合 □ 不符合

续表

评审项目		评审内容及要求	评审意见
适用范围*		① 应急预案适用范围明确。 ② 适用的事故类型和级别明确	☐ 符合 ☐ 基本符合 ☐ 不符合
危险性分析	生产经营单位概况	① 突出单位性质以及与危险性有关的设施、装置、设备，以及重要目标、场所和周边布局情况等。 ② 能够让各方应急力量（包括外部应急力量）事先熟悉单位的基本情况及周边环境	☐ 符合 ☐ 基本符合 ☐ 不符合
	危险源与风险分析*	① 能够客观分析本单位存在的危险源及危险程度。 ② 能够客观分析引发事故的诱因、事故影响范围及危害后果	☐ 符合 ☐ 基本符合 ☐ 不符合
组织机构及职责	应急组织体系*	① 能够清晰描述本单位的应急组织体系。 ② 明确成员单位或领导在日常及应急状态下的工作职责。 ③ 规定的工作职责合理，相互衔接	☐ 符合 ☐ 基本符合 ☐ 不符合
	指挥机构及职责*	① 能够清晰描述本单位应急指挥体系。 ② 明确应急救援的总指挥、副总指挥和各应急救援小组及其相应职责。 ③ 各应急救援小组设置合理，应急工作明确	☐ 符合 ☐ 基本符合 ☐ 不符合
预防与预警	危险源管理	① 明确事故预防和应急准备。 ② 明确重大危险源所采取的主要技术性预防措施	☐ 符合 ☐ 基本符合 ☐ 不符合
	预警行动	① 按照事故发生的紧急程度和危害程度进行预警。 ② 预警级别与采取的预警措施能有机衔接。 ③ 明确预警信息发布的方式及流程	☐ 符合 ☐ 基本符合 ☐ 不符合
	信息报告与处置*	① 明确本单位 24 小时应急值守电话。 ② 明确本单位内部信息报告的形式及要求。 ③ 明确本单位内部信息的报告与处置流程	
		① 明确事故信息上报的部门及通信方式。 ② 明确向上级有关部门报告的内容和时限。 ③ 信息上报内容和时限符合国家有关规定要求	☐ 符合 ☐ 基本符合 ☐ 不符合
		① 明确事故发生后向可能遭受事故影响的单位发出通报的方式、方法。 ② 明确事故发生后向有关单位发出请求支援信息的方式、方法。 ③ 信息的通报或请求信息的发出应符合国家有关规定和要求	
应急响应	响应分级*	① 应急响应分级清晰，符合企业实际。 ② 响应分级能够体现事故紧急和危害程度。 ③ 明确事故状态下的决策方法，以及应急行动程序和保障措施	☐ 符合 ☐ 基本符合 ☐ 不符合
	响应程序*	① 响应程序立足于控制事态发展和扩大、减少事故影响。 ② 明确救援过程中各专项应急功能的实施程序。 ③ 明确扩大应急的基本要求及内容。 ④ 能够辅以图表等方式提高应急响应程序的直观性	☐ 符合 ☐ 基本符合 ☐ 不符合

续表

评审项目		评审内容及要求	评审意见
应急响应	应急结束	① 明确应急救援行动结束的条件和相关事宜。 ② 明确发布应急终止命令的组织机构和程序。 ③ 明确事故应急救援结束工作总结部门	□ 符合 □ 基本符合 □ 不符合
信息沟通与后期处置		① 明确事故发生后，与外界信息沟通的责任人，以及具体办法。 ② 明确事故发生后，污染物处理、生产恢复、善后赔偿等内容。 ③ 明确应急救援能力评估及应急预案的修订等内容	□ 符合 □ 基本符合 □ 不符合
保障措施*		① 明确与应急工作相关单位或人员的通信方式，确保应急期间信息通畅。 ② 明确应急装备、设施和器材清单，以及存放位置，并保证其有效性。 ③ 明确各类应急资源，包括专业应急队伍、兼职应急队伍的组织与保障方案	□ 符合 □ 基本符合 □ 不符合
培训与演练		① 明确对本单位人员开展应急管理培训的计划、方式方法。 ② 如果预案涉及社区和居民，明确应急宣传教育工作。 ③ 明确应急演练的方式、频次、范围、内容、组织、评估、总结等内容	□ 符合 □ 基本符合 □ 不符合
附则	应急预案备案	① 明确本预案的报备部门，包括上级主管部门及地方政府有关部门。 ② 相关内容应符合国家关于预案备案的相关要求	□ 符合 □ 基本符合 □ 不符合
	制定与修订	① 明确应急预案负责制定与解释的部门。 ② 明确应急预案修订的条件和年限	□ 符合 □ 基本符合 □ 不符合
	应急预案实施	明确应急预案生效实施的具体时间	□ 符合 □ 基本符合 □ 不符合

注：* 代表应急预案的关键要素。

表 3-8　专项应急预案要素评审表

评审项目		评审内容及要求	评审意见
事故类型和危害程度分析*		① 能够客观分析本单位存在的危险源及危险程度。 ② 能够客观分析引发事故的诱因、事故影响范围及危害后果。 ③ 能够提出相应的事故预防和应急措施	□ 符合 □ 基本符合 □ 不符合
组织机构及职责*	应急组织体系	① 能够清晰描述本单位的应急组织体系。 ② 明确成员单位或领导在日常及应急状态下的工作职责。 ③ 规定的工作职责合理，相互衔接	□ 符合 □ 基本符合 □ 不符合
	指挥机构及职责	① 能够清晰地描述本单位应急指挥体系，并能表述相互之间的关系。 ② 明确应急救援的总指挥、副总指挥和各应急救援小组及其相应职责。 ③ 规定的工作任务及职责合理，应急工作明确	□ 符合 □ 基本符合 □ 不符合

续表

评审项目		评审内容及要求	评审意见
预防与预警	危险源监控	① 明确危险源的监测监控方式、方法。 ② 明确对危险源所采取的技术性预防措施。 ③ 必要时，相关内容可采用附件方式表述	□ 符合 □ 基本符合 □ 不符合
	预警行动	① 能够按照事故发生的紧急程度和危害程度进行预警。 ② 预警级别与采取的预警措施能有机衔接。 ③ 明确预警信息发布的方式及流程	□ 符合 □ 基本符合 □ 不符合
信息报告程序*		① 确定报警系统及程序。 ② 确定现场报警方式，如电话、警报器等。 ③ 确定 24 小时与相关部门的通信、联络方式。 ④ 明确相互认可的通告、报警形式和内容。 ⑤ 明确应急反应人员向外求援的方式	□ 符合 □ 基本符合 □ 不符合
应急处置*	响应分级	① 响应分级清晰，符合企业实际。 ② 响应分级能够体现紧急和危害程度	□ 符合 □ 基本符合 □ 不符合
	响应程序	① 明确事故状态下的应急响应程序和保障措施。 ② 明确救援过程中各专项应急功能的实施程序。 ③ 明确扩大应急的基本要求及内容。 ④ 响应程序描述的内容力求简单易懂、表达直观清晰	□ 符合 □ 基本符合 □ 不符合
	处置措施	① 针对可能发生的事故采取的应急处置措施合理，符合技术要求。 ② 符合单位实际，措施可行	□ 符合 □ 基本符合 □ 不符合
应急物资与装备保障*		① 对应急救援所需的物资和装备有明确的要求。 ② 应急物资与装备保障符合单位实际，满足应急要求	□ 符合 □ 基本符合 □ 不符合

注：* 代表应急预案的关键要素。如果专项应急预案作为综合应急预案的附件，综合应急预案已经明确的要素，专项应急预案可省略。

表 3-9　现场处置方案要素评审表

评审项目	评审内容及要求	评审意见
事故特征*	① 对作业现场风险描述比较清晰，明确可能发生事故的类型和危害程度。 ② 明确事故判断的基本征兆及条件。 ③ 明确事故可能带来的不良影响	□ 符合 □ 基本符合 □ 不符合
应急组织与职责*	① 基层单位应急自救组织形式及人员构成清晰。 ② 应急自救组织机构、人员的具体职责与本单位或车间、班组人员工作职责紧密结合，明确具体	□ 符合 □ 基本符合 □ 不符合
应急处置*	① 明确事故第一发现者对事故进行初步判定的要点，以及报警时需要提供的必要信息。 ② 明确事故报警、各项应急措施启动、应急救护人员的引导、事故扩大应急程序。 ③ 针对可能发生的事故，从操作程序、工艺流程、现场处置、事故控制、人员救护等方面制定有明确的应急处置措施。 ④ 明确报警电话、报告单位联络方式或联系人员，事故报告基本要求和内容	□ 符合 □ 基本符合 □ 不符合

续表

评审项目	评审内容及要求	评审意见
注意事项	① 佩戴个人防护器具方面的注意事项。 ② 使用抢险救援器材方面的注意事项。 ③ 采取救援对策或措施方面的注意事项。 ④ 现场自救和互救注意事项。 ⑤ 现场应急处置能力确认和人员防护等事项。 ⑥ 应急救援结束后的注意事项。 ⑦ 其他需要特别警示的事项	□ 符合 □ 基本符合 □ 不符合

注：* 代表应急预案的关键要素。现场处置方案落实到岗位每个人,可以只保留应急处置。

表 3-10　预案附件要素评审表

评审项目	评审内容及要求	评审意见
有关应急部门、机构或人员的联系方式	① 列出应急工作需要联系的部门、机构或人员的多种联系方式,并保持有效。 ② 列出所有参与应急指挥、协调人员姓名、所在部门、职务和联系电话,并定期更新	□ 符合 □ 基本符合 □ 不符合
重要物资装备的名录或清单	① 以表格形式明确应急装备、设施和器材清单,清单应当包括种类、名称、数量以及存放位置、规格、性能、用途和用法等信息,以利于在紧急状态下使用。 ② 规定应急装备定期检查和维护措施,以保证其有效性	□ 符合 □ 基本符合 □ 不符合
规范化格式文本	信息接报、处理、上报等规范化格式文本清晰、简洁	□ 符合 □ 基本符合 □ 不符合
关键的路线、标识和图纸	① 警报系统分布及覆盖范围。 ② 重要防护目标一览表、分布图。 ③ 应急救援指挥位置及救援队伍行动路线。 ④ 疏散路线、重要地点等标识。 ⑤ 相关平面布置图纸、救援力量分布图等	□ 符合 □ 基本符合 □ 不符合
相关应急预案名录、协议或备忘录	列出与本应急预案相关的或相衔接的应急预案名称,以及与相关应急救援部门签订的应急支援协议或备忘录	□ 符合 □ 基本符合 □ 不符合

（1）关键要素。关键要素是指应急预案构成要素中必须规范的内容。这些要素内容涉及生产经营单位日常应急管理及应急救援时的关键环节,如应急预案中的危险源与风险分析、组织机构及职责、信息报告与处置、应急响应程序与处置技术等要素。

（2）一般要素。一般要素指应急预案构成要素中简写或可省略的内容。这些要素内容不涉及生产经营单位日常应急管理及应急救援时的关键环节,而是预案构成的基本要素,如应急预案中的编制目的、编制依据、适用范围、工作原则、单位概况等要素。

二、应急预案的发布

生产经营单位的应急预案经评审或者论证后,由本单位主要负责人签署,向本单位从业人员公布,并及时发放到本单位有关部门、岗位和相关应急救援队伍。事故风险可能影响周边其他单位、人员的，生产经营单位应当将有关事故风险的性质、影响范围和应急防范措施告知周边的其他单位和人员。

应急预案经评审通过后，应由最高行政负责人（主要负责人）签署发布，按规定报送有关部门和应急机构备案，并建立发放登记表，记录发放日期、发放份数、文件登记号、接收部门、接收日期、签收人等有关信息，见表 3-11。向社会或媒体分发用于宣传教育的预案，应不包括有关标准操作程序、内部通信簿等不便公开的专业、关键或敏感信息。

表 3-11　预案发放登记表示例

序号	发放日期	发放份数	文件登记号	接收部门	接收日期	签收人	备注

根据"综合协调、分类管理、分级负责、属地为主"的应急预案管理原则，在工作实践中，应急预案的签署发布一般可按下列方式操作。

（1）综合预案必须由本单位行政一把手（主要负责人）签署批准发布。

（2）专项预案可由本单位行政一把手（主要负责人）授权本单位分管领导签署批准发布。

（3）现场处置方案可由责任部门、分厂或车间的主管领导签署批准发布，但必须向本单位应急管理部门备案。

（4）一个单位如有多个管理层级，各个层级所制定的预案由本层级的主要负责人签署批准发布，但必须向上级单位应急管理部门备案。

三、应急预案的备案

《生产安全事故应急条例》规定，县级以上人民政府负有安全生产监督管理职责的部门应当将其制定的生产安全事故应急救援预案报送本级人民政府备案；易燃易爆物品、危险化学品等危险物品的生产、经营、储存、运输单位，矿山、金属冶炼、城市轨道交通运营、建筑施工单位，以及宾馆、商场、娱乐场所、旅游景区等人员密集场所经营单位，应当将其制定的生产安全事故应急救援预案按照国家有关规定报送县级以上人民政府负有安全生产监督管理职责的部门备案，并依法向社会公布。

（一）政府部门应急预案的备案和抄送

地方各级人民政府应急管理部门的应急预案，应当报同级人民政府备案，同时抄送上一级人民政府应急管理部门，并依法向社会公布。

地方各级人民政府其他负有安全生产监督管理职责的部门的应急预案，应当抄送同级人民政府应急管理部门。

（二）应急预案备案的生产经营单位范围

下列高危单位、人员密集场所经营单位的应急预案，应按照分级属地原则，向县级以上人民政府应急管理部门和其他负有安全生产监督管理职责的部门进行备案，并依法向社会公布。

（1）易燃易爆物品、危险化学品等危险物品的生产、经营、储存、运输单位，矿山、金属冶炼、城市轨道交通运营、建筑施工单位。

（2）宾馆、商场、娱乐场所、旅游景区等人员密集场所经营单位。

（三）负责应急预案备案的部门的职责分工

1. 负责中央企业的部门

前述所列单位属于中央企业的，其总部（上市公司）的应急预案，报国务院主管的负有安全生产监督管理职责的部门备案，并抄送应急管理部；其所属单位的应急预案报所在地的省、自治区、直辖市或者设区的市级人民政府主管的负有安全生产监督管理职责的部门备案，并抄送同级人民政府应急管理部门。

2. 负责非中央企业的部门

前述所列单位不属于中央企业的，其中非煤矿山、金属冶炼和危险化学品生产、经营、储存、运输企业，以及使用危险化学品达到国家规定数量的化工企业、烟花爆竹生产、批发经营企业的应急预案，按照隶属关系报所在地县级以上地方人民政府应急管理部门备案；前述单位以外的其他生产经营单位应急预案的备案，由省、自治区、直辖市人民政府负有安全生产监督管理职责的部门确定。

3. 负责油气输送管道运营单位、海洋石油开采企业和煤矿企业的部门

油气输送管道运营单位的应急预案，除按照上述规定备案外，还应当抄送所经行政区域的县级人民政府应急管理部门。

海洋石油开采企业的应急预案，除按照上述规定备案外，还应当抄送所经行政区域的县级人民政府应急管理部门和海洋石油安全监管机构。

煤矿企业的应急预案除按照上述规定备案外，还应当抄送所在地的煤矿安全监察机构。

（四）应急预案备案应提交的材料

生产经营单位申报应急预案备案，应当提交下列材料：

（1）应急预案备案申报表。

（2）应急预案评审意见。

（3）应急预案电子文档。

（4）风险评估结果和应急资源调查清单。

（五）应急预案备案的程序

1. 备案时间

前述所列高危单位、人员密集场所经营单位，应当在应急预案公布之日起 20 个工作日内按规定备案应急预案。

2. 受理与核对

受理备案登记的负有安全生产监督管理职责的部门应当在 5 个工作日内对应急预案材料进行核对，材料齐全的，应当予以备案并出具应急预案备案登记表；材料不齐全的，不予备案并一次性告知需要补齐的材料。逾期不予备案又不说明理由的,视为已经备案。

对于实行安全生产许可的生产经营单位,已经进行应急预案备案的,在申请安全生产许可证时,可以不提供相应的应急预案,仅提供应急预案备案登记表。

3. 备案登记建档

各级人民政府负有安全生产监督管理职责的部门应当建立应急预案备案登记建档制度,指导、督促生产经营单位做好应急预案的备案登记工作。

第三节　生产安全事故应急预案的实施

应急预案发布实施后,必须扎扎实实开展下列工作:应急预案的宣传教育、培训、演练、修订、评估;落实应急指挥体系、应急救援队伍、应急物资及装备,建立应急物资、装备配备及其使用档案并对应急物资、装备进行定期检测和维护;发生事故时应第一时间启动应急响应,并在应急救援结束后对应急预案实施情况进行总结评估。否则,应急预案将变成一纸空文,在事故发生时将起不到任何作用或者起到的作用微乎其微。有关应急预案演练的组织和实施、应急资源的保障、事故应急救援和处置等内容的详细介绍和讲解将在本书后续的章节中进行,本节仅将法律法规对他们的基本要求列出。

一、应急预案宣传教育、培训

各级人民政府应急管理部门、各类生产经营单位应当采取多种形式开展应急预案的宣传教育,普及生产安全事故避险、自救和互救知识,提高从业人员和社会公众的安全意识与应急处置技能。

各级人民政府应急管理部门应当将本部门应急预案的培训纳入安全生产培训工作计划,并组织实施本行政区域内重点生产经营单位的应急预案培训工作。

生产经营单位应当组织开展本单位的应急预案、应急知识、自救互救和避险逃生技能的培训活动,使有关人员了解应急预案内容,熟悉应急职责、应急处置程序和措施。

应急培训的时间、地点、内容、师资、参加人员和考核结果等情况应当如实记入本单位的安全生产教育和培训档案。

(一) 领导干部应急培训

领导干部培训的内容包括认识水平与能力、决策技术与方法、法制观念与意识、现场控制与执行能力等。

1. 认识水平与能力

领导干部应急管理培训的重点是增强应急管理意识,提高应急管理能力。要学习党中央、国务院关于加强应急管理工作的方针政策和工作部署,以及相关法律法规和应急预案,提高思想认识和应对突发事件的综合素质。要加强对突发事件风险的识别,深入分析我国自然灾害发生的特点和运行规律,跟踪和把握各种社会矛盾的变化规律和发展方向,从而采取有针对性的疏导和管理措施,制定可行预案,争取把问题解决于萌芽状态之中,或降低突发事件的破坏程度。

2. 决策技术与方法

面对突发事件,要头脑冷静、科学分析、准确判断、果断决策、整合资源、调动各种力量、共同应对。在发生突发事件的紧急情况下,高效决策是正确应对事件的关键,又是一个较复杂高难度的过程,要求领导者有良好的素质和决策能力。而很多领导者未接受过基本的应对突发事件的培训,缺乏基本的决策知识,因而造成决策失误,造成巨大损失。有的不能从突发事件中接受教训,导致类似事件再度发生。因此必须通过培训,不断提高领导干部科学决策的能力和应变突发事件的能力,帮助决策者总结经验教训,提高实战能力。

现代决策手段和工具日益朝着程序化、自动化、科学化、规范化的方向发展,作为决策者要学会利用各种信息技术、人工智能技术以及运筹学、系统分析等决策技术和方法,改进固有的运作方式、组织结构和办事流程。强化和尊重决策智囊机构的地位和作用,为领导提供突发事件的信息,提供各种决策方案以供选择。

3. 法制观念与意识

依法治国,依法行政,我国已相继制定突发事件应对法以及应对自然灾害、事故灾难、公共卫生事件和社会安全事件的法律、法规 60 多部,基本建立了以宪法为依据、以《中华人民共和国突发事件应对法》为核心,以相关单项法律法规为配套的应急管理法律体系,突发事件应对工作已进入制度化、规范化、法制化轨道,领导干部必须认真学习这些法律法规,在紧急情况下行使行政紧急权,依法应对突发事件,保护公民权利。

4. 现场控制与执行能力

要通过培训,使担任事故现场应急指挥的领导干部具备下列能力:协调与指导所有的应急活动;负责执行一个综合性的应急救援预案;对现场内外应急资源的合理调用;提供管理和技术监督,协调后勤支持;协调信息发布和政府官员参与的应急工作;负责向国家、省市、当地政府主管部门递交事故报告;负责提供事故和应急工作总结。

各级政府要将对领导干部的培训纳入应急体系建设规划。坚持脱产培训与在职学习相结合。根据领导干部脱产培训工作总体安排,依托培训机构,将应急管理内容纳入政府系统领导干部培训、轮训课程体系。有组织、有计划地举办领导干部应急管理专题培训班等。

(二)公务员应急培训

政府应急管理的成功程度取决于多方面的因素,其中最重要的就是政府的应急管理能力,它表现为政府的组织能力和整合程度。从组织层次分析的角度来看,政府应急能力体现为政府机构和公务员的能力。公务员是应急管理的主要力量,其应急管理能力的高低,直接代表和体现了政府应急管理能力的高低,因此加强公务员应急管理能力的培训就显得尤为重要。有效的培训可以打破公务员常规的思维方式和观念,提高公务员参与应急管理时的素质和应对能力;通过对不同类型、不同程度、不同性质的突发事件的了解和熟悉,增加其对潜在突发事件的警惕性和处理突发事件的经验;可以在最短的时间内迅速提出控制突发事件影响的解决方案并参与相应的行动。

1. 公务员应急培训的原则

（1）理论联系实际，学以致用。理论联系实际，是我国学习理论、培训干部的一条重要原则，也是国际上各国公务员培训的通用规则。例如，加拿大联邦政府的公务员培训中，理论占30％，实战占70％。应对突发事件能力的培训，就要把应对突发事件的理论与我国和当地突发事件的产生和应对的实际情况结合起来，有针对性，有侧重点。例如，历年洪涝灾害产生多的地方，就要结合当地地质水文资料（包括洪涝灾害发生的情况、目前的气象预报、水库堤防的工程质量、江河堤坝的加固），低洼地公众的迁移，抗洪抢险的落实等；并采取相应的措施，使培训过程既成为提高思想和应对能力的过程，又成为发现、解决问题的过程，而不是漫无目的，言不及义。

（2）因人、因时、因地制宜，有的放矢。公务员自身所学专业、知识基础、工作经历各不相同，所从事的工作、所要经常面对和防范的突发事件的性质不同，必须根据他们的实际需要、实际程度进行培训。其次不同时期社会经济发展、国家的重大经济举措可能引发社会矛盾，应有针对性地对公务员施以他们所需要的应对突发事件的知识技能，必要时进行分级分类培训，使学员对课程听得懂，用得上。突发事件发生还有地域特点，如交通事故易发区，生产烟花爆竹容易发生爆炸事故区，容易发生瓦斯爆炸、漏水矿区，这些地域和相关职能部门的公务员要有针对性地学习有关防范和应对相关类型突发事件的知识，不能南辕北辙，学用脱节，于事无补。

（3）前瞻性与持续性相结合。在突发事件发生之前就进行化解，是应急管理的最高境界，也是应急培训的最终目的。"曲突徙薪无恩泽，不念预防之力大；焦头烂额为上客，徒知救急之功宏。"这话见于《汉书·霍光传》，说的是一个古人对待应急管理的故事。"曲突徙薪"的意思是使烟囱弯曲，将柴草搬走。突是烟囱，徙是迁移。这是劝人防患于未然，避免发生火灾。焦头烂额是形容因救火头部被烧成重伤，这是说的帮助失火人家救火，两者都是对突发事件的应急管理，只是前者是预防，后者是事后处理，主人对劝他防患于未然的人无感激之心，只有对帮他救火的人才奉为上客。公务员应急管理培训一般都是针对未来可能发生的突发事件，因此培训要具有前瞻性，针对可能发生的事件做好应对准备，甚至在突发事件发生之前就进行化解消除。在日常生活中消除事故隐患，排除险情，化解矛盾，使危机消除于无形，也是公务员培训的最佳目的和最终成果。当然，由于突发事件的经常性和难以预见性，公务员的培训不能一成不变，一劳永逸，而是要经常进行，以更新知识，提高能力和水平，才能应对不断变化的世界，应对新的突发事件。

2. 公务员应急培训的重点

应急管理培训的重点根据培训对象而有所不同，对应急管理干部，包括各级各类应急管理机构负责人和工作人员，培训的重点是熟悉、掌握应急预案和相关工作制度，提高为领导决策服务和开展应急管理工作的能力。各级应急管理机构要采取多种形式，加强工作人员综合业务培训，有针对性地提高应急值守、信息报告、组织协调、技术通信、预案管理等方面的业务能力。对其他公务员的培训，重点是增强公共安全意识，提高排除安全隐患和快速高效应对处置突发事件的能力。

要通过培训,使受训人员的应急知识得到拓展,形成以应急管理理论为基础,以提高各级应急管理人员的应急处理和事故防范能力为重点,以提高各类人员事故预防、应急处置、指挥协调能力为基本内容的教育培训课程体系。培训是一个逐步提高认识、提高能力的过程,需要以实际需要为导向,逐步形成多渠道、多层次、全方位的工作格局。

(三)专业人员应急培训

专业应急救援人员是应急救援的主要力量,主要包括抢险救护、医疗、消防、交通、通信等人员以及企业单位设立的专职或兼职应急救援队。目前,我国安全生产应急救援队伍总人数已达数万人,覆盖了矿山、危险化学品、消防、水上搜救、铁路交通及民航等方面,如地震、消防等部门建立的专业救援队伍,林业系统建立的森林消防队,能源系统在各地建立的矿山抢险救援专业队,交通系统建立的港口消防队、海上救援队,化工系统的化学事故救援队伍等。

对于应急人员的培训内容主要包括相关危险品特性、病毒细菌防范、污染处理、具体技术设施等技术方面的内容,以及现场救护与应急自救、应急设备操作、应急装备使用等技能方面的内容。基本要求是:通过培训,使应急人员掌握必要的知识和技能以识别危险、评价事故的危险性,从而采取正确的措施。具体培训中,通常将不同职能的专业应急人员分为四种水平,每一种水平都有相应的培训要求。

1. 初级操作水平应急人员

该水平应急人员主要参与预防危险事故的发生,以及发生事故后的应急处置,其作用是有效控制事故扩大化,降低事故可能造成的影响。对他们的培训要求包括:

(1)掌握危险因素辨识和危险程度分级方法。

(2)掌握基本的危险和风险评价技术。

(3)学会正确选择和使用个人防护设备。

(4)了解危险因素的基本术语和特性。

(5)掌握危险因素的基本控制操作。

(6)掌握基本危险因素消除程序。

(7)熟悉应急预案的基本内容等。

2. 专业水平应急人员

专业水平应急人员培训应根据有关指南要求执行,对其培训要求除了掌握上述初级操作水平应急人员的知识和技能以外,还包括:

(1)保证事故现场人员的安全,防止伤亡的发生。

(2)执行应急行动计划。

(3)识别、确认、证实危险因素。

(4)了解应急救援系统各岗位的功能和作用。

(5)了解个人防护设备的选择和使用。

(6)掌握危险的识别和风险的评价技术。

(7)了解先进的风险控制技术。

（8）执行事故现场消除程序。

（9）了解基本的化学、生物、放射学的术语及其表示形式。

3. 专家水平应急人员

专家水平应急人员通常与相关行业专业技术人员一起对紧急情况做出应急处置，并向专业人员提供技术支持，因此要求该类专家应对突发事件危险因素的知识、信息比这些专业人员更广博、更精深，因而应当接受更高水平的专业培训，以便具有相当高的应急水平和能力。其要求是：

（1）接受专业水平应急人员的所有培训要求。

（2）理解并参与应急救援系统的各岗位职责的分配。

（3）掌握风险评价技术。

（4）掌握危险因素的有效控制操作。

（5）参加一般和特别清除程序的制定与执行。

（6）参加应急行动结束程序的执行。

（7）掌握化学、生物、毒理学的术语与表示形式。

4. 指挥级水平应急人员

指挥级水平应急人员主要负责的是对事故现场的控制并执行现场应急行动，协调应急队员之间的活动和通信联系。该水平应急人员应具有相当丰富的事故应急和现场管理的经验。由于他们责任重大，要求他们参加的培训应更为全面和严格，以提高应急指挥者的素质，保证事故应急的顺利完成。通常，该类应急人员应该具备下列能力：

（1）协调与指导所有的应急活动。

（2）负责执行一个综合性的应急救援预案。

（3）对现场内外应急资源的合理调用。

（4）提供管理和技术监督，协调后勤支持。

（5）协调信息发布和政府官员参与的应急工作。

（6）负责向国家、省市、当地政府主管部门递交事故报告。

（7）负责提供事故和应急工作总结。

不同水平应急人员的培训要与应急救援系统相结合，以使应急人员接受充分的培训，从而保证应急人员的素质。

作为应急管理专业人员，重要的是具有专业操作水平。国家重视建立应急救援专家队伍，充分发挥专家学者的专业特长和技术优势，他们也是广义的专业人员。对专业人员的培训，要同培训公务员一样，充分发挥高等学校、科研机构的作用。因为他们的专业性更强，更要依托各类专业院校和国家应急领域科研院所进行专门或联合培训。

（四）岗位应急培训

对处于能首先发现事故险情并及时报警的岗位上的人员，如保安、门卫、巡查、值班人员、生产操作人员、作业人员等这些一线岗位人员，应当被看作是初级意识水平应急人员。该水平应急人员的培训内容主要是人员素质、文化知识、心理素质、应急意识与能力。具体培训要求包括：

（1）能识别危险因素及事故发生的征兆，如确认危险物质并能识别危险物质的泄漏迹象。

（2）了解所涉及的危险事故发生的潜在后果，如危险物质泄漏的潜在后果。

（3）了解应急人员自身的作用和责任。

（4）能确认必需的应急资源。

（5）如果需要疏散，则应限制未经授权人员进入事故现场。

（6）熟悉现场安全区域的划分。

（7）了解基本的事故控制技术。

在对这些作为初级意识水平应急人员的一线特定岗位人员实施培训时，要抓住以下几个重点环节和行动，并确保他们掌握了相应的要求和具备完成这些应急行动的能力。

1. 报警

通过培训，使应急人员了解并掌握如何利用身边的手机、电话等工具，以最快速度报警。使用发布紧急情况通告的方法，如使用警笛、警钟、电话或广播等。为及时疏散事故现场的所有人员，应急人员要掌握在事故现场贴发警示标志等方法，引导人们向安全区域疏散。

2. 疏散

培训应急人员在事故现场安全有序地疏散被困人员或周围人员。对人员疏散的培训主要在应急演练中进行。

3. 自救与互救

通过培训，使事故现场的人员了解和掌握基本的安全疏散和逃生技术，以及学习一些必要的紧急救护技术，能及时抢救事故现场中有生命危险的被困人员，使其脱离险境或为进一步医疗抢救赢得时机。可以参见本书第六章的有关内容。

4. 初起火灾扑救

由于火灾的易发性和多发性，对火灾应急的培训显得尤为重要。要求应急队员必须掌握必要的灭火技术以便在着火初期迅速灭火，降低或减小导致灾难性事故的危险，掌握灭火装置的识别、使用、保养、维修等基本技术。

（五）特殊应急培训

应急救援队员就很有可能暴露于化学、物理伤害等各种的特殊事故危险中，仅掌握一般应急技能是远远不足以保护应急队员的生命安全的，因此必须对他们进行此类特殊事故危害的应急培训。特殊应急培训包括针对化学品暴露、受限空间的营救、BLEVE的事故危害的应急培训。

1. 化学品暴露

任何化学品都应该有一个在空气中的最高允许浓度，低于此浓度，人可以不使用呼吸防护设备。通过培训，应急队员应该了解这些浓度，并知道如何使用监控设备和呼吸防护设备。对于呼吸防护的培训要求，应该由专门的部门进行制定。

2. 受限空间营救

受限空间是指缺少氧气或充满有毒化学蒸汽、有爆炸危险的浓缩气体等的狭小空间，通常只有经过培训并有必要防护设备的应急人员才被允许进入其间进行营救工作。受训者应该先学习必要的营救技术，并每年进行一次模拟的营救演习，对受训合格者应颁发证书。

3. BLEVE 爆炸

BLEVE(boiled liquid evaporate vapor explosion)爆炸是指液体受热沸腾后成气体，容器爆裂后，气体泄出而产生爆炸的情况。该爆炸特征系为需经一段火灾时间，然后剧烈爆炸时可形成很大的火球，并且爆炸容器残骸飞离很远，人员被碎片击中、受极高温度及辐射热影响之下，伤亡很大。这种爆炸事故的一般发生机理是：通常当容器内的物质泄漏，容器超压，或由于其他原因造成容器强度弱化而使容器失效、破裂，发生容器内液体的大量泄漏，液体迅速汽化并与空气快速混合，此时一旦遇到火源则易燃介质将发生燃烧并导致爆炸或火球的产生。由于这种事故的高发性以及它的巨大的破坏性，经常造成人员甚至是应急队员的受伤和死亡，因此必须进行此类事故的应急培训。具体包括如下内容。

（1）使应急队员了解该类事故的类型，产生的原理及如何采取对策等。

（2）应急队员必须了解容器的结构和工作压力以及容器遭受物理破坏后可能出现的情况。

（3）了解容器内物质的理化性质（如沸点、蒸汽密度和闪点等）基本情况。

（4）会识别与事故有关的征兆，当发现以下任何一种征兆出现时，应急救援队员需立刻撤离和疏散。

① 容器周围可燃蒸气的燃烧火势不断增加，这意味着火灾引起的沸腾液体在容器内部产生了更大的压力，有可能导致容器的爆炸。

② 从容器的减压阀向外喷射火焰，通常这意味着压力正在不断升高。

③ 降压系统的噪音升高，这也意味着压力的升高。

④ 了解控制 BLEVE 发生的两种方法：一是快速地将容器冷却，二是减少或转移容器附近的热源。

（5）了解 BLEVE 的特性，如容器失效能导致破裂和爆裂，泄漏的可燃性液体可能会导致地面闪蒸，也可能产生向外和向上的火球。

（6）掌握一旦遇到可能的 BLEVE 时，最好的应急选择是撤离到安全的、不会受到伤害的区域。

（六）应急救援训练

应急救援训练是指应急救援队伍通过一定的方式获得或提高应急救援技能的专门活动，是专业应急队伍实施应急培训的重要实操方法。应急救援训练是开展各种应急救援预案演练的基础性工作。经常性地开展应急救援训练应当成为应急救援队伍的一项重要日常工作。

1. 应急救援训练指导思想

应急救援训练的指导思想应以加强基础、突出重点、边练边战、逐步提高为原则。针对突发事故与应急救援工作的特点,从危险物品、事故特征和现有装备的实际出发,严格训练、严格要求,不断提高应急救援队伍的救援能力、迅速反应能力、机动能力和综合素质。

2. 应急救援训练基本任务

应急救援训练的基本任务是锻炼和提高队伍在突发事故情况下的快速抢险堵源、及时营救伤员、正确指导和帮助群众防护或撤离、有效消除危害后果、开展现场急救和伤员转送等应急救援技能和应急反应综合素质,进而有效减低事故危害,减少事故损失。

3. 应急救援训练基本内容

应急训练的基本内容主要包括基础训练、专业训练、战术训练和自选科目训练四类。

(1)基础训练。基础训练是应急队伍的基本训练内容之一,是确保完成各种应急救援任务的前提基础。基础训练主要是指队列训练、体能训练、防护装备和通信设备的使用训练等内容。训练的目的是应急人员具备良好的战斗意志和作风,熟练掌握个人防护装备的穿戴,通信设备的使用等。

(2)专业训练。专业技术关系到应急队伍的实战水平,是顺利执行应急救援任务的关键,也是训练的重要内容。主要包括专业常识、堵源技术、抢运和清消,以及现场急救等技术。通过训练,救援队伍应具备一定的救援专业技术,有效地发挥救援作用。

(3)战术训练。战术训练是救援队伍综合训练的重要内容和各项专业技术的综合运用,提高救援队伍实践能力的必要措施。通过训练,使各级指挥员和救援人员具备良好的组织指挥能力和实际应变能力。

(4)自选科目训练。自选课目训练可根据各自的实际情况,选择开展如防化、气象、侦险技术、综合演练等项目的训练,进一步提高救援队伍的救援水平。在开展训练课目时,专职性救援队伍应以社会性救援需要为目标确定训练科目;而单位的兼职救援队应以本单位救援需要,兼顾社会救援的需要确定训练课目。

4. 应急救援训练的方法和时间

应急救援队伍的训练可采取自训与互训相结合、岗位训练与脱产训练相结合、分散训练与集中训练相结合等方法。在时间安排上应有明确的要求和规定。为保证训练效果,在训练前应制订训练计划,训练中应组织考核、验收和评比。

二、应急预案演练

1. 应急管理部门的演练要求

各级人民政府应急管理部门应当至少每两年组织一次应急预案演练,提高本部门、本地区生产安全事故应急处置能力。

2. 生产经营单位的演练要求

生产经营单位应当制定本单位的应急预案演练计划,根据本单位的事故风险特点,每年至少组织一次综合应急预案演练或者专项应急预案演练,每半年至少组织一次现场处置方案演练。

易燃易爆物品、危险化学品等危险物品的生产、经营、储存、运输单位,矿山、金属冶炼、城市轨道交通运营、建筑施工单位,以及宾馆、商场、娱乐场所、旅游景区等人员密集场所经营单位,应当至少每半年组织一次生产安全事故应急预案演练,并将演练情况报送所在地县级以上地方人民政府负有安全生产监督管理职责的部门。

3. 应急救援预案演练活动的抽查

县级以上地方人民政府负有安全生产监督管理职责的部门应当对本行政区域内前款规定的重点生产经营单位的生产安全事故应急救援预案演练进行抽查;发现演练不符合要求的,应当责令限期改正。

4. 应急预案演练效果评估

应急预案演练结束后,应急预案演练组织单位应当对应急预案演练效果进行评估,撰写应急预案演练评估报告,分析存在的问题,并对应急预案提出修订意见。

三、应急预案修订和评估

(一) 应急预案修订

有下列情形之一的,应急预案应当及时修订并归档:
(1) 依据的法律、法规、规章、标准及上位预案中的有关规定发生重大变化的。
(2) 应急指挥机构及其职责发生调整的。
(3) 安全生产面临的风险发生重大变化的。
(4) 重要应急资源发生重大变化的。
(5) 在应急演练和事故应急救援中发现需要修订预案的重大问题的。
(6) 编制单位认为应当修订的其他情况。

应急预案修订涉及组织指挥体系与职责、应急处置程序、主要处置措施、应急响应分级等内容变更的,修订工作应当参照本办法规定的应急预案编制程序进行,并按照有关应急预案报备程序重新备案。

(二) 应急预案评估

应急预案编制单位应当建立应急预案定期评估制度,对预案内容的针对性和实用性进行分析,并对应急预案是否需要修订做出决定。矿山、金属冶炼、建筑施工企业和易燃易爆物品、危险化学品等危险物品的生产、经营、储存、运输企业、使用危险化学品达到国家规定数量的化工企业、烟花爆竹生产、批发经营企业和中型规模以上的其他生产经营单位,应当每三年进行一次应急预案评估。

生产安全事故应急处置和应急救援结束后,事故发生单位应当对应急预案实施情况进行总结评估。

应急预案评估可以邀请相关专业机构或者有关专家、有实际应急救援工作经验的人员参加,必要时可以委托安全生产技术服务机构实施。

《生产经营单位生产安全事故应急预案评估指南》(AQ/T 9011—2019)给出了生产经营单位生产安全事故应急预案评估的基本要求、工作程序与评估内容。本标准适用于生产经营单位生产安全事故应急预案(以下简称应急预案)内容适用性的评估活动。根据预案类别、适用的对象不同,评估工作的组织及实施可参照本标准进行。

1. 应急预案评估的目的和评估依据

应急预案评估的目的是发现应急预案存在的问题和不足,对是否需要修订做出决定,并提出修订建议。评估的主要依据包括:

(1) 相关法律法规、标准及规范性文件。

(2) 生产经营单位风险评估结果。

(3) 生产经营单位应急组织机构设置情况。

(4) 应急演练评估报告。

(5) 应急处置评估报告。

(6) 应急资源调查及评估结果。

(7) 其他相关材料。

2. 评估程序

(1) 成立评估组。结合本单位部门职能和分工,成立以单位相关负责人为组长,单位相关部门人员参加的应急预案评估组,明确工作职责和任务分工,制定工作方案。评估组成员人数一般为单数。生产经营单位可以邀请相关专业机构的人员或者有关专家参加应急预案评估,必要时委托安全生产技术服务机构实施。

(2) 资料收集分析。评估组应确定需评估的应急预案,按照评估的主要依据收集相关资料,明确以下情况:

① 法律法规、标准、规范性文件及上位预案中的有关规定变化情况。

② 应急指挥机构和成员单位(部门)及其职责调整情况。

③ 面临的事故风险变化情况。

④ 重要应急资源变化情况。

⑤ 应急救援力量变化情况。

⑥ 预案中的其他重要信息变化情况。

⑦ 应急演练和事故应急处置中发现的问题。

⑧ 其他情况。

(3) 评估实施。采用资料分析、现场审核、推演论证、人员访谈的方式,对应急预案进行评估。

① 资料分析:针对评估目的和评估内容,查阅法律法规、标准规范、应急预案、风险评估方面的相关文件资料,梳理有关规定、要求及证据材料,初步分析应急预案存在的问题;应急预案编制内容要求参见 GB/T 29639—2020。

② 现场审核:依据资料分析的情况,通过现场实地查看、设备操作检验的方式,准确掌握并验证应急资源、生产运行、工艺设备方面的问题情况。

③ 推演论证:根据需要,采取桌面推演、实战演练的形式,对机构设置、职责分工、响

应机制、信息报告方面的问题进行推演验证。

④ 人员访谈：采取抽样访谈或座谈研讨的方式，向有关人员收集信息、了解情况、考核能力、验证问题、沟通交流、听取建议，进一步论证有关问题情况。

生产安全事故应急预案评估见表 3-12。

表 3-12　生产安全事故应急预案评估表

评估要素	评估内容	评估方法	评估结果
1. 应急预案管理要求	1.1　梳理《中华人民共和国突发事件应对法》《中华人民共和国安全生产法》《生产安全事故应急条例》等法律法规中的有关新规定和要求，对照评估应急预案中的不符合项	资料分析	是否有不符合项，列出不符合项
	1.2　梳理国家标准、行业标准及地方标准中的有关新规定和要求，对照评估应急预案中的不符合项	资料分析	是否有不符合项，列出不符合项
	1.3　梳理规范性文件中的有关新规定和要求，对照评估应急预案中的不符合项	资料分析	是否有不符合项，列出不符合项
	1.4　梳理上位预案中的有关。新规定和要求，对照评估应急预案中的不符合项	资料分析	是否有不符合项，列出不符合项
2. 组织机构与职责	2.1　查阅生产经营单位机构设置、部门职能调整、应急处置关键岗位职责划分方面的文件资料，初步分析本单位应急预案中应急组织机构设置及职责是否合适、是否需要调整	资料分析	根据文件资料，判断组织机构是否合适，列出不合适部分
	2.2　抽样访谈，了解掌握生产经营单位本级、基层单位办公室、生产、安全及其他业务部门有关人员对本部门、本岗位的应急工作职责的意见建议	人员访谈	列出相关人员的建议
	2.3　依据资料分析和抽样访谈的情况，结合应急预案中应急组织机构及职责，召集有关职能部门代表，就重要职能进行推演论证，评估值班值守、调度指挥、应急协调、信息上报、舆论沟通、善后恢复的职责划分是否清晰，关键岗位职责是否明确，应急组织机构设置及职能分配与业务是否匹配	推演论证	职责划分是否清晰，岗位职责是否明确，机构设置及职能分配与业务是否匹配，列出不符合项
3. 主要事故风险	3.1　查阅生产经营单位风险评估报告，对照生产运行和工艺设备方面有关文件资料，初步分析本单位面临的主要事故风险类型及风险等级划分情况	资料分析	根据相关资料得出的本单位面临的主要事故风险类型及风险等级划分情况
	3.2　根据资料分析情况，前往重点基层单位、重点场所、重点部位查看验证	现场审核	现场查看风险情况
	3.3　座谈研讨，就资料分析和现场查证的情况，与办公室、生产、安全及相关业务部门以及基层单位人员代表沟通交流，评估本单位事故风险辨识是否准确、类型是否合理、等级确定是否科学、防范和控制措施能否满足实际需要，并结合风险情况提出应急资源需求	人员访谈	事故风险辨识是否准确、类型是否合理、等级确定是否科学、防范和控制措施能否满足实际需要，列出不符合项

续表

评估要素	评估内容	评估方法	评估结果
4. 应急资源	4.1　查阅生产经营单位应急资源调查报告,对照应急资源清单、管理制度及有关文件资料,初步分析本单位及合作区域的应急资源状况	资料分析	根据相关资料得出的本单位及合作区域的应急资源状况
	4.2　根据资料分析情况,前往本单位及合作单位的物资储备库、重点场所,查看验证应急资源的实际储备、管理、维护情况,推演验证应急资源运输的路程路线及时长	现场审核、推演论证	应急资源的实际情况与预案情况是否相符,列出不符合项
	4.3　座谈研讨,就资料分析和现场查证的情况,结合风险评估得出的应急资源需求,与办公室、生产、安全及相关业务部门以及基层单位人员沟通交流,评估本单位及合作区域内现有的应急资源的数量、种类、功能、用途是否发生重大变化,外部应急资源的协调机制、响应时间能否满足实际需求	人员访谈	应急资源是否发生变化,外部应急资源的协调机制、响应时间能否满足实际需求,列出不符合项
5. 应急预案衔接	5.1　查阅上下级单位、有关政府部门、救援队伍及周边单位的相关应急预案,梳理分析在信息报告、响应分级、指挥权移交及警戒疏散工作方面的衔接要求,对照评估应急预案中的不符合项	资料分析	是否有不符合项,列出不符合项
	5.2　座谈研讨,就资料分析的情况,与办公室、生产、安全及相关业务部门、基层单位、周边单位人员沟通交流,评估应急预案在内外部上下衔接中的问题	人员访谈	是否有问题,列出预案衔接中的问题
6. 实施反馈	6.1　查阅生产经营单位应急演练评估报告、应急处置总结报告、监督检查、体系审核及投诉举报方面的文件资料,初步梳理归纳应急预案存在的问题	资料分析	列出存在的问题
	6.2　座谈研讨,就资料分析得出的情况,与办公室、生产、安全及相关业务部门、基层单位人员沟通交流,评估确认应急预案存在的问题	人员访谈	列出座谈中反映的问题
7. 其他	7.1　查阅其他有可能影响应急预案适用性因素的文件资料,对照评估应急预案中的不符合项	资料分析	是否有不符合项,列出不符合项
	7.2　依据资料分析的情况,采取人员访谈、现场审核、推演论证的方式进一步评估确认有关问题。	人员访谈、现场审核、推演论证	列出其他有关问题

（4）评估报告编写。应急预案评估结束后,评估组成员沟通交流各自评估情况,对照有关规定及相关标准,汇总评估中发现的问题,并形成一致、公正客观的评估组意见,在此基础上组织撰写评估报告。评估报告内容包括以下几个。

① 评估人员情况:评估人员基本信息及分工情况,包括姓名、性别、专业、职务职称及签字。

② 预案评估组织:预案评估工作的组织实施过程和主要工作安排。

③ 预案基本情况:应急预案编制单位、编制及实施时间及批准人。

④ 预案评估内容：评估应急预案管理要求、组织机构与职责、主要事故风险、应急资源、应急预案衔接及应急响应级别划分方面的变化情况，以及实施反馈中发现的问题。

⑤ 预案适用性分析：依据评估出的变化情况和问题，对应急预案各个要素内容的适用性进行分析，指出存在的不符合项。

⑥ 改进意见和建议：针对评估出的不符合项，提出改进的意见和建议。

⑦ 评估结论：对应急预案作出综合评价及修订结论。

生产安全事故应急预案评估报告编制大纲如下：总则（评估对象、评估目的、评估依据）；应急预案评估内容（应急预案管理要求；组织机构与职责；主要事故风险；应急资源；应急预案衔接；实施反馈）；应急预案适用性分析（对应急预案各个要素内容的适用性进行分析，指出存在的不符合项）；改进意见及建议（针对评估出的不符合项，提出相应的改进意见和建议）；评估结论（对应急预案做出综合评价及修订结论）。

3. 评估内容

（1）应急预案管理要求。法律法规、标准、规范性文件及上位预案是否对应急预案做出新规定和要求，主要包括应急组织机构及其职责、应急预案体系、事故风险描述、应急响应及保障措施。

（2）应急组织机构与职责。主要包括：

① 生产经营单位组织体系是否发生变化。

② 应急处置关键岗位应急职责是否调整。

③ 重点部门应急职责与分工是否重新划分。

④ 应急组织机构或人员对应急职责是否存在疑义。

⑤ 应急机构设置与职责能否满足实际需要。

（3）事故风险。主要包括：

① 生产经营单位事故风险分析是否全面客观。

② 风险等级确定是否合理。

③ 是否有新增事故风险。

④ 事故风险防范和控制措施能否满足实际需要。

⑤ 依据事故风险评估提出的应急资源需求是否科学。

（4）应急资源。生产经营单位对于本单位应急资源和合作区域内可请求援助的应急资源调查是否全面、与事故风险评估得出的实际需求是否匹配；现有的应急资源的数量、种类、功能、用途是否发生重大变化。

（5）应急预案衔接。生产经营单位编制的各类应急预案之间是否相互衔接，是否与相关人民政府及其部门、应急救援队伍和涉及的其他单位的应急预案相衔接，对信息报告、响应分级、指挥权移交、警戒疏散做出合理规定。

（6）实施反馈。在应急演练、应急处置、监督检查、体系审核及投诉举报中，是否发现应急预案存在组织机构、应急响应程序、先期处置及后期处置方面的问题。

（7）其他。其他可能对应急预案内容的适用性产生影响的因素。

四、应急组织的落实和应急资源的保障

生产经营单位应当按照应急预案的规定,落实应急指挥体系、应急救援队伍、应急物资及装备,建立应急物资、装备配备及其使用档案,并对应急物资、装备进行定期检测和维护,使其处于适用状态。

五、发生事故时按应急预案第一时间启动应急响应

生产经营单位发生事故时,应当第一时间启动应急响应,组织有关力量进行救援,并按照规定将事故信息及应急响应启动情况报告事故发生地县级以上人民政府应急管理部门和其他负有安全生产监督管理职责的部门。

第四节 社会单位灭火和应急疏散预案编制及实施

《社会单位灭火和应急疏散预案编制及实施导则》(GB/T 38315—2019)规定了机关、团体、企业、事业单位灭火和应急疏散预案的编制程序、主要内容、预案的实施、演练考核等内容,适用于机关、团体、企业、事业单位(以下简称"单位")的灭火和应急疏散预案编制、培训及演练等工作。该标准自 2020 年 4 月 1 日开始实施。

一、社会单位灭火和应急疏散预案概况

1. 预案编制原则

灭火和应急疏散预案(以下简称"预案")的编制应遵循以人为本、依法依规、符合实际、注重实效的原则,明确应急职责、规范应急程序、细化保障措施。

2. 预案的分级

预案根据设定灾情的严重程度和场所的危险性,从低到高依次分为以下五级。

(1)一级预案是针对可能发生无人员伤亡或被困,燃烧面积小的普通建筑火灾的预案。

(2)二级预案是针对可能发生 3 人以下伤亡或被困,燃烧面积大的普通建筑火灾,燃烧面积较小的高层建筑、地下建筑、人员密集场所、易燃易爆危险品场所、重要场所等特殊场所火灾的预案。

(3)三级预案是针对可能发生 3 人以上 10 人以下伤亡或被困,燃烧面积小的高层建筑、地下建筑、人员密集场所、易燃易爆危险品场所、重要场所等特殊场所火灾的预案。

(4)四级预案是针对可能发生 10 人以上 30 人以下伤亡或被困,燃烧面积较大的高层建筑、地下建筑、人员密集场所、易燃易爆危险品场所、重要场所等特殊场所火灾的预案。

(5)五级预案是针对可能发生 30 人以上伤亡或被困,燃烧面积大的高层建筑、地下建筑、人员密集场所、易燃易爆危险品场所、重要场所等特殊场所火灾的预案。

3. 预案的分类

按照单位规模大小、功能及业态划分、管理层次等要素,可分为总预案、分预案和专项

预案三类。

4. 预案实施原则

预案的实施应遵循分级负责、综合协调、动态管理的原则，全员学习培训、定期实战演练、不断修订完善。

二、预案编制程序

1. 成立预案编制工作组

针对可能发生的火灾事故，结合本单位部门职能分工，成立以单位主要负责人或分管负责人为组长，单位相关部门人员参加的预案编制工作组，也可以委托专业机构提供技术服务，明确工作职责和任务分工，制订预案编制工作计划，组织开展预案编制工作。

2. 资料收集与评估

（1）全面分析本单位火灾危险性、危险因素、可能发生的火灾类型及危害程度。

（2）确定消防安全重点部位和火灾危险源，进行火灾风险评估。

（3）客观评价本单位消防安全组织、员工消防技能、消防设施等方面的应急处置能力。

（4）针对火灾危险源和存在问题，提出组织灭火和应急疏散的主要措施。

（5）收集借鉴国内外同行业火灾教训及应急工作经验。

3. 编写预案

（1）预案应针对可能发生的各种火灾事故和影响范围分级分类编制，科学编写预案文本，明确应急机构人员组成及工作职责、火灾事故的处置程序以及预案的培训和演练要求等，编制格式参考附录 A。

（2）集团性、连锁性企业应制定预案编制指导意见，对所属下级单位提出明确要求。下级单位应编制符合本单位实际的预案。

（3）单位应编制总预案，单位内各部门应结合岗位火灾危险性编写分预案，消防安全重点部位应编写专项预案。

（4）分班作业的单位或场所应针对不同的班组，分别制定预案和组织演练。

（5）经营单位应针对营业和非营业等不同时间段，分别制定编写预案和组织演练。

（6）多产权、多家使用单位应委托统一消防安全管理的部门编制总预案，各单位、业主应根据自身实际制定分预案。

（7）鼓励单位应用建筑信息化管理（BIM）、大数据、移动通信等信息技术，制定数字化预案及应急处置辅助信息系统。

4. 评审与发布

（1）预案编制完成后，单位主要负责人应组织有关部门和人员，依据国家有关方针政策、法律法规、规章制度以及其他有关文件对预案进行评审。

（2）预案评审通过后，由本单位主要负责人签署发布，以正式文本的形式发放给每一名员工。

5. 适时修订预案

预案修订工作应安排专人负责,根据单位和场所生产经营储存性质、功能分区的改变及日常检查巡查、预案演练和实施过程中发现的问题,及时修订预案,确保预案适应单位基本情况。

三、预案的主要内容

(一)总则

1. 编制目的

简述预案编制的目的和作用。

2. 编制依据

简述预案编制所依据的有关法律、法规、规章、规范性文件、技术规范和标准等。

3. 适用范围

说明预案适用的工作范围和事故类型、级别。

4. 应急工作原则

说明单位应急工作的原则,内容应简明扼要、明确具体。

(二)单位基本情况

(1)说明单位名称、地址、使用功能、建筑面积、建筑结构及主要人员等情况,还应包括单位总平面图、分区平面图、立面图、剖面图、疏散示意图等。各类图样制图要求如下。

① 单位总平面图应体现本单位的总体布局,标明其地理位置,周边 300～500m 范围内的重要建筑、公共消防设施、微型消防站、区域联防组织等情况说明,内部主要建筑、设备、通道的毗连情况,消防水源、消火栓分布以及要害部位的所在位置,对不同危险级别的区域应用不同颜色区分警示。对于生产企业,应标明以下内容:

- 生产、管理和生活区域;
- 高温、有害物质和易燃易爆危险品布置区域;
- 危险品的品名、仓储位置、储存形式和储量;
- 常年主导风向、运输路线和附近水源。

② 单位分区平面图应反映总平面图内某消防安全重点部位灭火和应急疏散战斗行动部署情况,主要包括消防安全重点部位的平面布局,标明周围环境、消防水源、各种灭火器材数量的分布,水带铺设路线和人员物资疏散路线等。

③ 单位立面图应以正面和侧面投影图形式标明消防安全重点部位的外貌和灭火行动部署情况,主要包括建筑或消防设施的立面布局,水带铺设路线以及应急救援箱、微型消防站位置等内容。

④ 单位剖面图应标明建筑内部结构或比较复杂的部位灭火行动部署的情况,主要包括建筑内部的分层情况。

⑤ 疏散示意图应标明各安全出口、避难层、疏散通道位置以及疏散路线指示等情况

说明。

（2）说明单位的火灾危险源情况，包括火灾危险源的位置、性质和可能发生的事故，明确危险源区域的操作人员和防护手段，危险品的仓储位置、形式和数量等。

（3）说明单位的消防设施情况，包括设施类型、数量、性能、参数、联动逻辑关系以及产品的规格、型号、生产企业和具体参数等内容。

（4）生产加工企业还应说明生产的主要产品、主要原材料、生产能力、主要生产工艺及处置流程、主要生产设施及装备等内容。

（5）涉及危险化学品的单位还应说明工艺处置技术小组人员情况、危险化学品的品名、性质、数量、存放位置及方式、防护及处置措施，运输车辆情况及主要的运输产品、运量、运地、行车路线和处理危险化学品物质存放处等内容，明确标注不能用水扑救或用水扑救后产生有毒有害物质的危险化学品。

（三）火灾情况设定

（1）预案应设定和分析可能发生的火灾事故情况，包括常见引火源、可燃物的性质、危及范围、爆炸可能性、泄漏可能性以及蔓延可能性等内容，可能影响预案组织实施的因素、客观条件等均应考虑到位。

（2）预案应明确最有可能发生火灾事故的情况列表，表中含有着火地点、火灾事故性质以及火灾事故影响人员的状况等。

（3）预案应考虑天气因素，分析在大风、雷电、暴雨、高温、寒冬等恶劣气候下对生产工艺、生产设施设备、消防设施设备、人员疏散造成的影响，并制定针对性措施。

（4）对外服务的场所设定火灾事故情况，应将外来人员不熟悉本单位疏散路径的最不利情形考虑在内。

（5）中小学校、幼儿园、托儿所、早教中心、医院、养老院、福利院设定火灾事故情况，应将服务对象人群行动不便的最不利情形考虑在内。

（四）组织机构及职责

1. 应急组织体系

说明应急组织体系的组织形式、构成部门或人员，并以结构图的形式展现。

2. 组织机构

（1）预案应明确单位的指挥机构，消防安全责任人任总指挥，消防安全管理人任副总指挥，消防工作归口职能部门负责人参加并具体组织实施。

（2）预案宜建立在单位消防安全责任人或者消防安全管理人不在位的情况下，由当班的单位负责人或第三人替代指挥的梯次指挥体系。

（3）预案应明确通信联络组、灭火行动组、疏散引导组、防护救护组、安全保卫组、后勤保障组等行动机构。

3. 岗位职责

预案应结合每个组织机构在应急行动中需要动用的资源、涉及的工作环节，按照下列要求明确每个组织机构及其成员在应急行动中的角色和职责：

（1）指挥机构由总指挥、副总指挥、消防归口职能部门负责人组成，负责人员、资源配置，应急队伍指挥调动，协调事故现场等有关工作，批准预案的启动与终止，组织应急预案的演练，组织保护事故现场，收集整理相关数据、资料，对预案实施情况进行总结讲评。

（2）通信联络组由现场工作人员及消防控制室值班人员组成，负责与指挥机构和当地消防部门、区域联防单位及其他应急行动涉及人员的通信、联络。

（3）灭火行动组由自动灭火系统操作员、指定的一线岗位人员和专职或志愿消防员组成，负责在发生火灾后立即利用消防设施、器材就地扑救初起火灾。

（4）疏散引导组由指定的一线岗位人员和专职或志愿消防员组成，负责引导人员正确疏散、逃生。

（5）防护救护组由指定的具有医护知识的人员组成，负责协助抢救、护送受伤人员。

（6）安全保卫组由保安人员组成，负责阻止与场所无关人员进入现场，保护火灾现场，协助消防部门开展火灾调查。

（7）后勤保障组由相关物资保管人员组成，负责抢险物资、器材器具的供应及后勤保障。

每个行动机构承担任务的人员数量，按照最危险情况下灭火疏散需要足量确定。

岗位人员应实行动态管理，按当日当班在位人员明确相同角色的人员分工，保证不因本人所在岗位轮班换岗造成在应急行动中无人负责。

4. 应急指挥部设置

说明单位应急指挥部的选址原则，应急指挥部一般应设在消防控制室，对消防控制室空间较小、没有现场视频传输、未设消防控制室或属室外火灾的，应急指挥部设置应考虑通风条件、足够的安全距离和良好的观察视线。

（五）应急响应

1. 响应措施

单位制定的各级预案应与辖区消防机构预案密切配合、无缝衔接，可根据现场火情变化及时变更火警等级，响应措施如下。

（1）一级预案应明确由单位值班带班负责人到场指挥，拨打119报告一级火警，组织单位志愿消防队和微型消防站值班人员到场处置，采取有效措施控制火灾扩大。

（2）二级预案应明确由消防安全管理人到场指挥，拨打119报告二级火警，调集单位志愿消防队、微型消防站和专业消防力量到场处置，组织疏散人员、扑救初起火灾、抢救伤员、保护财产，控制火势扩大蔓延。

（3）三级以上预案应明确由消防安全责任人到场指挥，拨打119报告相应等级火警，同时调集单位所有消防力量到场处置，组织疏散人员、扑救初起火灾、抢救伤员、保护财产，有效控制火灾蔓延扩大，请求周边区域联防单位到场支援。

2. 指挥调度

预案应明确统一通信方式、统一通信器材。指挥机构负责人应使用统一的通信器材下达指令,行动机构承担任务人员应使用统一的通信器材接受指令和报告动作信息。鼓励统一使用对讲系统。

预案应统一规定灭火疏散行动中各种可能的通信用语,通信用词应清晰、简洁,指令、反馈表达完整、准确。

预案应设计各种火灾处置场景下的指令、反馈环节,确定不同情况下下达的指令和做出的反馈。

预案应要求指挥机构在了解现场火情的情况下,科学下达指令,使到达一线参与灭火行动的人员位置、数量、构成符合灭火行动需要。

预案应要求指挥机构了解起火部位、危及部位、受威胁人员分布及数量,科学下达疏散引导行动指令,使到达一线参与疏散引导行动的人员位置、数量、构成符合疏散引导行动需要。

3. 通信联络

预案应将应急联络工作中涉及的相关人员、单位的电话号码详列成表,便于使用。

预案应明确要求通信联络组承担任务人员做好信息传递,及时传达各项指令和反馈现场信息。

预案应对通信联络组承担任务人员进行分工,满足各项通知任务同时进行的要求。

预案应明确通信联络组承担任务人员向总指挥、副总指挥、消防部门、区域联防单位等报告火情的基本规范,保证准确传递下列火灾情况信息。

(1) 起火单位、详细地址。

(2) 起火建筑结构,起火物,有无存储易燃易爆危险品。

(3) 起火部位或楼层。

(4) 人员受困情况。

(5) 火情大小、火势蔓延情况、水源情况等其他信息。

4. 灭火行动

设有自动消防设施的单位,预案应要求自动消防设施设置在自动状态,保证一旦发生火灾立即动作;确有特殊原因需要设置在手动状态的,消防控制室值班人员应在火灾确认后立即将其调整到自动状态,并确认设备启动。

预案应规定各类自动消防设施启动的基本原则,明确不同区域启动自动消防设施的先后顺序、启动时机、方法、步骤,提高应急行动的有效性。

预案应明确保障一线灭火行动人员安全的原则,在本单位火灾类别范围下,规定灭火行动组一线人员进入现场扑救火灾的范围、撤离火灾现场的条件、撤离信号和安全防护措施。

预案应根据承担灭火行动任务人员岗位经常位置,规定灭火行动组在接到通知或指令后立即到达现场的时间要求。

预案应规定不同性质的场所火灾所使用的灭火方法,并明确一线灭火行动可使用的灭火器、消火栓等消防设施、器材,指出迅速找到消防设施、器材的途径和方法。

预案应明确易燃易爆危险品场所的人员救护、工艺操作、事故控制、灭火等方面的应急处置措施。

对完成灭火任务的,预案应要求一线灭火行动人员检查确认后通过通信器材向指挥机构报告。

5. 疏散引导

疏散引导行动应与灭火行动同时进行。预案应明确事故现场人员清点、撤离的方式、方法,非事故现场人员紧急疏散的方式、方法,周边区域的单位、社区人员疏散的方式、方法,疏散引导组完成任务后的报告。对外服务的场所的预案应预见疏散的顾客自行离开的情形,规定有效的清点措施和记录方法。

预案应对同时启用应急广播疏散、智能疏散系统引导疏散、人力引导疏散等多种疏散引导方法提出要求。

有应急广播系统的单位,预案应对启动应急广播的时机、播音内容、语调语速、选用语种等做出规定。

设置有智能应急照明和疏散逃生引导系统的,预案应明确根据火灾现场所处方位调整疏散指示标志的引导方向。

预案应根据疏散引导组人员岗位经常位置,规定疏散引导组在接到通知或指令后立即到达现场的时间要求。

预案应对疏散引导组人员的站位原则做出规定,对现场指挥疏散的用语分情况进行规范列举,明确需要佩戴、携带的防毒面具、湿毛巾等防护用品,保证疏散引导秩序井然。

预案应对疏散人员导入的安全区域和每个小组完成疏散任务后的站位做出规定。

6. 防护救护

预案应明确对事故现场受伤人员进行救护救治的方式、方法,应要求及时拨打急救电话120,联系医务人员赶赴现场进行救护。

预案应明确实施紧急救护的场地。

预案应对危险区的隔离做出规定,包括危险区的设定,事故现场隔离区的划定方式、方法,事故现场隔离方法等。

7. 与消防队的配合

预案应明确规定单位时刻保持消防车通道畅通,严禁设置和堆放阻碍消防车通行的障碍物。火灾发生时,安全保卫组人员应在路口迎接消防车,为消防车引导通向起火地点的最短路线、楼内通径、消防电梯等。其他人员应积极协助消防队开展灭火救援工作。

预案应明确单位负责人和熟知情况的人员向到场的消防队提供如下信息。

(1)火灾蔓延情况,包括起火地点、燃烧物体及燃烧范围(火焰、烟的扩散情况等)、是否有易燃易爆危险品或其他重要物品、是否有不能用水扑救或用水扑救后产生有毒有害物质的危险化学品以及起火原因等。

(2)人员疏散情况,包括是否有人员被困、疏散引导情况以及受伤人员的状况等。

(3)初期灭火行动,包括初期灭火情况、防火分隔区域构成情况、单位固定灭火设备(室内消火栓、自动喷水灭火设备和紧急用灭火设备等)的状况等。

(4)空调设备使用及排烟设备运行情况,包括空调设备的使用、排烟设备运行、电梯运行情况以及紧急用电的保障情况等。

（5）单位平面图、建筑立面图等消防队需要的其他资料。

8. 典型场所的预案

学校的预案应明确防止疏散中发生踩踏事故的措施，根据学生年龄阶段确定适当数量的疏散引导人员，小学和特殊教育学校应根据需要适当增加引导人员的数量。不提倡将未成年学生作为组织预案实施的人员，不应组织未成年人参与灭火救援行动。

医院、幼儿园、养老院及其他类似场所的预案，应明确危重病人、传染病人、产妇、婴幼儿、无自主能力人员、老人等人员的疏散和安置措施，医院应明确涉及危险化学品的相关处置要求。

大型公共场所的预案，应明确疏散指示标识图和逃生线路示意图，明确防止踩踏事故的措施。

危险化学品生产、储存和经营企业的预案，应符合《危险化学品事故应急救援预案编制导则（单位版）》（安监管危化字〔2004〕43 号）的相关规定，安全区域的位置应充分考虑危险化学品的爆炸极限等要素。

（六）应急保障

（1）通信与信息保障。制定信息通信系统及维护方案，保障有 24h 有效的报警装置和有效的内部、外部通信联络手段，确保应急期间信息通畅。

（2）应急队伍保障。说明应急组织机构管理机制，制定每日值班表，保障应急工作需要。

（3）物资装备保障。说明单位应急物资和装备的类型、数量、性能、存放位置、运输及使用条件、管理责任人及其联系方式等内容。

（4）其他保障。说明经费保障、治安保障、技术保障、后勤保障等其他应急工作需求的相关保障措施。

（七）应急响应结束

说明现场应急响应结束的基本条件和要求。

（八）后期处置

说明火灾现场警戒保护及协助调查、事故信息发布、污染物处理、故障抢修、恢复工作、医疗救治、人员安置等内容。

四、预案基本格式及要求

预案的基本编写格式如下：

（1）封面，包括标题、单位名称、预案编号、实施日期、签发人（签字）和公章等内容。

（2）目录。

（3）引言，阐述预案编制的目的、意义。

（4）概述，概括描述预案的内容。

（5）预案正文，编写要求见上文（六）。

（6）附录，主要包括以下内容：

① 术语和定义，对预案涉及的一些术语、符号、代号等进行说明。

② 预案备案，明确预案的报备部门。

③ 维护和更新，明确预案维护和更新的基本要求，定期进行评审，实现可持续改进。

④ 制定与解释，明确预案负责制定与解释的部门。

⑤ 预案实施，明确预案实施和生效的具体时间。

（7）附加说明，主要包括以下内容：

① 信息接收、处理、上报等规范化格式文本。

② 单位内部有关部门、机构或人员的联系方式。

③ 单位外部相关机构或部门的联系方式。

④ 单位平面布置图、周边重要防护目标分布图。

⑤ 单位火灾危险源一览表、分布图。

⑥ 应急救援设施（备）、物资清单及布置图。

⑦ 单位内部及周边区域人员疏散路线、安置场地位置图。

⑧ 与本预案相关或相衔接的其他预案名录。

⑨ 与相关应急救援单位或部门签订的应急支援协议或备忘录。

⑩ 有关制度、程序和方案等。

⑪ 本单位历史火灾记录等。

预案应采用 A4 版面印刷，活页装订。

五、预案的实施

（一）预案的培训

（1）在预案中承担相应任务的所有人员，均应参加培训。承担任务的人员发生调整，新进人员应在消防工作归口职能部门的指导下及时熟悉预案内容；调整幅度较大的，应组织集中培训。

（2）培训目的是使参训人员熟悉预案内容，了解火灾发生时各行动机构人员的工作任务及各方之间应做到的协调配合，掌握必要的灭火技术，熟悉消防设施、器材的操作使用方法。

（3）培训的主要内容是预案的全部内容，职责、个人角色及其意义，应急演练及灭火疏散行动中的注意事项，防火、灭火常识，灭火基本技能，常见消防设施的原理、性能及操作使用方法。

（4）对培训效果进行考核和评估，保存相关记录，培训周期不低于 1 年。

（二）预案实施条件检查

1. 检查目的

通过检查发现可能使预案难以执行或发生错误的问题，以及发现预案有不切合实际的内容，及时予以修订。

2. 检查内容

消防工作归口职能部门应定期组织对预案实施赖以保证的各类物质条件检查，并书面记录保存。检查应包括以下内容：

（1）消防设施、装备、器材是否完好有效。

（2）疏散通道是否畅通无阻，疏散距离是否最短，疏散通道上的防火门、防火卷帘等设施是否完整好用。

（3）承担任务人员是否具备相应知识、能力。

（4）每日应急组织机构值班人员是否在岗在位。

（5）通信联络设备是否齐全并完好有效。

（三）应急演练

1. 演练的组织

消防安全重点单位应至少每半年组织一次演练，火灾高危单位应至少每季度组织一次演练，其他单位应至少每年组织一次演练。在火灾多发季节或有重大活动保卫任务的单位，应组织全要素综合演练。单位内的有关部门应结合实际适时组织专项演练，宜每月组织开展一次疏散演练。演练应按照 AQ/T 9007—2019 的规定组织实施。

单位全要素综合演练由指挥机构统一组织，专项演练由消防归口职能部门或内设部门组织。

组织专项消防演练，一般应在消防归口职能部门指导下进行，保证专项演练能够有机融入本单位整体演练要求。

组织全要素综合演练时，可以报告当地消防部门给予业务指导，地铁、建筑高度超过100m 的多功能建筑，应适时与消防部门组织联合演练。

演练应确保安全有序，注重能力提高。

2. 演练的准备

制定实施方案，确定假想起火部位，明确重点检验目标。可以通知单位员工组织演练的大概时间，但不应告知员工具体的演练时间，实施突击演练，实地检验员工处置突发事件的能力。

设定假想起火部位时，应选择人员集中、火灾危险性较大和重点部位作为演练目标，根据实际情况确定火灾模拟形式。

设置观察岗位，指定专人负责记录演练参与人员的表现，演练结束讲评时做参考。组织演练前，应在建筑入口等显著位置设置"正在消防演练"的标志牌，进行公告。模拟火灾演练中应落实火源及烟气控制措施，防止造成人员伤害。

疏散路径的楼梯口、转弯处等容易引起摔倒、踩踏的位置应设置引导人员，小学、幼儿园、医院、养老院、福利院等应直接确定每个引导人员的服务对象。演练会影响顾客或周边居民的，应提前一定时间做出有效公告，避免引起不必要的惊慌。

3. 演练的实施

演练应设定现场发现火情和系统发现火情分别实施，并按照下列要求及时处置：

（1）由人员现场发现的火情，发现火情的人应立即通过火灾报警按钮或通信器材向消防控制室或值班室报告火警，使用现场灭火器材进行扑救。

（2）消防控制室值班人员通过火灾自动报警系统或视频监控系统发现火情的，应立即通过通信器材通知一线岗位人员到现场，值班人员应立即拨打119报警，并向单位应急指挥部报告，同时启动应急程序。

应急指挥部负责人接到报警后，应按照下列要求及时处置：

（1）准确做出判断，根据火情，启动相应级别应急预案。

（2）通知各行动机构按照职责分工实施灭火和应急疏散行动。

（3）将发生火灾情况通知在场所有人员。

（4）派相关人员切断发生火灾部位的非消防电源、燃气阀门，停止通风空调，启动消防应急照明和疏散指示系统、消防水泵和防烟排烟风机等一切有利于火灾扑救及人员疏散的设施设备。

从假想火点起火开始至演练结束，均应按预案规定的分工、程序和要求进行。

指挥机构、行动机构及其承担任务人员按照灭火和疏散任务需要开展工作，对现场实际发展超出预案预期的部分，随时做出调整。

模拟火灾演练中应落实火源及烟气控制措施，加强人员安全防护，防止造成人身伤害。对演练情况下发生的意外事件，应予妥善处置。

对演练过程进行拍照、摄录，妥善保存演练相关文字、图片、录像等资料。

4. 总结讲评

演练结束后应进行现场总结讲评。总结讲评由消防工作归口职能部门组织，所有承担任务的人员均应参加讲评。

现场总结讲评应就各观察岗位发现的问题进行通报，对表现好的方面予以肯定，并强调实际灭火和疏散行动中的注意事项。

演练结束后，指挥机构应组织相关部门或人员总结讲评会议，全面总结消防演练情况，提出改进意见，形成书面报告，通报全体承担任务人员。总结报告应包括以下内容：

（1）通过演练发现的主要问题。

（2）对演练准备情况的评价。

（3）对预案有关程序、内容的建议和改进意见。

（4）对训练、器材设备方面的改进意见。

（5）演练的最佳顺序和时间建议。

（6）对演练情况设置的意见。

（7）对演练指挥机构的意见等。

六、预案的演练考核

单位应每年定期组织本单位全体员工对各级各类预案的学习、实施情况进行考核，结合各岗位职责分工，明确各角色考核要求，量化考核标准，纳入单位总体工作考核。

事故案例分析：

江西丰城发电厂"11·24"冷却塔施工平台坍塌特别重大事故

复习思考题

一、单项选择题

1. 应急预案是整个应急管理体系的反映，它的内容可能包括：①事故发生过程中的应急响应和救援措施；②事故发生前的各种应急准备；③事故发生后的紧急恢复以及预案的管理与更新。以下描述正确的是（　　　）。

    A. 只包含①　　　　　B. 包含①②　　　　　C. 包含①③　　　　　D. 包含①②③

2. （　　　）是整个应急救援系统的重心，主要负责协调事故应急救援期间各个机构的运作，统筹安排整个应急救援行动，为现场应急救援提供各种信息支持等。

    A. 应急救援中心　　　B. 应急救援专家组　　C. 消防与抢险　　　　D. 信息发布中心

3. 重大事故的应急救援工作危险性极大，在编制应急预案时必须对应急人员自身的安全问题进行周密的考虑，制定（　　　）程序的主要目的是保证应急人员的安全。

    A. 危险物质泄漏控制　　　　　　　　　B. 现场警戒和交通管制

    C. 出入现场和紧急撤离　　　　　　　　D. 应急信息的审核和批准

4. 依据《生产经营单位生产安全事故应急预案编制导则》（GB/T 29639—2020），对具体的事故类别、危险源和应急保障而制定的计划或方案属于（　　　）。

    A. 综合应急预案　　　B. 专项应急预案　　　C. 现场处置方案　　　D. 基本应急预案

5. 生产经营单位都应编制生产安全事故应急预案。应急预案编制过程中，危险分析的内容必须包括（　　　）。

    A. 应急设备资源分析　　　　　　　　　B. 应急人力资源分析

    C. 重大危险源辨识　　　　　　　　　　D. 应急部门职责分析

6. 事故应急预案明确了在突发事故发生之前、发生过程中及结束后，谁负责做什么，何时做。现场事故应急预案由企业负责制定，而场外事故应急预案由（　　　）制定。

    A. 科研机构　　　　　　　　　　　　　B. 评价机构

    C. 公安机关　　　　　　　　　　　　　D. 政府主管部门

7. 某单位编制应急预案的下列做法中，正确的是（　　　）。

    A. 由本单位工会领导组织成立应急预案编制工作组

    B. 应急预案的评审均由上级主管部门或地方政府安全监管部门组织

C. 预案评审后,经主要负责人签署发布并上报有关部门备案

D. 除评估本单位应急能力外,还评估相邻单位应急能力

8. 某火电厂针对可能发生的火灾、爆炸等事故,编制了一系列应急预案,为保证各种类型预案间的整体协调性和层次合理性,并实现共性与个性、通用性与特殊性的相结合,将编制完成的应急预案划分为三个层次,其中的柴油罐区火灾预案属于(　　　)。

A. 综合预案　　　　B. 专项预案　　　　C. 现场处置方案　　　D. 基本预案

9. 生产经营单位制定的应急预案应当至少每(　　　)修订一次,预案修订情况应有记录并归档。

A. 四年　　　　　　B. 三年　　　　　　C. 两年　　　　　　　D. 一年

10. 根据《生产安全事故应急预案管理办法》的规定,应急预案管理的原则是(　　　)。

A. 综合管理、分类协调、分级负责、属地为主

B. 综合协调、分类管理、分级负责、属地为主

C. 综合管理、分类协调、分级制定、属地为主

D. 综合协调、分类管理、分级制定、属地为主

11. 根据《生产安全事故应急预案管理办法》的规定,生产经营单位应当制定本单位的应急预案演练计划,根据本单位的事故预防重点,每(　　　)至少组织一次现场处置方案演练。

A. 季度　　　　　　B. 半年　　　　　　C. 一年　　　　　　　D. 二年

13. 初级操作水平应急人员主要参与预防危险事故的发生,以及发生事故后的应急处置,其作用是有效控制事故扩大化,降低事故可能造成的影响。对他们的培训要求不包括(　　　)。

A. 掌握危险因素辨识和危险程度分级方法

B. 掌握危险因素的基本控制操作

C. 学会正确选择和使用个人防护设备

D. 执行应急行动计划

14. 甲企业是一家建筑施工企业,乙企业是一家服装生产加工企业,丙企业是一家存在重大危险源的化工生产企业,丁企业是一家办公软件销售与服务企业。甲、乙、丙、丁四家企业根据《生产安全事故应急预案管理办法》(应急管理部令第 2 号)开展预案编制工作,关于生产经营单位应急预案编制的做法,错误的是(　　　)。

A. 甲企业董事长指定安全总监为应急预案编制工作组组长

B. 乙企业在编制预案前,开展了事故风险评估和应急资源调查

C. 丁企业编写了火灾、触电现场处置方案

D. 丙企业应急预案经过外部专家评审后,由安全总监签发后实施

15. 某化工企业的应急预案体系由综合应急预案、专项应急预案和现场处置方案构成,由于生产工艺发生变化,该企业组织现场作业人员及安全管理人员等共同修订现场处置方案,根据《生产经营单位生产安全事故应急预案编制导则》(GB/T 29639—2020),关于现场应急处置方案中事故风险分析的说法,错误的是(　　　)。

A. 事故风险分析应按发生的区域、地点或装置的名称进行

B. 风险分析需要考虑事故发生的可能性、严重程度及其影响范围

C. 风险分析应考虑事故扩大后与周边企业专项预案的衔接

D. 风险分析的辨识需要考虑事故可能发生的次生、衍生危险

16. 某生产经营单位根据《生产安全事故应急预案管理办法》要求编制应急预案，成立了应急预案编制工作小组，由本单位主要负责人任组长，吸收与应急预案有关的职能部门和单位的人员，以及有现场处置经验的人员参加，编制了该单位相应的应急预案和重点岗位应急处置卡。关于应急处置卡的说法，正确的是（　　）。

A. 应急处置卡应明确保障措施

B. 应急处置卡应明确善后处理内容

C. 应急处置卡应明确处置程序和措施

D. 应急处置卡应明确国家法律规定要求

17. 某金矿新建二期工程于 2019 年 5 月竣工。为有效提升应急处置能力，该矿计划开展如下应急管理工作：①每年组织一次专项应急预案演练，半年一次现场处置方案演练；②企业应急预案每三年进行次预案评估；③洗选车间人员中毒专项应急预案修订完成后应在公布 30 日之内向有关部门备案；④明确尾矿库漫坝时现场人员有权采取撤离危险区域的措施。上述计划开展的应急管理工作中不符合要求的是（　　）。

A. ①　　　　　　B. ②　　　　　　C. ③　　　　　　D. ④

18. 某矿山过去 10 年平均年降水量为 1765mm，尾矿库上游水平投影过水面积约7km。为做好防洪工作，矿山计划编制《尾矿库汛期防洪专项应急预案》，本预案除洪水可能造成的事故风险分析、应急组织机构和职责内容外，还应包含的内容是（　　）。

A. 处置措施，应急恢复　　　　　　　B. 处置程序，应急恢复

C. 处置程序，处置措施　　　　　　　D. 应急措施，应急恢复

二、多项选择题（各题中至少有一个错项）

1. 重大生产安全事故应急预案通常包含一系列支持附件。下列资料中，应作为应急预案支持附件的是（　　）。

A. 应急管理方针和原则　　　B. 与应急相关的法律法规清单

C. 重大危险源分布图表　　　D. 应急通信联络图表

E. 应急器材和应急物资清单

2. 在应急过程中，人群疏散是减少人员伤亡扩大的关键。在进行人群疏散时，应充分考虑的问题有（　　）。

A. 疏散人群的数量　　　B. 疏散所需的时间　　　C. 风向等环境变化

D. 财产损失的大小　　　E. 疏散线路的风险

3.《生产经营单位安全生产事故应急预案编制导则》(GB/T 29639—2020)明确了应急预案编制的程序、内容和要素等基本要求，并将应急预案分为（　　）。

A. 综合应急预案　　　B. 专项应急预案　　　C. 现场管理方案

D. 基本应急预案　　　E. 现场处置方案

4. 应急管理进入现场恢复阶段，主要工作内容包括（　　）及事故调查后果评价等。

A. 宣布应急结束　　　B. 撤离和交接　　　C. 恢复生产生活

D. 疏散相关人员　　　　　　E. 污染物收容

5. 根据《生产安全事故应急预案管理办法》的规定,(　　　)应当组织专家对本单位编制的应急预案进行评审。评审应当形成纪要并附有专家名单。

A. 矿山、建筑施工单位　　　B. 易燃易爆物品的生产、经营

C. 放射性物品储存、使用单位

D. 危险化学品的生产、经营

E. 不足 300 人的机械加工厂

6. 根据《生产安全事故应急预案管理办法》的规定,生产经营单位有下列(　　　)情形的,应急预案应当及时修订。

A. 生产经营单位法定代表人发生变化的

B. 生产经营单位生产工艺和技术发生变化的

C. 周围环境发生变化,形成新的危险源的

D. 应急组织指挥体系或者职责已经调整的

E. 依据的法律、法规、规章和标准发生变化的

7. 在对这些作为初级意识水平应急人员的一线特定岗位人员实施培训时,要抓住(　　　)等重点环节和行动,并确保他们掌握了相应的要求和具备完成这些应急行动的能力。

A. 报警　　　　　　B. 疏散　　　　　　C. 自救和互救

D. 危险因素辨识和风险分级　　　　　　E. 初起火灾扑救

8. 某大型企业集团,其下属二级法人单位多达 50 余家,业务范围涵盖了建筑施工、房地产开发、煤矿开发、商贸物流等领域,依据《生产经营单位生产安全事故应急预案编制导则》(GB/T 29639—2020),下列有关该企业集团应急预案编制的说法中,正确的有(　　　)。

A. 综合应急预案和专项应急预案可以合并编写

B. 综合应急预案从总体上阐述预案的应急方针、政策,应急组织机构及相应的职责

C. 编制的深基坑坍塌事故应急预案属于专项预案

D. 编制的综合预案应与相关部门相衔接,注重预案的系统性和可操作性

E. 该集团所属煤矿应编制掘进工作面片帮事故现场处置方案

9. 应急处置卡可以让员工快速有效地掌握现场应急处置知识和技能,但与现场应急处置方案相比,在内容上相对简单。以下为某加油站的现场应急处置卡,将其转化为应急处置方案,需要增加的章节有(　　　)。

A. 各岗位人员的应急工作分工和职责

B. 现场应急处置措施

C. 报警的方式、顺序和对象

D. 事故风险分析

E. 佩戴个人防护器具的注意事项等

三、简答题

1. 简述应急预案的编制应当遵循的基本原则和应符合的基本要求。

2. 如何对生产经营单位应急预案体系进行策划？

3. 简述生产经营单位应急预案编制程序及基本步骤。

4. 编制应急预案时，企业需要收集、调查的资料有哪些？

5. 根据《生产安全事故应急预案管理办法》，简述某企业编制事故应急救援预案前，进行风险评估和应急资源调查应包括的主要内容。

6. 现场处置方案中应包括哪些内容？编制时应注意哪些事项？

7. 专项应急预案主要包括哪些内容？

8. 什么是应急功能分配？应急救援预案应包括哪些支持附件？

9. 企业、政府应急预案的衔接要做好哪几方面的工作？

10. 哪些单位的应急预案必须经过评审？

11. 简述应急预案评审的基本程序。

12. 应急救援预案的评审有哪些类型？生产经营单位对预案进行评审应采用什么类型？

13. 应急预案备案时应提交的哪些材料？

14. 初级操作水平应急人员的应急培训包括哪些内容？

15. 特殊应急培训包括哪些内容？

16. 简述应急训练的基本内容，并说明应急训练和应急演练之间的区别和联系。

17. 国家对生产经营单位开展应急预案演练有哪些基本的要求？

18. 在什么情况下，应急预案应进行修订与更新？

19. 应急预案评估的目的和依据是什么？

20. 简述应急预案评估的基本程序。

21. 简述编制应急预案评估报告所包括的基本内容。

22. 简述应急预案评估的内容。

23. 生产安全事故应急预案的实施一般包括哪些工作要求？

24. 灭火和应急疏散预案是如何进行分级的？

25. 灭火和应急疏散预案的应急响应主要包括哪些具体行动？

26. 灭火和应急疏散预案实施条件的检查主要有哪些内容？

四、案例分析题

1. 总部位于 A 省的某集团公司在 B 省有甲、乙、丙三家下属企业。为加强和规范应急管理工作，该集团公司委托某咨询公司编制应急救援预案。咨询公司通过调查、分析集团公司及下属企业的安全生产风险，完成了应急救援预案起草工作，提交到集团公司会议上进行评审。评审时，集团公司领导的意见是：①集团公司和甲、乙、丙三家企业的应急救援预案在应急组织指挥结构上应保持一致；②集团公司有自己的职工医院和消防队，应急救援时伤员救治要依靠职工医院，抢险力量队伍要依靠集团公司消防队；③周边居民安全疏散，应由集团公司通知地方政府有关部门由地方政府组织实施；④应急救援预案中因部分内容涉及集团公司商业秘密，该应急救援预案不对企业全体员工和外界公开，只传达到各企业中层以上干部；⑤应急救援预案要报 A 省安全生产监督管理部门备案。

根据以上场景，回答下列问题：指出应急救援预案评审时，集团公司领导意见中的不妥之处,说明正确的做法。

2. 某化工厂位于 8 市北郊,西距厂生活区约 500m,厂区东面为山坡地,北邻一村,西邻排洪沟,南面为农田。其主要产品为羧基丁苯胶乳。生产工艺流程为:从原料罐区来的丁二烯、苯乙烯、丙烯腈分别通过管道进入聚合釜,生产原料及添加剂在皂液槽内配置好后加入聚合釜;投料结束后,将胶乳从聚合釜转移到后反应釜;反应结束后,胶乳进入气提塔,然后再进入改性槽,经调和后崩泵打入成品储罐。生产过程中存在多种有毒、易燃易爆物质。

为避免重大事故发生,该厂决定编制应急救援预案。厂长将该任务指派给安全科,安全科成立了以科长为组长,科员甲、乙、丙、丁为成员的 5 人厂应急救援预案编制小组。

编制小组找来了一个相同类型企业 C 的应急救援预案,编制人员将企业 C 应急救援预案中的企业名称、企业介绍、科室名称、人员名称及有关联系方式全部按本厂的实际情况进行了更换,按期向厂长提交了应急救援预案初稿。此后,编制小组根据厂长的审阅意见,修改完善后形成了应急救援预案的最终版本,经厂长批准签字后下发至全厂有关部门。

根据以上场景,回答下列问题:

(1) 指出该厂应急救援预案编制中存在的不足。

(2) 该厂应针对哪些重大事故风险编制应急救援预案?

(3) 简要说明该厂在编制应急救援预案时,危险分析应提供的结果。

3. 某县一化工厂有生产科、技术科、销售科、安全科和工会等。2006 年 5 月 3 日,该厂氨气管道发生泄漏,3 名员工中毒。在事故调查时,厂长说:因管道腐蚀造成氨气泄漏,为不影响生产,厂里组织了几次在线堵漏,但未成功,于是准备停车修补;生产副厂长说:“紧急停车过程中,员工甲未按规定程序操作,导致管道压力骤增、氨气泄漏量增大,采取补救措施无效后,通知撤离,但因撤离方向错误,导致包括甲在内的现场 3 名员工中毒;员工甲说:发现泄漏后没多想,也没戴防护面具就进行处理,再说厂内的防护面具很少而且很旧了,未必好用。”员工乙说:“当时我是闻到气味,感觉不对才跑的,可能是慌乱中跑的方向不对,以前没人告诉过什么情况该往哪跑、如何防护,现在才知道厂里有事故应急救援预案。”安全科长说:“编制事故应急救援预案是厂下达给安全科的任务,由安全科员工组成编制组,预案经我审查后,由生产副厂长签发。”事故调查人员调查确认厂长、生产副厂长、员工甲、员工乙和安全科长所说情况基本属实,并发现预案签发人为已调离该厂的原生产副厂长,签发日期为 2005 年 7 月 8 日,预案没有在属地负责安全生产监督管理的部门备案。

根据以上场景,回答下列问题:

(1) 按照应急准备要素的要求,指出该厂在应急准备工作中的不足。

(2) 指出该厂在预案编制和预案管理中存在的问题,并提出改进建议。

(3) 结合此次氨气泄漏事故,说明该类应急救援预案中人员紧急疏散、撤离应包括的内容。

4. 2017 年 8 月,F 工厂启动了安全生产标准化二级企业达标创建工作,按照相关要求,F 工厂总经理甲指定安环部成立应急预案编制小组,由安环部部长任组长,安环部其他员工为组员，10月初完成了应急预案编制并由组长签发。2018年12月，该厂通过了安全生产标准化二级企业验收。

根据以上背景材料，指出 F 工厂应急预案编制过程中存在的问题，并简述应急预案的编制程序。

五、编制应急预案实操题

2009年7月3日14时30分左右，北京市通州区新华联家园北区悦豪物业公司因一污水井排污不畅，派工程维修人员维修污水井中的污水提升泵，先后有3人下井作业。作业人员出现中毒情况后，又有7人下井救援，最终10人均中毒。在此次事故中6名物业人员不幸死亡，另外4人经抢救脱离危险。北京市公安局110接到报警后立即布警，通州区公安分局和消防支队迅速赶到现场展开救援，其中1名消防队员在和战友一起先后救出4名中毒人员后，其佩戴的空气呼吸器面罩被受困者拽掉而中毒身亡。

根据以上背景材料，试编制污水井维修作业现场应急处置方案。

生产安全事故应急演练

应急演练既是一种综合性的应急训练,也是应急训练的最高形式。应急演练应该在应急培训和应急训练后进行。应急演练是在模拟事故的条件下实施的,是更加逼近实际的训练和检验训练效果的手段。生产安全事故应急演练也是检查应急准备周密程度的重要方法,是评价应急预案准确性的关键措施,演练的过程也是参演和参观人员的学习和提高的过程。本章将主要依据《生产安全事故应急演练基本规范》(AQ/T 9007—2019)介绍如何规范性地开展生产安全事故应急演练。

第一节　生产安全事故应急演练概述

一、应急演练的目的和意义

应急演练(emergency exercise)是针对可能发生的事故情景,依据应急预案而模拟开展的应急活动。事故情景(accident scenario)是针对生产经营过程中存在的事故风险而预先设定的事故状况(包括事故发生的时间、地点、特征、波及范围以及变化趋势)。因此,应急演练是在事先虚拟的事件(事故)条件下,应急指挥体系中各个组成部门、单位或群体的人员针对假设的特定情况,执行实际突发事件发生时各自职责和任务的排练活动,简单地讲就是一种模拟突发事件(事故)发生的应对演习。这里需要指出的是,应急演练不完全等于应急预案演练,由于应急演练一般都需要事前作出计划和方案,因此应急演练在某种意义上也可以说是应急预案演练,但这个"预案"还包括了临时性的策划、计划和行动方案。

1. 应急演练的目的

应急演练活动是检验应急管理体系的适应性、完备性和有效性的最好方式。定期进行应急演练,不仅可以强化相关人员的应急意识,提高参与者的快速反应能力和实战水平,又能暴露应急预案和管理体系中存在的不足,检测制定的突发事故应变计划是否可行和实用。同时,有效的应急演练还可以减少应急行动中的人为错误,降低现场宝贵应急资源和响应时间的耗费。概括起来,应急演练的目的可以归纳如下。

（1）检验预案。发现应急预案中存在的问题,提高应急预案的针对性、实用性和可操作性。

（2）完善准备。完善应急管理标准制度,改进应急处置技术,补充应急装备和物资,提高应急能力。

（3）磨合机制。完善应急管理部门、相关单位和人员的工作职责,提高协调配合能力。

（4）宣传教育。普及应急管理知识,提高参演和观摩人员风险防范意识和自救互救能力。

（5）锻炼队伍。熟悉应急预案,提高应急人员在紧急情况下妥善处置事故的能力。

2. 应急演练的意义

实践证明,应急演练能在突发事件发生时有效减少人员伤亡和财产损失,迅速从各种灾难中恢复正常状态。1989 年 10 月 17 日,美国旧金山发生里氏 6.9 级大地震,这是 20 世纪美国大陆经历的第二大震级的地震。由于在此前一个半月举行过一次上千人参加的大规模地震演练,政府各部门熟悉应急救援工作,民众疏散也较有秩序,从而大大减轻了灾难损害,仅死亡 270 余人,经济损失约 10 亿美元。

（1）提高应对突发事件风险意识。各级政府领导、应急管理工作人员、救援人员和公众很多没有亲身经历过突发事件,缺乏感性认识,很难深刻了解突发事件中出现的各种情况,虽然可以通过培训获得处置突发事件需要的技能和知识,却无法获得那种经历真实突发事件的心理状态。开展应急演练,通过模拟真实事件及应急处置过程能给参与者留下更加深刻的印象,从直观上、感性上真正认识突发事件,提高对突发事件风险源的警惕性,能促使公众在没有发生突发事件时,增强应急意识,主动学习应急知识,掌握应急知识和处置技能,提高自救、互救能力,保障其生命财产安全。2008 年四川"5·12"汶川大地震中,人员伤亡惨重,灾区各中、小学校尤甚,而位于地震核心区的绵阳市安县桑枣中学 2300 名师生在这场大地震中,从剧烈晃动中的五层教学楼撤离,仅仅用了 1 分 36 秒,无一人伤亡,创造了一个巨灾避灾的奇迹。其中一个非常重要的原因就是该校从 2005 年起,每学期都要组织全校师生进行紧急疏散演练,每次活动都制定详细的演练方案,认真组织和安排,演练结束后还要进行考评总结,不断加以改进。反复的应急演练造就了训练有素的老师和学生,在地震来临时能够从容不迫,按照演练时既定的程序有序撤离。

（2）检验应急预案效果的可操作性。很多应急预案的制定没有经过突发事件的实践检验,又或者制定后没有及时更新,无法适应不断变化中的新情况、新问题。通过应急演练,可以发现应急预案中存在的问题,在突发事件发生前暴露预案的缺点,验证预案在应对可能出现的各种意外情况方面所具备的适应性,找出预案需要进一步完善和修正的地方;可以检验预案的可行性以及应急反应的准备情况,验证应急预案的整体或关键性局部是否可以有效地付诸实施;可以检验应急工作机制是否完善,应急反应和应急救援能力是否提高,各部门之间的协调配合是否一致等。

（3）增强突发事件应急反应能力。应急演练是检验、提高和评价应急能力的一个重要手段,通过接近真实的亲身体验的应急演练,可以提高各级领导者应对突发事件的分析研判、决策指挥和组织协调能力;可以帮助应急管理人员和各类救援人员熟悉突发事件情景,提高应急熟练程度和实战技能,改善各应急组织机构、人员之间的交流沟通、协调合作;可以让公众学会在突发事件中保持良好的心理状态,减少恐惧感,配合政府和部门共同应对突发事件,从而有助于提高整个社会的应急反应能力。

二、应急演练的分类

应急演练的形式多样,可以根据需要灵活选择,但要根据演练的目的、目标,选择最恰当的演练方式,不同类型的演练可相互组合。

1. 按演练规模,应急演练分为局部性演练、区域性演练和全国性演练

局部性演练针对特定地区,可根据区域特点,选择特定的突发事件,如某种具有区域特性的自然灾害,演练一般不涉及多级协调。

区域性演练针对某一行政区域,演练设定的突发事件可以较为复杂,如某一灾害或事故形成的灾难链,往往涉及多级、多部门的协调。

全国性的演练一般针对较大范围突发事件,如影响了多个区域的大规模传染病,涉及地方与中央及各职能部门的协调。

2. 按演练内容,应急演练分为综合演练和单项演练

综合演练(complex exercise)是针对应急预案中多项或全部应急响应功能开展的演练活动。具体来说,综合演练是指根据情景事件要素,按照应急预案检验包括预警、应急响应、指挥与协调、现场处置与救援、保障与恢复等应急行动和应对措施的全部应急功能的演练活动。综合演练相对复杂,需模拟救援力量的派出,多部门、多种应急力量参与,一般包括应急反应的全过程,涉及大量的信息注入,包括对实际场景的模拟、单项实战演练、对模拟事件的评估等。

单项演练(individual exercise)又称专项演练,是针对应急预案中某一项应急响应功能开展的演练活动。具体来说,单项演练是指根据情景事件要素,按照应急预案检验某项或数项应对措施或应急行动的部分应急功能的演练活动。单项演练可以类似部队的科目操练,如模拟某一灾害现场的某项救援设备的操作或针对特定建筑物废墟的人员搜救等,也可以是某一单一事故的处置过程的演练。

3. 按演练形式,应急演练分为实战演练和桌面演练

桌面演练(tabletop exercise)又称为模拟场景演练、桌面推演,是针对事故情景,利用图纸、沙盘、流程图、计算机模拟、视频会议等辅助手段,进行交互式讨论和推演的应急演练活动。

实战演练(practical exercise)又称现场演练,是针对事故情景,选择(或模拟)生产经营活动中的设备、设施、装置或场所,利用各类应急器材、装备、物资,通过决策行动、实际操作,完成真实应急响应的过程。具体来说,实战演练就是指选择(或模拟)生产建设某个工艺流程或场所、现场设置情景事件要素,并按照应急预案组织实施预警、应急响应、指挥与协调、现场处置与救援等应急行动和应对措施的演练活动。实战演练可包括单项或综合性的演练,涉及实际的应急救援处置等。

4. 按照演练的目的与作用，应急演练分为检验性演练、示范性演练和研究性演练

检验性演练（inspectability exercise）是为检验应急预案的可行性、应急准备的充分性、应急机制的协调性及相关人员的应急处置能力而组织的演练。具体来讲，检验性演练是指不预先告知情景事件，由应急演练的组织者随机控制，参演人员根据演练设置的突发事件信息，按照应急预案组织实施预警、应急响应、指挥与协调、现场处置与救援等应急行动和应对措施的演练活动。

示范性演练（demonstration exercise）是为检验和展示综合应急救援能力，按照应急预案开展的具有较强指导宣教意义的规范性演练。

研究性演练（research exercise）是为探讨和解决事故应急处置的重点、难点问题，试验新方案、新技术、新装备而组织的演练。研究性演练就是为验证突发事件发生的可能性、波及范围、风险水平以及检验应急预案的可操作性、实用性等而进行的预警、应急响应、指挥与协调、现场处置与救援等应急行动和应对措施的演练活动。

三、应急演练的工作原则和基本流程

（一）应急演练的工作原则

应急演练应遵循以下原则：

（1）符合相关规定。按照国家相关法律、法规、标准及有关规定组织开展演练。

（2）切合工作实际。结合生产面临的风险及事故特点组织开展演练。

（3）注重能力提高。突出以提高应急准备能力、指挥协调能力和应急处置能力组织开展演练。

（4）确保安全有序。在保证参演人员及设备设施安全的条件下组织开展演练。

（二）应急演练的基本流程

应急演练实施的基本流程包括计划、准备、实施、评估总结、改进五个阶段如图 4-1 所示。

* 计划阶段的主要任务：明确演练需求，提出演练的基本构想和初步安排。

* 准备阶段的主要任务：完成演练策划，编制演练总体方案及其附件，进行必要的培训和预演，做好各项保障工作安排。

* 实施阶段的主要任务：按照演练总体方案完成各项演练活动，为演练评估总结收集信息。

* 评估总结阶段的主要任务：评估总结演练参与单位在应急准备方面的问题和不足，明确改进的重点，提出改进计划。

* 改进阶段的主要任务：按照改进计划，由相关单位实施和落实，并对改进效果进行监督检查。

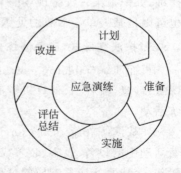

图 4-1　应急演练的基本流程

第二节　生产安全事故应急演练实施

一、计划

（一）需求分析

全面分析和评估应急预案、应急职责、应急处置工作流程和指挥调度程序、应急技能和应急装备、物资的实际情况，提出需通过应急演练解决的内容，有针对性地确定应急演练目标，提出应急演练的初步内容和主要科目。

（二）明确任务

确定应急演练的事故情景类型、等级、发生地域，演练方式，参演单位，应急演练各阶段主要任务，应急演练实施的拟定日期。

（三）制订计划

根据需求分析及任务安排，组织人员编制演练计划文本。演练组织单位负责起草演练计划文本，计划内容应包括演练目的需求、目标、类型、时间、地点、演练准备实施进程安排、领导小组和工作小组构成、预算等。

演练计划编制完成后，应按相关管理要求，呈报上级主管部门批准。演练计划获准后，按计划开展具体演练准备工作。

二、准备

（一）成立演练组织机构

综合演练通常应成立演练领导小组，负责演练活动筹备和实施过程中的组织领导工作，审定演练工作方案、演练工作经费、演练评估总结以及其他需要决定的重要事项。演练领导小组下设策划与导调组、宣传组、保障组、评估组。根据演练规模大小，其组织机构可进行调整。

（1）策划与导调组：负责编制演练工作方案、演练脚本、演练安全保障方案，负责演练活动筹备、事故场景布置、演练进程控制和参演人员调度以及与相关单位、工作组的联络和协调。

（2）宣传组：负责编制演练宣传方案，整理演练信息、组织新闻媒体和开展新闻发布。

（3）保障组：负责演练的物资装备、场地、经费、安全保卫及后勤保障。

（4）评估组：负责对演练准备、组织与实施进行全过程、全方位的跟踪评估；演练结束后，及时向演练单位或演练领导小组及其他相关专业组提出评估意见、建议，并撰写演练评估报告。

（二）编制文件

1. 工作方案

演练工作方案内容如下。

（1）目的及要求。

（2）事故情景。

（3）参与人员及范围。

（4）时间与地点。

（5）主要任务及职责。

（6）筹备工作内容。

（7）主要工作步骤。

（8）技术支撑及保障条件。

（9）评估与总结。

2. 脚本

演练一般按照应急预案进行，按照应急预案进行时，根据工作方案中设定的事故情景和应急预案中规定的程序开展演练工作。演练单位根据需要确定是否编制脚本，如编制脚本，一般采用表格形式，主要内容如下。

（1）模拟事故情景。

（2）处置行动与执行人员。

（3）指令与对白、步骤及时间安排。

（4）视频背景与字幕。

（5）演练解说词。

（6）其他。

3. 评估方案

演练评估方案内容如下。

（1）演练信息：目的和目标、情景描述，应急行动与应对措施简介。

（2）评估内容：各种准备、组织与实施、效果。

（3）评估标准：各环节应达到的目标评判标准。

（4）评估程序：主要步骤及任务分工。

（5）附件：所需要用到的相关表格。

4. 保障方案

演练保障方案应包括应急演练可能发生的意外情况、应急处置措施及责任部门、应急演练意外情况中止条件与程序。

5. 观摩手册

根据演练规模和观摩需要，可编制演练观摩手册。演练观摩手册通常包括应急演练时间、地点、情景描述、主要环节及演练内容、安全注意事项。

6. 宣传方案

编制演练宣传方案,明确宣传目标、宣传方式、传播途径、主要任务及分工、技术支持。

(三) 工作保障

根据演练工作需要,做好演练的组织与实施需要相关保障条件。保障条件主要内容如下。

(1) 人员保障:按照演练方案和有关要求,确定演练总指挥、策划导调、宣传、保障、评估、参演人员参加演练活动,必要时设置替补人员。

(2) 经费保障:明确演练工作经费及承担单位。

(3) 物资和器材保障:明确各参演单位所准备的演练物资和器材。

(4) 场地保障:根据演练方式和内容,选择合适的演练场地;演练场地应满足演练活动需要,应尽量避免影响企业和公众的正常生产、生活。

(5) 安全保障:采取必要安全防护措施,确保参演、观摩人员以及生产运行系统安全。

(6) 通信保障:采用多种公用或专用通信系统,保证演练通信信息通畅。

(7) 其他保障:提供其他保障措施。

其中,人员保障就是演练参与人员的保障,应按照参与人员在演练过程中所担负的不同职责,将参与演练活动的人员进行分类,一般包括以下五个类别:指挥控制人员、演练实施人员、角色扮演人员、评价分析人员和观摩学习人员。在一些小规模的应急演练中由于参与人数较少,也可一人兼负多个职责,但随着演练范围的增大以及参演人数的增多,人员的职能划分必须清晰,并要佩戴特定标识在演练现场进行区分。

① 指挥控制人员即应急演练指挥机构负责人,包括演练总指挥和方案负责人,一般由主办应急演练的部门单位负责人或分管应急管理负责人以及参演的各相关部门单位的负责人担任。在演练过程中,指挥控制人员可根据现场情况调整演练方案、控制演练时间和进度、对演练中的意外情况作出迅速反应,保证现场演练人员安全,充分展示演练目的并使之顺利完成。

② 演练实施人员即应急演练的现场参与人员,又称参演人员。与指挥人员不同的是,参加演练人员是演练方案的具体执行者,通过相互配合展现应急行动的每个步骤,是演练检验的主要对象。参演人员主要来自各单位的应急部门和专业应急救援机构,某些类型突发事件的应急演练也可以是工人、农民、学生、机关公务员甚至是普通公众等与潜在突发事件直接相关的人员。演练人员承担的主要任务包括迅速对突发事件作出合理反应、实施各种应急响应措施、救助伤员或者被困人员、保护财产和公众安全、使用各种应急资源处置紧急情况和次生、衍生事件。

③ 角色扮演人员又称模拟人员。即在演练过程中扮演、模拟突发事件的侵害对象、应急组织、社会团体和服务部门的人员,或者模拟突发事件事态发展的人员。例如,一组人扮演事故受伤、火灾受困人员,另一组人模拟军队等,角色扮演人员要熟悉各种模拟器材的使用方法,了解所模拟对象的职责、任务和能力,尽量客观地反映这些组织和个人的行为,增加应急演练的真实性。

④ 评价分析人员即负责观察记录演练过程和进展情况，并对演练活动进行评价，得出总结分析报告的人员。评价分析人员事先了解整个演练方案，但不直接参与演练活动。评价人员一般由辖区行政官员、应急管理机构人员和应急管理领域的专家担任，观察演练人员的应急行动、记录观察结果、评价结果的整理以及在不干扰演练的前提下，协助指挥控制人员保证应急演练按预定方案进行。

⑤ 观摩学习人员即观看应急演练活动，学习了解相关应急处置过程的人员，可以是相关机构工作人员，也可以是该类突发事件影响人群，还可以是普通公众。演练现场应划分专门的区域供他们参观学习，并设立专人负责维护现场秩序，保证所有观摩学习人员能清晰、安全地观看整个演练的开展流程。

良好的准备工作是演练活动顺利开展的前提，应急演练的前期准备工作的一般程序如图 4-2 所示（在实际工作中，有些步骤可以提前，有的则可以跳过）。

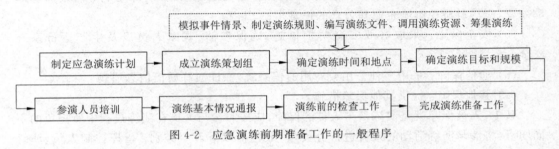

图 4-2　应急演练前期准备工作的一般程序

三、实施

（一）现场检查

确认演练所需的工具、设备、设施、技术资料以及参演人员到位。对应急演练安全设备、设施进行检查确认，确保安全保障方案可行，所有设备、设施完好，电力、通信系统正常。

（二）演练简介

应急演练正式开始前，应对参演人员进行情况说明，使其了解应急演练规则、场景及主要内容、岗位职责和注意事项。

（三）启动

应急演练总指挥宣布开始应急演练，参演单位及人员按照设定的事故情景，参与应急响应行动，直至完成全部演练工作。演练总指挥可根据演练现场情况，决定是否继续或中止演练活动。

（四）执行

1. 桌面演练执行

在桌面演练过程中，演练执行人员按照应急预案或应急演练方案发出信息指令后，参演单位和人员依据接收到的信息,回答问题或模拟推演的形式,完成应急处置活动。通常按照四个环节循环往复进行。

(1)注入信息:执行人员通过多媒体文件、沙盘、消息单等多种形式向参演单位和人员展示应急演练场景,展现生产安全事故发生发展情况。

(2)提出问题:在每个演练场景中,由执行人员在场景展现完毕后根据应急演练方案提出一个或多个问题,或者在场景展现过程中自动呈现应急处置任务,供应急演练参与人员根据各自角色和职责分工展开讨论。

(3)分析决策:根据执行人员提出的问题或所展现的应急决策处置任务及场景信息,参演单位和人员分组开展思考讨论,形成处置决策意见。

(4)表达结果:在组内讨论结束后,各组代表按要求提交或口头阐述本组的分析决策结果,或者通过模拟操作与动作展示应急处置活动。

各组决策结果表达结束后,导调人员可对演练情况进行简要讲解,接着注入新的信息。

2. 实战演练执行

按照应急演练工作方案,开始应急演练,有序推进各个场景,开展现场点评,完成各项应急演练活动,妥善处理各类突发情况,宣布结束与意外终止应急演练。实战演练执行主要按照以下步骤进行。

(1)演练策划与导调组对应急演练实施全过程的指挥控制。

(2)演练策划与导调组按照应急演练工作方案(脚本)向参演单位和人员发出信息指令,传递相关信息,控制演练进程;信息指令可由人工传递,也可以用对讲机、电话、手机、传真机、网络方式传送,或者通过特定声音、标志与视频呈现。

(3)演练策划与导调组按照应急演练工作方案规定程序,熟练发布控制信息,调度参演单位和人员完成各项应急演练任务;应急演练过程中,执行人员应随时掌握应急演练进展情况,并向领导小组组长报告应急演练中出现的各种问题。

(4)各参演单位和人员,根据导调信息和指令,依据应急演练工作方案规定流程,按照发生真实事件时的应急处置程序,采取相应的应急处置行动。

(5)参演人员按照应急演练方案要求,做出信息反馈。

(6)演练评估组跟踪参演单位和人员的响应情况,进行成绩评定并做好记录。

(五)演练记录

演练实施过程中,安排专门人员采用文字、照片和音像手段记录演练过程。

(六)中断

在应急演练实施过程中,出现特殊或意外情况,短时间内不能妥善处理或解决时,应急演练总指挥按照事先规定的程序和指令中断应急演练。

演练实施过程中出现下列情况,经演练领导小组决定,由演练总指挥或总策划按事先规定的程序和指令终止演练。

(1)出现真实突发事件,需要参演人员参与应急处置时,要终止演练,使参演人员迅速回归其工作岗位,履行应急处置职责。

（2）出现特殊或意外情况,短时间内不能妥善处理或解决时,可提前终止演练。

（七）结束

完成各项演练内容后,参演人员进行人数清点和讲评,演练总指挥宣布演练结束。

四、评估总结

（一）评估

关于应急演练评估如何实施,参见本章第三节的内容。

（二）总结

1. 撰写演练总结报告

应急演练结束后,演练组织单位应根据演练记录、演练评估报告、应急预案、现场总结材料,对演练进行全面总结,并形成演练书面总结报告。报告可对应急演练准备、策划工作进行简要总结分析。参与单位也可对本单位的演练情况进行总结。演练总结报告的主要内容如下。

（1）演练基本概要。

（2）演练发现的问题,取得的经验和教训。

（3）应急管理工作建议。

2. 演练资料归档和备案

应急演练活动结束后,演练组织单位应将应急演练工作方案、应急演练书面评估报告、应急演练总结报告文字资料,以及记录演练实施过程的相关图片、视频、音频资料归档保存。

应急演练活动结束后,对主管部门要求备案的应急演练资料,演练组织部门（单位）将相关资料报主管部门备案。《生产安全事故应急条例》和《生产经营单位应急预案管理办法》都规定,易燃易爆物品、危险化学品等危险物品的生产、经营、储存、运输单位,矿山、金属冶炼、城市轨道交通运营、建筑施工单位,以及宾馆、商场、娱乐场所、旅游景区等人员密集场所经营单位,应当将演练情况报送所在地县级以上地方人民政府负有安全生产监督管理职责的部门。

五、持续改进

（一）应急预案修订完善

根据演练评估报告中对应急预案的改进建议,按程序对预案进行修订完善。

（二）应急管理工作改进

应急演练结束后,演练组织单位应根据应急演练评估报告、总结报告提出的问题和建议,对应急管理工作(包括应急演练工作)进行持续改进。

演练组织单位应督促相关部门和人员,制订整改计划,明确整改目标,制定整改措施,落实整改资金,并跟踪督查整改情况。

对逾期不整改的组织和部门,应采取行政措施给予警告和处罚;对于已作出整改的组织和部门,委派专家对其进行核查,经核查通过的组织和部门,由专人对该项作出最终整改报告并备案;若仍通不过,则继续令其在时限内整改并给予警告,如有必要可向其上级部门反映,加强督查力度。

第三节　生产安全事故应急演练评估

《生产安全事故应急预案管理办法》规定,应急预案演练结束后,应急预案演练组织单位应当对应急预案演练效果进行评估,撰写应急预案演练评估报告,分析存在的问题,并对应急预案提出修订意见。本节将依据《生产安全事故应急演练评估指南》(AQ/T 9009—2015)介绍如何开展应急演练评估工作。

一、应急演练评估概述

(一)相关术语和定义

1. 应急演练评估

应急演练评估(emergency exercise evaluation)是指通过观察、记录演练活动以及分析演练资料,对情景设计与准备、参演人员对情景事件响应的适宜程度、应急预案的执行及其有效性和适用性,以及应急救援设备、设施的利用及其适用性等内容进行客观评价的过程。

2. 评估员

评估员(evaluator)是指参加应急演练评估活动并且实施评判的人员。

3. 观察员

观察员(observers)是指允许进入演练现场并在演练活动中没有响应任务,但可以向控制人员或评估人员提出建议的人员。

(二)评估目的

应急演练评估目的主要包括以下几点。

(1)发现应急管理单位应急体系建设是否完善,应急制度和标准是否健全、体系运转是否顺畅。

(2)发现应急预案在应急状态下的执行情况及其有效性和适用性。

(3)发现应急人员熟悉应急预案和掌握应急处置措施的程度并在各种紧急情况下妥善处置突发事故的能力。

(4)发现应急管理相关部门、单位和人员是否能熟悉各自工作职责,并能够有效协调联动和相互配合。

（5）发现应急物资、装备等方面的准备是否充分或满足应急工作需要，进而及时予以调整补充并提高其适用性和可靠性。

（三）评估依据

应急演练评估应参考以下依据。

（1）国家有关的法律、法规、标准及有关规定的要求。

（2）演练部门或单位的应急预案。

（3）演练部门或单位的相关技术标准、操作规程或管理制度。

（4）相关事故应急救援或调查处理的材料。

（5）其他相关材料。

（四）评估程序

应急演练评估工作应按照评估准备和评估实施、评估总结的程序来开展。

二、演练评估组及其人员要求

（一）评估组

1. 评估组构成

应急演练活动应成立评估组，评估组由若干名评估人员构成。评估组应选定评估组负责人，负责领导和组织演练评估工作。针对规模较大、演练地点和参演人员较多或实施程序复杂的演练，可设多级评估组，评估组长可下设评估小组组长。

2. 评估组职责

评估组负责设计演练评估方案和编写演练评估报告，对演练准备、组织、实施及其安全事项等进行全过程、全方位评估，及时向演练领导小组及相关部门提出意见、建议。根据演练需要，可负责对演练现场安全保障方案的审核。

（二）评估人员基本要求

评估人员可来自组织内部或外部，带有考核性质的演练评估工作，演练评估人员若与演练组织单位或参与人员有直接利害关系的，不宜参加演练评估工作。演练评估人员应符合以下条件。

（1）应经过专门的演练评估培训，熟悉演练评估方式和方法，并具有相关专业技术知识。

（2）能够正确执行国家有关应急管理的方针、政策和法律、法规，熟悉并掌握国家应急演练标准和相关规定要求。

（3）具有敏锐的洞察力，并有诚实、客观、公正和专注工作态度。

（4）能够了解应急演练活动的实施过程并熟悉演练活动文件的内容。

（5）服从评估工作安排并能够对本人的评估结论负责。

三、演练评估内容

（一）演练总体评估

演练总体评估主要包括以下内容。

（1）演练目标设置：目标是否明确，内容是否设置科学、合理。

（2）演练的事故情景设置：事故情景是否符合演练单位实际，是否有利于促进实现演练目标和提高演练单位应急能力。

（3）演练流程：演练设计的各个环节及整体流程是否科学和合理。

（4）参与人员表现：参与人员是否能够以认真态度融入整体演练活动中，并能够及时、有效完成演练中设置的角色工作内容。

（5）风险控制：对演练中风险是否进行全面分析，并针对这些风险制定和采取有效控制措施。

（二）具体评估内容

1. 预警与信息报告

预警与信息报告主要包括以下内容。

（1）演练单位根据监测监控系统数据变化状况、事故险情紧急程度和发展势、有关部门提供的信息进行及时预警。

（2）演练单位内部信息通报系统快速建立，并及时通知到有关部门及人员。

（3）在规定时间内完成向上级主管部门和地方人民政府报告事故信息程序。

（4）能够快速向本单位以外的有关部门或单位通报事故信息。

（5）当正常渠道或系统不能发挥作用时，演练单位应能及时采用备用方式和补救措施完成预警和通知的行动。

（6）所有人员及部门联系方式均是最新的并联系有效。

2. 紧急动员

紧急动员主要包括以下内容。

（1）演练单位依据应急预案快速确定突发事件的严重程度及等级。

（2）演练单位根据事件级别，采用有效的工作程序，警告、通知和动员相应范围内应急响应人员。

（3）演练单位通过总指挥或总指挥授权人员及时启动应急响应设施。

（4）演练单位应能适应突袭式或非上班时间以及至少有一名关键人物不在应急岗位的情况下的应急演练。

3. 事故监测与评估

事故监测与评估主要包括以下内容。

（1）演练单位在接到事故初期报告后，能够及时开展事件早期评估，获取紧急事件的准确信息。

（2）演练单位能够采取措施持续监测紧急事件的发展，科学评估其潜在危害。

（3）向有关应急组织及时报告事态评估信息。

4. 指挥和协调

指挥和协调主要包括以下内容。

（1）承担指挥任务的指定人员应负责指挥和控制其职责范围内所有的应急响应行动。

（2）现场指挥部能够第一时间内成立，选址合理、标志明显并及时进行运作。

（3）建立层级指挥体系，各级响应迅速。

（4）现场指挥部配备了充足的人员和装备以支撑应急行动。

（5）采取了安全措施保证指挥部安全运转。

（6）现场指挥部与指挥中心信息沟通畅通，并实现信息持续更新和共享。

5. 事故处置

事故处置主要包括以下内容。

（1）应急响应人员能够对事故状况做出正确判断，提出处置措施科学、合理。

（2）应急响应人员处置操作程序规范，符合相关操作规程及预案要求。

（3）应急响应人员之间能够有效联络和沟通，并能够有序配合，协同救援。

（4）现场处置过程中能够对现场实施持续安全监测或监控。

6. 应急资源管理

应急资源管理主要包括以下内容。

（1）演练单位应展示其根据事态评估结果，识别和确定应急行动所需的各类资源，同时联系资源供应方。

（2）应急人员能够快速使用外部提供的应急资源，融入本地应急响应行动。

（3）应急设施、设备、地图、显示器材和其他应急支持资料足够支持现场应急需要。

7. 应急通信

应急通信主要包括以下内容。

（1）演练单位的通信系统可正常运转，并能与相关岗位的关键人员建立通信联系，通信能力满足应急响应过程的需求。

（2）应急队伍至少有一套独立于商业电信网络的通信系统，应急响应行动的执行不会因通信问题受阻。

8. 公共关系

公共关系主要包括以下内容。

（1）所有对外发布的信息均通过决策者授权或同意并能准确反映决策者意图。

（2）指定了专门负责公共关系人员，主动协调媒体关系。

（3）对事件舆情持续监测和研判，并能对负面信息妥善处置。

9. 人员保护

人员保护主要包括以下内容。

（1）演练单位应综合考虑各种因素并协调有关方面，以选择适当的公众保护措施。

（2）应急响应人员配备适当的个体防护装备或采取安全防护措施。

（3）针对事件影响范围内的特殊人群，采取适当方式发出警告和采取安全保护措施。

10. 警戒与管制

警戒与管制主要包括以下内容。

（1）关键应急场所的人员进出通道受到管制。

（2）合理设置了交通管制点，划定管制区域。

（3）有效控制出入口，清除道路上的障碍物。

11. 医疗救护

医疗救护主要包括以下内容。

（1）应急响应人员对伤害人员采取有效先期急救。

（2）及时与场外医疗救护资源建立联系求得支援，并通知准确赶赴指定地点。

（3）医疗人员应能够对伤病人员伤情作出正确的诊断，并按照既定的医疗程序对伤病人员进行处置。

12. 现场控制及恢复

现场控制及恢复主要包括以下内容。

（1）评估事故对人员安全健康与环境、设备及设施方面的潜在危害，制定有针对性的技术对策和措施，以降低事故影响。

（2）对事故现场产生的污染物能够有效处置。

（3）划定安全区域，有效安置疏散人员并提供后勤保障。

（4）现场各项保障条件能够满足事故处置和控制的基本需要。

四、演练评估准备

（一）演练评估的需求分析

制定演练评估计划之前，应做好演练评估的需求分析，初步确定评估工作的内容、程序以及拟采取的方法。演练评估需求分析应依据演练计划、演练方案等文件进行。

（二）成立评估机构和确定评估人员

按照前面的要求，成立演练评估组和确定演练评估人员。

（三）选择评估方式和方法

演练评估主要是通过评估人员对演练活动或演练人员的表现进行的观察、提问、听对方陈述、检查、比对、验证、实测等获取客观证据的方式进行。

根据演练目标的不同，可以用选择项、主观评分、定量测量等方法进行评估。一般采用检查记录表和评分表形式，对演练文件以及实施的全过程是否满足演练设定要求进行评估和打分，根据评估结果，确定演练中体现的优点和长处，以及演练中发现的问题及不足。

（四）编写评估方案和评估标准

1. 编写评估方案

为提高演练工作质量,应编制演练评估方案。演练评估方案通常包括以下内容。

(1) 演练信息:应急演练目的和目标、情景描述,应急行动与应对措施简介等。

(2) 评估内容:应急演练准备、应急演练流程、参与人员表现、协调联动等内容。

(3) 评估标准:应急演练定性或定量化的评估内容及要求,应具有科学性和可操作性。

(4) 评估程序:为保证评估结果的准确性,针对评估过程做出的程序性规定。

(5) 附件:演练评估所需要用到的相关表格等。

2. 制定评估标准

演练评估组召集有关方面和人员,根据演练总体目标和各参与机构的目标以及演练的具体情景事件、演练流程和技术保障方案,商讨确定演练评估标准和方法。演练评估应以演练目标为基础。每项演练目标都要设计合理的评估项目方法、标准。

为便于演练评估操作,通常事先设计好评估表格,包括演练目标、评估方法、评估标准和相关记录项等。

（五）培训评估人员

演练组织或策划人员应向演练评估人员介绍演练方案以及组织和实施流程,评估人员可依据演练方案与演练策划人员进行交互式讨论,明晰演练流程和内容。同时,评估组内部应组织评估人员的培训,主要围绕下列内容展开。

(1) 演练组织和实施的相关文件。

(2) 演练评估方案。

(3) 演练单位的应急预案和相关管理文件。

(4) 其他有关内容。

（六）准备评估材料、器材

根据演练需要,准备评估工作所需的相关材料、器材,主要包括演练评估方案文本、评估表格、记录表、文具、通信设备、摄像或录音设备、计算机或相关评估软件等。

五、演练评估实施

（一）演练现场观察和信息收集、记录

根据演练评估方案安排,演练评估人员在演练前进入相应的评估位置,做好开展观察和记录演练信息和数据的准备(如准备演练评估表格,以及计时、照相、录音和摄像等设备),通过仔细观察演练实施及进展情况,及时评判演练预定目标实现情况并记录演练过程中发现的各种突出问题、情况。

（二）评估组内部交换意见

演练结束后,演练评估组长召集评估人员召开会议,综合对演练活动的评估意见。在

会议上,评估人员之间可对各自演练评估记录及发现内容进行交换意见,分析演练中的重大发现或突出问题,分析演练任务完成情况以及演练表现的优点和不足,针对本次演练提出相关整改建议或改进措施。

六、演练评估总结

(一)演练现场点评

评估小组内部交换评估意见后,评估人员或评估组负责人针对演练中发现的问题、不足及取得的成效进行点评。

(二)编制书面评估报告

1. 报告编写要求

书面评估报告的编制应满足以下要求。

(1)评估人员针对演练中观察、记录以及收集的各种信息资料,依据评估标准对应急演练活动全过程进行科学分析和客观评价,并编写书面评估报告。

(2)评估报告重点对演练活动的组织和实施、演练目标的实现、参演人员的表现以及演练中暴露出应急预案和应急管理工作中的问题等进行评价。

(3)评估报告应提出对存在问题的整改要求和意见。

2. 报告主要内容

演练评估报告的主要内容一般包括演练执行情况、预案的合理性与可操作性、应急指挥人员的指挥协调能力、参演人员的处置能力、演练所用设备装备的适用性、演练目标的实现情况、演练的成本效益分析、对完善预案的建议等。

事故案例分析:
吉林省长春市宝源丰禽业公司"6·3"特别重大火灾爆炸事故

复习思考题

一、单项选择题

1. 预案评价人员在参与事故应急预案演练过程中的任务是(　　　)。

　　A. 观察参演人员的应急行动并记录观察结果

　　B. 保障演练过程的安全

　　C. 确保演练活动的挑战性

　　D. 确保演练进度

2. 事故应急预案演练实施阶段的基本任务是（　　　）。

　　A. 指定评价人员　　　　　　　　　　B. 编写书面评价报告

　　C. 记录参演组织的演练表现　　　　　D. 追踪整改项的纠正

3. 建立应急演练策划小组（或领导小组）是成功组织开展应急演练工作的关键，为了确保演练的成功，（　　　）不得参与策划小组，更不能参与演练方案的设计。

　　A. 参演人员　　　　　B. 模拟人员　　　　　C. 评价人员　　　　　D. 观摩人员

4. 应急演练总结阶段的一项重要任务是（　　　）。

　　A. 制定演练方案　　　　　　　　　　B. 培训演练评价人员

　　C. 演练人员自我评价　　　　　　　　D. 救援设备的维修

5. 应急预案的演练是检验、评价和保持应急能力的一个重要手段。在会议室内举行，以锻炼参演人员解决问题的能力、解决应急组织相互协作和职责划分的问题为目的的演练称为（　　　）。

　　A. 桌面演练　　　　　B. 功能演练　　　　　C. 全面演练　　　　　D. 协调性演练

6. 应急演练的参与人员分为五类；在演练中均起着重要作用。如果参与人员所承担的主要任务是救助伤员或被困人员、保护财产或公众健康获取并管理各类应急资源，这类人员属于（　　　）。

　　A. 参演人员　　　　　B. 控制人员　　　　　C. 模拟人员　　　　　D. 观摩人员

7. 按演练方式不同，应急演练可分为（　　　）三种类型。

　　A. 桌面演练、功能演练和全面演练　　　B. 专业演练、战术演练和基础演练

　　C. 桌面演练、功能演练和战术演练　　　D. 功能演练、实战演练和全面演练

8. 应急演练时检验、评价和保持应急能力的有效手段，功能演练是指针对某项应急响应功能举行的演练活动，下列有关功能演练的说法，正确的是（　　　）。

　　A. 一般在应急指挥中心举行，并可同时开展桌面演练，不必调用应急资源

　　B. 主要目的是针对应急响应功能，检验应急人员以及应急体系的策划和实践

　　C. 演练完成后，应向当地政府口头汇报，并提出改进意见

　　D. 功能演练比桌面演练更专业化，要求应急人员少而精，协调工作指挥

9. 制定演练现场规则的主要目的是（　　　）。

　　A. 确保演练秩序　　　　　　　　　　B. 确保演练准确

　　C. 确保人员守法　　　　　　　　　　D. 确保演练安全

10. 在演练实施过程中，下面的一些做法不正确的是（　　　）。

　　A. 参演的应急组织和人员应遵守当地相关的法律法规和演练现场规则，确保演练安全进行

　　B. 如果演练偏离正确方向，控制人员可以采取"刺激行动"以纠正错误，"刺激行动"包括终止演练过程

　　C. 控制人员使用"刺激行动"时，必须使用强刺激的方法使其中断反应

　　D. 控制人员只有对背离演练目标的"自由演示"，才能使用强刺激的方法使其中

断反应

11. 某建筑施工企业计划组织工地脚手架坍塌应急演练。演练当天,演练组织部门提前到达演练现场,对练用脚手架、工地现场指挥部设置位置进行检查,设置了演练区域警戒线。演练启动后,突然遇到演练警戒区以外工地发生火灾,需要终止演练。下达演练终止命令的人是( )。

  A. 演练组织部门负责人   B. 演练总指挥
  C. 演练评估组负责人   D. 演练警戒组组长

12. 某火电厂组织液氨泄漏事故专项应急预案演练,设置模拟事故情景如下:当班脱硝运行作业人员刘某在进行定期巡检过程中,发现液氨储罐底部阀门处泄漏,刘某立即进行了报告,经研判,该厂决定启动专项应急预案。关于应急演练内容属于事故监测的是( )。

  A. 刘某立即通知启动喷淋和报警装置,同时用防爆对讲机向主控室报告
  B. 应急小组成员在赶赴现场过程中随时观察风向标,从氨罐区上风向方向靠近
  C. 清理事故现场,对事故废水进行集中处理,防止进入生产、生活用水
  D. 对氨区及周边环境氨浓度扩散程度进行评估,及时汇报应急指挥部

13. 2018 年 7 月 11 日 11 时,某市人民政府安委会办公室组织有关单位在某水域开展以"船舶相撞、人员落水、燃料泄漏"为主题的 2018 年水上交通安全事故应急演练。演练过程中评估组通过观察、记录及收集的各类信息资料,对应急演练活动全过程进行分析和评价,演练结束后形成书面总结报告。下列关于应急演练评估与总结的说法,错误的是( )。

  A. 评估组对演练准备情况的评估应包含"是否制定演练工作方案、安全及各类保障方案、宣传方案"等内容
  B. 评估组观察演练实施及进展、参演人员表现等情况,及时记录演练过程中出现的问题,不可进行现场提问
  C. 演练结束后,可选派参演人员代表对演练中发现的问题及取得的成效进行现场点评
  D. 演练书面总结报告由安委会办公室形成,内容包括演练基本概要、演练发生的问题和取得的经验教训、应急管理工作建议

14. 某煤业集团开展应急演练。预案编制部门安全生产部按照集团要求,组织宣传部、消防支队等相关单位,成立了演练组织机构,下设执行组、评估组等专业工作组演练结束后形成了书面总结报告。根据《生产安全事故应急演练指南》(AQ 9007—2019)演练结束后,负责预案修订的是( )。

  A. 安全生产部   B. 评估组   C. 宣传部   D. 消防支队

二、多项选择题(各题中至少有一个错项)

1. 应急预案演练的主要参与人员包括( )。

  A. 参演人员   B. 服务人员   C. 模拟人员
  D. 评价人员   E. 控制人员

2. 应急演练参演人员所承担的具体任务主要包括( )。

  A. 救助伤员或被困人员   B. 保护财产或公众健康

C. 获取并管理各类应急资源

D. 与其他应急人员协同处理重大事故或紧急事件

E. 保障演练过程的安全

3. 下列关于应急演练文件的说法正确的是(　　　)。

A. 演练文件主要包括情景说明书、演练计划、评价计划、演练现场规则等文件

B. 演练文件没有固定格式和要求，一切以保障演练活动顺利进行为标准

C. 演练文件只提供给参演人员使用

D. 演练文件由演练策划组和参演人员共同制定

E. 通信录也是演练文件的重要内容之一

4. 演练方案的编写主要由(　　　)等几部分构成。

A. 演练情景设计　　　　　B. 演练文件编写　　　　　C. 演练规则制定

D. 演练计划制定　　　　　E. 评价计划制定

5. 安全生产月期间，某大型商业综合体开展了一次燃气泄漏事故应急演练，模拟某餐饮商户后厨燃气泄漏，商场确认着火后立即拨打了 96777、119 电话，并展开应急处理活动。下列关于该应急演练的说法，正确的有(　　　)。

A. 演练应成立领导小组，下设策划组、执行组、保障组、评估组等专业工作组

B. 现场保障组应负责现场测定燃气浓度

C. 拨打 119 电话应由参演人员完成

D. 医疗卫生人员应负责现场环境浓度检测

E. 按照应急演练内容分析，此次燃气泄漏演练属于综合演练

6. 某酿酒厂成立了以厂长为组长，生产副厂长、安全科、生产科和销售科等相关人员组成的安全生产事故应急预案编制小组。半年后，应急预案编制完成，厂长召集内部相关部对预案进行了评审，之后该厂又聘请行业专家进行了外部评审。一个月后组织全厂员工进行应急演练，并聘请外部专家进行评估。演练结束后，外部专家对演练进行了点评，并在两天后递交了书面评估报告。下列关于应急预案演练改进的说法，正确的是(　　　)。

A. 由原应急预案编制小组根据演练评估报告意见修订和完善应急预案，并进行内外部评审

B. 由本次评估的外部专家为修订小组组长，根据评估报告提出的意见修订和完善应急预案

C. 重新成立编制小组，根据评估报告意见，重新编制应急预案，重新组织应急演练

D. 由原应急预案编制小组根据演练评估报告意见修订和完善应急预案，重新组织应急演练

7. 某石化公司组织了催化裂化装置管线泄漏的现场演练，演练完成后，进行了评估与总结。下列工作内容中，不属于评估与总结阶段的是(　　　)。

A. 在演练现场，评估人员或评估组负责人对演练效果及发现的问题进行口头点评

B. 应急演练结束后，组织应急演练的部门根据问题和建议进行改进

C. 演练组织单位根据演练情况对演练进行全面总结

D. 应急演练结束后，将应急演练文字资料等归档

8. 某家具生产厂下料车间有大量锯末、刨花等易燃物,打磨车间有木屑粉尘,油漆车间有硝基漆。该工厂编制了针对火灾、爆炸和中毒等事故的应急预案。某日,该厂组织人员在下料车间进行演练,演练场景为:针对刨花清理不及时、辅助电动工具短路打火引起的火灾进行现场处置。根据上述场景,下列应急处置措施中,正确的是(　　)。

　　A. 断开低压断路器、切断电源

　　B. 用泡沫灭火器及时扑灭刨花火苗

　　C. 用水枪灭火,安全距离不应小于 2m

　　D. 用灭火毯直接扑灭刨花火苗

三、简答题

1. 应急演练包括哪些类型或方式?

2. 简述应急演练实施的基本流程。

3. 应急演练的准备工作包括哪些基本内容?

4. 应急演练的保障工作具体包括哪些方面的保障条件要求?

5. 参与演练活动的人员包括哪些类别?

6. 制定应急演练工作方案应包括哪些内容?如何编制演练文件?如何编制演练计划?

7. 编制演练现场规则应包括哪些方面的重点内容?

8. 简述事故情景演练的实施过程。

9. 简述桌面演练的实施步骤。

10. 简述实战演练的实施步骤。

11. 应急演练总结报告包括哪些内容?

12. 演练资料归档和备案有哪些要求?

13. 演练评估准备工作的基本要求有哪些?

14. 应急演练的评估方案和评估标准包括哪些内容和要求?

15. 应急演练书面评估报告的编制应满足哪些要求?

16. 应急演练的总体评估内容有哪些?

17. 应急演练的具体评估内容包括哪些?

18. 应急演练结束后,对应急管理工作的改进有哪些基本要求?

四、案例分析题

1. 总部位于 A 省的某集团公司在 B 省有甲、乙、丙三家下属企业。为加强和规范应急管理工作,该集团公司委托某咨询公司编制了应急救援预案。近期,该集团公司完成了一套应急救援预案的演练计划。该计划设计的演练内容为:①打开液氨储罐阀门,将液氨排到储罐的围堰内;②参演人员在规定的时间内关闭阀门,将围堰内的液氨进行安全处置;③救出模拟中毒人员。

2008 年 3 月 6 日,集团公司在甲企业进行了应急救援实战演练,演练地点设在甲企业的液氨储罐区。为保障参演人员、控制人员和观摩人员的安全,集团公司事先调来乙企业全部空气呼吸器、防毒面具、防爆型无线对讲机和监测仪器,同时调来集团公司消防队所有的水罐车、泡沫车和职工医院的救护车辆。演练从10点钟开始，按照事先制订的演练计划进行；10点20分氨气扩散到厂区外，由于演练前未组织周边群众撤离，扩散的氨气导致两名群众中毒；10点30分，抢救完中毒群众后，演练继续按计划进行。

根据以上场景，指出本案的应急救援演练中存在的问题。

2. C市有一个化工园区，其中规模最大的企业是甲石化厂。该化工园区内，与甲石化厂相邻的有乙、丙、丁三家化工厂。针对该化工园区的火灾、爆炸、中毒和环境污染风险，该市编制了《C市危险化学品重大事故应急救援预案》。在应急救援预案颁布后，该市在甲石化厂进行了事故应急救援演练。

以下是应急救援演练的相关情况。

模拟事故：甲石化厂液化石油气球罐发生严重泄漏，泄漏的液化石油气对相邻化工厂和行人造成威胁，如发生爆炸会造成供电线路和市政供水管道损坏。

演练的参与人员：市领导，市应急办、安监、公安、消防、环保、卫生等部门相关人员，甲石化厂有关人员、有关专家。

演练地点：甲石化厂厂区内。

演练过程：2009年7月11日13时55分。甲石化厂主要负责人接到液化石油气罐区员工关于罐区发生严重泄漏的报告后，启动了甲石化厂事故应急救援预案，同时向市应急办报告。市应急办立即报告市领导，市领导指示启动C市危险化学品重大事故应急救援预案。按照预案要求，市应急办通知相关部门、救援队伍、专家组立即赶赴事故现场。市领导到达事故现场时，消防队正在堵漏、控制泄漏物，医务人员正在抢救受伤人员。市领导简要听取甲石化厂主要负责人的汇报后，指示成立现场应急救援指挥部，并采取相应应急处置措施。为了减小影响，没有通知相邻化工厂。16时30分，现场演练结束，市领导在指挥部进行了口头总结后，宣布演练结束。

根据以上场景，回答下列问题：①此次应急救援演练为哪种类型的演练？②说明此次应急救援演练现场应采取哪些应急措施。③指出此次应急救援演练存在的主要不足之处。

3. 某化工厂的原料、中间产品有火灾、爆炸、中毒的危险性，生产的最终产品有Cl_2和化学名CP的其他产品。生产工艺单元有：原料库房、氯气库房、产品CP库房、生产一车间和生产二车间，厂区周围有居民住宅和其他工厂。为此，工厂编制了事故应急预案。厂长甲决定进行应急演练，并再次将任务交给主任丙。主任丙将演练地点设在氯气库房，工厂应急救援指挥部设在氯气库房下风侧的平地上。

演练过程如下。

第一步，指示人员A打开氯气库房中一个装有Cl_2的钢瓶，使Cl_2缓慢泄漏；

第二步，工人B、C在氯气库房外头假装因Cl_2中毒而晕倒；

第三步，工人D、E发现有人晕倒立即离开危险区，并向调度室报警；

第四步，事故应急预案立即启动，所有应急人员到达指定位置和岗位；

第五步，向110、119、120等外部应急救援部门报警；

第六步，外部应急救援力量赶到现场，实施人员救护和抢险；

根据上述的场景指出该厂应急演练中的不正确的做法。

五、制作应急演练方案实操题

2009 年 7 月 3 日 14 时 30 分左右,北京市通州区新华联家园北区悦豪物业公司因一口污水井排污不畅,派工程维修人员维修污水井中的污水提升泵,先后有 3 人下井作业。作业人员出现中毒情况后,又有 7 人下井救援,最终 10 人均中毒。在此次事故中 6 名物业人员不幸死亡,另外 4 人经抢救脱离危险。北京市公安局 110 接到报警后立即布警,通州区公安分局和消防支队迅速赶到现场展开救援,其中 1 名消防队员在和战友一起先后救出 4 名中毒人员后,其佩戴的空气呼吸器面罩被受困者拽掉而中毒身亡。

根据背景材料,试编制污水井维修作业中毒窒息事故应急演练方案。

第 五 章

应急资源保障与应急准备评估

生产安全事故应急救援与处置行动的有效性,很大程度取决于应急准备的充分性,而应急资源保障又是应急准备工作的主要内容之一。应急资源保障主要包括:应急救援器材、设备和物资的储备和配备;专业化应急救援队伍的建立;数据互联互通、信息共享应急救援信息系统的实现等内容。本章将依据有关法律、法规、规章和标准的规定,介绍应急资源保障要求、应急救援器材设备和物资的主要类型,以及安全生产应急准备评估的实施方法。

第一节 应急资源保障

一、专业化应急救援队伍的建立

(一)政府建立应急救援队伍的职责

《生产安全事故应急条例》对县级以上人民政府及其负有安全生产监督管理职责的部门在建立应急救援队伍方面的职责做出了如下的规定。

(1)县级以上人民政府应当加强对生产安全事故应急救援队伍建设的统一规划、组织和指导。

(2)县级以上人民政府负有安全生产监督管理职责的部门根据生产安全事故应急工作的实际需要,在重点行业、领域单独建立或者依托有条件的生产经营单位、社会组织共同建立应急救援队伍。

(3)国家鼓励和支持生产经营单位和其他社会力量建立提供社会化应急救援服务的应急救援队伍。

(二)生产经营单位建立应急救援队伍的法定要求

《中华人民共和国安全生产法》规定,危险物品的生产、经营、储存单位以及矿山、金属冶炼、城市轨道交通运营、建筑施工单位应当建立应急救援组织;生产经营规模较小的,可以不建立应急救援组织,但应当指定兼职的应急救援人员。

《生产安全事故应急条例》规定,易燃易爆物品、危险化学品等危险物品的生产、经营、储存、运输单位,矿山、金属冶炼、城市轨道交通运营、建筑施工单位,以及宾馆、商场、娱乐场所、旅游景区等人员密集场所经营单位,应当建立应急救援队伍;其中,小型企业或者微型企业等规模较小的生产经营单位,可以不建立应急救援队伍,但应当指定兼职的应急救援人员,并且可以与邻近的应急救援队伍签订应急救援协议。

工业园区、开发区等产业聚集区域内的生产经营单位,可以联合建立应急救援队伍。

（三）应急救援队伍的培训和专业化

《生产安全事故应急条例》对应急救援队伍的培训和专业化提出了如下要求。

（1）应急救援队伍的应急救援人员应当具备必要的专业知识、技能、身体素质和心理素质。

（2）应急救援队伍建立单位或者兼职应急救援人员所在单位应当按照国家有关规定对应急救援人员进行培训;应急救援人员经培训合格后,方可参加应急救援工作。

（3）应急救援队伍应当配备必要的应急救援装备和物资,并定期组织训练。

为贯彻落实党中央、国务院关于加强防灾减灾救灾工作的一系列决策部署,切实提高我国抵御自然灾害的综合防范能力,推动中国应急救援从业人员专业能力建设,根据《中华人民共和国劳动法》《中华人民共和国突发事件应对法》《中华人民共和国安全生产法》等法律,人力资源和社会保障部组织有关专家制定了《应急救援员国家职业技能标准（2019年版）》。从而为应急救援员职业教育、职业培训和职业技能鉴定提供了科学、规范的依据。该标准对应急救援员职业做出如下基本规定。

（1）应急救援员是指从事突发事件的预防与应急准备,受灾人员和公私财产救助,组织自救、互救及救援善后工作的人员。

（2）应急救援员职业技能等级共设五个等级,分别为:五级/初级工、四级/中级工、三级/高级工、二级/技师、一级/高级技师。

（3）应急救援员职业环境条件:室内、室外及坍塌建（构）筑物、有限空间、水域、山地、矿井、洞穴、隧道、高空等各种需要开展救援行动的环境和场所。部分环境相对恶劣,具有一定危险性,如易燃、易爆、有毒、有害、缺氧、高温、高寒、潮湿、噪音、浓烟、粉尘等。

（4）应急救援员职业能力特征:具备一般智力、色觉正常、心理素质稳定;动作协调、手指灵活;具有一定的空间感、计算能力和表达能力。

（5）应急救援员普通受教育程度:高中毕业（或同等学历）。

（四）应急救援队伍建立情况报送与社会公开

《生产安全事故应急条例》规定,生产经营单位应当及时将本单位应急救援队伍建立情况按照国家有关规定报送县级以上人民政府负有安全生产监督管理职责的部门,并依法向社会公布。

县级以上人民政府负有安全生产监督管理职责的部门应当定期将本行业、本领域的应急救援队伍建立情况报送本级人民政府,并依法向社会公布。

（五）应急值班制度建立和应急值班人员配备

《生产安全事故应急条例》规定，下列单位应当建立应急值班制度，配备应急值班人员。

（1）县级以上人民政府及其负有安全生产监督管理职责的部门。

（2）危险物品的生产、经营、储存、运输单位以及矿山、金属冶炼、城市轨道交通运营、建筑施工单位。

（3）应急救援队伍。

规模较大、危险性较高的易燃易爆物品、危险化学品等危险物品的生产、经营、储存、运输单位应当成立应急处置技术组，实行 24 小时应急值班。

二、应急救援器材、设备、物资的储备与配备责任

（一）政府储备应急救援器材、设备和物资的法定责任

县级以上地方人民政府应当根据本行政区域内可能发生的生产安全事故的特点和危害，储备必要的应急救援装备和物资，并及时更新和补充。

（二）生产经营单位配备应急救援器材、设备和物资的法定责任

《中华人民共和国安全生产法》规定，危险物品的生产、经营、储存、运输单位以及矿山、金属冶炼、城市轨道交通运营、建筑施工单位应当配备必要的应急救援器材、设备和物资，并进行经常性维护、保养，保证正常运转。

《生产安全事故应急条例》规定，易燃易爆物品、危险化学品等危险物品的生产、经营、储存、运输单位，矿山、金属冶炼、城市轨道交通运营、建筑施工单位，以及宾馆、商场、娱乐场所、旅游景区等人员密集场所经营单位，应当根据本单位可能发生的生产安全事故的特点和危害，配备必要的灭火、排水、通风以及危险物品稀释、掩埋、收集等应急救援器材、设备和物资，并进行经常性维护、保养，保证正常运转。

《生产安全事故应急员管理办法》规定，生产经营单位应当按照应急预案的规定，落实应急指挥体系、应急救援队伍、应急物资及装备，建立应急物资、装备配备及其使用档案，并对应急物资、装备进行定期检测和维护，使其处于适用状态。

三、危险化学品单位应急救援物资配备要求

《危险化学品单位应急救援物资配备要求》（GB 30077—2013）规定了危险化学品单位应急救援物资的配备原则、总体配备要求、作业场所配备要求、企业应急救援队伍配备要求、其他配备要求和管理维护。本标准适用于危险化学品生产和储存单位应急救援物资的配备。危险化学品使用、经营、运输和处置废弃单位应急救援物资的配备，参照本标准执行。

（一）配备原则

（1）危险化学品单位应急救援物资应根据本单位危险化学品的种类、数量和危险化学品事故可能造成的危害进行配置，本标准范围内的危险化学品单位分为三类。危险化

学品单位类别根据从业人数、营业收入和危险化学品重大危险源级别划分，见表 5-1。

表 5-1 危险化学品单位类别划分依据

企 业 规 模	危险化学品重大危险源级别			
	一级危险化学品重大危险源	二级危险化学品重大危险源	三级危险化学品重大危险源	四级危险化学品重大危险源
从业人数 300 人以下或营业收入 2000 万元以下	第二类危险化学品单位	第三类危险化学品单位	第三类危险化学品单位	第三类危险化学品单位
从业人数 300 人以上、1000 人以下或营业收入 2000 万元以上、40000 万元以下	第二类危险化学品单位	第二类危险化学品单位	第二类危险化学品单位	第三类危险化学品单位
从业人数 1000 人以上或营业收入 40000 万元以上	第一类危险化学品单位	第二类危险化学品单位	第二类危险化学品单位	第二类危险化学品单位

注：①表中所称的"以上"包括本数，所称的"以下"不包括本数；②没有危险化学品重大危险源的危险化学品单位可作为第三类危险化学品单位。

（2）应急救援物资应符合实用性、功能性、安全性、耐用性以及单位实际需要的原则，应满足单位员工现场应急处置和企业应急救援队伍所承担救援任务的需要。

（二）总体配备要求

（1）本标准是危险化学品单位应急救援物资配备的最低要求，危险化学品单位可根据实际情况增配应急救援物资的种类和数量。

（2）危险化学品单位应急救援物资及其配备，除应符合本标准外，尚应符合国家现行的有关标准、规范的要求。

（三）作业场所配备要求

在危险化学品单位作业场所，应急救援物资应存放在应急救援器材专用柜或指定地点。作业场所应急物资配备应符合表 5-2 的要求。

表 5-2 作业场所救援物资配备要求

序号	物资名称	技术要求或功能要求	配备	备　　注
1	正压式空气呼吸器	技术性能符合 GB/T 18664—2002 要求	2 套	
2	化学防护服	技术性能符合 AQ/T 6107—2008 要求	2 套	具有有毒、腐蚀性危险化学品的作业场所
3	过滤式防毒面具	技术性能符合 GB/T 18664—2002 要求	1 个/人	类型根据有毒有害物质确定，数量根据当班人数确定
4	气体浓度检测仪	检测气体浓度	2 台	根据作业场所的气体确定
5	手电筒	易燃易爆场所，防爆	1 个/人	根据当班人数确定
6	对讲机	易燃易爆场所，防爆	4 台	
7	急救箱或急救包	物资清单见 GBZ 1	1 包	

续表

序号	物资名称	技术要求或功能要求	配备	备注
8	吸附材料或堵漏器材	处理化学品泄漏	*	以工作介质理化性质选择吸附材料,常用吸附材料为干沙土(具有爆炸危险性的除外)
9	洗消设施或清洗剂	洗消受污染或可能受污染的人员、设备和器材	*	在工作地点配备
10	应急处置工具箱	工作箱内配备常用工具或专业处置工具	*	防爆场所应配置无火花工具

注：* 表示由单位根据实际需要进行配置,本标准不做规定。

（四）企业应急救援队伍配备要求

（1）企业应急救援队伍应急救援人员的个人防护装备配备应符合表5-3的要求。

表 5-3   应急救援人员个体防护装备配备要求

序号	名称	主要用途	配备	备份比	备注
1	头盔	头部、面部及颈部的安全防护	1顶/人	4∶1	
2	二级化学防护服装	化学灾害现场作业时的躯体防护	1套/10人	4∶1	(1)以值勤人员数量确定；(2)至少配备2套
3	一级化学防护服装	重度化学灾害现场全身防护	*		
4	灭火防护服	灭火救援作业时的身体防护	1套/人	3∶1	指挥员可选配消防指挥服
5	防静电内衣	可燃气体、粉尘、蒸汽等易燃易爆场所作业时的躯体内层防护	1套/人	4∶1	
6	防化手套	手部及腕部防护	2副/人		应针对有毒有害物质穿透性选择手套材料
7	防化靴	事故现场作业时的脚部和小腿部防护	1双/人	4∶1	易燃易爆场所应配备防静电靴
8	安全腰带	登梯作业和逃生自救	1根/人	4∶1	
9	正压式空气呼吸器	缺氧或有毒现场作业时的呼吸防护	1具/人	5∶1	(1)以值勤人员数量确定；(2)备用气瓶按照正压式空气呼吸器总量1∶1备份
10	佩戴式防爆照明灯	单人作业照明	1个/人	5∶1	
11	轻型安全绳	救援人员的救生、自救和逃生	1根/5人	4∶1	
12	消防腰斧	破拆和自救	1把/人	5∶1	

注：①表中"备份比"是指应急救援人员防护装备配备投入使用数量与备用数量之比；②根据备份比计算的备份数量为非整数时向上取整；③第三类危险化学品单位应急救援人员可使用作业场所配备的个体防护装备,不配备该表中的装备；④ * 表示由单位根据实际需要进行配置,本标准不做规定。

（2）企业应急救援队伍抢险救援车辆配备要求。

企业应急救援队伍抢险救援车辆配备数量应符合表 5-4 的要求。

表 5-4　企业应急救援队伍抢险救援车辆配备数量

危险化学品单位级别	第一类危险化学品单位	第二类危险化学品单位	第三类危险化学品单位
抢险救援车辆数量	≥3	1~2	0~1

企业应急救援队伍抢险救援车品种应符合表 5-5 的要求,生产、储存剧毒或高毒危险化学品的单位宜配备气体防护车。

表 5-5　企业应急救援队伍常用抢险救援车辆品种配备要求

序号	设备名称		第一类危险化学品单位	第二类危险化学品单位	第三类危险化学品单位
1	灭火抢险救援车	水罐或泵浦抢险救援车	1	1	1
2		水罐或泡沫抢险救援车			
3		干粉泡沫联用抢险救援车			
4		干粉抢险救援车	—		
5	举高抢险救援车	登高平台抢险救援车	*		
6		云梯抢险救援车			
7		举高喷射抢险救援车			
8	专勤抢险救援车	多功能抢险救援车或气防车	1	*	
9		排烟抢险救援车或照明抢险救援车	—		
10		危险化学品事故抢险救援车或防化洗消抢险救援车	1	*	
11		通信指挥抢险救援车			
12		供气抢险救援车			
13	后勤抢险救援车	自装卸式抢险救援车(含器材保障、生活保障、供液集装箱)			
14		器材抢险救援车或供水抢险救援车	*		

注: * 表示由单位根据实际需要进行配置,本标准不做规定。

企业应急救援队伍主要抢险救援车辆的技术性能应符合表 5-6 的要求,气体防护车内应急救援物资配备可参考表 5-7 配置。

表 5-6　企业应急救援队伍主要抢险救援车辆的技术性能

技术性能		第一类危险化学品单位		第二类危险化学品单位		第三类危险化学品单位	
发动机功率/kW		≥191		≥132		≥132	
比功率/(kW/t)		≥10		≥8		≥8	
水罐抢险救援车出水性能	出口压力/MPa	1	1.8	1	1.8	1	1.8
	沆量/(L/s)	60	30	40	20	40	20

续表

技 术 性 能		第一类危险 化学品单位	第二类危险 化学品单位	第三类危险 化学品单位
水罐抢险救援车出泡沫性能		A类、B类	A类、B类	B类
举高抢险救援车额定工作高度/m		≥30	≥20	≥20
多功能抢险救援车	起吊质量/kg	≥5000	≥3000	≥3000
	牵引质量/kg	≥10000	≥10000	≥10000

表 5-7 气体防护车内应急救援物资配备要求

序号	物 资 名 称	主要功能或技术要求	配备	备 注
1	正压式空气呼吸器	技术性能符合 GB/T 18664—2002 要求	2套	配备空气瓶1个/套
2	苏生器	自动进行正负压人工呼吸	1套	
3	医用氧气瓶	治疗中毒人员	2个	
4	移动式长管供气系统	为在缺氧或有毒有害气体环境中的抢险救灾人员提供长时间呼吸保护	1台	
5	对讲机	易燃易爆场所应为防爆型	2台	
6	抢险救援服	抢险人员躯体保护,橘红色	1套/人	根据气体防护车上配备的人员确定
7	头戴式照明灯	灭火和抢险救援现场作业时的照明,易燃易爆场所应为防爆型	1个/人	根据气体防护车上配备的人员确定
8	一级化学防护服	重度化学灾害现场全身防护	2套	
9	二级化学防护服	化学灾害现场作业时的躯体防护	2套	
10	隔热服	强热辐射场所的全身防护	*	
11	折叠担架	运送事故现场受伤人员	2副	
12	急救包	盛放常规外伤和化学伤害急救所需的敷料、药品和器械等	1个	
13	可燃气体检测仪	检测事故现场易燃易爆气体,可检测多种易燃易爆气体的体积浓度	2台	根据企业可燃气体的种类配备
14	有毒气体检测仪	具备自动识别、防水、防爆性能,能探测有毒、有害气体及氧含量	2台	根据企业有毒有害气体的种类配备

注：* 表示由单位根据实际需要进行配置,本标准不做规定。

（3）企业应急救援队伍抢险救援物资配备要求。

第一类危险化学品单位应急救援队伍的抢险救援物资配备的种类和数量不应低于表 5-8～表 5-18 的要求。

第二类危险化学品单位应急救援队伍的抢险救援物资配备的种类和数量不应低于表 5-19 的要求。

第三类危险化学品单位应急救援队伍可使用作业场所应急救援物资作为抢险救援物资。

表 5-8 第一类危险化学品单位侦检器材配备要求

序号	物资名称	主要用途或技术要求	配备	备注
1	有毒气体探测仪	具备自动识别、防水、防爆性能;能探测有毒、有害气体及氧含量	2 台	
2	可燃气体检测仪	检测事故现场易燃易爆气体,可检测多种易燃易爆气体的浓度	2 台	
3	红外测温仪	测量事故现场温度;可预设高、低温危险报警	1 台	
4	便携式气象仪	测量风速、风向、温度、湿度、大气压等气象参数	1 台	
5	水质分析仪	定性分析液体内的化学成分	*	
6	红外热像仪	事故现场黑暗、浓烟环境中的搜寻;温差分辨率不小于 0.25℃,有效检测距离不小于 40m	*	

注:* 表示由单位根据实际需要进行配置,本标准不做规定。

表 5-9 第一类危险化学品单位警戒器材配备要求

序号	物资名称	主要用途或技术要求	配备	备注
1	警戒标志杆	灾害事故现场警戒,有反光功能	10 根	
2	锥形事故标志柱	灾害事故现场道路警戒	10 根	
3	隔离警示带	灾害事故现场警戒;双面反光,每盘长度约 500m	10 盘	备份 2 盘
4	出入口标志牌	灾害事故现场标示;图案、文字、边框均为反光材料,与标志杆配套使用,易燃易爆环境应为无火花材料	2 组	
5	危险警示牌	灾害事故现场警戒警示;分为有毒、易燃、泄漏、爆炸、危险 5 种标志,图案为反光材料。与标志杆配套使用,易燃易爆环境应为无火花材料	5 块	
6	闪光警示灯	灾害事故现场警戒警示;频闪型,光线暗时自动闪亮	5 个	备份 2 个
7	手持扩音器	灾害事故现场指挥;功率大于 10W,同时应具备警报功能	2 个	

表 5-10 第一类危险化学品单位灭火器材配备要求

序号	物资名称	主要用途或技术要求	配备	备注
1	机动手抬泵	可人力搬运,用作输送水或泡沫溶液等液体灭火剂的专用泵	3 台	
2	移动式消防炮	扑救可燃化学品火灾	2 个	
3	A 类、B 类比例混合器、泡沫液桶、空气泡沫枪	扑救小面积化工类火灾;由储液桶、吸液管和泡沫管枪组成,操作轻便快捷	2 套	
4	二节拉梯	登高作业	3 个	
5	三节拉梯	登高作业	2 个	
6	移动式水带卷盘或水带槽	清理水带	3 个	
7	水带	消防用水的输送	2800m	
8	其他	按所配车辆技术标准要求配备	1 套	扳手、水枪、分水器、接口、包布、护桥等常规器材工具

表 5-11　第一类危险化学品单位通信器材配备要求

序号	物资名称	主要用途或技术要求	配备	备　注
1	移动电话	易燃易爆环境应防爆	2 部	指挥员
2	对讲机	应急救援人员间以及与后方指挥员的通信，通信距离不低于 1000m，易燃易爆环境应防爆	1 部/人	按执勤人数配备
3	通信指挥系统	符合 GB 50313—2013 要求	1 套	

表 5-12　第一类危险化学品单位救生物资配备要求

序号	物资名称	主要用途或技术要求	配备	备注
1	缓降器	高处救人和自救；安全负荷不低于 1300N，绳索防火、耐磨	2 套	
2	医药急救箱	盛放常规外伤和化学伤害急救所需的敷料、药品和器械等	1 个	
3	逃生面罩	灾害事故现场被救人员呼吸防护	10 个	备份 10 个
4	折叠式担架	运送事故现场受伤人员；为金属框架，高分子材料表面质材，便于洗消，承重不小于 100kg	1 架	
5	救援三脚架	高处、井下等救援作业；金属框架，配有手摇式绞盘，牵引滑轮，最大承载 2500N，绳索长度不小于 30m	1 个	
6	救生软梯	登高救生作业	1 条	
7	安全绳	灾害事故现场救援，长度 50m	2 组	
8	救生绳	救人或自救工具，也可用于运送消防施救器材，50m	2 组	

表 5-13　第一类危险化学品单位破拆器材配备要求

序号	物资名称	主要用途或技术要求	配备	备　注
1	液压破拆工具组	灾害现场破拆作业		
2	无齿锯	切割金属和混凝土材料	1 套	根据企业实际情况选配
3	机动链锯	切割各类木质结构障碍物		
4	手动破拆工具组	灾害现场破拆作业		

表 5-14　第一类危险化学品单位堵漏器材配备要求

序号	物资名称	主要用途或技术要求	配备	备　注
1	木制堵漏楔	各类孔洞状较低压力的堵漏作业；经专门绝缘处理，防裂，不变形	1 套	每套不少于 28 种规格
2	气动吸盘式堵漏工具	封堵不规则孔洞；气动、负压式吸盘，可输转作业		根据企业实际情况和工艺特点，选配 1 套堵漏工具
3	粘贴式堵漏工具	各种罐体和管道表面点状、线状泄漏的堵漏作业；无火花材料	1 套	
4	电磁式堵漏工具	各种罐体和管道表面点状、线状泄漏的堵漏作业；适用温度不大于 80℃		
5	注入式堵漏工具	阀门或法兰盘堵漏作业；无火花材料；配有手动液压泵，液压不小于 74MPa，使用温度 −100～400℃	1 套	含注入式堵漏胶 1 箱

续表

序号	物资名称	主要用途或技术要求	配备	备　注
6	无火花工具	易燃、易爆事故现场的手动作业；铜制材料	1套	每套不少于11种
7	金属堵漏套管	各种金属管道裂缝的密封堵漏	1套	
8	内封式堵漏袋	圆形容器和管道的堵漏作业；由防腐橡胶制成，工作压力0.15MPa，4种，直径分别为10mm/20mm、20mm/40mm、30mm/60mm、50mm/100mm	*	
9	外封式堵漏袋	罐体外部堵漏作业；由防腐橡胶制成，工作压力0.15MPa，2种，尺寸分别为5mm/20mm、20mm/48mm	*	
10	捆绑式堵漏袋	管道断裂堵漏作业；由防腐橡胶制成，工作压力0.15MPa，尺寸分别为5mm/20mm、20mm/48mm	*	
11	阀门堵漏套具	阀门泄漏的堵漏作业	*	
12	管道粘结剂	小孔洞或砂眼的堵漏	*	

注：＊表示由单位根据实际需要进行配置，本标准不做规定。

表5-15　第一类危险化学品单位输转物资配备要求

序号	物资名称	主要用途或技术要求	配备	备　注
1	输转泵	吸附、输转各种液体；易燃易爆场所应为防爆	1台	
2	有毒物质密封桶	装载有毒有害物质；防酸碱，耐高温	2个	
3	吸附垫、吸附棉	小范围内吸附酸、碱和其他腐蚀性液体	2箱	
4	集污袋	装载有害物质	2只	

表5-16　第一类危险化学品单位洗消物资配备要求

序号	物资名称	主要用途或技术要求	配备	备　注
1	强酸、碱清洗剂	手部或身体小面积部位的洗消	5瓶	酸碱环境下配备
2	强酸、碱洗消器	化学灼伤部位的洗消	2只	酸碱环境下配备
3	洗消帐篷	消防人员洗消；配有电动充气泵、喷淋、照明等系统	1套	
4	洗消粉	按比例与水混合后，对人体、物品和场地的降毒洗消	*	

注：＊表示由单位根据实际需要进行配置，本标准不做规定。

表5-17　第一类危险化学品单位排烟照明器材配备要求

序号	物资名称	主要用途或技术要求	配备	备　注
1	移动式排烟机	灾害现场的排烟和送风，配有相应口径的风管	1台	
2	坑道小型空气输送机	缺氧空间作业，排风量符合常用救灾的要求	*	
3	移动照明灯组	灾害现场的作业照明，照度符合作业要求	1套	
4	移动发电机	灾害现场等电器设备的供电	2台	

注：＊表示由单位根据实际需要进行配置，本标准不做规定。

表 5-18　第一类危险化学品单位其他物资配备要求

序号	物资名称	主要用途或技术要求	配备	备注
1	心肺复苏人体模型	急救训练用	1套	
2	空气充填泵	现场为空气呼吸器储气瓶充气	1套	

表 5-19　第二类危险化学品单位抢险救援物资配备要求

序号	种类	物资名称	主要用途或技术要求	配备	备注
1	侦检	有毒气体探测仪	具备自动识别、防水、防爆性能，能探测有毒、有害气体及氧含量	2台	根据企业有毒有害气体的种类配备
2		可燃气体检测仪	检测事故现场易燃易爆气体；可检测多种易燃易爆气体的浓度	2台	根据企业可燃气体的种类配备
3	警戒	各类警示牌	灾害事故现场警戒警示	1套	
4		隔离警示带	灾害事故现场警戒，双面反光	5盘	备用2盘
5	灭火	移动式消防炮	扑救可燃化学品火灾	1个	
6		水带	消防用水的输送	1200m	
7		常规器材工具，扳手、水枪等	按所配车辆技术标准要求配备	1套	扳手、水枪、分水器、接口、包布、护桥等常规器材工具
8	通信	移动电话	易燃易爆环境应防爆	2部	
9		对讲机	易燃易爆环境应防爆	2台	
10	救生	缓降器	高处救人和自救；安全负荷不低于1300N、绳索防火、耐磨	2套	
11		逃生面罩	灾害事故现场被救人员呼吸防护	10个	备用5个
12		折叠式担架	运送事故现场受伤人员，为金属框架，高分子材料表面质材，便于洗消，承重不小于100kg	1架	
13		救援三脚架	金属框架，配有手摇式绞盘，牵引滑轮最大承载2500N，绳索长度不小于30m	1个	
14		救生软梯	登高救生作业	1个	
15		安全绳	长度50m	2组	
16		医药急救箱	盛放常规外伤和化学伤害急救所需的敷料、药品和器械等	1个	
17	破拆	液压破拆工具组	灾害现场破拆作业	1套	根据企业实际情况选择其中一项
18		无齿锯	切割金属和混凝土材料		
19		手动破拆工具组	灾害现场破拆作业		
20	堵漏	木制堵漏楔	各类孔洞状较低压力的堵漏作业。经专门绝缘处理，防裂，不变形	1套	每套不少于28种规格
21		无火花工具	易燃易爆事故现场的手动作业，钢制材料	1套	

续表

序号	种类	物资名称	主要用途或技术要求	配备	备　　注
22	堵漏	粘贴式堵漏工具	各种罐体和管道表面点状、线状泄漏的堵漏作业;无火花材料	*	
23		注入式堵漏工具	阀门或法兰盘堵漏作业;无火花材料;配有手动液压泵,泵缸压力≥74MPa,适用温度－100℃～400℃	*	
24	输转	输转泵	吸附、输转各种液体,安全防爆	1台	
25		有毒物质密封桶	装载有毒有害物质,可防酸碱,耐高温	1个	
26		吸附垫	小范围内的吸附酸、碱和其他腐蚀性液体	2箱	
27	洗消	洗消帐篷	消防人员洗消;配有电动充气泵、喷淋、照明等系统	1顶	
28	排烟照明	移动式排烟机	灾害现场的排烟和送风,配有相应口径的风管	1台	
29		移动照明灯组	灾害现场的作业照明,照度符合作业要求	1组	
30		移动发电机	灾害现场等的照明	*	
31	其他	水幕水带	阻挡或稀释有毒和易燃易爆气体或液体蒸气	1套	

注: * 表示由单位根据实际需要进行配置,本标准不做规定。

(五)其他配备要求

危险化学品单位,除作业场所和应急救援队伍外的其他部门应根据应急响应过程中所承担的职责配备相应的应急救援物资。

沿江河湖海的危险化学品单位应配备水上灭火抢险救援、水上泄漏物处置和防汛排涝物资。

除作业场所的应急救援物资外的其他应急救援物资,可由危险化学品单位与其周边其他相关单位或应急救援机构签订互助协议,并能在这些单位或机构接到报警后5min内到达现场,可作为本单位的应急救援物资。

(六)管理和维护

危险化学品单位应建立应急救援物资的有关制度和记录,具体包括:物资清单;物资使用管理制度;物资测试检修制度;物资租用制度;资料管理制度;物资调用和使用记录;物资检查维护、报废及更新记录。

应急救援物资应明确专人管理;严格按照产品说明书要求,对应急救援物资进行日常检查、定期维护保养;应急救援物资应存放在便于取用的固定场所,摆放整齐,不得随意摆放、挪作他用。

应急救援物资应保持完好，随时处于备战状态；物资若有损坏或影响安全使用的，应及时修理、更换或报废。

应急救援物资的使用人员，应接受相应的培训，熟悉装备的用途、技术性能及有关使用说明资料，并遵守操作规程。

四、生产安全事故应急救援信息系统

《中华人民共和国安全生产法》规定，国务院安全生产监督管理部门建立全国统一的生产安全事故应急救援信息系统，国务院有关部门建立健全相关行业、领域的生产安全事故应急救援信息系统。

《生产安全事故应急条例》规定，国务院负有安全生产监督管理职责的部门应当按照国家有关规定建立生产安全事故应急救援信息系统，并采取有效措施，实现数据互联互通、信息共享。生产经营单位可以通过生产安全事故应急救援信息系统办理生产安全事故应急救援预案备案手续，报送应急救援预案演练情况和应急救援队伍建设情况（依法需要保密的除外）。

运用计算机技术、网络技术和通信技术，GIS、GPS等高技术手段，对重大危险源进行监控，及时采集、分析和处理事故应急救援信息，整合各级安全生产应急资源，构建一个各级安全生产应急救援指挥机构、应急救援基地和相关部门互联互通的通信信息基础平台，对确保事故应急救援工作的准确、迅速和有效具有十分重要的意义。

生产安全事故应急救援信息数据平台系统（简称应急信息系统）一般包括应急通信、应急分析、应急决策、应急指挥、应急处置和应急环境等。应急救援信息系统包括突发事件监测系统、应急响应系统和应急演练系统等。应急信息系统框架大致包括纵、横两个方向。纵向包括省应急指挥中心、市应急联动指挥中心和县（市）应急办公室三级系统，如图 5-1 所示。

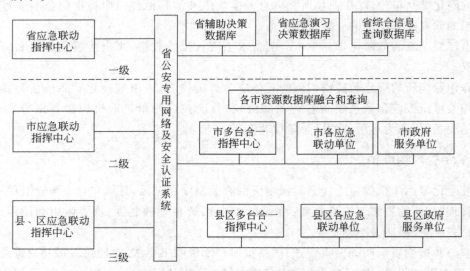

图 5-1　应急救援信息系统框架图

应急联动系统平台主要由城市基础信息交换平台、城市应急联动指挥平台、社会综合服务平台和电子地理信息支撑平台四个基础平台组成，为政府处理突发事件提供决策依据，同时为沟通社会各相关部门的综合服务提供技术保障，最终实现由全社会参与服务又服务于全社会的目的。整个系统(见图 5-2)由 10 个部分组成：各种人工和自动报警终端、统一接警出警、综合服务门户、指挥调度系统、辅助决策系统、分类/分级出警、联动部门指挥系统、数据中心、其他通信单位业务系统和政府部门相关业务系统。这 10 个部分组成四个平台(城市基础信息交换平台、城市应急联动指挥平台、社会综合服务平台和电子地理信息支撑平台)和联动子系统。城市基础信息交换平台是城市应急联动指挥平台与城市综合服务平台的基础。

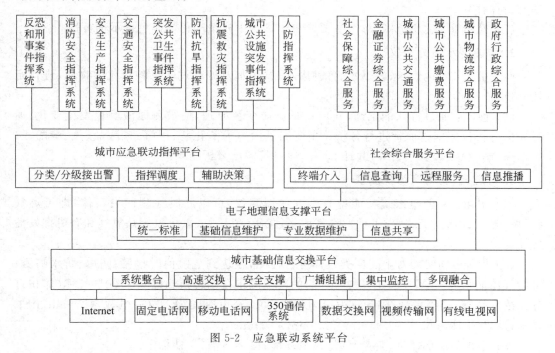

图 5-2　应急联动系统平台

第二节　应急救援物资类型概述

应急救援物资(emergency materials)是指危险化学品单位配备的用于处置危险化学品事故的车辆和各类侦检、个体防护、警戒、通信、输转、堵漏、洗消、破拆、排烟照明、灭火、救生等物资及其他装备。

一、侦检装备

侦检装备主要是指通过人工或自动的检测方式，对火场或救援现场所有灭火数据或其他情况，如气体成分、放射性射线强度、火源、剩磁等进行测定的仪器和工具。

1. 热成像仪

（1）用途：在黑暗、浓烟条件下观测火源及火势蔓延方向，寻找被困人员，监测异常高温及余火，观测消防队员进入现场情况。

（2）性能：红外线成像原理，有效监测距离80m，可视角度55°；防水、防冲撞，密封外壳；重量为2.7kg。

（3）维护：轻拿轻放，避免潮湿。

2. 可燃气体和毒性气体检测器

（1）试纸：适用于检测现场空气中的磷化氢、硫化氢、氯化氢和氯气等；日常试纸必须密封保存。

（2）检测管：适用范围很广，主要取决于试管中充填的化学显色指示剂特性。

3. 智能型水质分析仪

（1）用途：对地表水、地下水、各种废水、饮用水及处理过的小颗粒化学物质，进行定性分析。

（2）性能：通过特殊催化剂，利用化学反应变色原理，使被测原液颜色发生变化，通过光谱分析仪的偏光原理进行分析。主要测试内容为氢化物、甲醛、硫酸盐、氟、苯酚、二甲苯酚、硝酸盐、磷、氯、铅等，共计23种，通过打印出分析结果。

4. 可燃气、有毒气体探测仪

（1）用途：一种便携式智能型有毒气体探测仪，可以同时检测四类气体，即可燃气（甲烷、煤气、丙烷、丁烷等31种）、毒气（一氧化碳、硫化氢、氯化氢等）、氧气和有机挥发性气体。

（2）性能：同时能对上述四类气体进行检测，在达到危险值时报警；防爆、防水喷溅；可燃气体能从0～100%LEL（爆炸下限）的范围测量自动转换到以0～100%气体（体积百分比浓度）的范围测量；时限为Ni-Cd电池盒10h；充电时间为Ni-Cd电池盒7～9h，LED显示；重量约1kg；尺寸为194mm×119mm×58mm。

（3）维护：轻拿轻放，避免潮湿、高温环境，保持清洁，定期标定。

5. 核放射性侦检仪

（1）用途：用于测量周围放射性剂量当量。

（2）性能及组成：带操作键和压电晶体、蜂鸣器的上盖。底座内有电池仓和探测器的上盖。GM管探测器、电子线路显示器嵌在上盖和底座。电源为两节1.5V的碱性电池，不使用背光和外接探测器时，开机时间大于80h。重量小于0.3kg（带电池）。尺寸为145mm×85mm×45mm。配有拉杆探测器，可伸长1.4～4m。

（3）维护：轻拿轻放，避免高温、潮湿存放，及时更换电池。

6. 核放射探测仪

（1）用途：能够快速准确地寻找并确定α或β射线污染源的位置。

（2）性能：GM型专用探头，持续工作时间70h，三档测量区1℃/S、10℃/S、100℃/S。音频报警的改变随辐射剂量的变化成比例变化。可以探测α、弱β、β、γ射线。

（3）维护：轻拿轻放，防潮存放，使用温度为−10～45℃。

7. 生命探测仪

（1）用途：适用于建筑物倒塌现场的生命寻找救援。

（2）性能：采用不同的电子探头（微电子处理器），可识别空气或固体中传播的微小振动（如呼喊、敲击、喘息、呻吟声等），并将其多极放大转换成视听信号；同时，又可将背景噪声过滤。主机尺寸为190mm×146mm×89mm，重量为1.5kg。

（3）维护：运输、储藏温度为−40～70℃，正常工作温度为−30～60℃。

8. 综合电子气象仪

（1）用途：检测风向、温度、湿度、气压、风速等参数。

（2）性能：全液晶显示，温度的探测范围为0～60℃（室内）或−45～60℃（室外）；1h内，气压异动超过0.5～1.5mmHg时，自动发出报警。

（3）维护：保持清洁，置于干净阴凉的地方。

9. 漏电探测仪

（1）用途：确定泄漏电源的具体位置。

（2）性能：频率低于100Hz，可将接收到的信号转换成声光报警信号；探测时无须接触电源；探测仪对直流电不起作用；工作温度为−30～50℃；储存温度为−40～−70℃；开关具有三种形式（高、低、目标前置）。

（3）维护：随时保持仪器的清洁干燥。非工作时，放回保护套内。电池电压低于4.8V时应更换，严禁使用充电电池。

侦检装备，应具有快速准确的特点。现多采用检测管和专用气体检测仪，优点是快速、安全、操作容易、携带方便，缺点是具有一定的局限性。国外采用专用监测车，车上除配有取样器、监测仪器外，还装备了计算机处理系统，能及时对水源、空气、土壤等样品就地实行分析处理，及时检测出毒物和毒物的浓度，并计算出扩散范围等救援所需的各种救援数据。

二、个体防护装备

在许多情况下，应急人员会在离泄漏物质很近的地方工作，因此在任何时间应急人员都必须要穿上合适的防护服。

防护服由应急人员穿戴以防护其免受火灾、有毒液体或气体、放射性灰尘等危险的伤害。使用防护服的目的有三个：①保护应急人员在营救操作时免受伤害；②在危险条件下应急人员能进行恢复工作；③逃生。消防人员执行特殊任务（如在精炼厂救火时）可能穿戴防热辐射的特殊服装。对化学物质有防护性的服装（如防酸服）可在泄漏清除工作时使用以减少皮肤与有毒物质的接触。气囊状服装可避免环境与服装之间的任何接触，这种服装又是救生系统，从整体上把人员封闭起来，可在有极端防护要求时使用。不同的危险环境救援使用的个体防护装备应各有不同要求。

1. 个体防护装备分级

在应急反应作业中，进入各控制区人员的防护装备需要分级。

（1）A级个体防护。A级个体防护适用于热区——危险排除。防护对象包括：接触高蒸气压和可经皮肤吸收的气体、液体；可致癌和高毒性化学物；极有可能发生高浓度液体泼溅、接触、浸润和蒸气暴露的情况；接触未知化学物（纯品或混合物）；有害物浓度达到IDLH浓度；缺氧。A级个体防护装备包括：呼吸防护——全面罩正压空气呼吸器（SCBA）；防护服——全封闭气密化学防护服，防各类化学液体、气体渗透；防护手套——抗化学物；防护靴——抗化学物；头部防护——安全帽。

（2）B级个体防护。防护对象包括：种类确知的气态有毒化学物质，可经皮肤吸收；达到IDLH浓度；缺氧。B级个体防护装备包括：呼吸防护——全面罩正压空气呼吸器（SCBA）；防护服——头罩式化学防护服，非气密性，防化学液体渗透；防护手套——抗化学物；防护靴——抗化学物；头部防护——安全帽。

（3）C级个体防护。防护对象包括：非皮肤吸收气态有毒物，毒物种类和浓度已知；非IDLH浓度；不缺氧。C级个体防护装备包括：呼吸防护——空气过滤式呼吸防护用品，正压或负压系统，过滤元件适合特定的防护对象，防护水平适合毒物浓度水平；防护服——隔离颗粒物、少量液体喷溅；防护手套——抗化学物；防护靴——抗化学物。

2. 防护服选择的注意事项

从防护性能最高的气密防渗透防护服，到普通的隔离颗粒物防护服，各类防护服的性能都有很大差别，适用范围也不同。在工业领域常用的一些防酸防碱服，并不能够作为A、B级化学防护服使用，因为化学防护不仅仅是酸和碱的问题，更重要的是防气体和液体的渗透，服装在阻燃、气密等方面也有特殊要求。《医用一次性防护服》（GB 19082—2003）属于隔离服，基本可以归为C级防护服。

《防护服装酸碱类化学品防护服》（GB 24540—2009）规定，织物类防护服按穿透时间、耐液体静压性能分为一级、二级、三级，非织物类防护服按渗透时间分为一级、二级、三级。其中，一级的防护性能最低，三级的防护性能最高。织物类是透气型的，非织物类为不透气型的。常见防护服如图5-3所示。

(a) 消防隔热服　　　(b) 简易防化服　　(c) 消防员抢险救援服

图 5-3　防护服举例

防护服可以是一次性的，也可以是有限次使用的。多次使用时需对防护服进行洗消处理，但需要对洗消后的防护性能进行合理评价。

（1）防护服的材料。大多数企业的主要防护设备是消防人员在建筑灭火时所使用的设备,包括裤子、上衣、头盔、手套、消防靴等。消防人员使用的防护设备主要起到防止磨损与阻热作用。但是此类设备在有化学品暴露时,只能提供有限的保护作用,有时甚至不起作用,为此应从不同的需要出发选择不同材料的防护服,表 5-20 给出了部分化学品防护服的材料。

表 5-20　部分化学品防护服的材料

材　　料	说　　明
天然橡胶	耐酒精和腐蚀品,但易受紫外线和高热的破坏,一般用于手套和靴子
氯丁橡胶	为合成橡胶,耐酸、碱、酒精的降解和腐蚀,用于手套、靴子、防溅服、全身防护服,是一种好的防护材料
异丁橡胶	为合成橡胶,能够耐受除卤代烃、石油产品外的许多污染物,用于手套、靴子、衣服和围裙
聚氯乙烯	耐酸和腐蚀品,用于手套、靴子、衣服
聚乙烯醇	耐芳香化合物和氯化烃及石油产品,用于手套;是水溶性的,在水中不能提供防护
高密度聚乙烯合成纸	有较强的弹性并耐磨损,与其他材料结合使用可用来防护特别的污染物
SaraneK	通常涂在高密度聚乙烯合成纸上或其他底层上
氟弹性体	与毛麻相似的人造橡胶,耐芳香化合物、氯化烃、石油产品、氧化物,弹性较小,可涂于氯丁橡胶、丁基、高熔点芳香族聚酰胺或玻璃丝布等材料上

(2)需要考虑的因素。防护服可在不直接接触火焰时,允许应急人员在较高的温度区域内工作一段时间。全面防火服可为应急者通过火焰区域或高温环境提供必要保护,只有当应急人员快速通过火焰或执行某项任务(如关闭发生火灾附近的阀门)时使用。这些防护服一般很沉重,缺少灵活性与轻便性,因此易导致使用者疲劳。任何一种防护服都不能提供针对所有化学品腐蚀与渗透的防护。因此,选择防护服时考虑的因素见表 5-21。

表 5-21　选择防护服时考虑的因素

考虑因素	说　　明
相容性	考虑可能需要应急人员暴露其中的化学品,所选用的防护服必须与可能遇到的化学品危险特性相匹配;应准备在制订计划时用来参考的有关化学品相容性的表格
选择	在计划过程中及实际事故中应该使用明确的选择标准
使用范围和局限性	服装的使用范围应事先确定出来;要考虑服装的局限性,并在培训计划中说明
工作持续时间	应急人员应该接受培训,以应对无法散发体热的情况,而且管理系统应合理安排应急人员工作时间,以便实现预防威胁生命的状况出现
保养、储存和检查	企业需要制定一套可靠的制度来确保防护设备的检查、测试和保养
除污和处理	防护服装需要除污和处理,服装材料既有好的化学和机械防护性能,价格又合理,而且允许处理或再使用
培训	应急人员应接受有关个人防护设备的全面培训,培训必须与应急人员接受的任务和所遇到的危险相匹配,穿防化服行动易导致疲劳和紧张,因此穿防化服的应急人员要接受更为严格的培训
温度极限	全身防护服可提供临时防护,其他物品不能防火或防低温

（3）闪火的防护。防火服与防化服结合起来使用，是避免在化学品应急行动中受到热伤害的一种方法。这种服装在防火材料上涂有反射性物质（通常为铝制的），但只能够提供对于闪火的瞬间防护，而不能在与火焰直接接触的地方使用。

（4）热防护。在一般灭火行动中，应急者可穿防火服，它能够提供对大多数火灾的防护。然而，有时会出现应急者进入，并在高热环境下工作的情况。这种极限温度会超出防护服的极限，因此需要穿专用耐高温服。

（5）选择合理的防护标准。要选择合理的防护标准，首先要考虑应急人员实施行动的范围及条件：是单纯的灭火行动，还是针对危险物质的行动，或二者都有。

选择化学防护服时，反应级别（主动性的或防护性的）决定了需要使用防护服的类型，具体见表5-22。只实施防护性行动的应急人员（现场最初应急人员）比实施主动性行动的应急人员穿戴的防护设备的级别低。

表 5-22　个人防护服的类型

类　　型	说　　明	应　　用	局　限　性
结构式防护服	手套、头盔、上衣、裤子和靴子	防热或颗粒物	不能对气体或化学品的渗透或腐蚀性进行防护，不应在发生气体或化学品泄漏时穿戴
耐高温服	一件或两件全身套装，包括靴子、手套及头盔，一般穿在其他防护服外	主要对辐射热的短时防护，也可以特制以防护一些化学污染物	不能防护气体或化学品的渗透或腐蚀，如果穿戴者可能暴露于毒性气体，需要2～3min以上的防护时，需要配有冷却附件和呼吸器
防火服	一般贴身穿	提供闪火类防护	增加体积，降低灵活性，体热不易散
非密闭性化学防护服（B级）	外套、头盔、裤子或全身套装	防护飞溅物、尘土和其他物质，但不能防护气体，也不能保护头颈部分	不能防护其他危害，也不能够保护颈部，导管密封处可能会松动或有空隙
全身化学防护服（A级）	一整件套装，靴子和手套或与整体相连或为可更换式或分离式	可以防护飞溅物和尘土，大部分都可以防护气体	不能散发体热（特别是密闭式呼吸器），妨碍人员移动、联络并阻挡视线

3. 眼面防护具

眼面防护具都具有防高速粒子冲击和撞击的功能。眼罩对少量液体性喷洒物具有隔离作用，另外还有防各类有害光的眼护具，有些具有防结雾、防刮擦等附加功能。若需要隔绝致病微生物等有害物通过眼睛黏膜侵入，应在选择呼吸防护时选用全面罩。

4. 防护手套、鞋靴

和防护服类似，各类防护手套和鞋靴适用的化学物对象不同。另外，配备时还需要考虑现场环境中是否存在高温、尖锐物、电线或电源等因素，而且要具有一定的耐磨性能。

5. 呼吸防护用品

《呼吸防护用品的选择、使用与维护》（GB/T 18664—2002）是指导呼吸防护用品选择的基础性技术导则。

呼吸防护用品的使用环境分为两类。第一类是 IDLH 环境。IDLH 环境会导致人立即死亡,或丧失逃生能力,或导致永久丧失健康的伤害。第二类是非 IDLH 环境。IDLH 环境包括:空气污染物种类和浓度未知的环境;缺氧或缺氧危险环境;有害物浓度达到 IDLH 浓度的环境。可以说应急反应中个体防护的 A 级和 B 级防护都是处理 IDLH 环境的。GB/T 18664—2002 规定,IDLH 环境下应使用全面罩正压型 SCBA。

C 级防护所对应的危害类别为非 IDLH 环境,GB/T 18664—2002 对各类呼吸器规定了指定防护因数(APF),用于对防护水平加以分级,如半面罩 APF=10,全面罩 APF=100,正压式 PAPR(电动滤尘呼吸器)全面罩 APF=1000。APF=10 的概念是,在呼吸器功能正常、面罩与使用者脸部密合的情况下,预计能够将面罩外有害物浓度降低的倍数。例如,自吸过滤式全面罩一般适用于有害物浓度不超过 100 倍职业接触限值的环境。安全选择呼吸器的原则是:选择 APF>危害因数(危害因数=现场有害物浓度/安全接触限值浓度)。

C 级呼吸防护是针对各类有害微生物、放射性和核爆物质(核尘埃),以及一般的粉尘、烟和雾等,应使用防颗粒物过滤元件。过滤效率选择原则是:①致癌性、放射性和高毒类颗粒物,应选择效率最高档;②微生物类至少要选择效率在 95% 档。

滤料类选择原则是:如果是油性颗粒物(如油雾、沥青烟,以及一些高沸点有机毒剂释放产生的油性颗粒等)应选择防油的过滤元件。

作为应急反应配备,P100 级过滤元件具有以不变应万变的能力。如果颗粒物还具有挥发性,则应同时配备滤毒元件。对于化学物气体防护,由于种类繁多,在选配过滤元件时,最好选具有综合防护功能的过滤元件,并选择尘毒综合防护方式。

呼吸防护用品的有效性主要体现在两个方面:①提供洁净呼吸空气的能力;②隔绝面罩内洁净空气和面罩外部污染空气的能力。

隔绝面罩内洁净空气和面罩外部污染空气的能力依靠防护面罩与使用者面部的密合。判断密合的有效方法是适合性检验,GB/T 18664—2002 附录 E 中介绍了多种适合性检验的方法。每种适合性检验都有适用性和局限性,定性的适合性检验依靠使用者的味觉判断是否适合,只适用于半面罩或防护有害物浓度不超过 10 倍接触限值的环境,正压模式使用的电动送风全面罩或 SCBA 全面罩也可以使用定性适合性检验。定量适合性检验适用于全面罩,由于不需要密合,开放型面罩或送风头罩的使用不需要做适合性检验,如图 5-4 所示。

(a) 正压式空气呼吸器(SCBA)　　　　(b) 压缩空气逃生器

图 5-4　呼吸防护用品

自持式呼吸器(self-contained breathing apparatus,SCBA)是由一个完整的面罩和具有调节器的气瓶组成。应急人员只能使用正压力型的自持式呼吸器,因为要假定人员在生命和健康突发危害浓度(IDLH)下工作。自持式呼吸器能提供大多数污染气体的呼吸系统的防护。但因携带的空气量和消耗率，所以要考虑供气时间的有限性。而且自持式呼吸器一般体积庞大且笨重，易造成人员闷热，在局限空间行动不便。自持式呼吸器的类型必须根据工厂的需要来确定。

三、输转装备

输转装备多用于化学灾害事故现场的处置工作，用来处置、移除、清理有毒有害物质。

1. 有毒物质密封桶

(1)用途：主要用于收集并转运有毒物体和污染严重的土壤，如图 5-5 所示。

(a)手动隔膜抽吸泵　　　(b)有毒液体抽吸泵　　　(c)有毒物质密封桶

图 5-5　输转装备

(2)性能及组成：由特种塑料制成。密封桶由两部分组成，在上端预留了转运物体观察和取样窗。容量为 300L，直径为 794mm，高为 1085mm，重量为 26kg。

(3)维护：防止破损，保持清洁，用后应洗消。

2. 多功能毒液抽吸泵

(1)用途：可迅速抽取各种液体，特别是黏稠、有毒液体，如柴油、机油、液体食品、废水、泥浆、化工危险液体、放射性废料等，适用于化学救援现场。

(2)性能及组成：由内燃机或电动机驱动。抽取泵流量为 20000L/h，发动机功率为 3kW，电压为 220/380V，转速为 285r/min，重量为 62kg。

(3)维护：保持泵体清洁，严禁擅自取拿盖罩，保证润滑。维修应由专业人员进行；经常检查管道的完好性，如有破损，应及时更换。

3. 手动隔膜抽吸泵

(1)用途：主要用于输转有毒液体，如油类、酸性液体等。

(2)性能及组成：泵体、橡胶管接口由不锈钢制成，隔膜及活门由氯丁橡胶或特殊弹性塑料制成，可抗碳氢化合物。接口直径为 40mm 或 50mm。每分钟可抽取 100L 液体，每次 4L，抽取和排出高度为 5m。

(3)维护：经常检查各螺栓是否完好活络，隔膜是否完好无破损，保持清洁。

4. 液体吸附垫

(1)用途：可快速有效地吸附酸、碱和其他腐蚀性液体。

（2）性能及组成：吸附能力为自重的 25 倍，吸附后不外渗，吸附能力为 75L。全套包括 100 张 P100 吸附纸、12 个 P300 吸附垫、8 个 P200 吸附长垫、5 个带系绳的垃圾袋，总重为 14kg。

（3）维护：置于干燥洁净处保管。

四、堵漏装备

1. 管道密封套

（1）用途：用于压力为 1.6MPa（16bar-巴）的管道裂缝密封。

（2）性能及组成：有 9 种规格，能密封的管道直径为 21.3～114.3mm。密封套内部用具有化学耐抗性的丁腈橡胶制成，耐热性达 80℃，密封性能为 100%，可承受 16bar 的背压。总重量为 14.5kg。

（3）维护：防止破损，避免高温环境。

2. 1.5bar 泄漏密封枪

（1）用途：单人迅速密封油罐车、液柜车或贮罐的裂缝。

（2）性能及组成：有四种规格，其中三种为楔形袋，宽度为 60～110mm；一种为圆柱形袋，直径为 70mm。圆柱形密封袋可密封 30～90mm 直径漏孔，楔形袋可密封 15～60mm 裂缝的漏孔。密封袋用高柔韧性材料制成，有防滑齿廓。密封枪有三节，可延伸，重量为 6.5kg。短期耐热性为 90℃，长期耐热性为 85℃，工作压力为 1.5bar，由脚踏泵、减压表等组成。

（3）维护：防止袋体破损，避免高温环境。

3. 内封式堵漏袋

（1）用途：当发生危险物质泄漏事故时，用于堵漏 1bar 反压的密封沟渠与排水管道。

（2）性能及组成：有 8 种规格，用于 25～1400mm 管道直径。多层结构，带纤维增强，弹性高，短期耐热性为 90℃，长期耐热性为 85℃。主要由单出口/双出口控制阀、脚踏泵或手泵、10m 长带快速接头气管、安全限压阀、减压表（当使用压缩空气瓶时）组成。

（3）维护：防止破损，避免高温环境。

4. 外封式堵漏袋

（1）用途：堵塞管道、容器、油罐车或油槽车、桶与贮罐的直径为 480mm 以上的裂缝。

（2）性能及组成：一种规格，三个型号（1.5bar 旋转扣、1.5bar 带子导向扣、6bar 带子导向扣）；可密封 500mm×300mm 面积。1.5bar 密封袋可封堵反压 1.4bar，6bar 密封袋可封堵反压 5.8bar。外封式堵漏袋主要由控制阀、减压表、快速接头气管、脚踏泵、4 条 10m 长带挂钩的绷带、防化衬垫等组成。

（3）维护：防止破损，避免高温。

5. 捆绑式堵漏带

（1）用途：密封 50～480mm 直径管道及圆形容器的裂缝。

(2) 性能及组成：有两种规格，980mm 和 1770mm，用于 50～200mm 及 200～480mm 直径的管道。具有抗油、抗臭氧、抗化学与耐油性，短期耐热性 115℃，长期耐热性 95℃。主要由控制阀、减压表、快速接头气管和两条 10m 长带挂钩的绷带组成。

(3) 维护：防止破损，避免高温。

管道快速止漏缠绕带。能在较短时间内不借助任何工具及辅助设备，迅速快捷的消除管道、弯头、三通等设备呈喷射状态的泄漏。产品规格：三线型、四线型、五线型、八线型。温度范围：0～260℃。压力范围：≤2.0MPa，在特定条件下，应用压力可以达到 2.4MPa。适用介质：水、蒸气、煤气、油、氯气、酸、碱等。

6. 堵漏密封胶

(1) 用途：在化学或石油管道，阀门套管接头或管道系统连接处出现极少泄漏的情况下使用。

(2) 性能：使用方便、快速。在生锈、油腻、污染或狭窄的部位使用同样安全可靠。可承受 0.4bar 的反压；无毒，不会燃烧，可溶于水。一箱 8 罐，每罐 0.5L(0.6kg)。

(3) 维护：不用时密封，放置于阴凉处。

堵漏密封胶全称带压堵漏注剂密封剂胶棒，也简称为"密封剂"。一种随密封面形状而变形，不易流淌，有一定黏结性的密封材料，主要应用在带压堵漏行业十项技术工艺之一的注剂密封技术中。密封剂固化类别有三类，分别为"非固化、快固化、慢固化"。

7. 罐体及阀门堵漏工具

(1) 用途：用于氯气罐体上的安全阀和回转阀的堵漏。

(2) 性能及组成：由各种专用工具、中心定位架、密封罩和各种密封圈组成。对 C 类罐体具有良好的密封性。

(3) 维护：定期保养各处螺纹，必要时，涂油脂；使用完后，要清除污垢，保持干净。

8. 磁压堵漏系统

(1) 用途：可用于大直径贮罐和管线的作业。

(2) 性能及组成：系统由磁压堵漏器、不同尺寸的铁靴及堵漏胶组成。适用温度为 80℃，压力从真空到 1.8MPa 以上；适用介质为水泊气、酸、碱、盐；适用材料为低碳钢、中碳钢、高碳钢、低合金钢及铸铁等顺磁性材料。

(3) 维护：①使用前，必须检查各部件的完好程度；②操作时，必须严格按规定程序进行；③平时，必须认真保管，保持完整、洁净，严防消磁。

9. 注入式堵漏器材

(1) 用途：主要用于法兰、管壁、阀芯等部位的泄漏；适用于各种油品、液化气、可燃气体、酸、碱液体和各种化学品等介质。

(2) 性能及组成：由手动高压泵(限额压力为 63MPa，使用压力≤50MPa)、注胶枪、高压橡胶管、专用卡箍和夹具及固定密封胶组成。可在温度－100～650℃、压力小于 50MPa 范围内使用。

(3) 维护：①使用前，必须检查所有连接部位和密封点的完好性；②操作时，必须严格按照规定程序进行；③使用后清洗、涂油保存，并按要求定期检查。

10. 粘贴式堵漏器材

（1）用途：主要用于法兰垫、盘根、管壁、罐体、阀门等部位的点状、线状和蜂窝状泄漏。

（2）性能及组成：由钢带捆扎机、专用夹具、罐体横撑杆、45°压板、弧形压板、阀体压板及辅助配件、黏合胶组成。可在温度－70～250℃、压力 1.0～2.5MPa 范围内使用。

（3）维护：①使用前，必须检查各种部件的完好程度；②操作时，必须严格按规定程序进行；③使用后清洗、涂油保存，按要求定期检查。

五、洗消装备

洗消装备是用于消毒、灭菌、消除放射性沾染的各种器材的统称。主要包括如下内容。

（1）洗消车辆。如淋浴车、喷洒车、洗消车和消毒车等，可对人员、武器装备和地面进行洗消。

（2）轻便洗消器。如背囊式消毒器，坦克、车辆洗消器，以及消毒包和消毒盒等。坦克、车辆洗消器主要用于对大型武器装备进行消毒，消毒包和消毒盒供人员对皮肤、服装和轻武器等进行消毒。

（3）高压清洗机。一种军民两用的洗消器材，既可供防化专业分队对武器装备、被服等军需品进行消毒，又可用于清洗地面和墙壁等。

（4）洗消剂。它是洗消器材的重要组成部分，包括消毒剂和消除剂。前者用于消除毒剂及生物战剂，后者用于消除放射性物质。

洗消装备还包括用于供热或送风的空气加热机、热水器、公众以及战斗员洗消帐篷等。

六、排烟装备

1. 水驱动排烟机

（1）用途：把新鲜空气吹进建筑物内，排出火场烟雾。适用于有进风口和出风口的火场建筑物。

（2）性能及组成：利用高压水作动力，驱动水动马达运转，带动风扇；排烟量为 24000m³/h，转速为 3800r/min，工作压力为 0.3～0.8MPa，重量为 14kg，外形为 640mm×620mm×440mm，功率为 7.4kW。水驱动排烟机由风扇、水动马达、进水口、出水口、风扇罩组成。

（3）维护：①使用后，要清除进水口及护罩上的污垢，开启轮机底部的排水阀排水，关闭控制阀；②经常检查叶片、护罩、螺栓、风扇覆环有无破裂，若有破损及时更换。

2. 机动排烟机

（1）用途：对火场内部浓烟区域进行排烟送风。

（2）性能：动力为内燃机。排烟量为 3600m³/h，功率为 1.9kW，最高使用温度为 80℃；燃油型号为汽油 90 号、机油 30 号。

（3）维护：保持机体清洁，对紧固件经常进行检查，以确保安全。

七、救灾通信联络装备

救灾通信联络装备主要是指在原有通信系统一旦被破坏之后，必须采用的应急通信联络工具和现场通信联络工具。

八、消防装备

（一）灭火器

灭火器是由筒体、器头喷嘴借助内压将所灌装的灭火剂喷出的移动式器具。灭火器具有结构简单、轻便灵活、操作方便、使用面广的特点，是扑救初起火灾的最有效工具之一。

1. 灭火器的分类

我国通常按照充入灭火剂的类型、灭火器的总重量和移动方式、灭火器的加压方式三种方法来划分灭火器的种类。

（1）以灭火器内充装的灭火剂类型来划分。

① 清水灭火器：这类灭火器内充入的灭火剂主要是清洁水。有的加入适量的防冻剂，以降低水的冰点。也有的加入适量润湿剂、阻燃剂、增稠剂等，以增强灭火性能。

② 酸碱灭火器：这类灭火器内充入的灭火剂是工业硫酸和碳酸氢钠水溶液。

③ 化学泡沫灭火器：这类灭火器内充入的灭火剂是硫酸铝水溶液和碳酸氢钠水溶液，再加入适量的蛋白泡沫液。如果再加入少量氟表面活性剂，可增强泡沫的流动性，提高了灭火能力，故称高效化学泡沫灭火器。

④ 空气泡沫灭火器：这类灭火器内充入的灭火剂是空气泡沫液与水的混合物。空气泡沫的发泡是由空气泡沫混合液与空气借助机械搅拌混合生成，在此又称空气机械泡沫。空气泡沫灭火剂有许多种，如蛋白泡沫、氟蛋白泡沫、轻水泡沫（又称水成膜泡沫）、抗溶泡沫、聚合物泡沫等。由于空气泡沫灭火剂的品种较多，因此空气泡沫灭火器又按充入的空气泡沫灭火剂的名称加以区分，称为蛋白泡沫灭火器、轻水泡沫灭火器、抗溶泡沫灭火器等。

⑤ 二氧化碳灭火器：这类灭火器内充入的灭火剂是液化二氧化碳气体。

⑥ 干粉灭火器：这类灭火器内充入的灭火剂是干粉。干粉灭火剂的品种较多，因此灭火器根据内部充入的不同干粉灭火剂的名称，称为碳酸氢钠干粉灭火器、磷酸铵盐干粉灭火器、氨基干粉灭火器。由于碳酸氢钠干粉只适用于灭 B、C 类火灾，因此又称 BC 干粉灭火器。磷酸铵盐干粉能适用于 A、B、C 类火灾，因此又称 ABC 干粉灭火器。

⑦ 卤代烷灭火器：这类灭火器内充入的灭火剂是卤代烷灭火剂。该类灭火剂品种较多，而我国只发展两种，一种是二氟一氯一溴甲烷，简称为"1211 灭火器"；另一种是 1301 灭火器。注意：公安部和原国家环保局公通字〔1994〕第 94 号文要求，在非必要场所停止再配置卤代烷灭火器。

（2）以灭火器的总重量大小和移动的方式来划分。

① 手提式灭火器：这类灭火器的总重量在 28kg 以下，能用手提着灭火的器具，故称手提式灭火器，也称便携灭火器。

② 背负式灭火器：这类灭火器的总重量一般在 40kg 以下，用肩背着灭火的器具，故称背负式灭火器。

③ 推车式灭火器：这类灭火器的总重量一般都大于 40kg，装有车轮等行驶机构，由人力推（拉）着灭火的器具，故称推车式灭火器。

（3）以灭火器的工作压力来源的形式来划分。

① 化学反应式灭火器：这类灭火器驱动灭火剂喷出的压力，是由灭火器内充入的化学药剂经化学反应产生的压力。故称为化学反应式灭火器。

② 贮气瓶式灭火器：这类灭火器的驱动压力是由另一贮气瓶供给。故称为贮气瓶式灭火器。

③ 贮压式灭火器：这类灭火器的驱动力是灭火剂本身的蒸气压力或是预先充入灭火器内的压缩气体，它与灭火剂存贮在同一容器内。使用时，由这股气体压力将灭火剂喷出。故称为贮压式灭火器。

④ 泵浦式灭火器：这类灭火器的驱动压力是由附加在灭火器上的手动泵浦加压获得。现我国已很少采用。

2. 灭火器的型号

我国灭火器的型号是按照《消防产品型号编制方法》的规定编制的。它由类、组、特征代号及主要参数等几部分组成。

类、组、特征代号用大写汉语拼音字母表示；一般编在型号首位，是灭火器本身的代号，通常用 M 表示。

灭火剂代号编在型号第二位：P 是泡沫灭火剂、酸碱灭火剂；QP 是轻水泡沫灭火剂；SQ 是清水灭火剂；F 是干粉灭火剂；FL 是磷铵干粉；T 是二氧化碳灭火剂。

形式号编在型号中的第三位，是各类灭火器结构特征的代号。目前我国灭火器的结构特征有手提式（包括手轮式）、推车式、鸭嘴式、舟车式、背负式五种，其中型号分别用 S、T、Z、Z、B。

型号后面的阿拉伯数字代表灭火剂质量或容积，一般单位为每千克（kg）或升（L）。

例如型号 MFS，代表的是手提贮压式干粉灭火器，其具有操作简单安全、灭火效率高、灭火迅速等特点。内装的干粉灭火剂具有电绝缘性能好、不易受潮变质、便于保管等优点，使用的驱动气体无毒、无味、喷射后对人体无伤害。灭火器瓶头阀上装有压力表，具有显示内部压力的作用，便于检查和维修。

3. 火灾类别和灭火器的选用

（1）火灾类别的划分。根据物质及其燃烧特性，火灾类别划分为以下六种。

① A 类火灾：固体物质火灾，涉及木头、纸张、橡胶和塑料制品的火灾。

② B 类火灾：液体或可融化固体火灾，涉及可燃性液体、油脂和气体的火灾。

③ C 类火灾：气体火灾，涉及具有输电能力的电力设备的火灾。

④ D 类火灾：金属火灾，涉及可燃性金属的火灾，如钾、钠等。

⑤ E 类火灾：带电设备火灾。

⑥ F 类火灾：厨房油脂类物质火灾。

（2）灭火器的选用。面对初起的火情，不能盲目地使用灭火器，要根据燃烧物质种类不同的性质有选择性地使用灭火器灭火。

① 扑救固体物质初起火灾（A 类火灾）。可选择水型灭火器、泡沫灭火器、磷酸铵盐干粉灭火器、卤代烷灭火器。

② 扑救液体火灾和可熔化的固体物质火灾（B 类火灾）。可选择泡沫灭火器（化学泡沫灭火器只限于扑灭非极性溶剂）、干粉灭火器、卤代烷灭火器、二氧化碳灭火器。

③ 扑救气体火灾（C 类火灾）。可选择干粉灭火器、卤代烷灭火器、二氧化碳灭火器等。

④ 扑救金属火灾（D 类火灾）。可选择粉状石墨灭火器，也可用干砂或铸铁屑末代替。目前，一般校园里不配备这种专用干粉灭火器。

⑤ 扑救带电物体火灾（E 类火灾）。可选择干粉灭火器、卤代烷灭火器、二氧化碳灭火器等。带电火灾包括家用电器、电子元件、电气设备（计算机、复印机、打印机、传真机、发电机、电动机、变压器等精密实验仪器）以及电线电缆等燃烧时仍带电的火灾。而顶挂、壁挂的日常照明灯具及起火后可自行切断电源的设备所发生的火灾则不应列入带电火灾范围。

⑥ 扑救档案文献资料和重要图书、珍藏绘画火灾。必须选择卤代烷灭火器等专用灭火器。否则，火灾虽然扑灭，但是需要保存的东西也成了废弃物，失去了应有的价值。

（二）其他消防装备

消防装备除了灭火器以外，还有许多必要的灭火设施，如消火栓、消防泵、消防梯、水龙带、水枪和消防车等。

1. 消火栓

消火栓一般分为室内消火栓和室外消火栓。

（1）室内消火栓。室内消火栓是由室内管网向火场供水的，带有阀门的接口，为工厂、仓库、高层建筑、公共建筑及船舶等室内固定消防设施，通常安装在消火栓箱内，与消防水带和水枪等器材配套使用。减压型消防栓为其中一种。

（2）室外消火栓。室外消火栓是设置在建筑物外面消防给水管网上的供水设施，主要供消防车从市政给水管网或室外消防给水管网取水实施灭火，也可以直接连接水带、水枪出水灭火。所以，室外消火栓系统也是扑救火灾的重要消防设施之一。室外消火栓分为地上和地下两种。

2. 消防泵

（1）手抬机动消防泵。手抬机动消防泵适用于工矿企业、农村和城市道路，道路狭窄，消防车不能通过的地方。手抬机动消防泵有 BJT17、BJ10、BT15、BT20、BT22、BJ25D 六种，由汽油发动机、单级离化泵、手抬式排气引水装置，并配备吸水道、水带、水枪等必要的附件。

使用时携设备到火场水源附近;将吸水管与水泵进水口连接,并将吸水管另一端放入水中;检查油箱是否漏油;安装吸水管时,其弯曲度不应高于水泵进水口,以免形成空气囊,影响水泵性能。

(2) 机动体引泵。主要用来扑救一般物质的火灾。也可附加泡沫管枪及吸液管喷射空气泡沫液。扑救油类、苯类等易燃液体的火灾。常用的是 BQ75 型牵引机动泵。

3. 消防梯

消防梯是消防队队员扑救火灾时,登高灭火、救人或翻越障碍物的工具。目前普通使用的有单杠梯、挂钩梯、拉梯三种。单杠梯有 TD31 木质、TDZ31 竹质;挂钩梯有 TG41 木质挂钩、TGZ41 竹质挂钩、TGL41 铝合金挂钩;拉梯有二节拉梯 TE60(木)、TEZ61(竹)、TEL(铝)、三节拉梯 TS105 型。

4. 水龙带、水枪

(1) 水龙带。水龙带按材料不同分为麻织、绵织涂胶、尼龙涂胶。按口径不同分为 50mm、65mm、75mm 和 90mm;按承压不同分为甲、乙、丙、丁四级,各级承受的水压强度不同,水龙带承受工作压力分别为大于 $10kg/cm^2$、$8\sim9kg/cm^2$、$6\sim7kg/cm^2$、小于 $6kg/cm^2$ 等几种。按照水带长度不同分为 15m、20m、25m、30m。

(2) 水枪。按照水枪口径不同分为 $\phi13mm$、$\phi16mm$、$\phi19mm$、$\phi22mm$、$\phi25mm$;按照水枪开口形式不同分为直流水枪、开花水枪、喷雾水枪、开花直流水枪等几种。

5. 消防车

消防车又称救火车,是专门用作救火或其他紧急抢救用途的车辆。消防车按功能可分为泵车(抽水车)、云梯车及其他专门车辆。消防车平常驻扎在消防局内,遇上警报时由消防员驾驶开赴现场。多数地区的消防车都是喷上鲜艳的红色(部分地区也有鲜黄色的消防车),在车顶上设有警号及闪灯。消防车是装备各种消防器材、消防器具的各类消防车辆的总称,是目前消防部队与火灾作斗争的主要工具,是最基本的移动式消防装备。消防车的质量水平,反映出一个国家消防装备的水平,甚至体现该国整个消防事业的水平。

九、救生装备及其他

常见用的救生装备及其他器材主要有以下几种。

(1) 防坠落保护设备。主要包括防坠落包、全身式安全带、缓冲带、安全绳、抓绳器、工作定位器、速差式防坠器、救援三脚架、安全挂钩、固定吊带等。

(2) 现场急救设备。主要包括氧气复苏急救箱、急救箱、急救担架、急救气床、自动除颤仪、急救板、救生担架、救生杆、救生颈等。

(3) 其他抢险救援工具。主要包括高楼救生缓降器、逃生绳、耐火救生绳、热成像仪、救生浮漂等。

十、应急救援所需的重型设备

重型设备在控制紧急情况下有时是非常有用的,经常与大型公路与建筑物联系起来。在紧急情况下,可能有用的重型设备包括反向铲、装载机、车载升降台、翻卸车、推土机、起重机、叉车、破土机、便携发动机等。

　　重型设备能够帮助应急者完成大的任务，而这些任务几乎是使用人工或简易的设备不可能完成的。许多重型设备只能由经过特殊培训的人员操作，重型设备的操作人员必须坦然面对与完成任务相联系的危险。企业不一定购置上述设备，但至少应明确，一旦需要，可以从哪些单位获得上述重型设备的支援。

第三节　安全生产应急准备评估

　　2019年12月26日，应急管理部办公厅印发了《危险化学品企业生产安全事故应急准备指南》。同时，应急管理部即将发布行业标准《安全生产应急准备评估指南》。应急准备评估（emergency preparedness assessment）是对安全生产应急准备工作开展分析的过程。

一、危险化学品企业生产安全事故应急准备指南

　　《危险化学品企业生产安全事故应急准备指南》适用于危险化学品生产、使用、经营、储存单位（以下统称危险化学品企业）依法实施生产安全事故应急准备工作，也可作为各级政府应急管理部门和其他负有危险化学品安全生产监督管理职责的部门依法监督检查危险化学品企业生产安全事故应急准备工作的工具。本指南所称危险化学品使用单位是指根据《危险化学品安全使用许可证实施办法》规定，应取得危险化学品安全使用许可证的化工企业。

（一）生产安全事故应急准备的基本要求

　　依法做好生产安全事故应急准备是危险化学品企业开展安全生产应急管理工作的主要任务，落实安全生产主体责任的重要内容。应急准备应贯穿于危险化学品企业安全生产各环节、全过程。

　　危险化学品企业应遵循安全生产应急工作规律，依法依规，结合实际，在风险评估基础上，针对可能发生的生产安全事故特点和危害，持续开展应急准备工作。

　　应急准备是指以风险评估为基础，以先进思想理念为引领，以防范和应对生产安全事故为目的，针对事故监测预警、应急响应、应急救援及应急准备恢复等各个环节，在事故发生前开展的思想准备、预案准备、机制准备、资源准备等工作的总称。

　　风险评估是指依据《生产过程危险和有害因素分类与代码》《危险化学品重大危险源辨识》《职业危害因素分类目录》等辨识各种安全风险，运用定性和定量分析、历史数据、经验判断、案例比对、归纳推理、情景构建等方法，分析事故发生的可能性、事故形态及其后果，评价各种后果的危害程度和影响范围，提出事故预防和应急措施的过程。

　　情景构建是指基于风险辨识，分析和评价小概率、高后果事故的风险评估技术。

（二）生产安全事故应急准备的内容（要素）

　　应急准备内容主要由思想理念、组织与职责、法律法规、风险评估、预案管理、监测与

预警、教育培训与演练、值班值守、信息管理、装备设施、救援队伍建设、应急处置与救援、应急准备恢复、经费保障等要素构成。每个要素由若干项目组成。

要素 1：思想理念。思想理念是应急准备工作的源头和指引。危险化学品企业要坚持以人为本、安全发展，生命至上、科学救援理念，树立安全发展的红线意识和风险防控的底线思维，依法依规开展应急准备工作。本要素包括安全发展红线意识、风险防控底线思维、应急管理法治化与生命至上、科学救援四个项目。

要素 2：组织与职责。组织健全、职责明确是企业开展应急准备工作的组织保障。危险化学品企业主要负责人要对本单位的生产安全事故应急工作全面负责，建立健全应急管理机构，明确应急响应、指挥、处置、救援、恢复等各环节的职责分工，细化落实到岗位。本要素包括应急组织、职责任务两个项目。

要素 3：法律法规。现行法律法规制度是企业开展应急准备的主要依据。危险化学品企业要及时识别最新的安全生产法律法规、标准规范和有关文件，将其要求转化为企业应急管理的规章制度、操作规程、检测规范和管理工具等，依法依规开展应急准备工作。本要素包括法律法规识别、法律法规转化、建立应急管理制度三个项目。

要素 4：风险评估。风险评估是企业开展应急准备和救援能力建设的基础。危险化学品企业要运用底线思维，全面辨识各类安全风险，选用科学方法进行风险分析和评价，做到风险辨识全面，风险分析深入，风险评估科学，风险分级准确，预防和应对措施有效。运用情景构建技术，准确揭示本企业小概率、高后果的"巨灾事故"，开展有针对性的应急准备工作。本要素包括风险辨识、风险分析、风险评价、情景构建四个项目。

要素 5：预案管理。针对性和操作性强的应急预案是企业开展应急准备和救援能力建设的"规划蓝图"、从业人员应急救援培训的"专门教材"、救援行动的"作战指导方案"。危险化学品企业要组成应急预案编制组，开展风险评估、应急资源普查、救援能力评估，编制应急预案。要加强预案管理，严格预案评审、签署、公布与备案；及时评估和修订预案，增强预案的针对性、实用性和可操作性。本要素包括预案编制、预案管理、能力提升三个项目。

要素 6：监测与预警。监测与预警是企业生产安全事故预防与应急的重要措施。监测是及时做好事故预警，有效预防、减少事故，减轻、消除事故危害的基础。预警是根据事故预测信息和风险评估结果，依据事故可能的危害程度、波及范围、紧急程度和发展态势，确定预警等级，制定预警措施，及时发布实施。本要素包括监测、预警分级、预警措施三个项目。

要素 7：教育培训与演练。教育培训与演练是企业普及应急知识，从业人员提高应急处置技能、熟练掌握应急预案的有效措施。危险化学品企业应对从业人员（包含承包商、救援协议方）开展针对性知识教育、技能培训和预案演练，使从业人员掌握必要的应急知识、与岗位相适应的风险防范技能和应急处置措施。要建立从业人员应急教育培训考核档案，如实记录教育培训的时间、地点、人员、内容、师资和考核的结果。本要素包括应急教育培训、应急演练、演练评估三个项目。

要素 8：值班值守。值班值守是企业保障事故信息畅通、应急响应迅速的重要措施，是企业应急管理的重要环节。危险化学品企业要设立应急值班值守机构，建立健全值班值守制度,设置固定办公场所、配齐工作设备设施,配足专门人员、全天候值班值守,确保应急信息畅通、指挥调度高效。规模较大、危险性较高的危险化学品生产、经营、储存企业应当成立应急处置技术组,实行24h值班。本要素包括应急值班、事故信息接报、对外通报三个项目。

要素9:信息管理。应急信息是企业快速预测、研判事故,及时启动应急预案,迅速调集应急资源,实施科学救援的技术支撑。危险化学品企业要收集整理法律法规、企业基本情况、生产工艺、风险、重大危险源、危险化学品安全技术说明书、应急资源、应急预案、事故案例、辅助决策等信息,建立互联共享的应急信息系统。本要素包括应急救援信息、信息保障两个项目。

要素10:装备设施。装备设施是企业应急处置和救援行动的"作战武器",是应急救援行动的重要保障。危险化学品企业应按照有关标准、规范和应急预案要求,配足配齐应急装备、设施,加强维护管理,保证装备、设施处于完好可靠状态。经常开展装备使用训练,熟练掌握装备性能和使用方法。本要素包括应急设施、应急物资装备和维护管理三个项目。

要素11:救援队伍建设。救援队伍是企业开展应急处置和救援行动的专业队和主力军。危险化学品企业要按现行法律法规制度建立应急救援队伍(或者指定兼职救援人员、签订救援服务协议),配齐必需的人员、装备、物资,加强教育培训和业务训练,确保救援人员具备必要的专业知识、救援技能、防护技能、身体素质和心理素质。本要素包括队伍设置、能力要求、队伍管理、对外公布与调动四个项目。

要素12:应急处置与救援。应急处置与救援是事故发生后的首要任务,包括企业自救、外部助救两个方面。危险化学品企业要建立统一领导的指挥协调机制,精心组织,严格程序,措施正确,科学施救,做到迅速、有力、有序、有效。要坚持救早救小,关口前移,着力抓好岗位紧急处置,避免人员伤亡、事故扩大升级。要加强教育培训,杜绝盲目施救、冒险处置等蛮干行为。本要素包括应急指挥与救援组织、应急救援基本原则、响应分级、总体响应程序、岗位应急程序、现场应急措施、重点监控危险化学品应急处置、配合政府应急处置八个项目。

要素13:应急准备恢复。事故发生,打破了企业原有的生产秩序和应急准备常态。危险化学品企业应在事故救援结束后,开展应急资源消耗评估,及时进行维修、更新、补充,恢复到应急准备常态。本要素包括事后风险评估、应急准备恢复、应急处置评估三个项目。

要素14:经费保障。经费保障是做好应急准备工作的重要前提条件。危险化学品企业要重视并加强事前投入,保障并落实监测预警、教育培训、物资装备、预案管理、应急演练等各环节所需的资金预算。要依法对外部救援队伍参与救援所耗费用予以偿还。本要素包括应急资金预算、救援费用承担两个项目。

(三)危险化学品企业生产安全事故应急准备各要素项目内容

本指南依据现行相关法律法规制度细化明确了应急准备各要素所有项目的主要内容,制定了《危险化学品企业生产安全事故应急准备工作表》。

（1）危险化学品企业生产安全事故应急准备包括但不限于《危险化学品企业生产安全事故应急准备工作表》所列要素及其项目、内容。《危险化学品企业生产安全事故应急准备工作表》所列要素及其项目、内容，是现行法律法规制度对危险化学品企业生产安全事故应急准备的最低要求。

（2）危险化学品企业要结合企业实际，在现有要素及其项目下丰富应急准备内容。可根据实际需要，合理增加应急准备要素并明确具体项目、内容。

（3）危险化学品企业应加强法律法规制度识别与转化，及时完善应急准备要素及其项目、内容和依据，保证生产安全事故应急准备持续符合现行法律法规制度要求。

（四）危险化学品企业生产安全事故应急准备工作的开展与培训

危险化学品企业应结合实际，建立健全应急准备工作制度，对本指南所提各项应急准备在企业应急管理中的实现路径和方法进行固化，做到应急准备具体化、常态化。

本指南是危险化学品企业依法开展应急准备工作的重要工具和安全生产应急管理培训的重要内容。危险化学品企业主要负责人要加强组织领导，制定全员培训计划，逐要素开展系统培训。

（五）危险化学品企业生产安全事故应急准备工作的监督检查

危险化学品企业应定期开展多种形式、不同要素的应急准备检查，并将检查情况作为企业奖惩考核的重要依据，不断提高应急准备工作水平。

各级政府应急管理部门和其他负有危险化学品安全生产监督管理职责的部门、危险化学品企业上级公司（集团）可根据附件所列各要素及其项目、内容和依据，灵活选用座谈、查阅资料、现场检查、口头提问、实际操作、书面测试等方法，对危险化学品企业应急准备工作进行监督检查。

二、安全生产应急准备评估指南

（一）应急准备要素和评估指标

1. 应急准备要素

（1）安全生产思想理念与法律法规。以"以人为本、安全发展，生命至上、科学救援"的思想理念，牢固树立安全发展的红线意识和风险防控的底线思维，依法依规开展各项应急工作，包括识别相关法律法规、标准规范等文件，并转化为制度及管理工具等。

（2）应急组织机构。建立健全安全生产应急组织机构，配备专职或兼职应急管理人员，建立提供技术支撑的专家队伍，明确各环节、各岗位的应急职责。

（3）风险评估。风险评估包括风险辨识、风险分析和风险评价。开展安全生产风险辨识，分析可能发生的生产安全事故类型，评估危害后果，做到安全生产风险辨识全面、分析深入、评价科学、分级准确、预防和应对措施有效。对能够发生的生产安全事故开展情景构建，明确应急程序、优化应急预案、指导应急演练，提高应急准备工作的针对性。

（4）监测与预警。建立生产安全事故监测预报系统，对重大安全生产风险做到实时监测和动态监控,并建立生产安全事故预警机制,明确预警等级、措施和触发机制。

（5）应急预案。建立健全生产安全事故应急预案体系,明确应急预案编制要求,严格预案评审、签署、公布与备案等管理程序,及时评估和修订预案。

（6）应急教育培训。定期组织应急知识教育和技能培训,相关人员掌握应急法规、应急指挥、应急预案等应急知识和应急避险、自救互救等技能。建立人员应急教育培训考核档案,如实记录教育培训的时间、地点、人员、内容、师资和考核的结果。

（7）应急演练。定期组织开展应急演练,建立演练台账,做好演练评估和改进记录。

（8）值班值守。建立健全应急值班制度,明确应急值守机构,配备具备专业知识和技能的安全生产应急值守人员,确保应急信息畅通。

（9）应急装备设施与物资。按照有关标准、规范和安全生产应急工作需求,建设应急设施,配备和储备应急救援物资,配备必要的应急救援器材和设备,建立装备设施与物资台账,定期对装备设施与物资进行检查、维护和保养,确保处于完好可靠状态。

（10）应急救援队伍。按法律法规和制度要求,建立应急救援队伍或签订救援服务协议。应急救援队伍应配备相应的人员、装备和物资,加强教育培训和业务训练,确保救援人员具备必要的执业资质、专业知识、救援技能、防护技能、身体素质和心理素质等。

（11）信息管理。建立生产安全应急信息系统,实现信息系统的互联互通,确保数据准确、及时更新,为迅速调集应急资源并实施科学救援提供技术支撑。

（12）后勤与应急资金保障。组织相关单位参与安全生产应急救援工作,为应急救援人员提供必需的后勤保障。建立应急经费拨付渠道和方案,落实应急资金预算。

（13）应急处置与救援。发生生产安全事故后,应立即启动应急预案,报告事故情况,采取科学的应急救援措施隔离事故现场并控制危险源,疏散受到威胁的人员和抢救遇险人员,避免人员伤亡,防止事故扩大升级。

（14）事后恢复与重建。应急终止后,应继续采取措施,防止次生、衍生灾害发生,做好救助、补偿、抚慰、抚恤、安置等善后工作,开展应急评估和事故调查,及时恢复正常应急准备常态。

2. 应急准备评估指标

安全生产应急准备评估分三级指标体系,评估指标、评估方法及评分标准参见前言后二维码链接文档。

3. 应急准备工作实施

生产经营单位应结合行业特点和单位规模、产业结构、风险等实施应急准备工作,明确适用于本单位的二级和三级应急准备指标。

（二）应急准备评估

1. 评估要求

生产经营单位通过开展安全生产应急准备评估及时发现应急准备工作中存在的不足并予以改进。

生产经营单位可邀请相关专业机构人员或有关专家参加安全生产应急准备评估工

作,必要时可委托安全生产技术服务机构实施。

2. 评估程序

(1) 成立评估工作组。生产经营单位结合部门职能、分工和应急职责,成立以单位相关负责人为组长,单位应急管理人员、专业机构人员、专家组成的评估工作组,明确任务和分工,制定评估工作方案,组织开展应急准备评估工作。

(2) 资料收集和分析。应急准备评估应收集以下资料。

① 法律法规和标准,以及有关规范性文件。

② 风险评估、安全评价报告等。

③ 应急预案、应急制度、应急培训和应急演练记录档案等。

④ 生产安全事故调查报告、应急救援评估报告等。

⑤ 应急演练方案、评估报告等。

⑥ 应急救援设施、物资和装备清单、台账等。

⑦ 其他材料。

(3) 评估实施。评估工作组组织召开首次评估会议,审核通过评估工作方案,明确评估指标,对不适用评估指标进行原因说明,细化评估内容和扣分项。

安全生产应急准备包括以下评估方法。

① 资料分析:针对评估内容,收集和查阅法律法规、标准规范及相关风险评估、应急预案、物资和演练台账等相关文件资料,梳理有关规定、要求及证据材料,分析存在的问题。

② 人员访谈:采取抽样访谈或座谈研讨等方式,向有关人员了解情况、收集信息、验证问题、考核能力、听取建议等。

③ 现场审核:通过现场查勘、操作检验等方式,了解应急物资、装备、设施的状态,验证应急人员技能水平。

④ 推演论证:采取实战演练、桌面演练的形式,基于情景对应急组织与职责、应急救援与响应程序、应急处置措施与资源等进行评估。

安全生产思想理念与法律法规、应急组织机构、风险评估、监测与预警、应急预案、应急教育培训、应急演练、值班值守、应急装备设施与物资、应急救援队伍、信息管理、后勤与应急资金保障等 12 项指标宜采取资料分析、人员访谈、现场审核等评估方法。

应急处置与救援、事后恢复与重建两项指标宜采取资料分析、推演论证等评估方法。

(4) 评估得分和结论。安全生产应急准备评估分为 A、B、C、D、E 五级,评估工作组成员沟通评估情况,汇总评估中发现的问题并对指标进行打分,按照公式计算得分率并得出评估结论:得分率 90 分(包含 90 分)以上为 A 级,90 至 80 分(包含 80 分)以上为 B 级,80 至 70 分(包含 70 分)为 C 级,70 至 60 分(包含 60 分)为 D 级,60 分以下为 E 级。

3. 评估报告编写

评估工作组沟通、汇总评估中发现的问题,形成一致的、公正客观地评估组意见,组织撰写安全生产应急准备评估报告,对被评估单位提出改善应急准备工作的具体意见或建议。

应急准备评估报告应包括以下内容。

① 评估工作组人员情况：评估人员基本信息及分工情况，包括姓名、性别、专业、职务、职称、签字等。

② 评估依据。

③ 生产经营单位基本情况：单位性质、基本概况、主要风险等。

④ 安全生产应急准备评估指标，以及对不适用评估指标的原因进行说明。

⑤ 安全生产应急准备评估过程。

⑥ 应急准备工作中存在的问题。

⑦ 改进意见和建议。

⑧ 评估结论。

事故案例分析：
1998年西安煤气公司"3·5"液化气泄漏爆炸事故

复习思考题

一、单项选择题

1. 应急救援员职业技能共设五个等级，下列等级不属于这五个等级的是（　　）。

A. 高级工　　　　B. 助理技师　　　　C. 技师　　　　D. 高级技师

2. 有一台电动机因长期超负载运行过热而发生火灾，该火灾属于（　　）。

A. C类火灾　　　　B. D类火灾　　　　C. E类火灾　　　　D. F类火灾

3. 变电室的配电柜发生火灾，扑救这起火灾可以选用的灭火器是（　　）。

A. 泡沫灭火器　　　　　　　　　　B. 水型灭火器

C. 二氧化碳灭火器　　　　　　　　D. 轻水泡沫灭火器

4. C级个体防护不包括的防护装备是（　　）。

A. 防护服　　　　B. 防护手套　　　　C. 防护靴　　　　D. 安全帽

5. 天然气的重大危险源判定临界量标准是（　　）t。

A. 50　　　　B. 500　　　　C. 100　　　　D. 1000

6. 管道密封套可以应用于最大压力不超过（　　）MPa的管道裂缝泄漏。

A. 0.1　　　　B. 0.6　　　　C. 1.6　　　　D. 16

7. 北京市发生较大以上燃气突发事件后，燃气供应单位和属地区县政府应立即向城市公共设施事故应急指挥部办公室报告，详细信息最迟不得超过（　　）h。

A. 1　　　　B. 2　　　　C. 3　　　　D. 4

8. 一般来说,热成像仪的有效监测范围是(　　)m。

　　A. 70　　　　　　　　B. 80　　　　　　　　C. 90　　　　　　　　D. 100

二、简答题

1. 根据《生产安全事故应急条例》规定,哪些单位应当建立应急值班制度?

2. 根据《危险化学品单位应急救援物资配备要求》(GB 30077—2013)规定,企业应急救援队伍应急救援人员应配备哪些个人防护装备?

3. 根据《危险化学品单位应急救援物资配备要求》(GB 30077—2013)规定,危险化学品单位如何对应急救援物资进行管理和维护?

4. 简述应急救援物资所包含的主要类型和种类。

5. 什么是侦检装备? 其主要有哪些常用的仪器和器材?

6. 简述个体防护装备的分级方法。

7. 火灾分为哪几种类别? 如何选用灭火器?

8. 简述呼吸防护器材的选用方法。

9. 简述安全生产应急准备的要素。

10. 应急准备评估应收集哪些资料?

11. 应急准备评估的程序包括哪些步骤?

12. 应急准备评估报告应包括哪些内容?

三、案例分析题

D 企业采用氨气脱硝工艺,建有氨站一座,设有两个 1.0MPa,30m³ 常温卧式液氨储罐,配备了应急物资柜,现场设置了安全警示标志。列出氨站应急物资柜应配置的应急物资清单。

1. 简述脆弱性分析的基本内容和提供的主要结果。

2. 简述应急救援信息报告的基本程序。

第六章

生产安全事故应急救援与处置

应急救援与处置是指生产安全事故发生时,及时调动并合理利用应急资源,针对事故的具体情况选择适当合理的应急对策和行动方案,并迅速采取相应的救援措施,及时有效地将伤害和损失降低到最低限度和最小范围。

第一节　事故应急救援措施概述

一、发生事故后采取应急救援措施的基本要求

《中华人民共和国安全生产法》和《生产安全事故应急条例》对发生生产安全事故后应当采取的应急救援措施都做了明确的规定。

(一)生产经营单位发生事故后采取应急救援措施的基本要求

1. 立即如实报告事故

(1)事故现场人员。生产经营单位发生生产安全事故后,事故现场有关人员应当立即报告本单位负责人。

(2)单位负责人。单位负责人接到事故报告后,应当按照国家有关规定立即如实报告当地负有安全生产监督管理职责的部门,不得隐瞒不报、谎报或者迟报,不得故意破坏事故现场、毁灭有关证据。

2. 立即启动应急预案

发生生产安全事故后,生产经营单位应当立即启动生产安全事故应急救援预案。

3. 迅速采取有效应急救援措施

发生生产安全事故后,生产经营单位应当迅速采取有效措施,组织抢救,防止事故扩大,减少人员伤亡和财产损失。发生生产安全事故后,生产经营单位应当立即采取下列一项或者多项应急救援措施。

(1)迅速控制危险源,组织抢救遇险人员。

（2）根据事故危害程度，组织现场人员撤离或者采取可能的应急措施后撤离。

（3）及时通知可能受到事故影响的单位和人员。

（4）采取必要措施，防止事故危害扩大和次生、衍生灾害发生。

（5）根据需要请求邻近的应急救援队伍参加救援，并向参加救援的应急救援队伍提供相关技术资料、信息和处置方法。

（6）维护事故现场秩序，保护事故现场和相关证据。

（7）法律法规规定的其他应急救援措施。

4. 请求增援

应急救援队伍接到签有应急救援协议的生产经营单位的救援请求后，应当立即参加生产安全事故应急救援。

（二）事发地政府及其部门采取应急救援措施的基本要求

1. 负有安全生产监督管理职责的部门立即上报事故

负有安全生产监督管理职责的部门接到事故报告后，应当立即按照国家有关规定上报事故情况。负有安全生产监督管理职责的部门和有关地方人民政府对事故情况不得隐瞒不报、谎报或者迟报。

2. 事发地政府及其部门负责人到场组织抢救

有关地方人民政府和负有安全生产监督管理职责的部门的负责人接到生产安全事故报告后，应当按照生产安全事故应急救援预案的要求立即赶到事故现场，组织事故抢救。

3. 事发地人民政府及其部门启动相应应急预案

有关地方人民政府及其部门接到生产安全事故报告后，应当按照国家有关规定上报事故情况，启动相应的生产安全事故应急救援预案。

4. 事发地人民政府及其部门采取有效的应急救援措施

有关地方人民政府及其部门应当按照应急救援预案的规定，在事故抢救过程中采取下列一项或者多项应急救援措施。

（1）组织抢救遇险人员，救治受伤人员，研判事故发展趋势以及可能造成的危害。

（2）通知可能受到事故影响的单位和人员，隔离事故现场，划定警戒区域，疏散受到威胁的人员，实施交通管制。

（3）采取必要措施，防止事故危害扩大和次生、衍生灾害发生，避免或者减少事故对环境造成的危害。

（4）依法发布调用和征用应急资源的决定。

（5）依法向应急救援队伍下达救援命令。

（6）维护事故现场秩序，组织安抚遇险人员和遇险遇难人员亲属。

（7）依法发布有关事故情况和应急救援工作的信息。

（8）法律法规规定的其他应急救援措施。

参与事故抢救的部门和单位应当服从统一指挥，加强协同联动。任何单位和个人都应当支持、配合事故抢救，并提供一切便利条件。

5. 请求增援和扩大应急

（1）请求增援。应急救援队伍接到有关人民政府及其部门的救援命令后，应当立即参加生产安全事故应急救援。应急救援队伍根据救援命令参加生产安全事故应急救援所耗费用，由事故责任单位承担；事故责任单位无力承担的，由有关人民政府协调解决。

（2）扩大应急。有关地方人民政府不能有效控制生产安全事故的，应当及时向上级人民政府报告。上级人民政府应当及时采取措施，统一指挥应急救援。

6. 设立应急救援现场指挥部

（1）现场指挥部的组成。发生生产安全事故后，有关人民政府认为有必要的，可以设立由本级人民政府及其有关部门负责人、应急救援专家、应急救援队伍负责人、事故发生单位负责人等人员组成的应急救援现场指挥部，并指定现场指挥部总指挥。

（2）总指挥负责制。现场指挥部实行总指挥负责制，按照本级人民政府的授权组织制定并实施生产安全事故现场应急救援方案，协调、指挥有关单位和个人参加现场应急救援。

（3）现场指挥部的统一指挥。参加生产安全事故现场应急救援的单位和个人应当服从现场指挥部的统一指挥。

（4）现场紧急措施执行权。在生产安全事故应急救援过程中，发现可能直接危及应急救援人员生命安全的紧急情况时，现场指挥部或者统一指挥应急救援的人民政府应当立即采取相应措施消除隐患，降低或者化解风险，必要时可以暂时撤离应急救援人员。

7. 后勤保障和组织协调

生产安全事故发生地人民政府应当为应急救援人员提供必需的后勤保障，并组织通信、交通运输、医疗卫生、气象、水文、地质、电力、供水等单位协助应急救援。

8. 应急救援过程记录和资料证据保存

现场指挥部或者统一指挥生产安全事故应急救援的人民政府及其有关部门应当完整、准确地记录应急救援的重要事项，妥善保存相关原始资料和证据。

9. 应急结束

生产安全事故的威胁和危害得到控制或者消除后，有关人民政府应当决定停止执行依照本条例和有关法律法规采取的全部或者部分应急救援措施。

10. 应急救援工作评估

按照国家有关规定成立的生产安全事故调查组应当对应急救援工作进行评估，并在事故调查报告中作出评估结论。

二、发生事故后应急救援的一般程序

发生事故后，尽管由于发生事故的单位、地点、类型及物品的不同，应急救援程序会存在差异，但根据以上所述并考虑应急响应的基本流程，可以发现并总结出具有普遍意义的应急救援的一般程序：①事故报告报警（上报）与接报；②启动预案与调集救援力量；

③现场初始评估和设点；④询情、侦检与危险分析；⑤警戒、隔离与疏散；⑥现场人员安全防护；⑦现场急救与医疗救治；⑧火灾控制；⑨泄漏处置；⑩现场洗消；⑪应急结束及撤点；⑫恢复和重新进入。其中一些环节可能贯穿于事故应急救援的整个过程，如报告、侦检、警戒等，而有些环节则视情况而定，如洗消；有时又需要多个环节同时进行，有时要将有关环节适当延迟。

1. 事故报告报警（上报）与接报

事故报告报警（上报）与接报是实施应急救援工作的第一步，对成功实施抢险救援起到重要的作用。事故报告报警（上报）包括内部报告报警和对外上报报警。

内部报告报警由最先发现事故的人通过口头、通信或其他方式向本单位负责人、应急值班室报告报警，值班室接到报告后立即向本单位应急救援指挥部报告并启动应急机制，应急领导小组和各行动小组各就各位，各司其职。

对外上报报警根据事故情况由现场人员或单位领导指定的人员负责向就近的相关消防、医疗等机构报警或请求支援，并在交通复杂要道、主要路口派人等待接引救护车辆和人员到事故现场，同时在规定时间内向政府主管部门报告事故情况。

接报是指接到执行事故救援的指示或要求救援的请求报告。接报人一般应由事故单位的生产调度部门或总值班室担任。接报人应做好以下几项工作。

（1）问清报告人姓名、单位部门和联系电话。

（2）问明事故发生的时间、地点、事故单位、事故原因、主要毒物、事故性质（毒物外溢、爆炸、燃烧）、危害波及范围和程度、对救援的要求，同时做好电话记录。

（3）按应急救援程序，派出救援队伍。

（4）向上级有关部门报告。

（5）保持与应急救援队伍的联系，并视事故发展状况，必要时派出后继梯队予以增援。

2. 启动预案与调集救援力量

根据接报时了解的事故的规模、危害和发生的场所，经本单位负责人同意，立即启动生产安全事故应急预案，迅速确定和派出第一批应急救援力量（首先是现场应急指挥人员就位），并注意考虑同时请求其他社会抢险救援力量的增援，带足有关的抢险救援器材，如空气呼吸器、洗消、照明、堵漏等器材。

3. 现场初始评估和设点

现场应急指挥人员、第一批应急救援力量到达现场后，要做的首要工作就是对事故情况进行初始评估，形成清晰、正确的行动方案，降低救援风险，提高救援效率。初始评估描述最初应急者在事故发生后几分钟里观察到的现场情况，包括事故范围和扩展的潜在可能性、人员伤亡、财产损失情况，以及是否需要外界援助。初始评估是由应急指挥者和应急人员共同决策的结果，可以预先确定评估指标、维度和加权量，对事故情况进行初始评估。

在初始评估阶段，另一项重要的任务是建立现场工作区域，以便确定应急救援人员以何种防护设备展开工作，这样有利于应急行动和有效控制设备进出，并且能够统计进出事故现场的人员。在初始评价阶段确定工作区域时，主要根据事故的危害、天气条件(特别是风向)和位置(工作区域和人员位置要高于事故地点)。在设立工作区域时，要确保有足够的空间，开始时所需区域要大，必要时可以缩小。一般来说，事故发生区域要设立三类工作区域：危险区域、缓冲区域、安全区域。

建立现场工作区域，通常称为"设点"。设点是指各救援队伍进入事故现场，选择有利地形(地点)设置现场救援指挥部或救援、急救医疗点。各救援点的位置选择关系到能否有序地开展救援和保护自身的安全。救援指挥部、救援和医疗急救点的设置应考虑以下几项因素。

(1) 地点：应选在上风向的非污染区域，需注意不要远离事故现场，便于指挥和救援工作的实施。

(2) 位置：各救援队伍应尽可能在靠近现场救援指挥部的地方设点并随时保持与指挥部的联系。

(3) 路段：应选择交通路口，利于救援人员或转送伤员的车辆通行。

(4) 条件：指挥部、救援或急救医疗点，可设在室内或室外，应便于人员行动或伤员的抢救，同时尽可能利用原有通信、水和电等资源，有利于救援工作的实施。

(5) 标志：指挥部、救援或医疗急救点，均应设置醒目的标志，方便救援人员和伤员识别。悬挂的旗帜应用轻质面料制作，以便救援人员随时掌握现场风向。

4. 询情、侦检与危险分析

很多类型的突发事件发生后危险源仍然存在，在没有确定其具体情况前，无法采取正确的救援行动。因此，在现场初始评估工作基础上，派专人负责对事故进行动态监测和评估，采取现场询问情况(询情)和现场侦察检测(侦检)的方法，充分了解和掌握事故的具体情况、危害范围、潜在的险情(爆炸、中毒等)，展开全面、充分、客观、科学的危险分析。

侦检是危险物质事故抢险处置的首要环节。侦检是指利用检测仪器检测事故现场危险物质的浓度、强度以及扩散、影响范围，并做好动态监测。根据事故情况的不同，可以派出若干侦察小组，对事故现场进行侦察，每个侦察小组至少应有两个人。有关危险分析和侦检的具体介绍参见本章第二节。

5. 警戒、隔离与疏散

(1) 建立警戒区域。事故发生后，应根据化学品泄漏扩散的情况或火焰热辐射所涉及的范围建立警戒区，并在通往事故现场的主要干道上实行交通管制。建立警戒区域时应注意以下几项。

① 警戒区域的边界应设警示标志，并有专人警戒。

② 除消防、应急处理人员以及必须坚守岗位的人员外，其他人员禁止进入警戒区。

③ 泄漏溢出的化学品为易燃品时，区域内应严禁火种。

(2) 紧急疏散。迅速将警戒区及污染区内与事故应急处理无关的人员撤离，以减少不必要的人员伤亡。紧急疏散时应注意以下几项内容。

① 事故物质有毒时，需要佩戴个体防护用品或采用简易有效的防护措施，并有相应的监护措施。

② 应向侧上风方向转移,明确专人引导和护送疏散人员到安全区,并在疏散或撤离的路线上设立哨位,指明方向。

③ 不要在低洼处滞留。

④ 要查清是否有人留在污染区或着火区。

注意:为使疏散工作顺利进行,每个区域或场所应至少有两个畅通无阻的紧急出口,并有明显标志。

6. 现场人员安全防护

根据事故物质的毒性及划定的危险区域,确定相应的防护等级,并根据防护等级按标准配备相应的防护器具。有关事故现场安全防护的详细内容参见本章第四节。

7. 现场急救与医疗救治

在事故现场,化学品对人体可能造成的伤害为:中毒、窒息、冻伤、化学灼伤、烧伤等。进行急救时,患者和救援人员都需要进行适当的防护。有关现场急救、医疗救治的详细内容参见第七章。

8. 火灾控制

危险化学品容易发生火灾、爆炸事故,但不同的化学品以及在不同情况下发生火灾时,其扑救方法差异很大,若处置不当,不仅不能有效扑灭火灾,反而会使灾情进一步扩大。从事化学品生产、使用、储存、运输的人员和消防救护人员平时应熟悉和掌握化学品的主要危险特性及其相应的灭火措施,并定期进行防火演练,加强紧急事态时的应变能力。有关火灾的扑救技术和控制技术参见本章第三节的内容。

9. 泄漏处置

危险物质泄漏后,不仅污染环境,对人体造成伤害,如遇可燃物质,还有引发火灾爆炸的可能。因此,对泄漏事故应及时、正确处理,防止事故扩大。泄漏处理一般包括泄漏源控制及泄漏物处理两大部分,具体内容详见本章第五节。

10. 现场洗消

洗消是消除染毒体和污染区毒性危害的主要措施。危险化学品事故发生后,事故现场及附近的道路、水源都有可能受到严重污染,若不及时进行洗消,污染会迅速蔓延,造成更大危害。因此洗消是危险化学品灾害事故处置中必不可少的环节,具体内容详见本章第六节。

11. 应急结束及撤点

当生产安全事故的威胁和危害得到控制或者消除后,应决定停止执行全部或者部分应急救援措施,并撤除和离开设立的现场工作区域,即"撤点"。撤点就是指应急救援工作结束后,离开现场或救援后的临时性转移。

(1) 在救援行动中应随时注意气象和事故发展的变化,一旦发现所处的区域有危险时,应立即向安全区域转移。

(2) 在转移过程中应注意安全,保持与救援指挥部和各救援队的联系。救援工作结束后,各救援队撤离现场以前应取得现场救援指挥部的同意。

（3）撤离前要做好现场的清理工作，并注意安全。

12. 恢复和重新进入

从应急救援到恢复和重新进入现场需要编制专门方案，根据事故类型和损害严重程度，具体问题具体解决。其主要考虑以下内容：①宣布紧急结束；②组织重新人员进入；③调查事故原因，评估损失；④清除废墟，清理损坏区域；⑤恢复损坏区的水、电等供应；⑥抢救被事故损坏的物资和设备；⑦恢复被事故影响的设备、设施；⑧解决保险和损坏赔偿。

当应急救援结束，应急指挥部应该委派有关人员重新入驻，清理重大破坏地区和保证恢复操作的安全。根据危险的性质和事故大小，重新入驻人员可能不同，可包括应急人员、企业技术、工程及维修人员。要保证重新入驻人员的安全，直接观察现场和采取适当措施后才能进入破坏区域，如果危险，要佩戴个人防护设备。进入现场的人员应将发现的情况及时通知应急指挥部，由其决定是否宣布应急结束，只有在所有危险均已解除后，才可以宣布结束应急状态。一般事故，可以及时指示企业人员重新进入建筑或企业单元，并恢复正常操作；重大事故，应急指挥部要决定何时允许大多数员工进入。事故调查应该尽早进行，并应严格遵守有关事故调查处理法规和标准。如果事故涉及有毒或易燃物质，清理工作必须在进行其他恢复工作之前进行。消除污染包括建立临时净化单元（如洗池），用于清除场所内所有有毒物质和使用前的处理。水、电供应的恢复只有在对事发现场彻底检查之后才能开始，以保证不会产生新危险。恢复工作的最终目的是使事发单位恢复到原有状况甚至更好，所需时间进程、费用和劳动力与事故的严重程度有关。无论怎样，从事故中汲取教训是极为重要的，包括重新安装防止类似事故发生的装置，这也是审查应急预案、评价应急行动有效性的一个因素，通过加入新的内容，改善原有应急预案，提高事故预防水平。

三、事故现场控制与安排

事故应急救援工作由许多环节构成，其中现场控制和安排既是一个重要的环节，也是应急管理工作中内容最复杂、任务最繁重的部分。现场控制和安排在一定程度上决定了应急处置的效率与质量。科学合理的现场控制不仅能大大降低事故造成的损失，也是一个国家和地区的政府部门应急处置能力的重要体现。

（一）事故现场控制与安排应遵循的基本原则

1. 快速反应原则

无论是火灾、爆炸还是有毒物质泄漏事故都会对人民群众的生命和财产安全以及正常的社会秩序构成严重威胁。而且事故所具有的突发性等特点，决定了在现场处置过程中任何时间上的延误都有可能加大应急处置工作的难度，以至于使事故的损失扩大，引发更为严重的后果。因此，在应急处置过程中必须坚持做到快速反应，力争在最短的时间内到达现场、控制事态、减少损失，以最高的效率、最快的速度救助受害人，并为尽快地恢复正常的工作秩序、社会秩序和生活秩序创造条件。

事故发生之后,现场处置并没有一个固定的模式,一方面要遵循事故处置的一般原则;另一方面需要根据事故的性质与所影响的范围灵活掌握、灵活处理。有的事故在爆发的瞬间就已结束,没有继续蔓延的条件,但大多数事故在救援和处置过程中可能还会继续蔓延扩大,如果处置不及时,很可能带来灾难性的后果甚至引发其他事故。事故现场控制的作用,首先体现在防止事故继续蔓延扩大方面。因此,必须在第一时间内做出反应,以最快的速度、最高的效率进行现场控制。因此,快速反应原则是事故应急处置中的首要原则。

2. 救助原则

事故发生后会产生数量和范围不确定的受害者。受害者的范围不仅包括事故中的直接受害人,甚至还包括直接受害人的亲属、朋友以及周围其他利益相关的人员。受害人所需要的救助往往是多方面的,这不仅体现在生理上,很多时候也体现在心理和精神层面上。例如,火灾、爆炸和恐怖袭击等灾难性事故的现场往往会有大量的伤亡人员(直接受害者),他们会在生理和心理上承受着双重打击;同时,事故的幸存者和亲历者虽然没有明显的心理创伤,但也会产生各种各样的负面心理反应。因此,事故应急处置的部门和人员在进行现场控制的同时应立即展开对受害者的救助,及时抢救护送危重伤员、救援受困群众、妥善安置死亡人员、安抚在精神与心理上受到严重冲击的受害人。

3. 人员疏散原则

在大多数事故应急处置的现场控制与安排中,把处于危险境地的受害者尽快疏散到安全地带,避免出现更大伤亡的灾难性后果,是一项极其重要工作。在很多伤亡惨重的事故中,没有及时进行人员安全疏散是造成群死群伤的主要原因。

无论是自然灾害还是人为的事故,或者其他类型的事故,在决定是否疏散人员的过程中,需要考虑的因素一般有以下几项。

(1)是否可能对群众的生命和健康造成危害,特别是要考虑到是否存在潜在危险性。

(2)事故的危害范围是否会扩大或者蔓延。

(3)是否会对环境造成破坏性的影响。

4. 保护现场原则

按照一般的程序,事故应急处置工作结束之后,或在应急处置过程的适当时机,调查工作就需要介入,以分析事故的原因与性质,发现、收集有关的证据,澄清事故的责任者。现场处置工作中所采取的一切措施都要有利于日后对事故的调查。在实践中容易出现的问题是应急人员的注意力都集中在救助伤亡人员,或防止灾难的蔓延扩大上,而忽略了对现场与证据的保护,结果在事后发现其中有犯罪嫌疑需要收集证据时,现场已遭到破坏,给调查工作带来被动。因此,必须在进行现场控制的整个过程中,把保护现场作为工作原则贯彻始终。虽然对事故的应急处置与调查处理是不同的环节与过程,但在实际工作中没有明确的界限,不能把两者截然分开。

5. 保护应急参与人员安全的原则

美国"9·11"事件的应急处置工作有很多值得总结的经验,但同时也给人们留下了许多值得思考的问题。美国"9·11"事件300多名警察与消防人员的牺牲,造成牺牲的原因很多，有现场指挥的失误，也有在紧急情况下信息不充分的问题。不过人们思考最多的一个问题是对于警察、消防人员与其他应急机构等经常参与公共安全危机事件的应急处置的人员来说，不必要的代价是否值得付出？在美国"9·11"事件之前，人们在价值观念上推崇那些为了人民群众的安全和利益不怕流血牺牲的人，在一些事故的应急现场，也会经常听到一些指挥决策人员发出"不惜任何代价要……"（包括应急参与人员的生命）之类的指令，结果造成更大的伤亡和损失。这种理念精神在某种情况之下是值得提倡和发扬的，但在应急过程中，如果没有科学的方法与态度，这种精神就可能成为一种盲目的、不负责任的冲动。从理性的角度考虑，在事故的应急处置过程中，应当明确的一个基本目标是保证所有人的安全，既包括受害人和潜在的受害人，也包括应急处置的参与人员，而且首先要保证应急参与人员的安全，不能为了执行一个不负责任的命令而牺牲无辜的应急人员的安全。现场的应急指挥人员在指导思想上也应当充分地权衡各种利弊得失，尽可能使现场应急的决策科学化与最优化，避免付出不必要的牺牲和代价。

（二）现场控制的基本方法

在事故现场处置过程中，对现场的控制是必不可少的，需要作出一系列的应急安排，其目的是防止事故的进一步蔓延扩大，使人员伤亡与财产损失降低到最低程度。但由于事故发生的时间、环境和地点不同，因而其现场也有不同的环境与特点，所需要的控制手段及应急资源也不相同。这些差别决定了在不同的事故现场应该采取不同的控制方法。事故现场控制的一般方法可分为以下几种。

1. 警戒线控制法

警戒线控制法是指由参加现场处置工作的人员对需要保护的重大或者特别重大的事故现场站岗警戒，防止非应急处置人员与其他无关人员随意进出现场，干扰应急处置工作正常进行的特别保护方法。在重特大事故现场或其他相关场所，根据事故的性质、规模、特点等不同情况或需要，应安排公安机关的警察、保安人员或企业事业单位的保卫人员等应急参与人员实施警戒保护。对于范围较大的事故现场，应从其核心现场开始，向外设置多层警戒线。如在重庆开县的井喷事故中，公安机关就设置了三层封锁线。

在事故现场设置警戒线，一方面是保证处置工作的顺利进行，使应急人员在心理上有一种安全感，同时避免外来的未知因素对现场的安全构成威胁；另一方面也可以避免现场可能存在的各种危险源危及周围无关人员的安全。在警戒线的设置范围上，应坚持宜大不宜小，保留必要的警戒冗余度以阻止现场内外人、物、信息的大规模无序流动。在实践中，各国普遍的做法是设置两层以上的警戒线。由内向外，由高密度向低密度布置警戒人员。这种警戒线表面上是虚设的，但是这种虚设的警戒线至少在心理上可以让处置人员产生一种安全感，从而高效地投入救援工作。警戒线的设立也可以使大部分外部人员或围观群众自觉地远离事故现场，从而为应急处置创造一个较好的外部环境。

2. 区域控制法

在有些事故的应急处置过程中，可能点多面广，需要处置的问题比较多，处置工作必然存在优先安排的顺序问题；也可能由于环境等因素的影响，需要对某些局部区域采取不同的控制措施,控制进入现场的人员数量。区域控制建立在现场概览的基础上,即在不破坏现场的前提下,在现场外围对整个事故发生环境进行总体观察,确定重点区域、重点地带、危险区域和危险地带。现场区域控制遵循的原则是:先重点区域,后一般区域;先危险区域,后安全区域;先外围区域,后中心区域。具体实施区域控制时,一般应当在现场专业处置人员的指导下进行,由事发单位或事发地的公安机关指派专门人员具体实施。

3. 遮盖控制法

遮盖控制法实际上是保护现场与现场证据的一种方法。在事故的处置现场,有些物证的时效性要求往往比较高,天气因素的变化可能会影响取证和检材的真实性;有时由于现场比较复杂,破坏比较严重,再加上应急处置人员不足,不能立即对现场进行勘察、处置,因此需要用其他物品对重要现场、重要物证和重要区域进行遮盖,以利于后续工作的开展。遮盖物一般多采用干净的塑料布、帆布和草席等物品,起到防风、防雨、防日晒以及防止无关人员随意触动的作用。应当注意的是,除非万不得已,一般尽量不要使用遮盖控制法,防止遮盖物沾染某些微量物证或检材,影响取证以及后续的化学物理分析结果。

4. 以物围圈控制法

为了维持现场处置的正常秩序,防止现场重要物证被破坏以及危害扩大,可以用其他物体对现场中心地带周围进行围圈。一般来讲,可以使用一些不污染环境、阻燃隔爆的物体。如果现场比较复杂,还可以采用分区域和分地段的方式进行。

5. 定位控制法

有些事故现场由于死伤人员较多,物体变动较大,物证分布范围较广,采取上述几种现场控制方法,可能会给事发地的正常生活和工作秩序带来一定的负面影响,这就需要对现场特定死伤人员、特定物体、特定物证、特定方位和特定建筑等采取定点标注的控制方法,使现场处置有关人员对整体事件现场能够一目了然,做到定量和定性相结合,有利于下一步工作的开展。定位控制一般可以根据现场大小和破坏程度等情况,首先,按区域和方位对现场进行区域划分,可以有形划分,也可以无形划分,如长条形、矩形、圆形和螺旋形等形式;其次,每一划分区域指派若干现场处置人员,用色彩鲜艳的小旗对死伤人员、重要物体、重要物证和重要痕迹定点标注;最后,根据现场应急处置的需要,在此基础上开展下一步的工作。这也是欧美国家在处置重大事故现场过程中常采用的一种方法。

四、救援行动的优先原则和现场保障方案

(一)救援行动的优先原则

一般情况下,应急救援行动的优先原则是:①受害人员和应急救援人员的安全优先;②防止事故蔓延优先;③保护环境优先。

以火灾为例,首先,要建立疏散和营救遇险者及探测者可以进入的安全区域。其次,选择一个防御性计划来防止火势蔓延,在实施防御措施中,事故指挥者一定不要忘了第一优先是人员的安全。要努力保护环境使其免受燃烧流体、烟雾和危险气体的污染。例如,应急人员临时构筑堤防,防止燃烧流体与附近化学物质发生反应。应急人员进入事故区

域灭火并设法减少损失。

（二）现场保障方案

现场保障方案是当实施应急救援时，需要援助和保障事故应急救援行动正常进行的其他一切相关行动的方案。例如，对伤员的医疗救治，建立临时区，事发单位外部资源调入，与邻近地区政府和应急机构协调，为疏散人员提供基本生活保障等。

1. 医疗救治

许多组织可提供应急医疗救治和医疗援助，例如，接受过急救培训的应急救援人员、事发企业医生或护士、当地医生、护士和其他医疗人员、附近企业的医疗人员和其他救援小组等。救援的迅速及时和救援人员的有效协调是实现有效的医疗救治的关键，负责医疗救治的人员必须熟悉最基本的急救技术。要在应急行动后立刻开始医疗救治，迅速把伤员从事故现场转移到临时区域，他们可在那里得到充分的医疗救治。

2. 临时区

临时区是应急救援活动后勤运作的活动区域，临时区不应该离事故现场太远，可位于应急指挥中心附近，当然也要考虑安全。临时区域应该有充足的车位，保证应急车辆自由移动。临时区选址时要考虑保证电力照明和水源充足，其位置应该让所有有关人员知道，张贴标识以指示应急人员，设置保卫防止无关人员进入此区域。

临时区的主要任务是保存物资，包括收到的物资清单和发放给应急人员的物资清单。企业应急指挥必须知道现有物资、设备和需求，这样可及时提出申请。在事故灾难中，临时区常用的应急供应物资设备包括呼吸器、灭火剂、泡沫、水管、水枪、检测器、挖土和筑堤设备、吸收剂、照明设备、发电机、便携式无线电和其他通信设备、重型设备和车辆、特种工具、堵漏设备、食物、饮料、卫生设施、衣物、汽油、柴油。

临时区也可以用于接收伤员、管理急救和安排伤员转入待用救护车。在重特大事故时，临时区可以作为临时停尸所。除此以外，清除污染也是临时区任务的一部分（尽管清污场所可能处于其他位置），消毒工作一般要求应急救援人员进入清理区前对他们的防护设备进行清洗消毒，放入指定窗口内，在临时区应急救援人员也可以擦洗防护设备和进行个人清洁。

3. 互助与协调外部机构行动

互助与协调外部机构行动主要是在突发事件发展超过预先应急救援方案设想、失去控制时，需要借助临近应急机构及资源时如何协调的具体事宜。其他当地外部机构只有事先介入计划才能有效合作，可以预先建立协调联动机制，各成员单位事先知道能提供什么合作和由谁提供。

4. 值勤和社会服务

应急时事故影响区的值勤主要由保安和当地公安部门负责。他们的主要任务是防止无关人员和旁观者进入企业或事故现场，指挥交通以保证公众安全，保护应急行动。企业保安也要控制人员进入应急指挥中心新闻发布室、有重要记录和商业秘密的敏感地区。应急救援时，当地警方有指挥疏散和在疏散区执法（防止抢劫）的任务。

社会服务，如对事故受害者家属的援助或对疏散者的帮助应该在政府主管部门的直接指挥下进行,编制地方政府应急预案应予以考虑。对其他人员的救助可由政府职能部门和当地志愿者组织提供。

第二节　危险分析、现场侦检和隔离疏散区域划分

一、危险分析

发生事故后,要对现场情况的危险做进一步分析,为应急响应和救援行动提供所必需的信息和资料。危险分析包括危险源辨识、脆弱性分析和风险评价。

(一)危险源辨识

1. 危险源查证

事故发生后,首先必须弄清楚现场及其影响区域内存在的所有能量类型和危险物质的数量及其它们的载体,分析这些能量及危险物质发生意外释放的条件、途径、危险特性和伤害或破坏范围。一些典型危险物质及其载体如图 6-1 所示。

(a) 乙炔钢瓶　　　　　　(b) 石油炼化装置　　　　　　(c) 大型石油储罐

图 6-1　危险源-典型危险物质及其载体

2. 重大危险源辨识

危险化学品重大危险源(major hazard installations for hazardous chemicals)是指长期或临时地生产、储存、使用和经营危险化学品,且危险化学品的数量等于或超过临界量的单元。单元包括生产单元(production unit)和储存单元(storage unit)。生产单元是指危险化学品的生产、加工及使用等的装置及设施,当装置及设施之间有切断阀时,以切断阀作为分隔界限划分为独立的单元。储存单元是指用于储存危险化学品的储罐或仓库组成的相对独立的区域,储罐区以罐区防火堤为界限划分为独立的单元,仓库以独立库房(独立建筑物)为界限划分为独立的单元。

事故发生后,涉及危险化学品的,首先要依据《危险化学品重大危险源辨识》(GB 18218—2018)危险化学品的危险特性及其数量以及是否构成重大危险源进行判定。

3. 社区或地区危险源识别及调查

社区或地区危险识别所指的危险,是能够引起或产生对社区或地区严重危害性影响的自然的或人为的事件或形势。其可能引起的后果的规模和严重性是不易确定的,有时候,它可能引起一场灾难,危及整个社区乃至更广大的地区。对于一个社区或地区来说,

危险识别具有明确的针对性，并且需要严谨的科学性。

社区或地区危险识别是指对一个社区或地区（包括城镇、城市、县等行政区域或一个地理区域）所存在的危险的认识与确定。一个社区或地区的危险识别一般从三大类危险考虑：自然灾害的危险、人为灾害的危险和技术灾害的危险。

自然灾害虽然影响面积比较大，往往超出一个社区或地区，但对不同的社区和地区所造成的危险性是不一样的。比如，处于低洼易涝地区的社区遭受洪灾的危险较大，处于化工厂附近的社区遭受有毒气体、液体泄漏的危险较大，处在地震活跃带上的社区遭受地震危险较大，这些危险都具洋手明确的地域性，而不一定具有普遍意义。因而，危险识别首先是对所针对的一个社区或地区做全面的潜在危险的调查。实施这些调查的最有效手段，就是对历史上该社区或地区所发生过的灾难进行搜集和分析。通常通过查阅地方史志、历年报纸、天气预报记录、保险公司记录、事故报告、消防队记录、民间传诵的逸事等，获得关于当地发生过的各类灾害的资料。特别需要注意的是，不要忽略那些造成的后果并不十分严重的事件，因为同一类事件过去不会酿成严重后果，今天可能引起灾难性结果；同样，也不能忽视那些多年没有发生的事件，因为许多自然灾害的发生往往具有周期性，而且可能周期较长。

此外，对历史上没有发生过的事件也不能掉以轻心。随着时代的发展，一个社区或地区的环境发生了很大改变，过去不可能发生的事件，今天可能发生，特别是工业建设造成的新危险。例如，当地新修了一座水库，垮坝的危险就出现了；新建了一座化工厂，有害气体和液体的泄漏的危险就存在了。尤其容易忽略的是非固定危险源，比如在通过本社区或地区的一条公路或铁路上面通行的运载危险品的车辆发生了倾覆事故，或者周边地区发生了有害气体泄漏，而本地区正好处在下风处等情况，都应该考虑进去。

当然，也不要因为怕遗漏而将当地不可能发生的灾害也列进去，那样会造成用于灾害减除的资源的浪费。例如，处在沿海台风路线上的地区需要考虑台风的危险，而内地则不必要考虑；在地震带上的地区要考虑地震问题，其他地区一般不需要考虑。总之，对当地灾害危险的调查既要全面，也要切合实际。

（二）脆弱性分析

1. 脆弱性与脆弱性分析的概念

由于各种自然灾害或人为事件是经常发生和难以避免的，所以人类社会始终存在着各种各样的危险。然而，危险不一定就会形成灾害。有充分预防和准备的社区或地区在一场重大事件中可能遭受很少的损失，而没有准备或准备不充分的社区或地区则可能损失巨大。这就是社区或地区自身固有的脆弱性因素的影响。在美国 FEMA 的公共安全管理学院的教科书中，解释脆弱性的概念是从以下设问开始的："什么使一个事件在一个政府的管辖下变成了小问题，而在另一个政府管辖下却演变成了一场灾难？为什么在飓风中有的房子毁坏了，而另一些却安然无恙？为什么两次相同烈度的地震在洛杉矶只引起不到 100 人的死亡，而在印度的古吉拉特（Gujarat）却导致两万多人的死亡？这是'脆弱性'回答的问题。"显然，人们会认为，两个地区对地震的脆弱性不一样。

（1）脆弱性的概念。脆弱性是一个社区招致损失的倾向性的尺度，是对危险的风险的易感性。脆弱性也是康复力的尺度。McEntire(2000)曾经提出一个脆弱性发生关系图,也可以将其理解为作者对脆弱性分类的矩阵图,如图 6-2 所示,从环境属性角度,脆弱性由不利因素(liabilities)与能力(capabilities)的此消彼长所构成,不利因素来源于固有风险(risk)和社会的易受损性或称易感性(susceptibility),能力则由科学技术与工程设施对灾害抗击力(resistance)和社会公众面临灾难时表现出的抗逆力(resilience)共同构成。按照 McEntire 模型的解释,如果仅从脆弱性来源分类的话,也可以简略将其划分为自然物理性和社会人文性这两类。

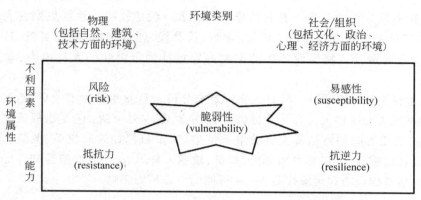

图 6-2　脆弱性 McEntire 模型

考虑到我国对事故灾难的管理体制和应急管理实际情况,建议把脆弱性按其来源属性分为自然、技术、社会和管理四类,如图 6-3 所示。例如,在自然灾害中,脆弱性可能来自地质环境严重破坏,城镇居民区建在危险区域,如遇暴雨等极端气象条件则可能造成泥石流和山洪暴发等巨大灾害;而大多的工业事故都是由于作业环境隐患突出且治理与监督不力,管理缺失,再加上盲目追求产值效益,而最终导致伤亡事故发生;社会安全事件常常与政策执行不力、资源分配不公、公众沟通欠缺,领导作为不够有密切关系;而从管理角度,突发事件造成严重后果的主要原因可归结为应急预案欠缺,培训演练不充分,通信、物资、装备应急准备不足等。

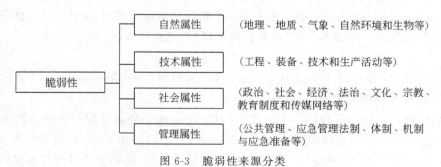

图 6-3　脆弱性来源分类

(2) 脆弱性分析。脆弱性分析是对社区或地区的基础设施易受危险侵袭的方面的查找和确定。要确定一旦发生危险事故,哪些地方容易受到破坏。风险评价是从危险的源头(即危险的施加者)从各类灾害的角度讲危险,脆弱性分析是从危险的受体(即危险的承受者)社区或地区的自身条件讲危险,因而脆弱性分析有它独特的方面。简单地说,如果遭受一种灾害的打击,谁或者什么将会受到影响?受影响的程度如何?人们在分析了每一种势必影响到本社区或地区的危险之后,确定了它(们)将会对社区或地区的哪些方面造成影响,然后考察和分析这些方面对这些影响的抵御力如何?有可能造成多大的生命、财产或经济损失?从而找出最薄弱的环节,这就是脆弱性分析。

2. 脆弱性分析的对象和结果

(1) 脆弱性分析的对象。脆弱性分析的对象一般是社区或地区集聚的人口、建筑、基础设施和重要设施,诸如城市、医院、学校、铁路线、通信中枢、电力实施、自来水供应系统、重要危险源等。脆弱性分析的主要内容包括确定潜在的人员损失、确定潜在的经济损失。

(2) 脆弱性分析的结果。脆弱性分析是要分析一旦发生重大事故后,地区或城市范围内的哪些地方和哪些人员容易受到破坏或伤害,其主要包括:①受事故或灾害影响严重的区域;②重要防护目标及人员数量和类型(防护目标如政府机关、医院、学校、托儿所、重要设备设施等,人口类型如居民、职员、敏感人群等);③可能遭受破坏的私人和公共财产,包括基础设施和运输线路等;④可能的生态环境影响。

(三) 风险评价

1. 风险评价的基本模型

(1) 经典模型。1960 年,美国军用标准《系统安全管理导则》(MIL-STD-882A)提出突发事件风险评价的基本方法,见式(6-1)。几十年来,该模型在全世界得到广泛的推广与应用。近年来的实践证明,由于该模型忽略了承灾体在抗击力和抗逆力方面的差异,很难全面反映灾难类风险的特点与规律。

$$R = L \times C \tag{6-1}$$

式中,R 为风险(risk);L 为发生可能性(likelihood);C 为后果严重度(consequences)。

(2) 新型模型。在联合国减灾委的报告 *Living with Risk: A global review of disaster reduction initiatives* 中曾提出了一个新的风险评估模型,见式(6-2),推荐将其作为突发事件风险评价的基本方法,以取代经典模型,见式(6-1)。

$$R = H \times V / C \tag{6-2}$$

式中,R 为风险(risk);H 为危险度(hazard);V 为脆弱度(vulnerability);C 为抗击力和抗逆力即对灾害的抵抗能力(capacity)。

脆弱性评估是风险管理的一个新概念,灾害(disaster)的破坏程度取决于源发事件 T(triggering agent)与承灾体脆弱性 V(vulnerability)之间的相互作用,即 $T+V=D$。无论是 $R=H\times V/C$ 模型,还是 $T+V=D$ 模型都可以显示,脆弱性变量与灾害风险变量之间存在一定意义上的函数关系,进一步说可能存在因果关系。

2. 可容许风险标准

(1) 可容许个人风险标准。个人风险是指因危险化学品重大危险源各种潜在的火灾、爆炸、有毒气体泄漏事故造成区域内某一固定位置人员的个体死亡概率,即单位时间内(通常为年)的个体死亡率。通常用个人风险等值线表示。

通过定量风险评价,危险化学品单位周边重要目标和敏感场所承受的个人风险应满足表 6-1 中可容许风险标准要求。

表 6-1　可容许个人风险标准

危险化学品单位周边重要目标和敏感场所类别	可容许风险/年
(1) 高敏感场所(如学校、医院、幼儿园、养老院等); (2) 重要目标(如党政机关、军事管理区、文物保护单位等); (3) 特殊高密度场所(如大型体育场、大型交通枢纽等)	$<3\times10^{-7}$
(1) 居住类高密度场所(如居民区、宾馆、度假村等); (2) 公众聚集类高密度场所(如办公场所、商场、饭店、娱乐场所等)	$<1\times10^{-6}$

(2) 可容许社会风险标准。社会风险是指能够引起大于等于 N 人死亡的事故累积频率(F),也即单位时间内(通常为年)的死亡人数。通常用社会风险曲线(F-N 曲线)表示。

可容许社会风险标准采用 ALARP(as low as reasonable practice)原则作为可接受原则。ALARP 原则通过两个风险分界线将风险划分为 3 个区域,即不可容许区、尽可能降低区(ALARP)和可容许区。

① 若社会风险曲线落在不可容许区,除特殊情况外,该风险无论如何不能被接受。

② 若落在可容许区,风险处于很低的水平,该风险是可以被接受的,无须采取安全改进措施。

③ 若落在尽可能降低区,则需要在可能的情况下尽量减少风险,即对各种风险处理措施方案进行成本效益分析等,以决定是否采取这些措施。

通过定量风险评价,危险化学品重大危险源产生的社会风险应满足图 6-4 中可容许社会风险标准要求。

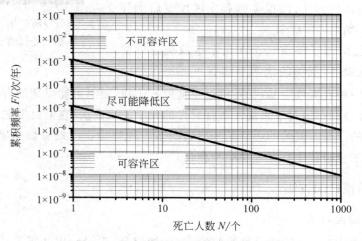

图 6-4　可容许社会风险标准(F-N)曲线

二、现场侦检

现场侦检是指采取有效的技术手段查明泄漏危险物质的状况，即事故应急监测。现场侦检是事故（尤其危险物质事故）现场抢险处置的首要环节。

（一）事故应急监测的要求及注意事项

1. 事故应急监测中的要求

（1）准确。准确查明造成化学事故的危险物质的种类，对未知毒物和已知毒物在事故过程中相互作用而成为新的危险源的检测要慎之又慎。

（2）快速。能在最短的时间内报知监测结果，为及时处置事故提供科学依据。通常对事故预警所用监测方法的要求是快速显示分析结果。但在事故平息后为查明其原因则常常采用多种手段取证，此时注重的是分析结果的精确性而不是时间。

（3）灵敏。监测方法要灵敏，即能发现低浓度的有毒有害物质或快速地反映事故因素的变化。

（4）简便。采用的监测手段应当简捷。可根据监测时机、监测地点和监测人员确定所用的监测手段及仪器的简便程度。通常实施现场快速监测时，应选用较简便的仪器。

2. 事故应急监测中的注意事项

（1）注意个人防护。化学事故应急监测不同于一般的环境监测，参加监测的人员必须考虑自身防护问题，否则不但监测不到数据，而且有可能引起中毒甚至危及生命。如1999年12月某地发生环氧乙烷泄漏事故，参加现场监测和救援的人员因穿戴防护器材不当，受到环氧乙烷的毒害，造成数十人中毒。因此，化学事故应急监测中的个人防护问题应引起监测人员和有关部门的高度重视，务必做到预先有准备，掌握正确的防护方法，以保证顺利完成应急监测任务和自身安全，如图6-5所示。

图6-5　身穿防护服、手提便携式气相色谱仪的应急监测人员

（2）注意化学因子多重性。在化学事故应急检测中，如有燃烧或爆炸，现场的化学毒物有可能不只是一种。因此检出一种有毒危险品，仍不能过早地停止工作，要对可能出现的毒物进行更广泛的检测。需要注意的是，对于采用一些特异性的化学测试方法，它们只能显示有没有某种或某类化学品的存在。试验的阴性结果只表明某一种特殊物质没有以显著性含量存在；而阳性结果不能说明其他有毒危险品不存在。

（二）现场侦检的方法

1. 非器材的检判法

（1）感官检测法。这是最简易的监测方法，即用鼻、眼、口、皮肤等人体器官（也可称作人体生物传感器）感触被检物质的存在，包括察觉危险物质的颜色、气味、状态和刺激性,进而确定危险物质种类的一种方法。感官检测法有以下几种途径。

① 根据盛装危险物品容器的漆色和标识进行判断。盛装危险物品容器或气瓶一般要求涂有专门的漆色并写有物质名称字样及其字样颜色标识。常见的有毒危险气体气瓶的漆色和字样颜色见表 6-2。

表 6-2 常见的有毒危险气体气瓶的漆色和字样颜色

序号	气瓶名称	化学式	外表面颜色	字样	字样颜色	色 环
1	氢	H_2	深绿	氢	红	$P=150$ 不加色环,$P=200$ 黄色环一道,$P=300$ 黄色环二道
2	氧	O_2	天蓝	氧	黑	$P=150$ 不加色环,$P=200$ 白色环一道,$P=300$ 白色环二道
3	氨	NH_3	黄	液氨	黑	
4	氯	Cl_2	草绿	液氯	黑	
5	空气		黑	空气	白	$P=150$ 不加色环,$P=200$ 白色环一道,$P=300$ 白色环二道
6	氮	N_2	黑	氮	黄	
7	硫化氢	H_2S	白	液化硫化氢	红	
8	二氧化碳	CO_2	铝白	液化二氧化碳	黑	$P=150$ 不加色环,$P=200$ 玄色环一道
9	二氯二氟甲烷	CF_2Cl_2	铝白	液化氟氯烷-12	黑	
10	三氟氯甲烷	CF_3Cl	铝白	液化氟氯烷-13	黑	$P=80$ 不加色环,$P=125$ 草绿色环一道
11	四氟甲烷	CF_4	铝白	氟氯烷-14	黑	
12	二氯氟甲烷	$CHFCl_2$	铝白	液氟氯烷-21	黑	
13	二氟氯甲烷	CHF_2Cl	铝白	液化氟氯烷-22	黑	
14	三氟甲烷	CHF_3	铝白	液化氟氯烷-23	黑	
15	氩	Ar	灰	氩	绿	$P=150$ 不加色环,$P=200$ 白色环一道,$P=300$ 白色环二道
16	氖	Ne	灰	氖	绿	
17	二氧化硫	SO_2	灰	液化二氧化硫	黑	
18	氟化氢	HF	灰	液化氟化氢	黑	
19	六氟化硫	SF_6	灰	液化六氟化硫	黑	$P=80$ 不加色环,$P=125$ 草绿色环一道
20	煤气		灰	煤气	红	$P=150$ 不加色环,$P=200$ 黄色环一道,$P=300$ 黄色环二道
21	其他气体		灰	气体名称	可燃的红,不可燃的黑	

② 根据危险物品的物理性质进行判断。危险物品的物理性质包括气味、颜色、沸点

等。不同危险物品，其物理性不同，在事故现场的表现也有所不同。各种毒物都具有其特殊的气味。一旦发生化泄漏事故后，在泄漏地域或下风方向，可嗅到毒物发出的特殊气味。例如，氰化物具有苦杏仁味，氢氰酸可嗅质浓度为 $1.0\mu g/L$；二氧化硫具有特殊的刺鼻味；含硫基的有机磷农药具有恶臭味；硝基化合物在燃烧时冒黄烟；一些化学物质（如HCL）能刺激眼睛流泪；酸性物质有酸味；碱性物质有苦涩味；硫化氢为无色有臭鸡蛋味，浓度达到 $1.5mg/m^3$ 时就可以用嗅觉辨出，当浓度为 $3000mg/m^3$ 时由于嗅觉神经麻痹，反而嗅不出来；氨气为无色有强烈臭味的刺激性气体，燃烧时火焰稍带绿色；氯气为黄绿色有异臭味的强烈刺激性气体；酸碱还能刺激皮肤；沸点低、挥发性强的物质，如光气和氯化氰等泄漏后迅速气化，在地面无明显的霜状物，光气散发出烂干草味，可嗅质量度为 $4.4\mu g/L$，氯化氰为强烈刺激味，可嗅质量浓为 $2.5\mu g/L$；沸点低、蒸发潜热大的物质，如氢氰酸（HCN）、液化石油气泄漏的地面上则有明显的白霜状物等。

许多危险物品的形态和颜色相同，无法区别，所以单靠感官监测是不够的，仅可以对事故现场进行初步判断。而且这种方法可直接伤害监测人员，这只能是一种权宜之计，单靠感官检测是绝对不够的，并且对于剧毒物质绝不能用感官方法检测。

③ 根据人或动物中毒的症状进行判断。可以通过观察人员和动物中毒或死亡症状，以及引起植物的花、叶颜色和枯萎的方法，初步判断危险物品的种类。例如，中毒者呼吸有苦杏仁味、皮肤黏膜鲜红、瞳孔散大，为全身中毒性毒物；中毒者开始有刺激感、咳嗽，经2～8小时后咳嗽加重、吐红色泡痰，为光气；中毒者的眼睛和呼吸道的刺激强烈、流泪、打喷嚏、流鼻涕，为刺激性毒物等。

（2）动植物检测法。利用动物的嗅觉或敏感性来检测有毒有害化物质，如狗的嗅觉特别灵敏，国外利用狗侦查毒品很普遍。美军曾训练狗来侦检化学毒剂，使其嗅觉可检出6种化学毒剂，当狗闻到微量化学毒剂时即反出不同的吠声，其检出最低浓度为 0.5～1.0mg/L。有一些鸟类对有毒有害气体特别敏感，如在农药厂生产车间里养一种金丝鸟或雏鸡，当有微量化学物泄漏时，动物就会立即有不安的表现，以至挣扎死亡。

检测植物表皮的损伤也是一种简易的监测方法，现已逐渐被人们所重视。有些植物对某些大气污染很敏感，如人能闻到二氧化硫气味的浓度为 1～9ppm，在感到明显刺激如引起咳嗽、流泪等其浓度为 10～20ppm；而有些敏感植物在 0.3～0.5 ppm 时，在叶片上就会出现肉眼能见的伤斑。HF 污染叶片后其伤斑呈环带状，分布叶片的尖端和边缘，并逐渐向内发展。光化学烟雾使叶片背面变成银白色或古铜色，叶片正面出现一道横贯全叶的坏死带。利用植物这种特有的"症状"，可为环境污染的监测和管理提供旁证。

2. 便携式检测仪器侦检法

便携式检测仪器具有携带方便、可靠性高、灵敏性好、安全度高以及选择余地大、测量范围宽等特点，能够很好地满足事故现场侦检在准确、快速、灵敏和简便方面的要求，因此便携式检测仪器在事故现场侦检工作中得到了广泛的应用，如图 6-6 所示。

便携式检测仪器侦检法包括：①便携式仪器分析法，如分光光度法、气相色谱法、袖珍式爆炸性气体和有毒有害气体检测器法等；②传感器法，如电学类气体传感器、光学类气体传感器、电化学类气体传感器等；③光离子化检测器（PID）气体检测技术；④红外光谱法（IR）；⑤气相色谱法、液相色谱法（包括质谱联用技术）；⑥其他方法，如 AAS（原子

图 6-6　便携式红外光谱(IR)气体分析仪现场应用

吸收光谱分析法)、AFS(原子荧光分析法)、ICP-AES(电感耦合等离子发射光谱)、ICP-MS(电感耦合等离子质谱,是金属及类金属毒物的有效定性定量方法)、IMS(离子迁移谱法)、SAW(表面声波法,测苯乙烯、甲苯等有机蒸汽;CO、SO_2、NO_2、NH_3、氢氰酸、氯化氰、沙林等)等。

　　下面主要介绍在各行业和领域得到普遍使用和推广的几种便携式检测仪器的使用方法。在介绍仪器之前首先必须搞清楚几个重要的概念和单位。

　　ppm 指百万分之一体积比浓度,英文为 part per million。%VOL 指体积百分比浓度,英文为 volume percentage。%LEL 是指爆炸下限,它是针对可燃气体的一个技术词语。可燃气体在空气中遇明火种爆炸的最低浓度称为爆炸下限,简称 LEL(lower explosion limited)。空气中可燃气体浓度达到其爆炸下限值时,称这个场所可燃气环境爆炸危险度为百分之百,即 100%LEL。如果可燃气体含量只达到其爆炸下限的百分之十,称这个场所此时的可燃气环境爆炸危险度为 10%LEL;对环境空气中可燃气的监测,常常直接给出可燃气环境危险度,即该可燃气在空气中的含量与其爆炸下限的百分比来表示:%LEL;所以,这种监测有时也被称作"测爆",所用的监测仪器也称"测爆仪"。具体指标如下:若使用测爆仪时,被测对象的可燃气体浓度≤爆炸下限 20%(体积比,下同);若使用其他化学分析手段时,当被测气体或蒸气的爆炸下限≥10%时,其浓度应小于 1%;当爆炸下限小于 10%、大于 4%时,其浓度应小于 0.5%;当爆炸下限小于 4%、≥1%时,其浓度应小于 0.2%。若有两种以上的混合可燃气体,应以爆炸下限低者为准。1ppm＝1/1000000 密闭空间,如果将 1m³ 看作一个密闭空间,则 1cm³ 就是 1ppm。ppm 是极微小的体积单位,一般用在可燃气微小泄漏及有毒气体泄漏检测。

　　%VOL 是高浓度体积单位,是指被测气体体积与空气体积的百分比,通常用来测定可燃气(天然气、液化石油气、沼气)的体积浓度。根据两者定义:1ppm＝1/1000000 VOL,1%VOL＝10000ppm。

　　(1) 智能型水质分析仪。主要用于定量分析水中氰化物、甲醛、硫酸盐、氟、苯酚、二甲苯酚、硝酸盐、磷、氯、铅等共计 23 种有毒有害物质。

　　(2) 有毒有害气体检测仪。检测仪的分类:根据采样方式分为泵吸式和扩散式;根据同时监测样品种类可分为单一监测仪、二合一监测仪、三合一监测仪、四合一监测仪(见图 6-7)、复合监测仪等。

　　① 检测仪的构成:一般由外壳、电源、传感器池、电子线路、显示屏、计算机接口和必要的附件配件组成(可以是干电池或者充电电池)。

图 6-7　个人用四合一气体检测仪(可以检测可燃气、氧气、CO 和 H_2S)

② 气体检测器的关键部件为气体传感器,从原理上可以分为三大类:a.利用物理化学性质的气体传感器,如半导体、催化燃烧、固体导热、光离子化等;b.利用物理性质的气体传感器,如热导、光干涉、红外吸收等;c.利用电化学性质的气体传感器:电流型、电势型等。

对于常见的可燃气 LEL 的检测,现在一般用催化燃烧检测器,氧气及有毒气体检测器一般使用电化学传感器。

③ 国家标准 GB/T 7665—2015 对传感器的定义是:传感器是能感受规定被测量并按照一定规律转换成可用输出信号的器件或装置。气体传感器是用来检测气体的成分和含量的传感器。一般来说,气体传感器的定义是以检测目标为分类基础的,也就是说,凡是用于检测气体成分和浓度的传感器都称作气体传感器,不管它是用物理方法,还是用化学方法。例如,检测气体流量的传感器不被看作气体传感器,但是热导式气体分析仪却属于重要的气体传感器,尽管它们有时使用大体一致的检测原理。

五大主要气体传感检测技术是:催化燃烧式传感器——LEL;红外吸收式——LEL、CO_2、CH_4;电化学式——O_2,CO,H_2S;光离子化 PID——VOC;半导体式 MOS。

④ 催化燃烧式气体传感器优点:a. 高选择性,凡是可以燃烧的,都能够检测;凡是不能燃烧的,传感器都没有任何响应。当然,"凡是可以燃烧的,都能够检测"这一句有很多例外,但是总的来讲,上述选择性是成立的。b. 计量准确,响应快速,寿命较长。传感器的输出与环境的爆炸危险直接相关,在安全检测领域是一类主导地位的传感器。其缺点是:a. 在可燃性气体范围内,无选择性;b. 暗火工作,有引燃爆炸的危险;c. 大部分元素、有机蒸汽对传感器都有中毒作用。

LEL 传感器中毒问题。有些化学物质接触到 LEL 传感器后可以抑制传感器中的催化珠或使其中毒,进而让传感器部分或完全丧失敏感性。中毒可以定义为传感器永久性的性能下降;而抑制效应通常可以通过放置在洁净空气中得以恢复。

最容易使传感器中毒的物质是硅类化合物,10ppm 以下就会降低传感器的响应;而硫化氢则是最常见的抑制剂。也有很多物质既会造成传感器中毒又是传感器的抑制剂,传感器的中毒机理是很复杂的。

铅化物也会影响 LEL 传感器的性能,尤其是对高燃点化合物的响应(如甲烷)。高浓度卤代烃会在高温下分解成 HCL 并残留于传感器的催化珠上,可能会腐蚀传感器和降低信号读数。

⑤ 电化学气体传感器。电化学气体传感器是由膜电极和电解液灌封而成,通过与被测气体发生反应并产生与气体浓度成正比的电信号来工作(原电池或电解池原理)。

电化学气体传感器的优点是:反应速度快、准确(可用于 ppm 级),稳定性好、能够定量检测,但寿命较短(大于等于两年),主要适用于毒性气体的检测。目前国际上绝大部分毒气检测采用电化学气体传感器。例如,氨气检测、氯气检测、硫化氢检测、一氧化碳检测、氧气检测、二氧化碳检测、氢气检测、二氧化硫检测等。

(3) 光离子化检测器(PID)。光离子化检测器可以检测低浓度的挥发性有机化合物(VOC)和气体有毒气体。很多发生事故的有害物质都是 VOC,因而对 VOC 检测具有极高灵敏度的 PID 就在应急事故检测中有着无法替代的用途,随着更加坚固、更加可靠和更加经济实用产品的出现,PID 已经成为检测有机化合物的普通工具,PID 必将成为应急事故中各类有毒挥发性有机化合物监测的首选仪器。

光离子化检测器可以检测 10ppb(parts billion)到 10000ppm 的 VOC 和其他有毒气体。PID 是一个高度灵敏、适用范围广泛的检测器,PID 可以看成一个低浓度 LEL 检测器。如果将有毒气体和蒸气看成是一条大江的话,即使你游入大江,LEL 检测器可能还没有反应,而 PID 则在你刚刚湿脚的时候就已经告诉了你。

PID 的工作原理。PID 使用了一个 9.8eV、10.6eV、11.7eV 光子能量的紫外线(UV)光源将有机物打成可被检测器测到的正负离子(离子化)。检测器测量离子化了的气体的电荷将其转化为电流信号,电流被放大并显示出 PPM 浓度值或永久性改变待测气体,这样一来,经过 PID 检测的气体仍可被收集做进一步的测定。大量的可以被 PID 检测的是含碳的有机化合物,包括:芬芳类-含有苯环的系列化合物,如苯、甲苯、萘等;酮类和醛类,含有 C-O 键的化合物,如丙酮等;氨和胺类,含有 N 的碳氢化合物,如二甲胺等;卤代烃类,硫代烃类,不饱和烃类,稀烃等;醇类。除了有机物,PID 还可以测量一些不含碳的无机气体(氨);半导体(砷和硒)等;溴和碘类等。

RAE 公司(美国华瑞公司)具有专利保护的 PID 技术和不断创新的改进,保证了华瑞公司在 PID 技术上的世界领先地位,其产品如图 6-8 所示。PID 产品已经广泛应用于全球各地的环保、安全、应急事故、石油化工、密闭空间进入、室内空气质量、商检、农业等领域。

图 6-8 RAE 公司的 PID 产品:Multi Plus 和 ToxiRAE

3. 化学侦检法

利用化学品与化学试剂反应后,生产不同颜色、沉淀、荧光或产生电位变化进行侦检的方法称为化学侦检法。用于侦检的化学反应有催化反应、氧化还原反应、分解反应、配位反应、亲电反应和亲核反应等。

(1)试纸法。把滤纸浸泡在化学试剂后晾干,裁成长条、方块等形状,装在密封的塑料袋或容器中,使用时,使被测空气通过用试剂浸泡过的滤纸,有害物质与试剂在纸上发生化学反应,产生颜色变化;或者先将被测空气通过未浸泡试剂的滤纸,使有害物质吸附或阻留在滤纸上,然后向试纸上滴加试剂,产生颜色变化;根据产生的颜色深度与标准比色板比较,进行定量。前者多适合于能与试剂迅速起反应的气体或蒸气态有害物质;后者适用于气溶胶的测定,允许有一定的反应时间,如氯气的联苯指示剂法。

多用途检测纸是利用参加生色反应的特定化学试剂制成的检测纸,可对多种有害气体进行定性或半定量测试。该检测纸的优点是使用、携带方便,可作为有害气体定性检测的辅助手段;缺点是干扰多,易失效。检测纸的主要品种有:检测氨气的酚酞试纸、奈氏试剂试纸;检测有机磷农药的酶底物试纸;检测一氧化碳的氯化钯试纸;检测光气的二苯胺、对二甲氨基苯甲醛试纸;检测氢氰酸的醋酸铜联苯胺试纸;检测硫化氢的醋酸铅和硝酸银试纸;检测甲醛和乙醛的息夫试纸;检测二氧化氮、次氯酸、过氧化氢的邻甲苯胺和碘化钾-淀粉试纸。表 6-3 列出了常见的化学毒害气体检测纸所用的显色试剂及颜色变化。

表 6-3　常见的化学毒害气体检测纸简明表

化　学　物	显　色　试　剂	颜　色　变　化
一氧化碳	氯化钯	白色→黑色
二氧化硫	亚硝酰铁氰化钠＋硫酸锌	浅玫瑰色→砖红色
二氧化氮	邻甲联苯胺	白色→黄色
二氧化碳	碘酸钾＋淀粉	白色→紫蓝色
二氧化氯	邻甲联苯胺	白色→黄色
二硫化碳	哌啶＋硫酸铜	白色→褐色
光气	对二甲氨基苯甲醛＋二甲苯胺	白色→蓝色
苯胺	对二甲氨基苯甲醛	白色→黄色
氨气	石蕊	红色→蓝色
氟化氢	对二甲基偶氮苯胂酸	浅棕色→红色
砷化氢	氯化汞	白色→棕色
硒化氢	硝酸银	白色→黑色
硫化氢	醋酸铅	白色→褐色
氢氰酸	对硝基苯甲醛＋碳酸钾(钠)	白色→红棕色
溴	荧光素	黄色→桃红色
氯	邻甲联苯胺	白色→蓝色
氯化氢	铬酸银	紫色→白色
磷化氢	氯化汞	白色→棕色

从表 6-3 可以看出,有些侦检纸的显色反应并不专一。例如,用氯化汞制备的侦检纸,砷化氢和磷化氢均能使之变成相同颜色,用邻甲苯胺制备的侦检纸遇二氧化氮或二氧化氯都呈现出黄色。这些干扰现象是由其显色反应的本质决定的,在选择或应用侦检纸时应当引起注意。侦检纸检测化学危险物,其变色时间和着色强度与被测化学物质的浓度有关。被测化学物质的浓度越大,显色时间越短,着色强度越强。

(2) 侦检粉或侦检粉笔法。侦检粉的优点是使用简便、经济、可大面积使用,缺点是专一性不强、灵敏度差,不能用于大气中有害物质的检测。侦检粉主要是一些染料,如用石英粉为载体,加入德国汗撒黄、永久红 B 和苏丹红等染料混匀,遇芥子气泄漏时显蓝红色。侦检粉笔是将试剂和填充料混合、压成粉笔状便于携带的侦检器材。它可以直接涂在物质表面或削成粉末撒在物质表面进行检测。如用氯胺 T 和硫酸钡为主要试剂制成的侦检粉笔,可检测氯化氰,划痕处由白色变红、再变蓝。灵敏度达 5ppm。侦检粉笔在室温下可保存三年。侦检粉笔由于其表面积较小,减少了和外界物质作用的机会,通常比试纸稳定性好,也便于携带。

(3) 检测管法。检测管法包括检测试管法、直接检测管法(速测管法)和吸附检测管法。图 6-9 和图 6-10 分别展示了德国德尔格公司 Drager 检测管和便携式受泵、其他公司的检测管。

① 显色反应型(水)检测试管法。该法是将试剂做成细粒或粉状封在毛细玻璃管中,再将其组装在一支聚乙烯软塑料试管中,试管口用一带微孔的寒子塞住。使用时,先将试管用手指捏扁,排出管中的空气,插入水样中,放开手指便自动吸入水样,再将试管中的毛细试剂管捏碎,数分钟内显色,与标准色板比较以确定污染物的浓度。例如,Cr(VI)检测管。

② 填充型(气体)检测管法。该法是一种内部填化学试剂显示指示粉的小玻璃管,一般选用内径为 2~6mm,长度为 120~180mm 的无碱细玻璃管。指示粉为吸附有化学试剂的多孔固体细颗粒,每种化学试剂通常只对一种化合物或一组化合物有特效。当被测空气通过检测管时,空气中含有的待测有毒气体便和管内的指示粉迅速发生化学反应,并显示颜色。管壁上标有刻度(通常是 mg/m³),根据变色环(柱)部位所示的刻度位置就可以定量或半定量地读出污染物的浓度值。例如,苯蒸气快速检测管。

③ (气或水)直接检测管法(速测管法)。该法是将检测试剂置于一支细玻璃管中,两端用脱脂棉或玻璃棉等堵塞,再将两端熔封。使用前将检测管两端割开,浸入一定体积的被测水样中,利用毛细作用将水样吸入,也可连接注射器抽入污染的水样或空气样,观察颜色的变化或比较颜色的深浅和长度,以确定污染物的类别和含量。如有一种氯化物检测管,采用铬酸银与硅胶混合制成茶棕色试剂,按上述方法制成检测管。当水中氯化物与铬酸银硅胶试剂接触后,使茶棕色试剂变为白色(产生白色的 AgCl),检测管中试剂变色的长度与水中氯化物的含量成正比。因此,可在检测管外壁或说明书中绘制含量刻度标尺,可作氯化物定量。

④ (气或水)吸附检测管法。该法是将一支细玻璃管的前端置吸附剂,后端放置用玻璃安瓿瓶封装的试剂,中间用玻璃棉等惰性物质隔开,两端用脱脂棉或玻璃棉等堵塞,再将两端熔封。使用前将检测管两端割开,用唧筒抽入污染水样或空气样使吸附在吸附剂

上，再将试剂安瓿瓶破碎，让试剂与吸附剂上的污染物作用，观察吸附剂的颜色变化，与标准色板比较以确定污染物的浓度。如有一种可测定空气中 HCN 的检测管，是将经试剂处理过的硅胶作吸附剂，与分别装在小安瓿瓶中的碱和苘苊三酮溶液组装成检测管。如有 HCN 存在时吸附剂显蓝紫色，灵敏度可达 0.05mg/L。

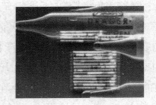

图 6-9　德尔格便携式受泵和检测管

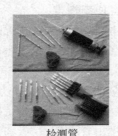

检测管

图 6-10　其他公司的检测管

（三）现场侦检的实施

在事故现场实施侦检，首先应按照染毒浓度高、密度大、检测干扰小的要求选择好采样和检测点。

可以派出 1 个侦检小组在远离（在逆风向的较高位置，并且确保他们不会接触危险物质）事故现场的地方测定发生的事故的物质。应当派出 1 个或多个侦检小组到事故区域进行状况评估，用这种方法，应急人员要穿上高级化学防护服（CPC）。当可获得事故数据时，要考虑：所涉及物质的类型和特征；泄漏、反应、燃烧的数量；密闭系统的状况；控制系统的控制水平和转换、处理、中和的能力。

各侦检小组应由 3 人组成，其中 2 人负责检测浓度，1 人随后记录和标志，其行进队形可根据现场地形特点，采用后三角（前 2 人后 1 人）队形向前推进。在较大的场地条件下，担任检测的 2 名队员间隔应在 50m 以内，便于相互呼应，负责设置标志的队员（通常由组长担任）紧跟其后。

三、现场隔离及疏散区域确定

1. 现场危险区域的确定

危险化学品泄漏事故现场隔离与疏散区域应根据毒物对人的急性毒性数据，适当考虑爆炸极限和防护器材等其他因素综合确定，一般可根据毒物浓度由高到低的分布将现场危险区域划分为重度危险区、中度危险区、轻度危险区和吸入反应区。常见危险化学品事故泄漏毒物危险区边界浓度可参见表6-4。

表6-4 常见危险化学品事故泄漏毒物危险区边界浓度 单位：mg/m^3

毒物名称	车间最高容许浓度	轻度区边界浓度	中度区边界浓度	重度区边界浓度
一氧化碳	30	60	120	500
氯气	1	3～9	90	300
氨	30	80	300	1000
硫化氢	10	70	300	700
氰化氢	0.3	10	50	150
光气	0.5	4	30	100
二氧化硫	15	30	100	600
氯化氢	15	30～40	150	800
氯乙烯	30	1000	10000	50000
苯	40	200	3000	20000
二硫化碳	10	1000	3000	12000
甲醛	3	4～5	20	100
汽油	350	1000	4000	10000

（1）重度危险区。重度危险区为半致死区，由某种危险化学品对人体的LCT_{50}（半致死剂量）确定，一般指化学品事故危险源到LC_{50}（半致死浓度）等浓度曲线边界的区域范围，小则下风向几十米，大则上百米的范围。该区域危险化学品蒸气的体积分数高于1%，地面可能有液体流淌，氧气含量较低。人员如无防护并未及时逃离，半数左右的人有严重的中毒症状，不经紧急救治，30min内有生命危险，只有极少数佩戴氧气面具或隔绝式面具，并穿着防毒衣的人员才能进入该区。

（2）中度危险区。该区为半失能区，由某种危险化学品对人体的ICT_{50}（半失能剂量）确定，一般指LC_{50}等浓度曲线到IC_{50}（半失能浓度）等浓度曲线的区域范围。该区域中毒人员比较集中，多数都有不同程度的中毒，是应急救援队伍重点救人的主要区域。该区域人员有较严重的中毒症状，但经及时治疗，一般无生命危险；救援人员戴过滤式防毒面具，不穿防毒衣能活动2～3h。

（3）轻度危险区。该区为中毒区，由某种危险化学品对人体的PCT_{50}（半中毒剂量）确定，一般指IC_{50}等浓度曲线到PC_{50}（半中毒浓度）等浓度曲线的区域范围。该区域人员有轻度中毒或吸入反应症状，脱离污染环境后经门诊治疗基本能够自行康复。人员可利用简易防护器材继续拧防护，关键是根据毒物的种类选择防毒口罩浸渍的药物。

（4）吸入反应区。该区指PC_{50}等浓度曲线到稍高于车间最高允许浓度的区域范围。该区域内一部分人员有吸入反应症状或轻度刺激，在其中活动能耐受较长时间，一般脱离污染环境后24h内恢复正常，救援人员可对群众只作原则指导。

2. 危险化学品事故疏散距离的确定

疏散距离分为两种(见图 6-11)：紧急隔离带是以紧急隔离距离为半径的圆，非事故处理人员不得入内；下风向疏散距离是指必须采取保护措施的范围，即该范围内的居民处于有害接触的危险之中，可以采取撤离、密闭住所窗户等有效措施，并保持通信畅通以听从指挥。由于夜间气象条件对毒气云的混合作用要比白天来得小，毒气云不易散开，因而下风向疏散距离相对比白天的远。夜间和白天的区分以太阳升起和降落为准。

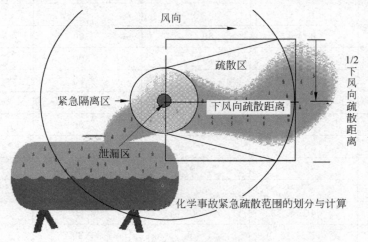

图 6-11　疏散距离的确定

在危险化学品泄漏事故中，必须及时做好周围人员及居民的紧急疏散工作。如何根据不同化学物质的理化特性和毒性，结合气象条件，迅速确定疏散距离是危险化学品泄漏事件救援工作的一项重要课题。鉴于我国目前尚无这方面的详细资料，特推荐美国、加拿大和墨西哥联合编制的 ERG2000 中的数据(详见前言后的二维码链接文档)。

使用该表内的数据还应结合事故现场的实际情况如泄漏量、泄漏压力、泄漏形成的释放池面积、周围建筑或树木情况以及当时风速等进行修正。如泄漏物质发生火灾时，中毒危害与火灾/爆炸危害相比就处于次要地位；如有数辆槽罐车、储罐，或大钢瓶泄漏，应增加大量泄漏的疏散距离；如泄漏形成的毒气云从山谷或高楼之间穿过，因大气的混合作用减小，表中的疏散距离应增加。白天气温逆转或在有雪覆盖的地区，或者在日落时发生泄漏，如伴有稳定的风，也需要增加疏散距离。因为在这类气象条件下污染物的大气混合与扩散比较缓慢(即毒气云不易被空气稀释)，会顺下风向飘的较远。另外，对液态化学品泄漏，如果物料温度或室外气温超过 30℃，疏散距离也应增加。最后请注意表中以下标记的含义："少量泄漏*"是指小包装(<200L)泄漏或大包装少量泄漏；"大量泄漏**"是指大包装(>200L)泄漏或多个小包装同时泄漏；"+"是指某些气象条件下，应增加下风向的疏散距离。

3. 事故现场分区隔离的国际惯例

为避免人员被污染，对事故现场要实行分区隔离，按国际惯例，常用的分区如下。

(1) 热区(hot zone)即污染区、危险区域，是紧邻事故污染现场的地域，一般用红线将其与其外的区域分隔开来,在此区域救援人员必须装备防护装置以避免被污染或受到物理损害。

（2）温区（warm zone）即缓冲区域,围绕热区以外的区域,在此区域的人员要穿戴适当的防护装置避免二次污染的危害,一般以黄色线将其与其外的区域分隔开来,此线也称为洗消线,所有出此区域的人必须在此线上进行洗消处理。

（3）冷区（cold zone）即安全区域,洗消线外,患者的抢救治疗、支持指挥机构设在此区。

第三节　火灾控制与扑救

危险化学品具有不同程度的燃烧、爆炸、毒害和腐蚀等危险性,其燃烧产物也大多具有较强的毒害性和腐蚀性,极易造成人员中毒、灼伤。因此,扑救危险品化学火灾是一项极其重要而又非常危险的工作。

一、火灾扑救对策

（一）扑救危险化学品火灾总要求

一旦发生火灾,现场每个人都应清楚地知道他们的职责,掌握有关消防设施、人员的疏散程序和危险化学品灭火的特殊要求等内容。

（1）先控制,后消灭。针对危险化学品火灾的火势发展蔓延快和燃烧面积大的特点,积极采取统一指挥、以快制快,堵截火势、防止蔓延,重点突破,排除险情,分割包围、速战速决的灭火战术。

（2）扑救人员应占领上风或侧风位置,以免遭受有毒有害气体的侵害。

（3）进行火情侦察、火灾扑救及火场疏散人员应有针对性地采取自我防护措施,如佩戴防护面具,穿戴专用防护服等。

（4）应迅速查明燃烧范围、燃烧物品及其周围物品的品名和主要危险特性、火势蔓延的主要途径。

（5）正确选择最适应的灭火剂和灭火方法。火势较大时,应先堵截火势蔓延,控制燃烧范围,然后逐步扑灭火势。

（6）对有可能发生爆炸、爆裂、喷溅等特别危险需紧急撤退的情况,应按照统一的撤退信号和撤退方法及时撤退（撤退信号应格外醒目,能使现场所有人员都看到或听到,并应经常预先演练）。

（二）采用正确的灭火方法

火灾扑救的首要对策就是采用正确的灭火剂和灭火方法。灭火的基本方法就是为了破坏燃烧必须备的基本条件所采取的基本措施。灭火的基本方法有四种,即冷却法、隔离法、窒息法和抑制法灭火法。

（1）冷却灭火法。冷却灭火法是根据可燃物质发生燃烧时必须达到一定的温度这个条件，将灭火剂喷射于燃烧物上，通过吸热使其温度降低到燃点以下，从而使火熄灭的一种方法。常用的灭火剂是水和二氧化碳。

（2）隔离灭火法。隔离灭火法是根据发生燃烧必须具备可燃物质这个条件，把着火的物质与周围的可燃物隔离开，或把可燃物从燃烧区移开，燃烧会因缺少可燃物而停止。

（3）窒息灭火法。窒息灭火法是根据可燃物质发生燃烧需要足够的空气（氧）这个条件，采取适当措施来阻止空气流入燃烧区域，或用不燃物质冲淡空气，使燃烧物得不到足够的氧气而熄灭。如用石棉毯、湿麻袋、湿棉被等覆盖燃烧物来灭火。

（4）抑制灭火法。抑制灭火法是使灭火剂参与燃烧的链式反应，使燃烧过程中产生的游离基消失，形成稳定分子或低活性的游离基，从而使燃烧反应停止。常用的灭火剂有干粉、1211。

以上各种灭火方法，宜根据燃烧物质的性质，燃烧特点和火场的具体情况选用，多数情况下，都是几种灭火方法结合起来使用。

（三）不同种类危险化学品的灭火对策

1. 扑救易燃液体的基本对策

易燃液体通常也是贮存在容器内或管道输送的。与气体不同的是，液体容器有的密闭，有的敞开，一般都是常压，只有反应锅（炉、釜）及输送管道内的液体压力较高。液体不管是否着火，如果发生泄漏或溢出，都将顺着地面（或水面）飘散流淌，而且易燃液体还有比重和水溶性等涉及能否用水和普通泡沫扑救的问题以及危险性很大的沸溢和喷溅问题，因此扑救易燃液体火灾往往也是一场艰难的战斗。遇易燃液体火灾，一般应采用以下基本对策。

首先应切断火势蔓延的途径，冷却和疏散受火势威胁的压力及密闭容器和可燃物，控制燃烧范围，并积极抢救受伤和被困人员。如有液体流淌时，应筑堤（或用围油栏）拦截飘散流淌的易燃液体或挖沟导流。

及时了解和掌握着火液体的品名、比重、水溶性，以及有无毒害、腐蚀、沸溢、喷溅等危险性，以便采取相应的灭火和防护措施。

对较大的贮罐或流淌火灾，应准确判断着火面积。小面积（一般 50m² 以内）液体火灾，一般可用雾状水扑灭。用泡沫、干粉、二氧化碳、卤代烷（1211、1301）灭火一般更有效。大面积液体火灾则必须根据其相对密度（比重）、水溶性和燃烧面积大小，选择正确的灭火剂扑救。

比水轻又不溶于水的液体（如汽油、苯等），用直流水、雾状水灭火往往无效。可用普通蛋白泡沫或轻水泡沫灭火。用干粉、卤代烷扑救时灭火效果要视燃烧面积大小和燃烧条件而定，最好用水冷却罐壁。

比水重又不溶于水的液体（如二硫化碳）起火时可用水扑救，水能覆盖在液面上灭火。用泡沫也有效。干粉、卤代烷扑救，灭火效果要视燃烧面积大小和燃烧条件而定。最好用水冷却罐壁。

具有水溶性的液体（如醇类、酮类等），虽然从理论上讲能用水稀释扑救，但用此法要使液体闪点消失，水必须在溶液中占很大的比例。这不仅需要大量的水，也容易使液体溢出流淌,而普通泡沫又会受到水溶性液体的破坏(如果普通泡沫强度加大,可以减弱火势),因此最好用抗溶性泡沫扑救,用干粉或卤代烷扑救时,灭火效果要视燃烧面积大小和燃烧条件而定,也需用水冷却罐壁。

扑救毒害性、腐蚀性或燃烧产物毒害性较强的易燃液体火灾,扑救人员必须佩戴防护面具,采取防护措施。

扑救原油和重油等具有沸溢和喷溅危险的液体火灾。如有条件,可采用取放水、搅拌等防止发生沸溢和喷溅的措施,在灭火同时必须注意计算可能发生沸溢、喷溅的时间和观察是否有沸溢、喷溅的征兆。指挥员发现危险征兆时应迅速作出准确判断,及时下达撤退命令,避免造成人员伤亡和装备损失。扑救人员看到或听到统一撤退信号后,应立即撤至安全地带。

遇易燃液体管道或贮罐泄漏着火,在切断蔓延把火势限制在一定范围内的同时,对输送管道应设法找到并关闭进、出阀门,如果管道阀门已损坏或是贮罐泄漏,应迅速准备好堵漏材料,然后先用泡沫、干粉、二氧化碳或雾状水等扑灭地上的流淌火焰,为堵漏扫清障碍,其次再扑灭泄漏口的火焰,并迅速采取堵漏措施。与气体堵漏不同的是,液体一次堵漏失败,可连续堵几次,只要用泡沫覆盖地面,并堵住液体流淌和控制好周围着火源,不必点燃泄漏口的液体。

2. 扑救毒害品和腐蚀品的对策

毒害品和腐蚀品对人体都有一定危害。毒害品主要经口或吸入蒸气或通过皮肤接触引起人体中毒的。腐蚀品是通过皮肤接触使人体形成化学灼伤。毒害品、腐蚀品有些本身能着火,有的本身并不着火,但与其他可燃物品接触后能着火。这类物品发生火灾一般应采取以下基本对策。

灭火人员必须穿防护服,佩戴防护面具。一般情况下采取全身防护即可,对有特殊要求的物品火灾,应使用专用防护服。考虑到过滤式防毒面具防毒范围的局限性,在扑救毒害品火灾时应尽量使用隔绝式氧气或空气面具。为了在火场上能正确使用和适应,平时应进行严格的适应性训练。

积极抢救受伤和被困人员,限制燃烧范围。毒害品、腐蚀品火灾极易造成人员伤亡,灭火人员在采取防护措施后,应立即投入寻找和抢救受伤、被困人员的工作。并努力限制燃烧范围。

扑救时应尽量使用低压水流或雾状水,避免腐蚀品、毒害品溅出。遇酸类或碱类腐蚀品最好调制相应的中和剂稀释中和。

遇毒害品、腐蚀品容器泄漏,在扑灭火势后应采取堵漏措施。腐蚀品需用防腐材料堵漏。

浓硫酸遇水能放出大量的热,会导致沸腾飞溅,需特别注意防护。扑救浓硫酸与其他可燃物品接触发生的火灾,浓硫酸数量不多时,可用大量低压水快速扑救。如果浓硫酸量很大,应先用二氧化碳、干粉、卤代烷等灭火,然后再把着火物品与浓硫酸分开。

3. 扑救放射性物品火灾的基本对策

放射性物品是一类发射出人类肉眼看不见但却能严重损害人类生命和健康的 α、β、γ

射线和中子流的特殊物品。扑救这类物品火灾必须采取特殊的能防护射线照射的措施。平时生产、经营、储存和运输、使用这类物品的单位及消防部门，应配备一定数量防护装备和放射性测试仪器。遇这类物品火灾一般应采取以下基本对策。

先派出精干人员携带放射性测试仪器，测试辐射（剂）量和范围。测试人员应尽可能地采取防护措施。

对辐射（剂）量超过 0.0387C/kg 的区域，应设置写有"危及生命、禁止进入"的文字说明的警告标志牌。

对辐射（剂）量小于 0.0387C/kg 的区域，应设置写有"辐射危险、请勿接近"警告标志牌。测试人员还应进行不间断巡回监测。

对辐射（剂）量大于 0.0387C/kg 的区域，灭火人员不能深入辐射源纵深灭火进攻。对辐射（剂）量小于 0.0387C/kg 的区域，可快速用水灭火或用泡沫、二氧化碳、干粉、卤代烷扑救，并积极抢救受伤人员。

对燃烧现场包装没有被破坏的放射性物品，可在水枪的掩护下佩戴防护装备，设法疏散，无法疏散时，应就地冷却保护，防止造成新的破损，增加辐射（剂）量。

对已破损的容器切忌搬动或用水流冲击，以防止放射性沾染范围扩大。

4. 扑救易燃固体、易燃物品火灾的基本对策

易燃固体、易燃物品一般都可用水或泡沫扑救，相对其他种类的化学危险物品而言是比较容易扑救的，只要控制住燃烧范围，逐步扑灭即可。但也有少数易燃固体、自燃物品的扑救方法比较特殊，如 2,4-二硝基苯甲醚、二硝基萘、萘、黄磷等。

2,4-二硝基苯甲醚、二硝基萘、萘等是能升华的易燃固体，受热产生易燃蒸气。火灾时可用雾状水、泡沫扑救并切断火势蔓延途径，但应注意，不能以为明火焰扑灭即已完成灭火工作，因为受热以后升华的易燃蒸气能在不知不觉中飘逸，在上层与空气能形成爆炸性混合物，尤其是在室内易发生爆燃。因此，扑救这类物品火灾千万不能被假象所迷惑。在扑救过程中应不时向燃烧区域上空及周围喷射雾状水，并用水浇灭燃烧区域及其周围的一切火源。

黄磷是自燃点很低在空气中能很快氧化升温并自燃的自燃物品。遇黄磷火灾时，首先应切断火势蔓延途径，控制燃烧范围。对着火的黄磷应用低压水或雾状水扑救。高压直流水冲击能引起黄磷飞溅，导致灾害扩大。黄磷熔融液体流淌时应用泥土、沙袋等筑堤拦截并用雾状水冷却，对磷块和冷却后已固化的黄磷，应用钳子钳入贮水容器中。来不及钳时可先用沙土掩盖，但应做好标记，等火势扑灭后，再逐步集中到储水容器中。

少数易燃固体和自燃物品不能用水和泡沫扑救，如三硫化二磷、铝粉、烷基铝、保险粉等，应根据具体情况区别处理。宜选用干砂和不用压力喷射的干粉扑救。

5. 扑救压缩或液化气体火灾的基本对策

压缩或液化气体总是被储存在不同的容器内，或通过管道输送。其中储存在较小钢瓶内的气体压力较高，受热或受火焰熏烤容易发生爆裂。气体泄漏后遇火源已形成稳定燃烧时，其发生爆炸或再次爆炸的危险性与可燃气体泄漏未燃时相比要小得多。遇压缩或液化气体火灾一般应采取以下基本对策。

扑救气体火灾切忌盲目扑灭火势,在没有采取堵漏措施的情况下,必须保持稳定燃烧。否则,大量可燃气体泄漏出来与空气混合,遇着火源就会发生爆炸,后果将不堪设想。

首先应扑灭外围被火源引燃的可燃物火势,切断火势蔓延途径,控制燃烧范围,并积极抢救受伤和被困人员。

如果火势中有压力容器或有受到火焰辐射热威胁的压力容器,能疏散的应尽量在水枪的掩护下疏散到安全地带,不能疏散的应部署足够的水枪进行冷却保护。为防止容器爆裂伤人,进行冷却的人员应尽量采用低姿射水或利用现场坚实的掩蔽体防护。对卧式贮罐,冷却人员应选择贮罐四侧角作为射水阵地。

如果是输气管道泄漏着火,应设法找到气源阀门。阀门完好时,只要关闭气体的进出阀门,火势就会自动熄灭。

贮罐或管道泄漏关阀无效时,应根据火势判断气体压力和泄漏口的大小及其形状,准备好相应的堵漏材料(如软木塞、橡皮塞、气囊塞、粘合剂、弯管工具等)。

堵漏工作准备就绪后,即可用水扑救火势,也可用干粉、二氧化碳、卤代烷灭火,但仍需用水冷却烧烫的罐或管壁。火扑灭后,应立即用堵漏材料堵漏,同时用雾状水稀释和驱散泄漏出来的气体。如果确认泄漏口非常大,根本无法堵漏,只需冷却着火容器及其周围容器和可燃物品,控制着火范围,直到燃气燃尽,火势自动熄灭。

现场指挥应密切注意各种危险征兆,遇有火势熄灭后较长时间未能恢复稳定燃烧或受热辐射的容器安全阀火焰变亮耀眼、尖叫、晃动等爆裂征兆时,指挥员必须适时作出准确判断,及时下达撤退命令。现场人员看到或听到事先规定的撤退信号后,应迅速撤退至安全地带。

6. 扑救爆炸物品火灾的基本对策

爆炸物品一般都有专门或临时的储存仓库。这类物品由于内部结构含有爆炸性基因,受摩擦、撞击、震动、高温等外界因素激发,极易发生爆炸,遇明火则更危险。遇爆炸物品火灾时,一般应采取以下基本对策。

(1)迅速判断和查明再次发生爆炸的可能性和危险性,紧紧抓住爆炸后和再次发生爆炸之前的有利时机,采取一切可能的措施,全力制止再次爆炸的发生。

(2)切忌用沙土盖压,以免增强爆炸物品爆炸时的威力。

(3)如果有疏散可能,人身安全上确有可靠保障,应迅即组织力量及时疏散着火区域周围的爆炸物品,使着火区周围形成一个隔离带。

(4)扑救爆炸物品堆垛时,水流应采用吊射,避免强力水流直接冲击堆垛,以免堆垛倒塌引起再次爆炸。

(5)灭火人员应尽量利用现场现成的掩蔽体或尽量采用卧姿等低姿射水,尽可能地采取自我保护措施。消防车辆不要停靠离爆炸物品太近的水源。

(6)灭火人员发现有发生再次爆炸的危险时,应立即向现场指挥报告,现场指挥应迅即作出准确判断,确有发生再次爆炸征兆或危险时,应立即下达撤退命令。灭火人员看到或听到撤退信号后,应迅速撤至安全地带,来不及撤退时应就地卧倒。

7. 扑救遇湿易燃物品火灾的基本对策

遇湿易燃物品能与潮湿和水发生化学反应,产生可燃气体和热量,有时即使没有明火也能自动着火或爆炸,如金属钾、钠以及三乙基铝(液态)等。因此,这类物品有一定数量时,绝对禁止用水、泡沫、酸碱灭火器等湿性灭火剂扑救。这类物品的这一特殊性给其火灾时的扑救带来了很大的困难。

通常情况下,遇湿易燃物品由于其发生火灾时的灭火措施特殊,在储存时要求分库或隔离分堆单独储存,但在实际操作中往往很难完全做到,尤其是在生产和运输过程中更难以做到,如铝制品厂往往遍地积有铝粉。对包装坚固、封口严密、数量又少的遇湿易燃物品,在储存规定上允许同室分堆或同柜分格储存。这就给其火灾扑救工作带来了更大的困难,灭火人员在扑救中应谨慎处置。对遇湿易燃物品火灾,一般采取以下基本对策。

(1) 首先应了解清楚遇湿易燃物品的品名、数量、是否与其他物品混存、燃烧范围、火势蔓延途径。

(2) 如果只有极少量(一般50g以内)遇湿易燃物品,则不管是否与其他物品混存,仍可用大量的水或泡沫扑救。水或泡沫刚接触着火点时,短时间内可能会使火势增大,但少量遇湿易燃物品燃尽后,火势很快就会熄灭或减少。

(3) 如果遇湿易燃物品数量较多,且未与其他物品混存,则绝对禁止用水或泡沫、酸碱等湿性灭火剂扑救。遇湿易燃物品应用干粉、二氧化碳、卤代烷扑救,只有金属钾、钠、铝、镁等个别物品用二氧化碳、卤代烷无效。固体遇湿易燃物品应用水泥、干砂、干粉、硅藻土和蛭石等覆盖。水泥是扑救固体遇湿易燃物品火灾比较容易得到的灭火剂。对遇湿易燃物品中的粉尘如镁粉、铝粉等,切忌喷射有压力的灭火剂,以防止将粉尘吹扬起来,与空气形成爆炸性混合物而导致爆炸发生。

(4) 如果有较多的遇湿易燃物品与其他物品混存,则应先查明是哪类物品着火,遇湿易燃物品的包装是否损坏。可先用开关水枪向着火点吊射少量的水进行试探,如未见火势明显增大,证明遇湿物品尚未着火,包装也未损坏,应立即用大量水或泡沫扑救,扑灭火势后立即组织力量将淋过水或仍在潮湿区域的遇湿易燃物品疏散到安全地带分散开来。如射水试探后火势明显增大,则证明遇湿易燃物品已经着火或包装已经损坏,应禁止用水、泡沫、酸碱灭火器扑救,若是液体应用干粉等灭火剂扑救,若是固体应用水泥、干砂等覆盖,如遇钾、钠、铝、镁轻金属发生火灾,最好用石墨粉、氯化钠以及专用的轻金属灭火剂扑救。

(5) 如果其他物品火灾威胁到相邻的较多遇湿易燃物品,应先用油布或塑料膜等其他防水布将遇湿易燃物品遮盖好,然后再在上面盖上棉被并淋上水。如果遇湿易燃物品堆放处地势不太高,可在其周围用土筑一道防水堤。在用水或泡沫扑救火灾时,对相邻的遇湿易燃物品应留一定的力量监护。

由于遇湿易燃物品性能特殊,又不能用常用的水和泡沫灭火剂扑救,从事这类物品生产、经营、储存、运输、使用的人员及消防人员平时应经常了解和熟悉其品名和主要危险特性。

二、火灾扑救注意事项

(1) 扑救化学品火灾时,应注意以下事项:①灭火人员不应单独灭火;②出口应始终保持清洁和畅通;③要选择正确的灭火剂;④灭火时还应考虑人员的安全。

(2) 扑救初期火灾的注意事项:①迅速关闭火灾部位的上下游阀门,切断进入火灾事故地点的一切物料；②在火灾尚未扩大到不可控制之前，应使用移动式灭火器，或现场其他各种消防设备、器材扑灭初期火灾和控制火源。

（3）为防止火灾危及相邻设施，应注意采取以下保护措施：①对周围设施及时采取冷却保护措施；②迅速疏散受火势威胁的物资；③有的火灾可能造成易燃液体外流，这时可用沙袋或其他材料筑堤拦截飘散流淌的液体或挖沟导流将物料导向安全地点；④用毛毡、海草帘堵住下水井、阴井口等处，防止火焰蔓延。

（4）特别注意：①扑救危险化学品火灾决不可盲目行动，应针对每一类化学品，选择正确的灭火剂和灭火方法来安全地控制火灾；②化学品火灾的扑救应由专业消防队来进行，其他人员不可盲目行动，待消防队到达后，介绍物料介质，配合扑救；③必要时采取堵漏或隔离措施，预防次生灾害扩大；④当火势被控制以后，仍然要派人监护，清理现场，消灭余火；⑤同时要注意把原则性和灵活性处理好。应急处理过程并非是按部就班地按固定不变的顺序进行，而是根据实际情况尽可能同时进行。

三、灭火器的使用方法

火灾在初起燃烧时范围小、火势弱，是人们用灭火器灭火的最佳时机。因此，正确合理地使用灭火器灭火显得非常重要。下面是一些常用的灭火器及消火栓使用方法。

1. 二氧化碳灭火器的使用方法

这种灭火器主要针对各种易燃、可燃液体、可燃气体火灾，也可扑救仪器仪表、图书档案、工艺品和低压电器设备等初起火灾。把灭火器提到或扛到火场附近，在距离燃烧物5m左右，放下灭火器拔出保险销，一手握住喇叭筒根部的手柄，另一只手紧握启闭阀的压把。对没有喷射软管的二氧化碳灭火器，应把喇叭筒往上扳 $70°\sim90°$。使用时，不能直接用手抓住喇叭筒外壁或金属连线管，防止手被冻伤。灭火时，当可燃液体呈流淌状燃烧时，使用者将二氧化碳灭火剂的喷流由近而远向火焰喷射。如果可燃液体在容器内燃烧时，使用者应将喇叭筒提起。从容器的一侧上部向燃烧的容器中喷射。但不能将二氧化碳射流直接冲击可燃液面，以防止将可燃液体冲出容器而扩大火势，造成灭火困难。

在室外使用二氧化碳灭火器，应选择在上风方向喷射。在室内窄小空间使用时，灭火后操作者应迅速离开，以防窒息。

2. 手提式1211灭火器的使用方法

这种灭火器主要针对仪器仪表、图书档案、珍贵文物等初起火灾，但不能扑救轻金属火灾。使用时，应手提灭火器的提把或肩扛灭火器带到火场。在距燃烧处5m左右，放下灭火器，先拔出保险销，一手握住开启把，另一手握在喷射软管前端的喷嘴处。如灭火器无喷射软管，可一手握住开启压把，另一手扶住灭火器底部的底圈部分。先将喷嘴对准燃烧处，用力握紧开启压把，使灭火器喷射。当被扑救可燃烧液体呈现流淌状燃烧时，使用者应对准火焰根部由近而远并左右扫射，向前快速推进，直至火焰全部扑灭。如果可燃液体在容器中燃烧，应对准火焰左右晃动扫射，当火焰被赶出容器时，喷射流跟着火焰扫射，直至把火焰全部扑灭。但应注意不能将喷射流直接喷射在燃烧液面上，防止灭火剂的冲力将可燃液体冲出容器而扩大火势，造成灭火困难。如果扑救可燃性固体物质的初起火灾时,则将喷流对准燃烧最猛烈处喷射,当火焰被扑灭后,应及时采取措施,不让其复燃。

1211 灭火器使用时不能颠倒,也不能横卧,否则灭火剂不会喷出。另外在室外使用时,应选择在上风方向喷射;在窄小的室内灭火时,灭火后操作者应迅速撤离,因 1211 灭火剂也有一定的毒性,以防伤人。

3. 推车式 1211 灭火器的使用方法

灭火方法与手提式 1211 灭火器相同。灭火时一般由二个人操作,先将灭火器推或拉到火场,在距燃烧处 10 米左右停下,一人快速放开喷射软管,紧握喷枪,对准燃烧处;另一人则快速打开灭火器阀门,如图 6-12 所示。

步骤1　　　　　　步骤2　　　　　　步骤3　　　　　　步骤4

图 6-12　推车式灭火器操作步骤

4. 手提式干粉灭火器的使用方法

这种灭火器主要针对各种易燃、可燃液体和气体火灾,以及电器设备火灾。灭火时,可手提或肩扛灭火器快速奔赴火场,在距离燃烧处 5m 左右,放下灭火器。如在室外,应选择站在上风方向喷射。

使用的干粉灭火器若是储气瓶式,操作者应一手紧握喷枪,另一手提起储气瓶上的开启提环。如果储气瓶的开启是手轮式的,则向逆时针方向旋开,并旋到最高位置,随即提起灭火器。当干粉喷出后,迅速对准火焰的根部扫射灭火。具体方法如图 6-13 所示。

步骤1　　　　步骤2　　　　步骤3　　　　步骤4　　　　步骤5　　　　步骤6

图 6-13　干粉灭火器的使用方法

使用的干粉灭火器若是储压式,操作者应先将开启把上的保险销拔下,然后握住喷射软管前端喷嘴部,另一只手将开启压把压下,打开灭火器进行灭火。灭火器在使用时,一手应始终压下压把,不能放开,否则会中断喷射。

干粉灭火器扑救可燃、易燃液体火灾时,应对准火焰根部扫射,如果被扑救的液体火灾呈流淌燃烧时,应对准火焰根部由近而远,并左右扫射,直至把火焰全部扑灭。如果可燃液体在容器内燃烧,使用者应对准火焰根部左右晃动扫射,使喷射出的干粉流覆盖整个容器开口表面;当火焰被赶出容器时,使用者仍应继续喷射,直至将火焰全部扑灭。在扑救容器内可燃液体火灾时,应注意不能将喷嘴直接对准液面喷射,防止喷流的冲击力使可燃液体溅出而扩大火势,造成灭火困难。如果当可燃液体在金属容器中燃烧时间过长,容器的壁温已高于扑救可燃液体的自燃点,此时极易造成灭火后再复燃的现象,若与泡沫类灭火器联用,则灭火效果更佳。

使用磷酸铵盐干粉灭火器扑救固体可燃物火灾时,应对准燃烧最猛烈处喷射,并从上、下、左、右扫射。如条件许可,使用者可提着灭火器沿着燃烧物的四周边走边喷,使干粉灭火剂均匀地喷在燃烧物的表面,直至将火焰全部扑灭。

5. 特别注意事项

正确、合理地选择灭火器是成功扑救初起火灾的关键之一。选择灭火器主要应考虑以下几个因素。

(1) 灭火器配置场所的火灾类别。根据灭火器配置场所的使用性质及其可燃物的种类,可判断该场所可能发生哪种类别的火灾。如果选择不合适的灭火器,不仅有可能扑灭不了火灾,而且可能引起灭火剂对燃烧的逆化学反应,甚至还会发生爆炸伤亡事故。如对碱金属(如钾、钠)火灾,不能选择水型灭火器。因为水与碱金属化合反应后,生成大量氢气,容易引起爆炸。

(2) 灭火有效程度。在灭火机理相同的情况下,有几种类型的灭火器均适用于扑救同一种类的火灾。但值得注意的是,它们在灭火有效程度上有明显的差别,也就是说适用于扑救同一类火灾的不同类型灭火器,在灭火剂用量和灭火速度上有极大差异。如对同一个 4B 标准油盘($0.8m^2$)火灾,需用 7kg 的二氧化碳才能灭火,而且速度较慢,如果换用 2kg 干粉灭火器能灭 5B 油盘火灾。因此在选择灭火器时应充分考虑该因素。

(3) 对保护对象的污损程度。为了保护贵重物资与设备免受不必要的污渍损失,灭火器的选择应考虑其对保护物品的污损程度。例如在电子计算机房内,干粉灭火器和卤代烷灭火器都能灭火。但是用干粉灭火器灭火后,残留的粉状覆盖物对计算机设备有一定的腐蚀作用和粉尘污染,而且难以做好清洁工作,而用卤代烷灭火器灭火,没有任何残迹,对设备没有污损和腐蚀作用,因此,电子计算机房选用卤代烷灭火剂比较适宜。

(4) 使用灭火器人员的素质。要选择适用的灭火器,应先对使用人员的年龄、性别和身手敏捷程度等素质进行大概的分析估计,然后正确选择灭火器。如机械加工厂大部分是男工,从体力角度讲比较强,可选择规格大的灭火器;而商场,大部分是女营业员,体力较弱,可以优先选用小规格的灭火器,以适应工作人员的体质,有利于迅速扑灭初起火灾。

(5) 选择灭火剂相容的灭火器。在选择灭火器时,应考虑不同灭火剂之间可能产生的相互反应、污染及其对灭火的影响,干粉和干粉,干粉和泡沫之间联用都存在一个相容性的问题。不相容的灭火剂之间可能发生相互作用,产生泡沫消失等不利因素,致使灭火效力明显降低,磷酸铵盐干粉同碳酸氢钠干粉、碳酸氢钾干粉不能联用,碳酸氢钠(钾)干粉同蛋白(化学)泡沫也不能联用。

(6) 设置点的环境温度。若环境温度过低,则灭火器的喷射灭火性能显著降低;若环境温度过高,则灭火器的内压剧增,灭火器会有爆炸伤人的危险,这就要求灭火器应设置在灭火器适用温度范围之内的环境中。

(7) 在同一场所选用同一操作方法的灭火器。这样选择灭火器有几个优点:①为培训灭火器使用人员提供方便；②在灭火中操作人员可方便地采用同一种方法连续操作，使用多具灭火器灭火；③便于灭火器的维修和保养。

第四节　现场人员安全防护

在事故现场，救援人员常常要直接面对高温、有毒、易燃易爆及腐蚀性的危险物质，或进入严重缺氧的环境，为防止这些危险有害因素对救援人员造成中毒和窒息、烧伤、低温冻伤、灼伤等伤害，必须加强个人的安全防护，掌握相应的安全防护技术。

一、现场安全防护标准

不同类型的化学事故其危险程度不同。对于危险化学品的泄漏事故现场，要根据不同种类和浓度的化学毒物对人体在无防护的条件下的毒害性，以及现场危险区域范围的划分，并充分考虑到救援人员所处毒害环境的实际安全需要，来确定相应的安全防护等级和防护标准，见表 6-5 和表 6-6。

表 6-5　现场安全防护等级划分标准

毒　性	危　险　区		
	重度危险区	中度危险区	轻度危险区
剧毒	一级	一级	二级
高毒	一级	一级	二级
中毒	一级	二级	二级
低毒	二级	三级	三级
微毒	二级	三级	三级

表 6-6　现场安全防护标准

级别	形式	防　化　服	防　护　服	防　护　面　具
一级（A）	全身	内置式重型防化服	全棉防静电内外衣	正压式空气呼吸器或全防型滤毒罐
二级（B）	全身	封闭式防化服	全棉防静电内外衣	正压式空气呼吸器或全防型滤毒罐
三级（C）	呼吸	简易防化服	战斗服	简易滤毒罐、面罩或口罩、毛巾等防护器材

对于火灾爆炸事故现场，要根据危险化学品着火后产生的热辐射强度和爆炸后形成的冲击波对人体的伤害程度来采取相应的安全防护措施。安全防护等级确定后，并不是不可改变的，应随着现场情况的发展变化对防护等级进行调整。

二、呼吸系统防护

在火灾和危险物质泄漏等事故的现场应急抢险行动中，呼吸系统防护是必需的，自给式正压空气呼吸器（SCBA）和稍差一些的防毒面具则是这些应急行动中最重要的防护用具器材。

使用呼吸防护用具时，必须高度重视以下几个方面的问题，并认真解决好。

（1）选用何种类型的呼吸防护用具？在污染物质性质、浓度不明的情况下必须使用隔绝式防护用具；在使用过滤式防护用具时要注意，不同的毒物使用不同的滤料。

（2）呼吸防护用具能否起作用？新的防护用具要有检验合格证，库存的是否在有效期内、用过的是否更换新的滤料。

（3）如何佩戴呼吸防护用具（必须要密封）？

（4）何时佩戴呼吸防护用具（发现有毒征兆时，可能为时已晚）？

（5）何时摘下呼吸防护用具（长时间地佩戴面具会感到不舒服，如时间过长，还需更换滤料）？

1. 自给式正压空气呼吸器（SCBA）的使用

自给式正压空气呼吸器（SCBA）呼吸器主要用于应急人员执行长期暴露于有毒环境的任务时，例如营救燃烧建筑中的人员，或处理化学泄漏事故。处理化学泄漏事故时，应急人员要通过关闭切断阀来防止泄漏，如果这种操作不能遥控，就必须由一组应急人员穿戴呼吸器到阀门处进行人工切断。同样储罐破裂有毒物质泄漏，有时需进行堵漏，也要求呼吸器等防护设备。除了自持性呼吸器，这些操作还要求穿戴全身防护服以防止化学物质通过皮肤进入身体。

应急人员使用呼吸器需要接受训练。呼吸器在逃生时特别重要，应该储藏在专门场所，如控制室、应急指挥中心、消防站、特殊设施和应急供应仓库。此外，还应对呼吸器进行定期检查、维修保养和使用。

（1）正压式空气呼吸器的组成，如图 6-14 所示。正压式空气呼吸器包括供气阀组件、减压器组件、压力显示组件、背架组件、面罩组件、气瓶和瓶阀组件、高压及中压软管组件。其主要的三个组件气瓶、减压器和供气阀如图 6-15 所示。

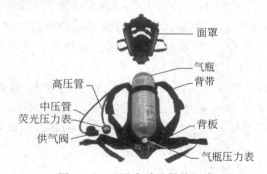

图 6-14　正压式呼吸器的组成

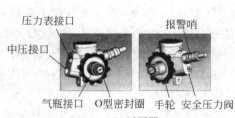

(a) 气瓶　　　　　　　　　(b) 减压器　　　　　　　　(c) 供气阀

图 6-15　正压式呼吸器的三个主要部件

① 供气阀组件：供气阀必须与安装有呼吸阀的面罩密封连接，以保证面罩内的绝对压力，供气阀有倾斜、隔膜的平衡系统，对面罩内的压力变化起反作用，以调节面罩内的气体流量，保证面罩内压力高于周围环境压力，即自给正压式供气。其特点是设计紧凑，呼吸阻力低，极好的性能，可保证大流量的供气要求。黑色橡胶重置按钮可保证使用者关闭供气阀的输出气量，在测试过程中或任务完成后取下面罩而不使气瓶内的气体泄出。供气阀进气端的红色旋钮是旁通阀的开关，逆时针旋转为打开，反之则为关闭，正常输出的流量为 120L/min 左右。旁通阀主要用于辅助供气，如排放掉系统内余气压，气刷除雾或第二种方式的恒流供气（在供气阀出现不正常的供气故障时）。

② 减压器组件：减压器的作用是将气瓶内高压气体减压为中压，保证供气阀的正常工作。在气瓶压力为 30～2MPa 时输出的中压值范围为 0.5～1.1MPa。活塞上内置安全泄压阀，当中压值大于 1.1MPa 时可安全泄压，保证中压系统不会超压。

③ 压力显示组件：压力显示组件主要由压力表和报警气哨组成，压力表是用于指示气瓶内的气体压力，该压力表表盘有荧光，使用者在暗处也可观察表的压力指示。表蒙由聚碳酸酯材料制成，耐磨且抗冲击，压力表外还设有橡胶护套。当气瓶压力为 5 ± 0.5MPa 时报警哨会发出 90 分贝以上的报警声响，警示使用者撤离险区。

④ 背架组件：背架组件主要包括背板、背带、腰带、气瓶固定带等，背板的结构形状符合人体功效学，即采用了适合人体背部和臀部的生理结构、特性、形状，使呼吸器的重量主要分布于臀部，可使佩戴者活动灵活，减少疲劳；背板采用高强度复合材料制成，特点是强度高、耐冲撞、不易变形、并防静电和隔热；背带和腰带采用阻燃的聚酯织带制成，并配有高强度抗腐蚀的扣件；气瓶固定带有凸轮锁扣与插销封闭，以防意外打开。

⑤ 面罩组件：面罩为双折边密封；面罩内设有与口鼻相贴合的小口鼻罩，可最大限度地减小面罩内的实际有害空间；口鼻罩上设有两个单向通气活门，气刷自动除雾；在面罩的下颚处设有呼气阀和发话传声器；面罩的眼窗目镜是由透明聚碳酸酯材料制成，清晰明亮；目镜上涂有防刮伤的保护层，抗冲击、耐磨损；面罩配有网状或胶质快速着装系带，可以全面调整，以适应不同尺寸的头型。

⑥ 气瓶和瓶阀组件：气瓶是储存和压缩空气的高压容器，最高工作压力为 30MPa；气瓶上设有气瓶阀，阀开关手轮逆时针旋转为开启，反之则为关闭。

⑦ 高压及中压软管组件：与压力显示组件相连接的是高压软管，与供气阀相连接的是中压软管。

（2）正压式空气呼吸器组件的安全使用。

① 气瓶的安全使用。不必用太大的劲关闭瓶阀，因为这样会使瓶阀的密封表面受损。

警告：碳纤气瓶的寿命为制造日起 15 年；必须按气瓶上的规定时间到有资质的机构做法定检测；充气压力不得超过气瓶的额定工作压力；作业时不得有锐利角划伤气瓶表面；气瓶的碳纤维受损时不得继续使用；不要让充满气的气瓶在阳光下暴晒。

充气质量：（须达到以下标准之一）ISO 8573.1 的 Ⅰ 级空气质量标准；欧洲 EN12021/或德国 DIN3188；美国 CGA D/E 级标准。

② 减压器的安全使用。减压器将瓶中的高压气源减压至大约 7bar 的中压，通过中压管送到供气阀经过再次减压后供使用者呼吸；减压器上设有压力报警装置，当气瓶内压力降

到 55±5bar 时会发出不小于 90 分贝的声响报警信号；即使是在高湿度的空气或喷淋水中，甚至在较低温度下也不会丧失功能；减压器上还设置有安全压力释放阀，他的值设置在 11bar 左右，万一发生故障，压力升高，它会打开阀门，将压力释放，保证供气阀的正常工作。

警告：一旦减压器的安全压力释放阀有排气现象，请立即撤离工作现场，并停止使用此呼吸器，送生产厂家；待故障排除后，才能继续使用；可以调整减压器的报警压力，但需专人并经培训合格；减压器报警哨上的喷嘴口在使用时的方向是向下的，不可自行调整此方向，以免影响正常报警功能；不得自行调整输出压力；出现故障时，应送回生产厂家修理，不得自行拆装；更换高压接口上的 O 型密封圈时不要弄伤密封表面。

③ 供气阀的安全使用。供气阀的红色按钮是开关，它有三种状态：a.待机。这种状态下的红色按钮处于关闭，7bar 的中压气被主阀阻止，只要使用者吸气，红色按钮就会被弹出；b.吸气和呼气。使用者首次吸气时，红色按钮就会被弹出，这种状态下处于正常的吸气和呼气；c.关闭和排气。使用完毕后要将系统内的压缩空气排尽时，只需将红色按钮往里压，供气阀就会将残余气体排除。此状态还有一特殊功能，若供气阀万一发出故障吸不到气时，按下红色按钮可强制通气，称为旁通供气功能。

警告：万一出现供气阀吸不到气，必须立即按下红色按钮，立即离开现场到安全场所；供气阀没有连接到面罩上时，请不要从阀口处吸气；假如供气阀的红色按钮按下，仍不能将供气阀关闭，请用手掌心把阀口挡住，再按红色按钮。

（3）正压式呼吸器的操作使用。呼吸器的操作使用包括三个环节：① 佩戴呼吸器（见图 6-16）；② 检查系统安全性能（见图 6-17）；③ 使用完毕后脱去（见图 6-18）。

1. 从包装箱中取出呼吸器，将面罩放好

2. 检查气瓶压力表读数不得小于27MPa

3. 使气瓶底朝向自己，两手握住两侧把手

4. 呼吸器举过头顶，使肩带落在肩上

5. 插好胸带扣

6. 拉紧肩带

7. 插好腰带扣

8. 束腰带至松紧适宜

图 6-16　佩戴呼吸器

（4）使用前检查项目如图 6-19 所示。

① 目视检查减压阀的阀口及 O 形圈、面罩、肩带、腰带是否完好无损。

② 空气瓶固定牢靠，检查各连接是否完好。

③ 按压供气阀顶部的红色按钮（激活阀），稍微打开气瓶阀，放出少量气体后立即关闭气瓶阀，检测激活阀是否完好：压力值是否稳定、无泄漏声；观测气压值，标准为＞220bar（22MPa）以上。

④ 哨子报警装置测试：卸下面罩，关闭气瓶阀。用手掌盖住吸气阀出口，按压供气

图 6-17　检查系统安全性能

图 6-18　使用完毕后脱去

图 6-19　使用前主要检查项目

阀并慢慢抬起手掌，使系统排气（维持压力慢慢下降），当压力逐步下降到预定值 60bar（6MPa）时发出报警哨声。

（5）使用操作步骤概述。

① 展开肩带与腰带，背上设备，扣上腰带并固定好（空气瓶手阀方向朝下）。

② 向下拉肩带，直到感觉舒适，将肩带的端部卷起在腰带内。

③ 张开面罩头部固定带，从头部固定具中央带拆下颈带。拉开胶皮带，将面罩罩在下颌上，使固定具中央放在头的后面，均匀拉紧上下面的固定带。参见图 6-20。

步骤1　　　　　　　步骤2　　　　　　　步骤3

图 6-20　面罩的佩戴

④ 由于正负压原理,在第一次呼吸时,吸气阀就自动被激活,吸气时自动进气,呼气时停止供气,听不到泄漏声表明密封良好。

⑤ 呼出的空气会自动从呼吸阀流出。深呼吸几次,呼气和吸气均舒畅无不适感觉。

⑥ 如无法实现自动供停气,有泄漏声,说明面罩未密闭,调整收紧固定带扣,直至吸气阀自动工作。

正压式呼吸器佩戴顺口溜:一看压力,二听哨,三背气瓶,四戴罩;瓶阀朝下,底朝上;面罩松紧要正好;开总阀、插气管,呼吸顺畅抢分秒。

(6) 使用时的注意事项。

① 呼吸器及配件避免接触明火、高温,呼吸器严禁沾染油脂。

② 使用前必须检查气瓶压力,低于 20MPa 时不宜使用。

③ 本气瓶是碳纤维复合材料气瓶,使用过程中要轻拿轻放,切勿强烈碰撞。瓶内高压压缩空气突然释放是非常危险的。

④ 如果面罩和脸部不密封,必须重新调整至密封后才能继续使用,胡须会影响气密性,头发夹在面罩中会影响气密性;不必将面罩头带拉得太紧,这会使人感到不适;天气较冷时,面罩刚带上可能有气雾在透镜上,只要将供气阀链接上呼吸,则气雾会消失。

⑤ 进入危险区域作业,必须两人以上相互照应。如有条件,再有一人监护最好。工作过程中时刻关注压力表变化,当气瓶压力下降至 5～6MPa 时,残气报警器发出 90 分贝的连续声响,提醒使用人员气源将用完,应立即撤出危险区域。警报响起后预计可以使用 5～8min。

⑥ 使用中如果感觉呼吸阻力增大、呼吸困难、头晕等不适现象,以及其他不明原因时应及时撤离现场。

⑦ 在危险区域内,任何情况下严禁摘下面罩。在危险区域或未到达安全区域时,不能卸下设备(取下面罩)。

2. 防毒面具的使用

防毒面具用于逃生,一般有两种类型。第一种类似自持性呼吸器,但它提供空气的时间很有限(通常是 5min),可使人员到达安全处所或逃到无污染区。这种呼吸器由头部面罩或头盔以及气瓶组成,用皮带携带比较方便。第二种防毒面具是一种空气净化装置,依赖于过滤或吸收罐提供可呼吸空气。它与军事中的防毒面具类似,只针对专门气体才有效,要求环境中有足够的氧气供应急人员呼吸(极限情况为 16%)。这种装置只有在氧气浓度至少为 19.5%、有毒浓度为 0.1%～2% 时才适用。此外,这种防毒面具在过滤器的活化物质吸收饱和时就失效了,而且过滤器中的活化物质会由于长时间放置而失效,因此要求定期保养维修。这种防毒面具的优点是穿戴时间短、简便。防毒面具如图 6-21 所示。

图 6-21　防毒面具

（1）防毒面具构造

① 橡胶面具：橡胶全面罩，用于保护眼睛、皮肤免除各种刺激性毒气伤害，一般有1～4等型号。

② 导气管：是连接面罩和滤毒罐的呼吸软管，内径 30mm，长约 50cm。

③ 滤毒罐：各型滤毒罐中间充填物均为特制的活性炭，上下两端分别为干燥剂、纱布、隔板、弹簧。其滤毒作用主要是各种有毒气体进入罐内被活性炭吸附，使有毒气体净化为清净气体后吸入人体，唯独 5 型防一氧化碳的滤毒罐中间为催化剂（氧化剂），其他构造相同。

④ 专用背包：是放置滤毒罐和面具的专用包，底下有通气孔及纱层，可防止粉尘等堵塞滤毒罐而使吸气阻力增大。

（2）防毒面具的使用方法

① 连接防毒面具：旋下罐盖，将滤毒罐接在面罩下面，取下滤毒罐底部进气孔的橡皮塞。

② 使用前要先检查全套面具的气密性。方法是：将面罩和滤毒罐连接好，戴好防毒面具，用手或橡皮塞堵住滤毒罐进气孔，深呼吸，如没有空气进入，则此套面具气密性较好，可以使用。否则应修理或更换。

③ 佩带时如闻到毒气的微弱气味，应立即离开有毒区域。

④ 有毒区域的氧气占体积的 18％以下、有毒气体占总体积 2％以上的地方，各型滤毒罐都不能起到防护作用。滤毒罐分大、中、小三种形式，分别适用于毒气体积浓度不大于 2％、1％和 0.5％的场合。当浓度小于 0.3％时，也可选用滤毒盒。无论哪种滤毒罐，都必须在氧气含量大于 18％的时候才能使用。因此，在阴沟、地窖、井下或车间内进行化学救援作业时，都必须使用专用的长管送风面具、隔绝式空气面具或空气（氧气）呼吸器。防毒口罩则只能用于毒云传播区的人员疏散。

⑤ 每次使用后应将滤毒罐上部的螺帽盖拧上，并塞上橡皮塞后储存，以免内部受潮。

⑥ 滤毒罐应储存于干燥、清洁、空气流通的库房环境，严防潮湿、过热，有效期为 5年，超过 5 年应重新鉴定。

（3）使用注意事项

① 根据产品的要求进行组装，保持连接部位密闭不漏气，使用时根据头型的大小选择合适的面罩。

② 佩戴时必须先将滤毒罐底部的进气口打开使呼吸畅通，否则会出现窒息事故，威胁人身安全，使用中应注意滤毒罐是否失效，如闻到异样气味（毒剂味），发现滤毒罐增重或作业时间过长，应引起警惕。

③ 检查气密性，简便的方法是：使用者佩戴好面具，用手将滤毒罐进气口堵住，做几次深呼吸，如感觉憋气、呼吸困难，说明这套面具气密性良好。

④ 在进入毒区前，必须弄清楚作业现场毒剂性质和浓度，否则禁止使用。滤毒罐只适用于氧含量为 19.5％～23.5％、有毒气体浓度小于 2％的场所。

⑤ 各种型号的滤毒罐只能防护与其相适应的各种有毒气体和蒸气，使用时务必要对号作用并控制使用时间，千万不可粗心大意（有的公司规定：滤毒罐自出厂之日起，使用保管期为 4 年，超过 4 年为失效）。

⑥ 滤毒罐型号、色别、保护范围及罐内药剂见表6-7。

表 6-7　滤毒罐型号、色别、保护范围及罐内药剂

型号	颜色	防护范围	罐内药剂
1L	绿＋白	氢氰酸及其衍生物、砷化物、光气、毒烟毒雾	活性炭
2	草绿	氢氰酸及砷生物、各种有机蒸气	活性炭
3	褐	各种有机气体和蒸气	活性炭
4	灰	氨、硫化氢	少许锌盐和过氧化锰浸过的活性炭
5	白	一氧化碳	一层是活性炭；二层是氧化铜、氧化锰与其他金属氧化物
7	黄	各种酸性气体和蒸气	用碱金属酸盐浸过的活性炭

⑦ 过滤式防毒面具由于受到氧含量、有毒气体浓度的限制出现泄漏、环境污染事故，不能迅速准确及时的测出氧含量、有毒气体浓度，更不能佩戴此面具去抢救中毒病人，因此要求事故柜内的过滤式防毒面具只限于在发现泄漏、污染环境事故时逃生使用，不得用于抢救中毒病人、抢险、抢修、处置装置泄漏作业。

三、头部防护

头部防护用品是为防御头部不受外来物体打击和其他因素危害而配备的个人防护装备。根据防护功能要求，主要有安全帽、防护头罩（防尘帽、防水帽、防寒帽、防静电帽、防高温帽、防电磁辐射帽、防昆虫帽等）、一般防护帽（工作帽）。

1. 安全帽

安全帽的作用在于：防止物体打击伤害；防止高处坠落伤害头部；防止机械性损伤；防止污染毛发伤害。安全帽属于特种劳动防护用品，必须符合国家强制性标准《安全帽》（GB/T 2811—2007）。选择安全帽时，必须选择符合国家标准、标志齐全、经检验合格的产品，具有安全标志、安全鉴定证和生产许可证。它可以在以下几种情况下保护人的头部不受伤害或降低头部伤害的程度：①飞来或坠落下来的物体击向头部时；②当作业人员从 2m 以上的高处坠落下来时；③当头部有可能触电时；④在低矮的部位行走或作业，头部有可能碰撞到尖锐、坚硬的物体时。安全帽的结构如图 6-22 所示。

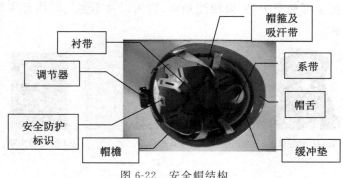

图 6-22　安全帽结构

安全帽的佩戴使用要符合规定。如果佩戴和使用不正确,就起不到充分的防护作用。因此,在使用过程中一般应注意下列事项:

（1）使用安全帽时,首先要选择与自己头型适合的安全帽。

（2）佩戴安全帽前,要仔细检查合格证、使用说明、使用期限,并调整帽衬尺寸。

（3）帽衬顶端与帽壳内顶之间必须保持 20～50mm 的空间,至少不要小于 32mm 为好。有了这个空间,才能形成一个能量吸收系统,使遭受的冲击力分布在头盖骨的整个面积上,减轻对头部的伤害。

（4）必须戴正安全帽,如果戴歪了,一旦头部受到物体打击,就不能减轻对头部的伤害。

（5）必须系好下颏带。如果没有系好下颏带,一旦发生坠落或物体打击,安全帽就会离开头部,这样起不到保护作用,或达不到最佳效果。

（6）安全在使用过程中会逐渐损坏,要经常进行外观检查。如果发现帽壳与帽衬有异常损伤、裂痕等现象,或水平垂直间距达不到标准要求的,就不能再使用,而应当更换新的安全帽。

（7）不能随意对安全帽进行拆卸或添加附件,以免影响其原有的防护性能。佩戴一定要戴正、戴牢,不能晃动,调节好后箍,以防安全帽脱落。

（8）安全帽如果较长时间不用,则需存放在干燥通风的地方,远离热源,不受日光的直射。

（9）安全帽的使用期限:塑料的不超过两年半;玻璃钢的不超过三年,具体使用期限参考产品使用说明。到期的安全帽要进行检验测试,符合要求方能继续使用,或淘汰更新。

（10）还有一点需要注意,安全帽只要受过一次强力的撞击,就无法再次有效吸收外力,有时尽管外表上看不到任何损伤,但是内部已经遭到损伤,不能继续使用。

2. 工作帽

工作帽又叫护发帽,主要是对头部,特别是对头发起到保护作用。它可以保护头发不受灰尘、油烟和其他环境因素的污染,也可以避免头发被卷入到转动的传动带或滚轴里,还可以起到防止异物进入颈部的作用。

3. 防护头罩

防护头罩是使头部免受火焰、腐蚀性烟雾、粉尘以及恶劣气候伤害头部的个人防护装备,如图 6-23 所示。

(a) 防毒头罩　　　(b) 防化头罩 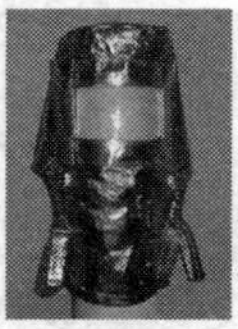　　　(c) 耐高温头罩

图 6-23　防护头罩

四、眼面部防护

眼面部防护用品是预防烟雾、尘粒、金属火花和飞屑、热、电磁辐射、激光、化学飞溅物等因素伤害眼睛或面部的个人防护用品。眼面部防护用品种类很多,根据防护功能,大致可分为防尘、防水、防冲击、防高温、防电磁辐射、防射线、防化学飞溅、防风沙、防强光九类。

目前我国普遍生产和使用的主要有焊接护目镜和面罩、炉窑护目镜和面罩、防冲击眼护具、微波防护镜、X射线防护镜、尘毒防护镜等类别,如图6-24所示。

(a) 标准单用型防护面罩　(b) 炼钢用防热头罩　(c) 配帽防护面罩　(d) 涂铝头盔　(e) 耐高温面罩

图 6-24　眼面部防护用品

五、皮肤(躯干)防护

1. 躯干防护用品

躯干防护用品就是通常讲的防护服。根据防护功能,防护服分为一般防护服、防水服、防寒服、防砸背心、防毒服、阻燃服、防静电服、防高温服、防电磁辐射服、耐酸碱服、防油服、水上救生衣、防昆虫服、防风沙服共14类,每一类又可根据具体防护要求或材料分为不同品种。下面以防化服和防火服为例。

(1) 防化服。消防防化服(fire-fighting anti-chemical clothes)是消防员防护服装之一,它是消防员在有危险性化学物品和腐蚀性物质的火场和事故现场进行灭火战斗和抢险救援时,为保护自身免遭化学危险品或腐蚀性物质的侵害而穿着的防护服装。有关国家标准和行业标准包括:《消防员化学防护服装》(GA 770—2008)《防护服装　化学防护服通用技术要求》(GB 24539—2009)《防护服装　酸碱类化学品防护服》(GB 24540—2009);军用标准包括:《隔绝式防毒衣通用规范》(GJB 2063—1994)《FFY03型防毒衣规范》(GJB 1971—1994)《含碳透气防毒服通用规范》(GJB 1750—1993)。

① 半封闭防化服(轻型防化服、简易防化服)利用特殊研制的纤维制造,既可以防护各种化学物质,又能提供阻燃性,足以维持甚至改善热防护服的效用,适用于防护危险化学品并且已经通过相应的CE标准和渗透喷溅(类型4)的测试,符合防静电EN1149.1标准。

通常应用在:炼钢厂、石油化工厂、电信、航空、紧急医疗部门、化工厂。

轻型防化服由于织物的独特性,是防护性、耐用性及舒适性最完美的组合;材料本身具有防护性,而并非通过覆膜,覆膜产品的防护性由于刮擦容易被破坏掉;低脱屑,防静电;可以防护有害物质,保护工人;并且可以保护敏感产品和生产过程,避免遭受来自人体的污染。

② 全密封防化服是消防员进入化学危险物品或腐蚀性物品火灾或事故现场,以及有毒、有害气体或事故现场,寻找火源或事故点,抢救遇难人员,进行灭火战斗和抢险救援时穿着的防护服装。

防酸渗透性能（80% H_2SO_4、60% HNO_3、30% HCL）：60min 不渗透。

防碱渗透性能（6.1mol/L NaOH）：60min 不渗透。

阻燃性能：有焰燃烧时间≤2s;无焰燃烧时间≤10s;损毁长度≤10cm（无熔融、滴落现象）。

③ 重型防化服。消防防化服采用经阻燃层处理的锦丝绸布,双面涂覆阻燃防化面胶,制成遇火只产生炭化,不产生溶滴,又能保持良好强度的胶布作为主材,经贴合-缝制-贴条工艺制成服装主体和手套,并配以阻燃、防化、耐电压、抗刺穿靴构成。

使用前,检查以确保内置呼吸器正常工作。将保护服完全打开,固定并调整内置呼吸器。先穿底部,再穿袖子,接着穿头部。调整面罩。将内置呼吸器软管连于面罩连接器,并打开阀门。将防护服完全关闭（头部和背部）。

（2）防火服。防火服也称为防火工作服,是消防员及高温作业人员近火作业时穿着的防护服装,用来对其上下躯干、头部、手部和脚部进行隔热防护,包括防火上衣、防火裤、防火头套、防火手套以及防火脚套。具有防火、隔热、耐磨、耐折、阻燃、反辐射热等特性,反辐射热温度高达 1000℃。

防火服由阻燃纤维织物与真空镀铝膜的复合材料制作而成,不含石棉,具有比重轻、强度高、阻燃、耐高温、抗热辐射、防水、耐磨、耐折、对人体无害等优点,能有效地保障消防队员、高温场所作业人员接近热源而不被酷热、火焰、蒸气灼伤。

防火服是由外层、隔热层、舒适层等多层织物复合而成,这种组合部分的材料可允许制成单层或多层。隔热服外层应采用具有反射辐射热的金属铝箔表面材料,并能满足基本服装制作工艺要求和辅料相对应标准的性能要求。

防火工作服分 7 类,包括消防战斗服、抢险救援服、消防防蜂服、防电弧阻燃服、消防防化服、消防隔热服、消防避火服。每类的功用完全不一样,在出警过程中,消防官兵将根据不同类型的险情,选择功能不同的作战服实施救援。

如银白色的"消防隔热服",主要用于扑救辐射热较强的石油火灾,可以隔绝高达800℃的高温;而军绿色的"消防避火服",主要是隔绝火焰,利于队员在短时间内进入火焰燃烧区域进行救人。此外,还有用于防化、绝缘及摘取蜂窝时所穿戴的各式作战服。

2. 护肤用品

护肤用品用于防止皮肤（主要是面、手等外露部分）免受化学、物理等因素危害的个体防护用品。按照防护功能,护肤用品分为防毒、防腐、防射线、防油漆及其他类。

六、手足部防护

1. 手部防护用品

手部防护用品是具有保护手和手臂功能的个体防护用品。通常称为劳动防护手套。

手部防护用品按照防护功能分为 12 类,即一般防护手套、防水手套、防寒手套、防毒手套、防静电手套、防高温手套、防 X 射线手套、防酸碱手套、防油手套、防振手套、防切割手套、绝缘手套。每类手套按照材料又能分为许多种。

2. 足部防护用品

足部防护用品是防止生产过程中有害物质和能量损伤劳动者足部的护具,通常称为劳动防护鞋。

足部防护用品按照防护功能分为防尘鞋、防水鞋、防寒鞋、防足趾鞋、防静电鞋、防高温鞋、防酸碱鞋、防油鞋、防烫脚鞋、防滑鞋、防刺穿鞋、电绝缘鞋、防震鞋 13 类,每类鞋根据材质不同又能分为许多种。

第五节　泄漏事故的现场处置

危险化学品事故的发生多与泄漏有关,而流体危险化学品事故引发的直接祸根就是泄漏。当危险化学品介质从其储存的设备、输送的管道及盛装的器皿中外泄时,极易引发中毒、火灾、爆炸及环境污染事故。

一、泄漏形式

泄漏是一种常见的现象,无处不在。泄漏所发生的部位是相当广泛的,几乎涉及所有的流体输送与储存的物体上。泄漏的形式和种类也是多种多样的,而按照人们的习惯称为:漏气、漏汽、漏水、漏油、漏酸、漏碱;法兰漏、阀门漏、油箱漏、水箱漏、管道漏、三通漏、弯头漏、四通漏、变径漏、焊缝漏、轴封漏、反应器漏、换热器漏、填料漏、船漏、车漏、管漏等。跑冒滴漏是人们对各种泄漏形式的一种通俗说法,其实质就是泄漏,涵盖气体泄漏和液体泄漏。

(1)按泄漏量分类。液态介质可分为无泄漏、渗漏、滴漏、重漏、流淌五级。

① 无泄漏:检测不出有泄漏为准。

② 渗漏:一种轻微泄漏,表面有明显的介质渗漏痕迹,像渗出的汗水一样,故又称为渗汗。擦掉痕迹,几分钟后又出现渗漏痕迹。

③ 滴漏:介质漏成水球状,缓慢地流下或滴下,擦掉痕迹,5min 后再现水球状渗漏。

④ 重漏:介质泄漏较重,连续成水珠状流下或滴下,但未达到流淌程度。

⑤ 流淌:介质泄漏严重,介质喷涌不断,成线状流淌。

气态介质可分为无泄漏、渗漏、泄漏、重漏四级。

① 无泄漏:用小纸条或纤维检查为静止状态,用肥皂水检查无气泡。

② 渗漏:用小纸条检查微微飘动,用肥皂水检查有气泡,用湿的石蕊试纸检验有变色痕迹,有色气态介质可见淡色烟气。

③ 泄漏:用小纸条检查时飞舞,用肥皂水检查气泡成串,用湿的石蕊试纸检验马上变色,有色气态介质明显可见。

④ 重漏:泄漏气体产生噪音,可听见。

(2)按泄漏时间分类,可分为经常性泄漏、间歇性泄漏、突发性泄漏三种。突发性泄漏最危险。

① 经常性泄漏：从安装运行或使用开始就发生的一种泄漏。施工质量、安装维修质量不佳造成。

② 间歇性泄漏：运转或使用一段时间后才发生的泄漏，时漏时停。

③ 突发性泄漏：突然产生的泄漏，危害性很大。往往是由于误操作、超温超压、疲劳破坏和腐蚀等因素所致。

(3) 按泄漏机理分类，可分为界面泄漏、渗透泄漏、破坏性泄漏三种。破坏性泄漏危险性最大。

① 界面泄漏：在密封件（垫片、填料）表面和与其接触件的表面之间产生的一种泄漏。

② 渗透泄漏：介质通过密封件（垫片、填料）本体毛细管渗透出来，这种泄漏发生在致密性较差的植物纤维、动物纤维和化学纤维等材料制成的密封件上。

③ 破坏性泄漏：密封件由于急剧磨损、变形、变质、失效等因素，使泄漏间隙增大而造成的一种危险性泄漏。

(4) 按泄漏密封部位分类，可分为静密封泄漏、动密封泄漏、关启件泄漏、本体泄漏。其中关启件泄漏最难治理，其次是动密封泄漏。

① 静密封泄漏：无相对运动密封副间的一种泄漏，如法兰、螺纹、箱体、卷口等结合面的泄漏。相对比较好治理，可用带压密封技术处理。

② 动密封泄漏：有相对运动密封副间的一种泄漏，如旋转轴与轴座间、往复杆与填料间、动环与静环间等动密封的泄漏。较难治理。

③ 关启件泄漏：关闭件（如阀瓣、闸板、球体、旋塞、滑块等）与关闭座（阀座、旋塞体等）间的一种泄漏。这种泄漏很难治理。

④ 本体泄漏：壳体、管壁、阀体等材料自身产生的一种泄漏，如砂眼、裂缝等缺陷的泄漏。

(5) 按泄漏危害分类，可分为不允许泄漏、允许微漏、允许泄漏。

① 不允许泄漏：是指一种用感觉和一般方法检查不出密封部位有泄漏现象的特殊工况，如高易燃易爆、极度危害、放射性介质及非常重要的部位，是不允许泄漏的。

② 允许微漏：是指允许介质微漏而不至于产生危害的后果。

③ 允许泄漏：是指一定场合下的水和空气类介质存在的泄漏。

(6) 按泄漏介质流向分类，可分为向外泄漏、向内泄漏、内部泄漏。内部泄漏最难治理。

① 向外泄漏：介质从内部向外部空间传质的一种现象。

② 向内泄漏：外部空间的物质向受压体内部传质的一种现象，如空气和液体渗入真空设备容器中。

③ 内部泄漏：密封系统内介质产生传质的一种现象，如阀门在密封系统中关闭后的泄漏。

(7) 按泄漏介质分类，可分为漏气、漏汽、漏水、漏油等。

泄漏产生原因可分为纵向和横向两大类。如设计不良、制造不精、安装不正、操作不当、维修不周，为纵向原因。如受压系统内外压差、结合面间隙大小、密封结构形式、密封材料性能不同、介质性能（黏度、腐蚀性、浸润性、辐射性、导热性及介质分子大小等）优劣、内外温度高低及变化、轴与孔偏心距、旋转的线速度、往复次数、润滑状态好坏、振动和冲击的大小等因素的影响，为横向原因。

二、泄漏控制技术

泄露控制技术是指通过控制危险化学品的泄放和渗漏，从根本上消除危险化学品的进一步扩散和流淌的措施和方法。泄露控制技术应树立"处置泄漏，堵为先"的原则。当危险化学品泄漏时，如果能够采用带压密封技术来消除泄漏，那么就可降低甚至省略事故现场抢险中的隔离、疏散、现场洗消、火灾控制和废弃物处理等环节。

1. 关阀制漏法

管道发生泄漏，泄漏点如处在阀门之后且阀门尚未损坏，可采取关闭输送物料管道阀门、断绝物料源的措施，制止泄漏。但在关闭管道阀门时，必须使用开花或喷雾水枪掩护。

如果泄漏部位上游有可以关闭的阀门，应首先关闭该阀门，如关掉一个阀门还不可靠时，可再关一个处于此阀上游的阀门，泄漏自然会消除；如果反应器、换热容器发生泄漏，应考虑关闭进料阀。通过关闭有关阀门、停止作业或通过采取改变工艺流程、物料走副线、局部停车、打循环、减负荷运行等方法控制泄漏源。若泄漏点位于阀门上游，即属于阀前泄漏，这时应根据气象情况，从上风方向逼近泄漏点，实施带压堵漏。

2. 带压堵漏（带压密封技术）

管道、阀门或容器壁发生泄漏，且泄漏点处在阀门以前或阀门损坏，不能关阀止漏时，可使用各种针对性的堵漏器具和方法实施封堵泄漏口，控制泄漏。可以选用的常用堵漏方法见表 6-8。堵漏抢险一定要在喷雾水枪、泡沫的掩护下进行，堵漏人员要精而少，增加堵漏抢险的安全系数。

表 6-8　可以选用的常用堵漏方法

部位	泄漏形式	方　　　　法
罐体	砂眼	螺丝加粘合剂旋进堵漏
	缝隙	使用外封式堵漏袋、电磁式堵漏工具组、粘贴式堵漏密封胶（适用于高压）、潮湿绷带冷凝法或堵漏夹具、金属堵漏锥堵漏
	孔洞	使用各种木楔、堵漏夹具、粘贴式堵漏密封胶（适用于高压）、金属堵漏锥堵漏
	裂口	使用外封式堵漏袋、电磁式堵漏工具组、粘贴式堵漏密封胶（适用于高压）堵漏
管道	砂眼	使用螺丝加粘合剂旋进堵漏
	缝隙	使用外封式堵漏袋、金属封堵套管、电磁式堵漏工具组、潮湿绷带冷凝法或堵漏夹具堵漏
	孔洞	使用各种木楔、堵漏夹具堵漏、粘贴式堵漏密封胶（适用于高压）
	裂口	使用外封式堵漏袋、电磁式堵漏工具组、粘贴式堵漏密封胶（适用于高压）堵漏
阀门	断裂	使用阀门堵漏工具组、注入式堵漏胶、堵漏夹具堵漏
法兰	连接处	使用专用法兰夹具、注入式堵漏胶堵漏

（1）调整消漏法。调整消漏法是采用调整操作、调节密封件预紧力或调整零件间相对位置，无需封堵的一种消除泄漏的方法。

（2）机械堵漏法。

① 支撑法。在管道外边设置支持架，借助工具和密封垫堵住泄漏处的方法，称为支撑法。这种方法适用于较大管道的堵漏，是因无法在本体上固定而采用的一种方法。

② 顶压法。在管道上固定一螺杆直接或间接堵住设备和管道上的泄漏处的方法，称为顶压法。这种方法适用于中低压管道上的砂眼、小洞等漏点的堵漏。

③ 卡箍法。用卡箍（卡子）将密封垫卡死在泄漏处而达到治漏的方法，称为卡箍法。

④ 压盖法。用螺栓将密封垫和压盖紧压在孔洞内面或外面达到治漏的一种方法，称为压盖法。这种方法适用于低压、便于操作管道的堵漏。

⑤ 打包法。用金属密闭腔包住泄漏处，内填充密封填料或在连接处垫有密封垫的方法，称为打包法。

⑥ 上罩法。用金属罩子盖住泄漏而达到堵漏的方法，称为上罩法。

⑦ 胀紧法。堵漏工具随流体入管道内，在内漏部位自动胀大堵住泄漏的方法，称为胀紧法。这种方法较复杂，并配有自动控制机构，用于地下管道或一些难以从外面堵漏的场合。

⑧ 加紧法。液压操纵加紧器夹持泄漏处，使其产生变形而致密，或使密封垫紧贴泄漏处而达到治漏的一种方法，称为加紧法。这种方法适用于螺纹连接处、管接头和管道其他部位的堵漏。

（3）塞孔堵漏法。塞孔堵漏法是采用挤瘪、堵塞的简单方法直接固定在泄漏孔洞内，从而达到止漏的一种方法。这种方法实际上是一种简单的机械堵漏法，它特别适用于砂眼和小孔等缺陷的堵漏上。

① 捻缝法。用冲子挤压泄漏点周围金属本体而堵住泄漏的方法，称为捻缝法。这种方法适用于合金钢、碳素钢及碳素钢焊缝，不适合于铸铁、合金钢焊缝等硬脆材料以及腐蚀严重而壁薄的本体。

② 塞楔法。用韧性大的金属、木头、塑料等材料制成的圆锥体楔或扁楔敲入泄漏的孔洞里而止漏的方法，称为塞楔法。这种方法适用于压力不高的泄漏部位的堵漏。

③ 螺塞法。在泄漏的孔洞里钻孔攻丝，然后上紧螺塞和密封垫治漏的方法，称为螺塞法。这种方法适用于本体积厚而孔洞较大的部位的堵漏。

（4）焊补堵漏法。焊补堵漏法是直接或间接地把泄露处堵住的一种方法。这种方法适用于焊接性能好，介质温度较高的管道；不适用于易燃易爆的场合。

① 直焊法。用焊条直接填焊在泄漏处而治漏的方法，称为直焊法。这种方法主要适用于低压管道的堵漏。

② 间焊法。焊缝不直接参与堵漏，而只起着固定压盖和密封件作用的一种方法，称为间焊法。间焊法适用于压力较大、泄漏面广，腐蚀性强、壁薄刚性小等部位的堵漏。

③ 焊包法。把泄漏处包焊在金属腔内而达到治漏的一种方法，称为焊包法。这种方法主要适用于法兰、螺纹处，以及阀门和管道部位的堵漏。

④ 焊罩法。用罩体金属盖在泄漏部位上，采用焊接固定后得以治漏的方法。适用于

较大缺陷的堵漏部位。如果必要,可在罩上设置引流装置。

⑤ 逆焊法。利用焊缝收缩的原理,将泄漏裂缝分段逆向逐一焊补,这种使其裂缝收缩不漏,有利焊道形成的堵漏方法简称逆焊法,也叫作分段逆向焊法。这种方法适用于低中压管道的堵漏。

(5)粘补堵漏法。粘补堵漏法是利用胶粘剂直接或间接堵住管道上泄漏处的方法。这种方法适用于不宜动火以及其他方法难以堵漏的部位。胶粘剂堵漏的温度和压力与它的性能、填料及固定形式等因素有关,一般耐温性能较差。

① 粘堵法。用胶粘剂直接填补泄漏处或涂敷在螺纹处进行粘接堵漏的方法,称为粘接法。这种方法适用于压力不高或真空管道上的堵漏。

② 粘贴法。用胶粘剂涂敷的膜、带和簿软板压贴在泄漏部位而治漏的方法,称为粘贴法。这种方法适用于真空管道和压力很低的部位的堵漏。

③ 粘压法。用顶、压等方法把零件、板料、钉类、楔塞与胶粘剂堵住泄漏处,或让胶粘剂固化后拆卸顶压工具的堵漏方法,称为粘压法。这种方法适用于各种粘堵部位,其应用范围受到温度和固化时间的限制。

④ 缠绕法。用胶粘剂涂敷在泄漏部位和缠绕带上而堵住泄漏的方法,称为缠绕法。此方法可用钢带、铁丝加强。它适用于管道的堵漏,特别是松散组织、腐蚀严重的部位。

(6)胶堵密封法。胶堵密封法是使用密封胶(广义)堵在泄漏处而形成一层新的密封层的方法。这种方法效果好,适用面广,可用于管道的内外堵漏,适用于高压高温、易燃易爆部位。

① 渗透法。用稀释的密封胶液混入介质中或涂敷表面,借用介质压力或外加压力将其渗透到泄漏部位,达到阻漏效果的方法,称为渗透法。这种方法适用于砂眼、松散组织、夹碴、裂缝等部位的内处堵漏。

② 内涂法。将密封机构放入管内移动,能自动地向漏处射出密封剂,这称为内涂法。这种方法复杂,适用于地下、水下管道等难以从外面堵漏的部位。因为是内涂,所以效果较好,无需夹具。

③ 外涂法。用厌氧密封胶、液体密封胶外涂在缝隙、螺纹、孔洞处密封而止漏的方法,称为外涂法。也可用螺帽、玻璃纤维布等物固定,适用于在压力不高的场合或真空管道的堵漏。

④ 强注法。在泄漏处预制密封腔或泄漏处本身具备密封腔,将密封胶料强力注入密封腔内,并迅速固化成新的填料而堵住泄漏部位的方法,称为强注法。此方法适用于难以堵漏的高压高温、易燃易爆等部位。

(7)改道法(改换密封法)。在管道或设备上用接管机带压接出一段新管线代替泄漏的、腐蚀严重的、堵塞的旧管线,这种方法称为改道法。此法多用于低压管道。

(8)其他堵漏法。

① 磁压法。利用磁钢的磁力将置于泄漏处的密封胶、胶粘剂、垫片压紧而堵漏的方法,称为磁压法。这种方法适用于表面平坦、压力不大的砂眼、夹碴、松散组织等部位的堵漏。

② 冷冻法。在泄漏处适当降低温度,致使泄漏处内外的介质冻结成固体而堵住泄漏

的方法,称为冷冻法。这种方法适用于低压状态下的水溶液以及油介质。

③ 凝固法。利用压入管道中某些物质或利用介质本身,从泄漏处漏出后,遇到空气或某些物质即能凝固而堵住泄漏的一种方法,称为凝固法。某些热介质泄漏后析出晶体或成固体能起到堵漏的作用,同属凝固法的范畴。这种方法适用于低压介质的泄漏。如适当制作收集泄漏介质的密封腔,效果会更好。

(9) 综合治漏法。综合以上各种方法,根据工况条件、加工能力、现场情况、合理地组合上述两种或多种堵漏方法,这称作综合性治漏法。如先塞楔子,后粘接,最后有机械固定;先焊固定架、后用密封胶,最后机械顶压等。

3. 倒罐

当采用上述的关阀断料、堵漏封口(带压密封技术)等堵漏方法不能制止储罐、容器或装置泄漏时,可采取疏导的方法通过输送设备和管道将泄漏内部的液体倒入其他容器、储罐中,以控制泄漏量和配合其他处置措施的实施。常用的倒罐方法有四种：压缩机倒罐、烃泵倒罐、压缩气体倒罐、静压差倒罐。

(1) 压缩机倒罐。利用压缩机倒罐就是将两装置液相管相接通,事故装置的气相管接到压缩机出口管路上,将安全装置的气相管路接到压缩机的入口管路上,用压缩机来抽吸安全装置的气相压力,经压缩送入事故装置,这样在两装置之间压力差的作用下,将泄漏液体由事故装置倒入安全装置。

该方法的优点：效率高,速度快。缺点：压力的增大会增加事故罐的泄漏量;在寒冷地区,液化石油气的饱和蒸气压可降到 0.05~0.2MPa,且储罐内的液化石油气单位时间内的气体量较少,很容易造成气化量满足不了压缩机吸入量的要求,使压缩机无法工作,需要附加加热增压设备来提高储罐内压力使压缩机倒罐正常进行。

注意事项：①事故装置与安全装置间的压力差应保持在 0.2~0.3MPa 范围内,为加快倒罐作业,可同时启动两台压缩机;②应密切注意事故装置的压力及液面变化,不宜使事故装置的压力过低,一般应保持在 147~196kPa,以免空气渗入,在装置内形成爆炸性混合气体;③在开机前应用惰性气体对压缩机气缸及管路中的空气进行置换。

(2) 烃泵倒罐。该方法是将两装置的气相管相连通,事故装置的出液管接在烃泵的入口,安全装置的进液管接在烃泵的出口,将液态的液化石油气由事故装置导入安全装置。

该方法的优点：工艺流程简单,操作方便,能耗小。缺点：必须保持烃泵入口管路上有一定的静压头,以避免液态石油气发生气化。事故装置内的压力及液位差应使烃泵能被液化石油气气体充满。这就使得该方法受到一定的限制,如颠覆于低洼地带的液化石油气槽车,就无法保证静压头。当事故装置内压力低于 0.75MPa 时,就必须于压缩机联用,提高事故装置内气相压力,以保证入口管路上足够的静压头。

注意事项：①烃泵的入口管路长度不应大于 5m,且呈水平略有下倾地与泵体连接,以保证入口管路有足够的静压头,避免发生气阻和抽空;②液化石油气液相管道上任何一点的温度不得高于相应管道内饱和压力下地饱和温度,以防止液化石油气在管道内产生气体沸腾现象,造成"气塞",使烃泵空转;③气、液相软管接通后,应先排净管内空气,并防止空气进入管路系统。软管拆卸时应先泄压,避免造成事故;④根据事故装置的具体情况,确定适合型号的烃泵,以保证烃泵的扬程能满足液体输送压力、高度及管路阻力的要求。

(3)压缩气体倒罐。压缩气体倒罐就是将甲烷、氮气、二氧化碳等压缩气体或其他与液化石油气混合后不会引起爆炸的不凝、不溶的高压惰性气体送入准备倒罐的事故装置中,使其与安全装置间产生一定的压差,从而将液化石油气从事故装置中导入安全装置中。

该方法的优点:工艺流程简单,操作方便。缺点:液化石油气损失较大。

注意事项:①压缩气瓶的压力导入事故装置前应减压,进入容器的压缩气体压力应低于容器的设计压力。②压缩气瓶出口的压力一般控制在比事故装置内液化石油气饱和蒸气压高 1~2MPa 范围内。

(4)静压差倒罐。静压差倒罐的原理是将事故装置和安全装置的气、液相管相连通,利用两容器间的位置高低之差产生的静压差,使液化石油气从事故装置中导入安全装置中。

该方法的优点:工艺流程简单,操作方便。缺点:速度慢,两容器间容易达到压力平衡,倒罐不完全。

注意事项:必须保证两装置间有足够的位置高度差才能采用此方法倒罐,一般在两装置温度差别不大(即两者饱和蒸气压近似)时,两装置间高度差不应小于 15~20m。

4. 转移

如果储罐、容器、管道内的液体泄漏严重而又无法堵漏或倒罐时,应及时将事故装置转移到安全地点处置,尽可能减少泄漏的量。首先应在事故点周围的安全区域修建围堤或处置地,然后将事故装置及内部的液体导入围堤或处置地内,再根据泄漏液体的性质采用相应的处置方法。

对油罐车的处理要加强保护。在吊起油罐车时,一定与吊车司机紧密配合,用水枪冲击钢丝绳与车体的摩擦部位,防止打出火花,用泡沫覆盖车体的其他部位。在油罐事故车拖离现场时,用泡沫对油罐车进行覆盖,并派消防车跟随,防止拖运中发生问题。

5. 点燃

当无法有效地实施堵漏或倒罐处置时,可采取点燃措施使泄漏出的可燃性气体会挥发性的可燃液体在外来引火物的作用下形成稳定燃烧,控制其泄漏,减低或消除泄漏毒气的毒害程度和范围,避免易燃和有毒气体扩散后达到爆炸极限而引发燃烧爆炸事故。

点燃之前,要做好充分的准备工作,撤离无关人员,担任掩护和冷却等任务的人员要到达指定位置,检测泄漏点周围已无高浓度可燃气;点火时,处置人员应在上风向,穿好避火服,使用安全的点火工具操作,如点火棒(长杆)、电打火器等。

三、泄漏物处置技术

泄漏物处置技术是指采取筑堤围堵与挖掘沟槽、稀释与覆盖、收容(集)、固化、低温冷却、废弃等方法及时对现场泄漏物进行处理,使泄漏物得到安全可靠的处置,防止二次事故的发生。

1. 围堤堵截和挖掘沟槽

修筑围堤是控制陆地上的液体泄漏物最常用的收容方法。常用的围堤有环形、直线形、V 形等。通常根据泄漏物流动情况修筑围堤拦截泄漏物。如果泄漏发生在平地上，则在泄漏点的周围修筑环形堤。如果泄漏发生在斜坡上，则在泄漏物流动的下方修筑 V 形堤。贮罐区发生液体泄漏时，要及时关闭雨水阀，防止物料沿明沟外流。对于无法移动装置的泄漏，则在事故装置周围修筑围堤或修建处置池。

挖掘沟槽也是控制陆地上液体泄漏物的常用收容方法。通常根据泄漏物的流动情况挖掘沟槽收容泄漏物。如果泄漏物沿一个方向流动，则在其流动的下方挖掘沟槽。如果泄漏物是四散而流，则在泄漏点周围挖掘环形沟槽。

修围堤堵截和挖掘沟槽收容泄漏物的关键除了它们本身的特性外，就是确定围堤堵截和挖掘沟槽的地点。这个点既要离泄漏点足够远，保证有足够的时间在泄漏物到达前修挖好，又要避免离泄漏点太远，使污染区域扩大，带来更大的损失。如果泄漏物是易燃物，操作时要特别小心，避免发生火灾。

2. 稀释与覆盖

为减少大气污染，通常是采用水枪或消防水带向有害物蒸气云喷射雾状水，加速气体向高空扩散，使其在安全地带扩散。在使用这一技术时，将产生大量的被污染水，因此应疏通污水排放系统。

对于可燃物，也可以在现场施放大量水蒸气或氮气，破坏燃烧条件。对于液体泄漏，为降低物料向大气中的蒸发速度，可用泡沫或其他覆盖物品覆盖外泄的物料，在其表面形成覆盖层，抑制其蒸发，降低泄漏物对大气的危害和泄漏物的燃烧性。

泡沫覆盖必须和其他的收容措施如围堤、沟槽等配合使用。通常泡沫覆盖只适用于陆地泄漏物。选用的泡沫必须与泄漏物相容。实际应用时，要根据泄漏物的特性选择合适的泡沫。常用的普通泡沫只适用于无极性和基本上呈中性的物质；对于低沸点，与水发生反应，具有强腐蚀性、放射性或爆炸性的物质，只能使用专用泡沫；对于极性物质，只能使用属于硅酸盐类的抗醇泡沫；用纯柠檬果胶配制的果胶泡沫对许多有极性和无极性的化合物均有效。对于所有类型的泡沫，使用时建议每隔 30～60min 再覆盖一次，以便有效地抑制泄漏物的挥发。如果需要，这个过程可能一直持续到泄漏物处理完。

3. 收容（集）

对于大量液体泄漏，可选择用隔膜泵将泄漏出的物料抽入容器内或槽车内，再进行其他处理。当泄漏量小时，可用沙子、吸附材料、中和材料等吸收中和。

所有的陆地泄漏和某些有机物的水中泄漏都可用吸附法处理。吸附法处理泄漏物的关键是选择合适的吸附剂。常用的吸附剂有：活性炭、天然有机吸附剂、天然无机吸附剂、合成吸附剂。

中和，即酸和碱的相互反应。反应产物是水和盐，有时是二氧化碳气体。现场应用中和法要求最终 pH 值控制在 6～9，反应期间必须监测 pH 值变化。只有酸性有害物和碱性有害物才能用中和法处理。对于泄入水体的酸、碱或泄入水体后能生成酸、碱的物质，也可考虑用中和法处理。对于陆地泄漏物，如果反应能控制，常常用强酸、强碱中和，这样比较经济；对于水体泄漏物，建议使用弱酸、弱碱中和。

常用的弱酸有醋酸、磷酸二氢钠，有时可用气态二氧化碳。磷酸二氢钠几乎能用于所有的碱泄漏，当氨泄入水中时，可以用气态二氧化碳处理。

常用的强碱有碳酸氢钠水溶液、碳酸钠水溶液、氢氧化钠水溶液。这些物质也可用来中和泄漏的氯。有时也用石灰、固体碳酸钠、苏打灰中和酸性泄漏物。常用的弱碱有碳酸氢钠、碳酸钠和碳酸钙。碳酸氢钠是缓冲盐，即使过量，反应后的 pH 值只是 8.3。碳酸钠溶于水后，碱性和氢氧化钠一样强，若过量，pH 值可达 11.4。碳酸钙与酸的反应速度虽然比钠盐慢，但因其不向环境加入任何毒性元素，反应后的最终 pH 总是低于 9.4 而被广泛采用。

对于水体泄漏物，如果中和过程中可能产生金属离子，必须用沉淀剂清除。中和反应常常是剧烈的，由于放热和生成气体产生沸腾和飞溅，所以应急人员必须穿防酸碱工作服、戴防烟雾呼吸器。可以通过降低反应温度和稀释反应物来控制飞溅。

如果非常弱的酸和非常弱的碱泄入水体，pH 值能维持在 6～9，建议不使用中和法处理。

现场使用中和法处理泄漏物受下列因素限制：泄漏物的量、中和反应的剧烈程度、反应生成潜在有毒气体的可能性、溶液的最终 pH 值能否控制在要求范围内。

4. 固化

通过加入能与泄漏物发生化学反应的固化剂或稳定剂使泄漏物转化成稳定形式，以便于处理、运输和处置。有的泄漏物变成稳定形式后，由原来的有害变成了无害，可原地堆放不需进一步处理；有的泄漏物变成稳定形式后仍然有害，必须运至废物处理场所进一步处理或在专用废弃场所掩埋。常用的固化剂有水泥、凝胶、石灰。

水泥固化：通常使用普通硅酸盐水泥固化泄漏物。对于含高浓度重金属的场合，使用水泥固化非常有效。许多化合物会干扰固化过程，如锰、锡、铜和铅等的可溶性盐类会延长凝固时间，并大大降低其物理强度，特别是高浓度硫酸盐对水泥有不利的影响，有高浓度硫酸盐存在的场合一般使用低铝水泥。酸性泄漏物固化前应先中和，避免浪费更多的水泥。相对不溶的金属氢氧化物，固化前必须防止溶性金属从固体产物中析出。

凝胶固化：凝胶是由亲液溶胶和某些增液溶胶通过胶凝作用而形成的冻状物，没有流动性。可以使泄漏物形成固体凝胶体。形成的凝胶体仍是有害物，需进一步处置。选择凝胶时，最重要的问题是凝胶必须与泄漏物相容。

石灰固化：使用石灰作固化剂时，加入石灰的同时需加入适量的细粒硬凝性材料（如粉煤灰、研碎了的高炉炉渣或水泥窑灰等）。

5. 低温冷却

低温冷却是将冷冻剂散布于整个泄漏物的表面上，减少有害泄漏物的挥发。在许多情况下，冷冻剂不仅能降低有害泄漏物的蒸气压，而且能通过冷冻将泄漏物固定住。影响低温冷却效果的因素有：冷冻剂的供应、泄漏物的物理特性及环境因素。

冷冻剂的供应将直接影响冷却效果。喷撒出的冷冻剂不可避免地要向可能的扩散区域分散，并且速度很快。整体挥发速率的降低与冷却效果成正比。泄漏物的物理特性（如当时温度下泄漏物的黏度、蒸气压及挥发率）对冷却效果的影响与其他影响因素相比很小，通常可以忽略不计。环境因素（如雨、风、洪水等）将干扰、破坏形成的惰性气体膜，严重影响冷却效果。

常用的冷冻剂有二氧化碳、液氮和冰。选用何种冷冻剂取决于冷冻剂对泄漏物的冷却效果和环境因素。应用低温冷却时必须考虑冷冻剂对随后采取的处理措施的影响。

6. 废弃

将收集的泄漏物运至废物处理场所处置。用消防水冲洗剩下的少量物料，冲洗水排入污水系统处理或收集后委托有条件的单位处理。

第六节　事故现场的洗消技术

洗消是消除染毒体和污染区毒性危害的主要措施。洗消是化学事故现场处置中一项必不可少的环节和任务，它直接关系到化学事故应急救援的成败。

一、洗消原则

洗消就是对危险化学品造成污染的消除。洗消应遵循"既要消毒及时、彻底、有效，又要尽可能不损坏染毒物品，尽快恢复其使用价值"的原则，同时要坚持"因地制宜，专业性和群众性洗消相结合"的原则。根据毒物的理化性质、受污染物体的具体情况和器材装备，正确选择相应的洗消剂和洗消方法，将灾害事故的危害降到最低限度，并提高群众的自消自保水平，增强人民群众的自我保护意识。

二、洗消方法

根据有毒有害化学品的分子结构在洗消过程中是否受到破坏与变化，可将洗消方法分为物理洗消法和化学洗消法。

1. 物理洗消法

物理洗消法主要有：利用通风、日晒、雨淋等自然条件使毒物自行蒸发、散失及被水解，使毒物逐渐降低毒性或被逐渐破坏而失去毒性；用水浸泡、蒸、煮沸，或直接用大量的水冲洗染毒体；可利用棉纱、纱布等浸以汽油、煤油酒精等溶剂，将染毒体表面的毒物溶解擦洗掉；对液体及固体污染源采用封闭掩埋或将毒物移走的方法，但掩埋时必须加大量的漂白粉；物理洗消法的优点是处置便利、容易实施。

2. 化学洗消法

化学洗消法是利用洗消剂与毒源或染毒体发生化学反应，生成无毒或很小毒性的产物，它具有消毒彻底、对环境保护较好的特点。然而，要注意洗消剂与毒物的化学反应是否产生新的有毒物质，防止发生次生反应染毒事故。化学洗消实施中需借助器材装备，消耗大量的洗消药剂，成本较高，在实际洗消中化学与物理的方法一般是同时采用。化学洗消法主要有中和法、催化剂法、氧化法等。

为了使洗消剂在化学突发事件中能有效地发挥作用，洗消剂的选择必须符合"洗消速度快，洗消效果彻底，洗消剂用量少，价格便宜，洗消剂本身不会对人员、设备起腐蚀伤害作用"的洗消原则。

（1）中和法。中和法是利用酸碱中和反应的原理消除毒物。强酸（H_2SO_4、HCl、HNO_3）大量泄漏时，可以用5%～10%NaOH、Na_2CO_3、$Ca(OH)_2$等作为中和洗消剂；也可用氨水，但氨水本身具有刺激性，使用时要注意浓度的控制；反之，若是大量碱性物质泄漏（如氨的泄漏），用酸性物质进行中和，但同样必须控制洗消剂溶液的浓度，否则会引起危害，中和洗消完成后，对残留物仍然需要用大量水冲洗。常见毒物的中和剂如表6-9所示。

表6-9　常见毒物与中和剂

毒气名称	中 和 剂
氨气	水、弱酸性溶液
氯气	消石灰及其水溶液，苏打等碱性溶液或氨水（10%）
一氧化碳	苏打等碱性溶液
氯化氢	水、苏打等碱性溶液
光气	苏打、氨水、氢氧化钙等碱性溶液
氯甲烷	氨水
液化石油气	大量的水
氰化氢	苏打等碱性溶液
硫化氢	苏打等碱性溶液
氟	水

（2）氧化还原法。利用洗消剂与毒物发生氧化还原反应。主要针对毒性大且持久的油状液体毒物。这类洗消剂有漂白粉（有效成分是次氯酸钙）、三合二（其性质与漂白粉相似，但漂白粉含次氯酸钙少、杂质多、有效氯低、消毒性能不如三合二，可它易制造、价格低廉）等。如氯气钢瓶泄漏，可将泄漏钢瓶置于石灰水槽中，氯气经反应生成氯化钙，可消除氯对人员的伤害和环境污染。也可利用燃烧来破坏毒物的毒性，对价值不大或火烧后仍能使用的设施、物品可采用此法，但可能因毒物挥发造成临近及下风方向空气污染，所以必须注意妥善采取个人防护。

（3）催化法。利用催化剂把毒物加速转化成无毒物或低毒。一些有毒的农药（包括毒性较大的含磷农药），其水解产物是无毒的，但反应速度很慢，加入某些催化剂可促其水解。利用不少农药加碱性物质可催化水解，因此碱水或碱溶液可对农药引起的染毒体洗消。

三、洗消的对象

化学事故发生后，消除灾害影响的最有效的方法是洗消。洗消的范围包括：在救援行动情况许可的情况下，对受污染对象进行全面的洗消；对所有从污染区出来的被救人员进行全面的洗消；对所有从污染区出来的参战人员进行全面的洗消；对所有从污染区出来的车辆和器材装备进行全面的洗消；对整个事故区域进行全面的洗消；还须对参战人员的防化服、战斗服、作训服和使用的防毒设施、检测仪器、设备进行消毒。

1. 对染毒人员和器材的洗消

严格按照洗消程序和标准进行洗消，要达到国家规定的有关标准。洗消的方式有开设固定洗消站和实施机动洗消两种方式。固定洗消站一般设在便于污染对象到达的非污染地点，并尽可能靠近水源，主要是针对染毒数量大，洗消任务繁重时；机动洗消主要针对需要紧急处理的人员而采取的洗消方法，如利用洗消帐篷对须承担灭火救援任务而被严重污染的人员进行及时洗消，它具有灵活、方便的优点。

一般可用大量清洁的热水，常用公众洗消帐篷、战斗员个人洗消帐篷、高压清洗机等专业洗消设备对人员进行洗消。如发生的是严重的化学事故，仅靠普通清水无法达到实施洗消的要求时，可加入消毒剂进行洗消。如果没有消毒剂也可用肥皂擦身，对人员实施洗消的场所必须是密闭的，有专人负责检测。对人员实施洗消时应依照伤员→妇幼→老年→青壮年的顺序安排洗消。对染毒车辆器材（包括水带、参战人员的衣服、检测仪器等）的洗消尤其是车辆的洗消，可用高压清洗机、高压水枪等设施按自上而下、由里到外、从前到后的顺序清洗，没有专业设备也可用水或消毒液擦洗、浸泡、冲刷、日光照射等方法实施。洗消完毕的人员和器材装备，检测合格后方可离开。否则，染毒对象需要重新洗消，直到检测合格。

2. 毒源和污染区的洗消

危险化学品灾害事故发生后，要做到及时排除危险物质，不仅需及时组织救援力量对泄漏部位实施堵漏或倒罐转移；而且必须对危险源和污染区实施洗消。对液体泄漏毒物必须在有毒物质泄漏得到控制后，才能实施洗消。洗消方法的选择根据毒物性质和现场情况来确定。对事故现场的洗消有时需反复多次进行，通过检测达到消毒标准，方可停止洗消作业。

四、洗消技术和器材

在洗消时，一般使用大量的、清洁的水或加温后的热水。如果毒性大，应根据毒物的性质选择相应的洗消剂，借助于采用了相应洗消技术的洗消装备和器材实施洗消。部分洗消器材如图 6-25 所示。

便携式独立冲洗器
- 雾状微粒喷射、溶剂分布均匀(避免引起额外创伤)
- 用于强酸、强碱、化学灼伤部位的清洗
WXXSZ-001

热水高压洗消泵(燃油驱动)　　冷水高压洗消泵
- 动力220V
- 带高压喷枪、进出水管
WXXSZ-002　　WXXSZ-003

图 6-25　洗消器材

生化细菌消毒器

WXXSZ-004

德国"威特"洗消废水回收袋

WXXSZ-005

多功能液体抽吸泵

WXXSZ-006

有毒液体吸附垫

· 可快速有效地吸附各种化学液体, 吸附能力为自身重量的25倍
· 吸附后被吸液体不外渗

WXXSZ-007

有毒物质密封桶

· 收集并转运有毒物体和污染严重土壤
· 容量: 300mL
· 重量: 26kg

WXXSZ-008

油污吸附隔离带

· 可数月浮于水面, 拦截油污蔓延
· 吸除水面漂浮油污, 不断裂下沉

WXXSZ-009

个人洗消帐篷

· 4m²
· 用气瓶充气
· 带二个下流灯、二个喷淋

WXXSZ-009

气动式集水容器

· 收集消防用水、化学物质、油料等危险液体
· 可根据用户需求定制

WXXSZ-011

紧急洗眼液

· 用于眼部遭到化学喷溅时的紧急冲洗
WXXSZ-012

公众洗消帐篷

· 30m²
WXXSZ-013

图 6-25(续)

1. 洗消技术

洗消技术的发展经历了三个阶段：常温常压喷洒洗消阶段；高温、高压、射流洗消阶段；非水洗消阶段。随着洗消技术的发展，也推动了洗消器材和装备的开发和研究。

（1）常温常压喷洒洗消阶段。20世纪40年代以来，传统的洗消技术是以水基、常温常压喷洒技术为主。常温是指洗消装备中除人员、洗消车外无专门加热元件，洗消液接近自然界水温度；常压是指工作压力低，一般为0.2～0.3MPa；喷洒是指洗消装备中的冲洗力量小，洗消液流量大。这种技术效率低，洗消液用量大，而且低温会导致洗消液严重冻结，进而影响装备效能的发挥。

（2）高温、高压、射流洗消阶段。该技术的采用是新一代洗消装备的特征和标志。自20世纪80年代以来，高温、高压、射流技术在洗消领域得到广泛应用，洗消装备水平得到了极大的提高。高温是指水温为80℃、蒸汽温度为140～200℃、燃气温度为500℃以上；高压是指工作压力为6～7MPa、燃气流速可高达400m/s；射流包括液体、气体射流和光射流。

德国、意大利率先将高温、高压、射流技术应用于水基洗消装备。由于高温、高压、射流洗消装备利用高温和高压形成的射流洗消，产生物理和化学双重洗消效能，因此具有洗消效率高、省时、省力、省洗消剂甚至不用洗消剂等特点，代表了当今洗消装备的国际水平和发展趋势。

（3）非水洗消阶段。随着科学技术的发展，各类装备中应用的电子、光学精密仪器、敏感材料逐渐增多。它们一般受温度、湿度影响较大，不耐腐蚀，在受沾染的情况下，不能用水基和传统的具有腐蚀性的洗消剂洗消。目前，从整体技术而言，对敏感装备的免水洗消技术尚处于起步阶段。洗消方法主要有热空气洗消法、有机溶剂洗消法和吸附剂洗消法。美国计划要在2015年前从根本上提高对电子设备、航空电子设备和其他敏感装备的洗消能力。显然，开发新型免水洗消方法、研制免水洗消装备已成为新时期极为紧迫的研究课题。

2. 洗消器材和装备

对染有毒剂、放射性沉降物、生物战剂的人员、武器装备、地面及工事进行消毒和消除沾染所用器材的统称。主要有各种洗消车辆、轻便洗消器和各类洗消剂等。洗消剂是洗消器材的重要组成部分，分为消毒剂和消除剂。前者有漂白粉、氯胺和碱性化合物。后者主要是洗涤剂和络合剂。洗消车辆通常指喷洒车、淋浴车；轻便洗消器材有车辆洗消器和坦克消毒器等。消防部队和化工厂的专职队已逐步配置了防化洗消车、化学灾害事故抢险救援车、洗消帐篷、抽污泵、高压清洗机等专业器材装备。

在洗消力量不能满足需要的情况下，可借助一些原本不是专门为洗消研制但可暂时被用来实施洗消的器材，以解决洗消器材的不足。根据所需洗消的范围大小不同，所用洗消剂量多少的差异，可选用下列器材和装备：①消防车。主要用于灭火，但需要时，可用来喷洒洗消液实施洗消。如水罐消防车，可以喷水也可以喷射预先配制的洗消液；用泡沫消防车对毒源或污染区实施洗消时，可用泡沫液罐盛放浓度较高的洗消液，经比例混合器与水混合后通过水枪或水炮喷射染毒区域或染毒地面；干粉消防车是采用化学洗消粉剂对毒源或污染区实施洗消较理想装备,必要时干粉消防车也可作为洗消供水车使用。利用消防车洗消可使救援与洗消同步进行,它也可作为对参战消防车进行洗消的工具,对高层建筑物、树木、大面积的染毒区的洗消也非常便利。我国研制生产的遥控消防车,它更具有接近染毒区实施洗消的优越性。②洒水车。城市中的洒水车在实施洗消时稍加改装后,装入洗消剂就可直接对地面实施洗消。城市中还有一种对马路两旁树木或喷射杀虫剂的车辆,配有喷水枪能将水喷到一定的高度,这种车辆在化学救援消毒中可对染毒树木、染毒建筑物、染毒设备实施消毒。③背负式喷雾器。喷雾器可作为一种小型洗消器材,对污染区和植染毒物实施洗消。

(1)空气加热机。用途:主要用于洗消帐篷内供热或送风。性能及组成:电源为220V/50Hz,有手动控制和恒温器自动控制两种,双出口柴油风机,耗油量为3.65L/h,油箱为51L,工作时间为14h,供热量为35000kcal/h,最高风温为95℃,重量为70kg。维护:使用标准燃油,定期检查养护,保证喷嘴清洁。

(2)热水器。用途:主要供给加热洗消帐篷内的用水。性能及组成:主要部件有燃烧器、热交换器、排气系统、电路板和恒温器,可以提供95℃的热水,水的热输出功率为70~110kW,水罐分为两档工作,水流量为600~3200L/h,升温能力为30℃/(3200L/h),供水压力为12bar,电源为220V/50Hz,重量为148kg。维护:使用后,擦拭热水罐外部、燃油过滤器;每6个月擦拭泵内过滤器和用酸性不含树脂的润滑油擦拭燃烧器马达一次。每使用200次后,对点火器喷嘴进行例行保养,检查是否积炭,并擦拭干净。

(3)公众洗消帐篷。用途:主要用于化学灾害救援中人员洗消。性能及组成:高为2.80m,长为10.30m,宽为5.60m,面积为60m²,一个帐篷袋包括一个运输包(内有帐篷、撑杆)和一个附件箱(内有一个帐篷包装袋、一个拉索包、两个修理用包、一个充气支撑装置、一条塑料链和一个脚踏打气筒),帐篷内有喷淋间、更衣间等场所。维护:每次使用后必须清洗干净,擦干晾晒后,方能收放。使用时,尽量选择平整且磨损较小的场地搭设,避免帐篷刮划破损。

(4)战斗员个人洗消帐篷。用途:主要用于战斗员洗消。性能及组成:折叠尺寸为900mm×600mm×500mm,面积为4m²,重量为25kg,压缩空气充气,底板可充当洗消槽,并连接有DN45的供水管和排水管。维护:使用后,必须清洗晾晒,方能收放。使用时,尽量选择平整且磨损较小的场地搭设,避免帐篷刮划破损。

(5)高压清洗机。用途:主要用于清洗各种机械、汽车、建筑物、工具上的有毒污渍。性能及组成:由长手柄带高压水管、喷头、开关、进水管、接头、捆绑带、携带手柄喷枪、清洗剂输送管、高压出口等组成,电源启动能喷射高压水流,需要时可以添加清洗剂。维护:不要使用带有杂质和酸性的液体,所有水管接口保持密封。避免电子元件触水,用后立即关机。

(6)快捷式化学泡沫洗消机。用途:主要用于洗消放射、生物、化学类污染。性能参数:该设备在水流量约为4L/min时的喷沫量为8m³/min;一箱洗消液的洗消能力为40m²;一瓶气可供4箱洗消液使用;钢瓶为61/300bar;工作压力为8bar;最大进气压为16bar。

五、常见危险化学品的洗消净化

1. 氯气的洗消

氯气泄漏后，可用通风法驱散现场染毒空气使其浓度降低；对于较高浓度的泄漏氯气云团，可采用喷雾水直接喷射，因为氯气能部分溶于水，并与水作用能发生自身氧化还原反应而减弱其毒害性，反应如下：

$$Cl_2 + H_2O \rightleftharpoons HCl + HOCl$$

$$HCl \longrightarrow H^+ + Cl^-$$

$$HOCl \rightleftharpoons H^+ + OCl^-$$

喷雾的水中存在氯气、次氯酸、次氯酸根、氢离子和氯离子。次氯酸和稀盐酸因浓度不高，可视为无害。但是氯在水中的自氧化还原反应是可逆的，即次氯酸和稀盐酸的存在会阻止氯气的进一步反应，甚至当溶液的酸性增高到一定程度，还会导致从溶液中产生氯气。因此，用喷雾水洗消泄漏的氯气必须大量用水。为了提高用水洗消的效果，可以采取一定的方法把喷雾水的酸度减低，以促进氯气的进一步溶解。常用的方法是在喷雾水中加入少量的氨（溶液 pH＞9.5），即用稀氨水洗消氯气，效果比较好，但是在消毒时，洗消人员应穿戴防毒面具和穿防护服。

稀氨水既能与盐酸、次氯酸反应，又能直接与氯气反应。这些反应如下：

$$2NH_3 \cdot H_2O + 2Cl_2 \longrightarrow 2NH_4Cl + 2HOCl$$

$$2HOCl + 2NH_3 \cdot H_2O \longrightarrow 2NH_4Cl + 2H_2O + O_2$$

$$4NH_3 \cdot H_2O + 2Cl_2 \Longrightarrow 4NH_4Cl + 2H_2O + O_2 \uparrow$$

因此用含少量氨的水去对氯气消毒要比单用水好，氯气可完全溶于氨水中，并转化为氯化铵、水和氧气。

2. 氰化物的洗消

氰化物包括氰化氢、氢氰酸、氰化盐（氰化钠、氰化钾、氰化锌、氰化铜等），氰化物均为剧毒品。氰化物的洗消分为：对气态氰化氢（或易挥发液体氢氰酸）的吸收消除、对水中氢氰根的消毒。

（1）气态氰化氢的洗消。气态氰化氢的毒性很大，人通过呼吸道少量吸入就可迅速致死。可利用酸碱中和反应和络合反应继续拧消毒。酸碱中和法是利用氰化氢的弱酸性，用中等以上强度的碱进行中和生成的盐类及其水溶液，经收集再进一步处理。洗消剂可用石灰水、烧碱水溶液、氨水等。

$$2HCN + Ca(OH)_2 \longrightarrow Ca(CN)_2 + 2H_2O$$

络合反应吸收法是利用氰根离子易与银和铜金属络合，生产银氰络合物和铜氰络合物，这些络合物是无毒的产物。

$$Cu^+ + CN^- \longrightarrow CuCN$$

$$CuCN + CN^- \longrightarrow [Cu(CN)_2]^-$$

（2）水中氰根离子的洗消。对氢氰酸的消毒处理最好选用亚铁盐的碱溶液实施洗消，如硫酸亚铁（$FeSO_4$）的氢氧化钠（$NaOH$）或氢氧化钾（KOH）溶液，因为该洗消剂能有效地控制氢氰酸的挥发和扩散。其化学反应式如下：

$$6HCN + FeSO_4 + 6KOH \longrightarrow K_4[Fe(CN)_6] + K_2SO_4 + 6H_2O$$

水中氰根离子可采用碱性氯化法洗消。即先将含有氰根的水溶液调至碱性，再加入三合二消毒剂[1%～5%的漂粉精，其主要成分为 $3Ca(OCl)_2 \cdot 2\ Ca(OH)_2$]或通入氯气，利用次氯酸与氰根发生氧化分解反应，而生成无毒或低毒产物。三合二消毒剂的水溶液或氯气溶解在水中都会产生次氯酸：

$$Cl_2 + H_2O \rightleftharpoons HOCl + H^+ + Cl^-$$

再用碱液将溶液调至 $pH \geqslant 10$。在 $pH \geqslant 10$ 的碱性溶液中，次氯酸能与氰根发生如下反应：

$$CN^- + HOCl \longrightarrow HOCN + Cl^-$$

其中，生成的氰酸可以通过把溶液 pH 值再调至 7.5～8.0，会进一步分解变成 CO_2 和 N_2，反应式如下：

$$2OCN^- + 3OCl^- + H_2O \xrightarrow{pH=7.5\sim8.0} 2CO_2 + N_2 + 3Cl^- + 2OH^-$$

因此，通过上述处理，可以对液体中的氰化物进行消毒。但在消毒时，洗消人员应戴防毒面具和穿防护服。根据氰化物污染对象的不同，可分为道路洗消、地面洗消、水域洗消、建构筑物洗消和器材装备与人员的洗消。对道路、地面、水域和建构筑物实施洗消时，由于洗消剂的用量较大，应尽可能选择容易得到、价格较为低廉的洗消剂，如三次氯酸钙合二氢氧化钙(三合二)、漂白粉、硫酸亚铁、氯化铁等。对人员的洗消应尽可能选择刺激性较小的洗消剂，以最大限度地降低对人体的伤害，一般采用氯胺类或敌腐特灵洗消剂较为合适。当氯胺洗消剂或敌腐特灵洗消剂较为充足时，也可用于对器材装备的洗消。若使用腐蚀性较大的洗消剂对器材装备实施洗消，洗消完毕应用大量的清水进行冲洗，擦干后立即上油保养，以减轻洗消剂对器材装备的腐蚀。

3. 光气的洗消

光气微溶于水，并逐步发生水解，但水解缓慢。根据光气的这种性质，可选用水、碱水作为洗消剂。其中，氨气或氨水能与光气发生迅速的反应，生成物主要为无毒的脲和氯化铵，反应如下：

$$4NH_3 + COCl_2 \longrightarrow CO(NH_2)_2 + 2NH_4Cl$$

因此，可用浓氨水喷成雾状对光气等酰卤化合物消毒，但在消毒时，洗消人员要穿防护服，为了防护氨的刺激，可佩戴防毒面具或空气呼吸器。若现场条件不允许，也可佩戴碱水口罩甚至清水口罩、毛巾等。

4. 设备清除

在发生危险物质已经泄漏到装置或环境中的事故后，应该把注意力放到在应急行动中受到污染的应急设备的清除上。指导恢复和清除的重要因素是时间，如果过多拖延时间，最后清除的花费将会更高。小范围的设备清除与净化的方法一样，通常同清洗的方法来完成。

大范围设备的清除是一个包含两阶段的操作过程。第一个阶段将去除或降低在大范围面积上的基本水平的污染。这个过程可能由人工清除残骸、使用灭火软水管来清洗地面或使用真空吸尘器来收集微粒等组成。必须在粗清除后进行通常采样来决定下一步。第二个过程由前面所描述的定位的小范围清除所组成,必须准备收集废液并处理残骸和危险物质。表 6-10 列出了一些关于大范围的清除方法。在许多情况下,对大范围扩散污染事故将需要外界专业承包商来帮助清除。

表 6-10　大范围清除的方法

方　　法	评　　论
水洗	水必须收集并且处理。周围没有仍是好的电力设备或绝缘物。用于铺砌过的表面、金属表面和工厂的外墙是有效的。不能用于多孔渗透的表面
真空	从真空管排出来的废气必须要过滤。可应用于开放的表面。和水一样对于清洗铺砌过的表面是十分有效的。对于多孔渗透的和非多孔渗透的表面是非常有效的
中和	必须十分小心来尽量避免未受控的反应
吸收/吸附	较大的处理范围。如果物质是不相容的,可能有潜在的反应问题
刮除	较大量的物质需要处理。清除掉没有受到污染的物质。可能产生风刮起灰尘的危害
蒸气清洗	对于非多孔渗透的表面和污染物是非常有效的,废液必须收集起来并处理掉
二氧化碳喷吹	对于大多数非多孔渗透的表面和污染物是非常有效的
高压清洗	对于非多孔渗透的表面和污染物是非常有效的,废液必须收集起来并处理掉
喷砂/磨蚀	对于非多孔渗水的表面是有效的

事故案例分析:

2019 年江苏响水天嘉宜化工有限公司"3·21"特别重大爆炸事故

复习思考题

一、单项选择题

1. 某商场开展事故应急演练,模拟某处着火,商场确认着火后立即拨打报警电话,并展开应急处置活动。关于该商场应急响应的说法,正确的是(　　)。

　　A. 该商场不必一开始就拨打报警电话

　　B. 该商场的应急响应程序包括接警、响应级别确定、应急启动、应急恢复和应急结束

　　C. 该商场的应急响应程序包括接警、响应级别确定、应急救援、应急恢复和应急结束

　　D. 该商场组织人员撤离,拨打 119 报警电话

2. 光离子化检测器可以检测( )的 VOC 和其他有毒气体。

    A. 10ppb～10000ppm   B. 10ppm～10000ppm

    C. 10ppb～1000ppm   D. 10ppm～1000ppm

3. 有些敏感植物在( )时,在叶片上就会出现肉眼能见的伤斑。

    A. 0.3ppm～0.5ppm   B. 1ppm～9ppm

    C. 10ppm～20ppm   D. 20ppm～100ppm

4. 检测硫化氢的试纸所采用的显色试剂是( )。

    A. 硝酸银   B. 醋酸铅   C. 氯化汞   D. 铬酸银

5. 一个灰色的滤毒罐其防护范围包括( )。

    A. 一氧化碳、硫化氢   B. 一氧化碳、氨

    C. 氨、硫化氢   D. 氢氰酸及其衍生物

6. 安全帽的帽衬顶端与帽壳内顶之间必须保持( )mm 的空间。

    A. 10～20   B. 15～20   C. 20～30   D. 20～50

7. 在以下几种泄漏中,最难治理的泄漏是( )。

    A. 静密封泄漏   B. 动密封泄漏

    C. 关启件泄漏   D. 本体泄漏

8. 下列洗消方法中,属于非水洗消技术的是( )。

    A. 常温常压喷洒洗消   B. 高温、高压、射流洗消

    C. 有机溶剂洗消   D. 化学溶液洗消

9. 对道路、地面、水域和建构筑物实施洗消时,由于洗消剂的用量较大,一般不宜选择的洗消剂是( )。

    A. 三次氯酸钙合二氢氧化钙(三合二)   B. 漂白粉

    C. 硫酸亚铁、氯化铁   D. 氯胺

10. 在高温、高压、射流洗消技术中,所采用的高压是指工作压力为( )MPa。

    A. 0.6～0.7   B. 1.0～3.0

    C. 3.0～5.0   D. 6.0～7.0

11. 下列堵漏方法中,不属于机械堵漏法的是( )。

    A. 支撑法   B. 顶压法   C. 螺塞法   D. 卡箍法

二、简答题

1. 简述国家对生产经营单位发生事故后采取应急救援措施的基本要求。

2. 简述国家对事发地政府及其部门采取应急救援措施的基本要求。

3. 简述发生事故后应急救援的一般程序。

4. 事故现场控制与安排应遵循哪些基本原则?

5. 简述事故现场控制的基本方法。

6. 简述脆弱性分析的基本内容和提供的主要结果。

7. 简述应急救援信息报告的基本程序。

8. 非器材侦检法包括哪些具体方法?

9. 简述便携式检测仪气体传感器的类别及其主要检测用途。

10. 如何划分事故现场的危险区域？什么是重度危险区域？

11. 简述扑救液化石油气火灾的方法和措施。

12. 在扑救危险物质火灾时，应注意哪些事项？

13. 简述手提式干粉灭火器的使用方法和操作步骤。

14. 简述正压式空气呼吸器的使用操作步骤。

15. 使用佩戴防毒面具时，应注意哪些事项？

16. 简述泄漏形式的划分方法。

17. 带压堵漏方法有哪几种？

18. 简述易燃易爆物质管道进行带压堵漏技术的基本步骤和注意事项。

19. 如何对泄漏物进行处理？

20. 简述事故现场洗消的方法。

21. 为什么用氨水洗消氯气的效果要比水好？

22. 如何对事故现场泄漏的氰化物进行洗消？

事故现场急救方法和技术

第一节　事故现场自救方法

事故现场自救是指发生事故后,事故单位实施的救援行动以及在事故现场受到事故危害的人员自身采取的保护防御行为。自救是事故现场急救工作最基本、最广泛的救援形式。

一、事故现场自救的基本原则

自救行为的主体是企业及职工本身。由于他们对现场情况最熟悉、反应速度最快,发挥救援的作用最大,事故现场急救工作往往通过自救行为应能控制或解决问题。

非抢险人员应当遵循"安全第一,主动、迅速、镇定、向外、离开事故现场"的基本原则。自救是为了保全性命,所以应当选择比较安全的方法,尽快离开事故现场。在选择相应的逃生方法时,哪一种安全系数大就选择哪一种。

在自救的过程中,主动比被动好,要采取积极的态度,不要错失良机。如果选择安全逃生,必须要速度快,迅速比迟缓好。事故的发展速度往往相当快,所以一定要行动敏捷。

自救的过程中还要镇定,不慌不乱,树立坚定的求生欲望。向外逃生要比向里好,这样的安全系数要高一些。

二、事故现场自救的基本方法

1. 要保持良好的心态

在事故突然发生的异常情况下,特别是火灾发生时烟气及火的出现,多数人心理恐慌,这是最致命的弱点,保持冷静的头脑对防止惨剧的发生是至关重要的。如在以往的火灾中,有些人盲目逃生,跳楼、惊慌失措找不到疏散通道和安全出口等,失去逃生时机而死亡。在发生事故时,保持心理稳定是逃生的前提,若能临危不乱,先观察事故发展态势,再决定逃生方式,运用学到的避免常识和人类的聪明才智就会化险为夷,把灾难损失降到最低限度。

2. 利用疏散通道和安全出口自救逃生

发生事故时,不要惊慌失措,应及时向疏散通道和安全出口方向逃生,疏散时要听从工作人员的疏导和指挥,分流疏散,避免争先逃生,朝一个出口拥挤,堵塞出口。盲目逃生,往往欲速则不达。

3. 自制器材逃生

发生火灾等事故时,要学会利用现场一切可以利用的物质逃生,要学会随机应用,如将毛巾、口罩用水浇湿当成防烟工具捂住口、鼻;把被褥、窗帘用水浇湿后,堵住门口阻止火势蔓延;利用绳索或把布匹、床单、地毯、窗帘结绳自救。

4. 寻找避难所逃生

在无路可逃的情况下,应积极寻找避难处所,如到阳台、楼层平顶等待救援;选择火势、烟雾难以蔓延的房间,如厕所、保安室等;关好门窗,堵塞间隙,房间如有水源要立即将门窗和各种可燃物浇湿,以阻止或减缓火势和烟雾的蔓延速度。无论白天或者夜晚,被困者都应大声呼救,不断发出各种呼救信号以引起救援人员的注意,帮助自己脱离险境。

5. 在逃生过程中要防止中毒

火灾发生后,往往会产生大量有毒气体。在逃生过程中应用水浇湿毛巾或衣服捂住口鼻,采用低姿行走,以减小烟气的伤害。匍匐爬行是避免毒气伤害的最科学的逃生方法。火灾中如果站着走,走不了多远便会窒息。

三、火灾事故自救方法

(1)绳索自救法。家中有绳索的,可直接将其一端拴在门、窗档或重物上沿另一端爬下。过程中,脚要成绞状夹紧绳子,双手交替往下爬,并尽量采用手套、毛巾将手保护好。

(2)匍匐前进法。由于火灾发生时烟气大多聚集在上部空间,因此在逃生过程中应尽量将身体贴近地面匍匐或弯腰前进。

(3)毛巾捂鼻法。火灾烟气具有温度高、毒性大的特点,一旦吸入后很容易引起呼吸系统烫伤或中毒,因此疏散中应用湿毛巾捂住口鼻,以起到降温及过滤的作用。

(4)棉被护身法。用浸泡过的棉被或毛毯、棉大衣盖在身上,确定逃生路线后用最快的速度钻过火场并冲到安全区域。如果身上的衣物不慎起火,应迅速将衣服脱下或撕下,或就地滚翻将火压灭。千万不能身穿着火的衣服跑动。如果有水可迅速用水浇灭,但人体被火烧伤时一定不能用水浇,以防感染。

(5)毛毯隔火法。将毛毯等织物钉或夹在门上,并不断往上浇水冷却,以防止外部火焰及烟气侵入,从而达到抑制火势蔓延速度、增加逃生时间的目的。

(6)被单拧结法。把床单、被罩或窗帘等撕成条或拧成麻花状,按绳索逃生的方式沿外墙爬下。

(7)跳楼求生法。火场切勿轻易跳楼!在万不得已的情况下,住在低楼层的居民可采取跳楼的方法进行逃生。但要选择较低的地面作为落脚点,并将席梦思床垫、沙发垫、厚棉被等抛下做缓冲物。

（8）管线下滑法。当建筑物外墙或阳台边上有落水管、电线杆、避雷针引线等竖直管线时，可借助其下滑至地面，同时应注意一次下滑时人数不宜过多，以防止逃生途中因管线损坏而致人坠落。

（9）竹竿插地法。将结实的晾衣杆直接从阳台或窗台斜插到室外地面或下一层平台，两头固定好以后顺杆滑下。

（10）攀爬避火法。通过攀爬阳台、窗口的外沿及建筑周围的脚手架、雨棚等突出物以躲避火势。

（11）楼梯转移法。当火势自下而上迅速蔓延而将楼梯封死时，住在上部楼层的居民可通过老虎窗、天窗等迅速爬到屋顶，转移到另一家或另一单元的楼梯进行疏散。

（12）卫生间避难法。当实在无路可逃时，可利用卫生间进行避难，用毛巾紧塞门缝，把水泼在地上降温，也可躺在放满水的浴缸里躲避。但千万不要钻到床底、阁楼、大橱等处避难，因为这些地方可燃物多，且容易聚集烟气。

（13）火场求救法。发生火灾时，可在窗口、阳台或屋顶处向外大声呼叫、敲击金属物品或投掷软物品，白天应挥动鲜艳布条发出求救信号，晚上可挥动手电筒或白布条引起救援人员的注意。

（14）逆风疏散法。应根据火灾发生时的风向来确定疏散方向，迅速逃到火场上风处躲避火焰和烟气。

（15）"搭桥"逃生法。可在阳台、窗台、屋顶平台处用木板、竹竿等较坚固的物体搭在相邻建筑，以此作为跳板过渡到相对安全的区域。

第二节　事故现场急救

事故现场急救是指发生事故时，在医护人员或救护车未到达前，利用现场的人力、物力，对事故现场的伤员实施及时、有效的初步救助或救护所采取的一切医学救援行动和措施。化学事故现场会出现不同程度的人员烧伤、中毒、化学品致伤和复合伤等伤害。事故发生后的几分钟、十几分钟是抢救危重伤员的最重要时刻，医学上称为"救命的黄金时刻"。

一、事故现场急救概述

1. 现场急救的目的和意义

（1）挽救生命。通过及时有效的抢救措施，如对心跳呼吸停止的病人进行心肺复苏，以达到挽救生命的目的。

（2）减少伤残。当发生危险化学品事故特别是重大或灾害性事故时，不仅可能出现群体性化学中毒、化学烧伤，往往还可能发生各类外伤及复合伤，诱发潜在的疾病或原来某些疾病恶化，现场急救时正确地对伤病员继续拧冲洗、包扎、复位、固定、搬运及其他相应处理可以大大地降低伤残率。

（3）稳定病情。在现场对伤病员进行对症、支持及相应的特殊治疗与处置，以使病情稳定，为进一步的抢救治疗打好基础。

（4）减轻痛苦。通过一般及特殊的急救和护理达到稳定伤病员情绪、减轻病人痛苦的目的。

事故现场抢救的关键就是两个字："抢"和"救"。"抢"是抢时间，时间就是生命。"救"就是现场急救，对伤病员的救援措施和手段要正确，表现出精良的技术水准和随机应变的工作能力。

2. 现场急救的基本原则

事故现场急救，必须遵循"先救人、后救物，先救命、后治疗，先危重、后较轻"和"争分夺秒，防救兼顾"的原则，同时还应注意以下几点。

（1）救护者应做好个人防护。事故发生后，毒烟会经呼吸系统和皮肤侵入人体。因此，救护者必须摸清毒烟的种类、性质和毒性，在进入毒区抢救之前，首先要做好个体防护，选择并正确佩戴好合适的防毒面具和防护服。

（2）切断毒物来源。救护人员在进入事故现场后，应迅速采取果断措施切断毒物的来源，防止毒物继续外逸。对已经逸散出来的有毒气体或蒸气，应立即采取措施降低其在空气中的浓度，为进一步开展抢救工作创造有利条件。

（3）迅速将中毒者（伤员）移离危险区。迅速将中毒者（伤员）转移至空气清新的安全地带。在搬运过程中要沉着、冷静，不要强抢硬拉，防止造成骨折。如已有骨折或外伤，则要注意包扎和固定。

（4）采取正确的方法，对患者进行紧急救护。把患者从现场中抢救出来后，不要慌里慌张地急于打电话叫救护车，应先松解患者的衣扣和腰带，维护呼吸道畅通，注意保暖；去除患者身上的毒物，防止毒物继续侵入人体。对患者的病情进行初步检查，重点检查患者是否有意识障碍、呼吸和心跳是否停止，然后检查有无出血、骨折等。根据患者的具体情况，选用适当的方法，尽快开展现场急救。

（5）尽快将患者送就近医疗部门治疗。就医时一定要注意选择就近医疗部门，以争取抢救时间。但对于一氧化碳中毒者，应选择有高压氧舱的医院。

3. 现场急救的注意事项

进行急救时，无论伤病员还是救援人员都需要进行适当的防护。特别需要注意的是：把患者从严重污染的场所救出时，救援人员必须加以预防，避免成为新的受害者。

要将受伤人员小心地从危险的环境转移到安全的地点，应至少2～3人为一组集体行动，以便互相监护照应，所用的救援器材必须是防爆的。

急救处理要程序化，可采取如下步骤：①除去伤病员污染衣物；②冲洗；③共性处理；④个性处理；⑤转送医院。要注意对伤员污染衣物的处理，防止发生继发性损害。

在危险化学品事故现场急救时，还需特别注意以下几个方面的事项。

（1）危险化学品事故造成的人员伤害具有突发性、群体性、特殊性和紧迫性，现场医务力量和急救的药品、器材相对不足，应合理使用有限的救护资源，在保证重点伤员得到有效救治的基础上，兼顾到一般伤员的处理。在急救方法上可采取对群体性伤员实行简易分类后的急救处理，即由经验丰富的医生负责对伤员的伤情进行综合评判，按轻、中、重简易分类，对分类后的伤员除了标上醒目的分类识别标志外，在急救措施上按照先重后轻的治疗原则,实行共性处理和个性处理相结合的救治方法。

(2)注意保护伤员的眼睛。

(3)对救治后的伤员实行一人一卡,将处理意见记录在卡上,并别在伤员胸前,以便做好交接,有利于伤员的转诊救治。

(4)合理调用救护车辆。在现场医疗急救过程中,常因伤员多而车辆不够用,因此,合理调用车辆迅速转送伤员也是一项重要的工作。在救护车辆不足的情况下,危重伤员可以在医务人员的监护下由监护型救护车护送,而中度伤员可以几个人合用一辆车,轻伤员可用公交车或卡车集体护送。

(5)合理选送医院。伤员转送过程中,实行就近转送医院的原则。但在医院的选配上,应根据伤员的人数和伤情,以及医院的医疗特点和救治能力,有针对性地合理调配,特别要注意避免危重伤员的多次转院。

(6)妥善处理好伤员的污染衣物。及时清除伤员身上的污染衣物,对清除下来的污染衣物集中妥善处理,防止发生继发性损害。

(7)统计工作。统计工作是现场医疗急救的一项重要内容,特别是在忙乱的急救现场,更应注意统计数据的准确性和可靠性,也为日后总结和分析积累可靠的数据。

二、中毒和窒息的现场救治

1. 迅速将患者救离现场

中毒往往发生急骤、病情严重。因此,必须全力以赴、分秒必争、及时抢救。化学事故/中毒事件发生后,应迅速将污染区域内的所有人员转移至毒害源上风向的安全区域,以免毒物的进一步侵入。这是现场急救的一项重要措施,它关系到下一步的急救处理和控制病情的发展,有时还是抢救成败的关键。

(1)平地抢救。二人抬或一人背;有肺水肿的患者,最好是二人抬或用担架抬。

(2)由下而上的抢救方法(如在地沟、设备、贮藏、塔内发生中毒时)。用安全绳将患者往上吊,但应注意要有人保护,且在没有脱离危险区域之前应给患者戴上过滤式或隔离式防毒面具;抢救人员须戴上空气(氧气)呼吸器并捆扎安全绳,如遇酸碱容器,救护人员还应穿戴好防酸碱护具,上边的救护人员应站在固定好的支架上,以防滑倒;上下过程应预先设好信号进行联系。

(3)由上而下的抢救方法(如在高空管架和塔顶发生中毒时)。从走廊或爬梯上往下抬时,必须将患者的头部保护好,应采用脚在前头在后的方式;当用安全绳往下吊时,必须把安全绳悬挂稳固的支架上,用布带固定患者防止摔落,下面要有人接应。

(4)现场医务人员要根据患者病情迅速将病员进行分类,做出相应的标志,以保证医护人员对危重伤员的救治;同时要加强对一般伤员的观察,定期给予必要的检查和处理,以免贻误救治时机。医务人员在进行现场救治时,要根据实际情况佩戴适当的个体防护装置。在现场要严格按照区域划分进行工作,不要到污染区域。

2. 采取适当方法进行紧急救护

(1)迅速将患者移至空气新鲜处,松开衣领、紧身衣物、腰带及其他可妨碍呼吸一切物品,取出口中的假牙和异物,保持呼吸道畅通,有条件时给氧。注意保暖、静卧,若呕吐则应侧卧,以防呕吐物吸入气管。同时,密切注意中病毒者的病情变化,如有呼吸、心跳停止者,应立即在现场进行人工呼吸和胸外心脏挤压术,不要轻易放弃。但对氰化物等剧毒物质中毒者,不要进行口对口(鼻)人工呼吸。

（2）防止毒物继续吸收。皮肤接触强腐蚀性和易经皮肤吸收引起中毒的物质(脂溶性)时,应立即脱去污染的衣服(包括贴身内衣)、鞋袜、手套,立即用大量流动清水或肥皂彻底清洗。清洗时,要注意头发、手足、指甲及皮肤皱褶处。冲洗时间不少于 10～15min。忌用热水冲洗。但有一些遇水能发生化学反应的物质,如四氯化钛、石灰、电石等,则不能立即用水清洗,应先用布、纸或棉花将其去除后再用水清洗,以免加重损伤。此外,也可以用"中和剂"(弱酸性和弱碱性溶液)清洗。不要使用化学解毒剂。

眼睛受污染时,应用大量流动清水彻底冲洗。冲洗时应将眼睑提起,注意将结膜囊内的化学物质全部冲洗掉,同时要边冲洗边转动眼球。冲洗时间不少于 15min。不要使用化学解毒剂。

吸入中毒患者,应立即送到空气新鲜处,安静休息,保持呼吸道通畅,必要时给予吸氧。呼吸能力减弱时,要马上进行人工呼吸。

口服中毒者,发生痉挛或昏迷时,非专业医务人员不可随便进行处理。除此以外的其他情形,则可采取下述方法处理。毫无疑问,进行应急处理的同时,要立刻找医生治疗,并告知其引起中毒的化学药品的种类、数量、中毒情况(包括吞食、吸入或沾到皮肤等)以及发生时间等有关情况。

① 为了降低胃中药品的浓度,延缓毒物被人体吸收的速度并保护胃粘膜,可饮食下述任一种东西:牛奶;打溶的蛋;面粉;淀粉;土豆泥的悬浮液以及水等。

② 如果一时弄不到上述东西,可在 500mL 蒸馏水中加入约 50g 活性炭。用前再添加 400mL 蒸馏水,并把它充分摇动润湿,然后给患者分次少量吞服。一般 10～15g 活性炭,大约可吸收 1g 毒物。

③ 用手指或匙子的柄摩擦患者的喉头或舌根,使其呕吐,催吐要反复数次,直至呕吐物纯为饮入的清水为止。在催吐前给患者饮水 500～600mL(空胃不易引吐)。食入石油产品或出现昏迷、抽搐、惊厥未控制前也不能催吐。

若用这个方法还不能催吐时,可于半酒杯水中,加入 15mL 吐根糖浆(催吐剂之一),或在 80mL 热水中,溶解一茶匙食盐,给予饮服(但吞食酸、碱之类腐蚀性药品或烃类液体时,因有胃穿孔或胃中的食物一旦吐出而进入气管的危险,因而遇到此类情况不可催吐)。绝大部分毒物于 4h 内从胃转移到肠。

④ 用毛巾之类东西,盖上患者身体进行保温,避免从外部升温取暖。

注意:把两份活性炭、一份氧化镁和一份丹宁酸混合均匀而成的东西,称为万能解毒剂。用时可将 2～3 茶匙此药剂,加入一酒杯水做成糊状,即可服用。

（3）意识丧失者的处理。意识丧失的患者,要注意瞳孔、呼吸、脉搏及血压的变化,及时除去口腔异物,有抽搐发作时,要及时使用安定或苯巴比妥类止痉剂。

（4）特效解毒药物的应用。对某些有特效解毒药物的中毒,解毒治疗越早,效果越好。如氰化物中毒后,应立即吸入亚硝酸异戊酯,同时静脉缓注 3% 的亚硝酸钠 10～

5mL；或用 2mL 4-DMAP 肌内注射，随后用 50％硫代硫酸钠 20mL 缓慢静脉注射。苯胺中毒要及早应用 1％亚甲蓝，按 1～2mg/kg 体重，稀释后缓慢静脉注射。有机磷酸酯类中毒要及时应用阿托品和肟类解毒剂。

3. 迅速将患者送往就近医疗部门做进一步检查和治疗

现场救援中，医务人员要尽快查清毒源，明确诊断，以利于针对性地处理。在病因一时不明的情况下，应根据临床表现，边抢救边对事件的原因进行查找，以免延误救治时机。治疗的要点是维持心脑肺功能，保护重要脏器，以及对症支持治疗。经现场初步抢救后，在医护人员的密切监护下，将患者转移到附近医院进行进一步的处理。在护送途中，应密切观察患者的呼吸、心跳、脉搏等生命体征，某些急救措施（如输氧、人工心肺复苏术等）也不能中断。

4. 常见急性化学中毒的现场救治

（1）刺激性气体中毒。刺激性气体是指对皮肤、眼、呼吸道黏膜有刺激作用的一类有害气体的统称，是工业生产中最常见的有害气体，主要有氯气、氨气、氮氧化物、光气、氟化氢、二氧化硫等。

① 发生中毒事故区域（特别是下风向）的人员应尽快撤离或就地躲避在建筑物内。

② 立即将病人移到空气新鲜的地方，脱去污染衣服，迅速用大量清水清洗污染的皮肤，同时要注意保暖。眼内污染者，用清水至少持续冲洗 10min。

③ 保持呼吸道畅通，有条件的可给予雾化吸入和支气管解痉剂，必要时请医务人员实行气管切开术。

④ 对呼吸、心跳停止者立即施行人工呼吸和胸外心脏按压，有条件的可肌内注射呼吸兴奋剂等，同时给氧。病人自主呼吸、心跳恢复后方可送医院。

⑤ 针刺昏迷者的人中、十宣、涌泉等穴位。

⑥ 立即拨打 120 电话，迅速送往医院抢救。

（2）有机溶剂中毒。有机溶剂指那些难溶于水的油脂、树脂、染料、蜡、烃类等有机化合物的液体。常见的有苯、甲苯、二甲苯、汽油、正己烷、氯仿、氯乙烷、甲醇、乙醚、丙酮、二硫化碳等。人体吸入了这些物质后，会出现头晕目眩、倦怠乏力、食欲不振、恶心呕吐等症状。

① 立即将中毒者转移到空气新鲜的地方，脱去被污染衣物，迅速用大量清水或肥皂水清洗被污染的皮肤，同时注意保暖。眼部被污染，立即用清水冲洗，至少冲洗 10 分钟。

② 若中毒者昏迷，施救者可根据现场情况及中毒物质种类，采用拇指按压人中、十宣、涌泉等穴位的办法施救。

（3）窒息性气体中毒。这是最常见的急性中毒。据全国职业病发病统计资料，窒息性气体中毒高居急性中毒之首，由其造成的死亡人数占急性职业中毒总死亡数的 65％。根据这些窒息性气体毒作用的不同，可将其大致分为三类。

① 单纯窒息性气体。属于这一类的常见窒息性气体有氮气、甲烷、乙烷、丙烷、乙烯、丙烯、二氧化碳、水蒸气及氩、氖等惰性气体。这类气体本身的毒性很低，或属惰性气体，但若在空气中大量存在可使吸入气中氧含量明显降低，导致机体缺氧。正常情况下，空气

中氧含量约为20.96%,若氧含量小于16%,即可造成呼吸困难;氧含量小于10%,则可引起昏迷甚至死亡。

② 血液窒息性气体。常见的有一氧化碳、一氧化氮、苯的硝基或氨基化合物蒸气等。血液窒息性气体的毒性在于它们能明显降低血红蛋白对氧气的化学结合能力,从而造成组织供氧障碍。

③ 细胞窒息性气体。常见的是氰化氢和硫化氢。这类毒物主要作用于细胞内的呼吸酶,阻碍细胞对氧的利用,故此类毒物也称细胞窒息性毒物。

窒息性气体中毒有明显剂量-效应关系,侵入体内的毒物数量越多,危害越大,且由于病情也更为急重,故特别强调尽快中断毒物侵入,解除体内毒物毒性。抢救措施开始得越早,机体的损伤越小,并发症及后遗症也越少。

① 中断毒物继续侵入。迅速将伤员脱离危险现场,同时清除衣物及皮肤污染源。如硫化氢中毒伤员应脱去污染工作服;若有氢氰酸、苯胺、硝基苯等液体溅在身上,还应彻底清洗被污染的皮肤,不可大意。危重伤员易发生中枢性呼吸循环衰竭,应高度警惕,如遇到此类情况,应立即进行心肺复苏。

② 解毒措施。单纯窒息性气体如氮气,并无特殊解毒剂,但二氧化碳吸入可使用呼吸兴奋剂,严重者用机械过度通气,以排出体内过量二氧化碳,视此为"解毒"措施亦无不可。

血液窒息性气体中,对一氧化碳无特殊解毒药物,但可给高浓度氧吸入,以加速HbCO解离,也可视为解毒措施。苯的氨基或硝基化合物中毒所形成的变性血红蛋白,目前仍以亚甲蓝还原为最佳的解毒治疗。

细胞窒息性气体中,氰化氢常用亚硝酸钠-硫代硫酸钠疗法进行驱排;近年国内还使用4-二甲基氨基苯酚(4-DMAP)等代替亚硝酸钠,也有较好效果;亚甲蓝也可代替亚硝酸钠,但剂量应大。硫化氢中毒从理论上也可投用氰化氢解毒剂,但硫化氢在体内转化速率甚快,且上述措施会生成相当量的MtHb而降低血液携氧能力,故除非在中毒后立即使用,否则可能弊大于利。

三、烧伤和冻伤的现场救治

1. 灼伤的概念和分类

机体受热源或化学物质的作用,引起局部组织操作,并进一步导致病理和生理改变的过程称为灼伤。按发生原因不同可分为化学灼伤、热力灼伤和复合性灼伤。

化学灼伤是由强酸、强碱、磷和氢氟酸等化学物质所引起的灼伤。在搬运、倾倒、调制酸碱时、修理或清洗化学装置时,装酸碱的容器、管道发生故障或破裂时,均可引起化学灼伤。灼伤最常发生的部位是裸露的皮肤和眼结膜、眼角膜。

热力灼伤是由于接触炙热物体、火焰、高温表面、过热蒸汽等所造成的损伤。在化工生产中还会发生由于液化气体、干冰接触皮肤后迅速蒸发或长期化,大量吸收热量,以致引起皮肤表面冻伤。

复合性灼伤是由化学灼伤和势力灼伤同时造成的伤害,或化学灼伤兼有的反应。

2. 化学灼伤的现场急救

化学腐蚀品造成的化学灼伤与火烧伤、烫伤不同,不同类别的化学灼伤,急救措施不同,要根据灼伤物的不同性质分别进行急救。

发现化学烧伤后,要立即脱去被污染的衣物、鞋袜,随后用大量清水冲洗创面15~20min。有条件时边冲洗边用pH试纸不断测定创面的酸碱度,一直冲洗到中性。

对强酸或强碱的灼伤,应迅速用大量清水冲洗,至少冲30min,然后按酸、碱两类不同物质做如下处理:酸类灼伤用饱和的碳酸氢钠溶液冲洗,碱类灼伤用醋酸溶液冲洗或撒硼酸粉。

酸碱一旦溅入眼睛,其腐蚀作用极快,尤其是氨水、生石灰等,往往在几分钟内即可渗透到眼睛深部,引起严重后果。为了挽救眼睛,必须争分夺秒,立即用清洁的水冲洗,不能错失自救机会,以致失明。

凡溶于水的化学药品进入眼睛,应立即用水洗涤,然后根据不同情况分别处理:如属碱类灼伤,则用2%的医用硼酸溶液淋洗;如属酸类灼伤,则用3%的医用碳酸氢钠溶液淋洗。重者应立即送医院治疗。

对口腔的化学灼伤应迅速用蒸馏水或自来水漱口,然后酌情处理:如属碱类灼伤,用2%的硼酸溶液反复漱口;如属酸类灼伤,则用3%的碳酸氢钠溶液反复漱口。最后,都应用洁净水多次漱洗。

3. 烧伤的救治

(1) 使伤员尽快脱离火(热)源,缩短烧伤时间。注意避免助长火势的动作,如快跑会使衣服烧得更炽热,站立将使头发着火并吸入烟火,引起呼吸道烧伤等。被火烧者应立即躺平,用厚衣服包裹,湿的更好,若无此类物品,则躺着就地慢慢滚动。用水及非燃性液体浇灭火焰更好,但不要用砂子或不洁物品。

(2) 迅速脱去伤员被烧的衣服、鞋及袜等,为节省时间和减少对创面的损伤,可用剪刀剪开。不要清理创面,避免污染,并减少外界空气刺激创面引起疼痛,暂时用较干净的衣服把创面包裹起来。对创面一般不做处理,尽量不弄破水泡,保护表皮,避免涂一些效果不确定的药物、油膏或油。

(3) 维护呼吸道通畅。火焰烧伤常伴呼吸道受烟雾热力等损伤,应注意保护呼吸道通畅,必要时要给予吸氧,检查心跳、呼吸情况,是否合并有其他外伤和有害气体中毒以及其他合并症状。对爆炸冲击烧伤人员,应检查有无颅胸损伤、胸腹腔内脏损伤和呼吸道烧伤。注意有无复合伤,对大出血、开放性气胸、骨折等应先施行相应的急救处理。

(4) 防休克、防窒息、防创面污染。烧伤的伤员常常因疼或恐惧发生休克,安慰和鼓励受伤者,使其情绪稳定,疼痛剧烈可酌情使用止痛药或可用针灸止痛;若发生急性喉头梗阻或窒息时,设法请医务人员做气管切开,以保证通气;现场检查和搬运伤员时,注意保护创面,防止污染。

(5) 大面积严重烧伤,应就近输液抗休克,转送途中注意保持呼吸道通畅。高度口渴、烦躁不安提示休克严重,应加快输液,只可少量口服盐水。

(6) 迅速离开现场,立即把严重烧伤人员送往医院。注意搬运时动作要轻柔,行进要平稳,随时观察伤情。

4. 低温冻伤的现场救治

(1) 低温冻伤分类。冻伤后仅有皮肤苍白、冰冷、疼痛和麻木,复温后才表现出特征,分为以下四度。

① 一度冻伤:为皮肤浅层冻伤,局部皮肤从苍白色转为斑状蓝紫色,以后红肿,发痒,刺痛和感觉异常。

② 二度冻伤:为皮肤浅层和部分深层冻伤。局部红肿,发痒,灼痛。早期有水疱出现为特征。

③ 三度冻伤:为皮肤全层和皮下组织冻伤。皮肤由苍白渐变为蓝色。再成黑色。感觉消失,冻伤周围组织可出现水肿和水疱,并有剧痛。

④ 四度冻伤:皮肤皮下组织,肌肉,甚至骨骼都被冻伤。呈暗灰色,感觉和运动功能完全消失。

(2) 现场急救措施。

① 一度冻伤时,可让病人自己主动活动,并按摩受冻部位,促进血液循环。可以用辣椒、艾蒿、茄杆煮水熏洗、浸泡,再涂以冻疮膏即可。

② 对于遭遇严寒侵袭的人,首先要帮其脱离险境,或尽快将其从水中救出,转移到避风的室内,脱去湿冷的衣裤,擦干身体,换上保暖的衣被,给予热的饮料和精神安抚。

③ 如果病人呼吸、心跳微弱或似有似无,应立即将病人平放在硬板床上,拉直气管,清除口鼻异物,做"口对口"人工呼吸和心脏按压,促使心肺功能尽快恢复,同时兼顾保暖和复温处理。

④ 尽快使冻伤处复温。一般是将冻肢浸泡在温水中,不断添加热水使水温由 36℃ 逐渐提高到 42℃ 左右,并保持这一范围,直到患处恢复温感,皮肤温度达到 36℃ 左右。如果一时找不到热水,将患肢放进救援人员温暖的怀抱中,也不失是个应急的好办法。复温过程宜在 10min 内完成,不宜过久,以便尽量减少对组织的损伤。

⑤ 患处若破溃感染,应在局部用 65%～75% 酒精或 1% 的新洁尔灭消毒,吸出水泡内液体,外涂冻疮膏、樟脑软膏等,保暖包扎。必要时应用抗生素及破伤风抗毒素。

(3) 注意事项。①千万不能采用拍打、雪搓、火烤或冷水浸泡等错误的方法,因为拍打、搓擦会损伤皮肤,增加感染的机会;②火烤只能使表面冻结组织融化,而不能使血管扩张和改善血液循环,相反会增加组织代谢、加重组织缺氧和损伤,对预后不利。

第三节　事故现场通用救护技术

在事故发生的现场,常有很多人受伤,甚至会有很多伤势严重、处于濒死状态的伤员。因此,及时、准确、适宜地救护是挽救生命的关键。现场救护的目的就是挽救伤患,使其及早得到治疗,为送达医院进一步救治赢得时间。现场救护是早期抢救伤员、开展自救互救的有效手段之一,了解掌握现场救护技术,就能减少伤害,避免更大的损失。下面介绍几种在事故现场通用的救护技术和方法。

一、心肺复苏技术

人们只有充分了解心肺复苏的知识并接受过此方面的训练后才可以为他人实施心肺复苏。

1. 心肺复苏的定义

心肺复苏(CPR)是针对呼吸心跳停止的急症危重病人所采取的抢救关键措施,即胸外按压形成暂时的人工循环并恢复的自主搏动,采用人工呼吸代替自主呼吸,快速电除颤转复心室颤动,以及尽早使用血管活性药物来重新恢复自主循环的急救技术。心肺复苏的目的是开放气道、重建呼吸和循环。

心肺复苏术也称基本生命支持(basic life support,BLS),是针对由于各种原因导致的心搏骤停,在 4～6min 内所必须采取的急救措施之一。目的在于尽快挽救脑细胞在缺氧状态下坏死(4min 以上开始造成脑损伤,10min 以上即造成脑部不可逆之伤害),因此施救时机越快越好。心肺复苏术适用于心脏病突发、溺水、窒息或其他意外事件造成的意识昏迷并有呼吸及心跳停止的状态。

2. 心肺复苏的临床表现

心脏性猝死的经过大致分为前驱期、终末期开始、心脏骤停与生物学死亡四个时期。不同病人在各期表现有明显差异。在猝死前数天至数月,有些病人可出现胸痛、气促、疲乏及心悸等非特异性症状。但也可无前驱表现,瞬即发生心脏骤停。终末期是由心血管状态出现急剧变化至发生心脏骤停,持续约 1h 以内。此期内可出现心率加快,室性异位搏动与室性心动过速。

心脏骤停后脑血流量急剧减少,导致意识突然丧失。下列体征有助于立即判断是否发生心脏骤停:意识丧失,大动脉(颈、股动脉)搏动消失,呼吸断续或停止,皮肤苍白或明显发绀,如听诊心音消失更可确定诊断。以上观察与检查应迅速完成,以便立即进行复苏处理。

从心脏骤停至发生生物学死亡时间的长短取决于原来的病变性质,以及心脏骤停至复苏开始的时间。心室颤动发生后,病人将在 4～6min 内发生不可逆性脑损害,随后经数分钟过渡到生物学死亡。持续性室速引起者时间稍长些,但如未能自动转复或被治疗终止,最终会演变为心室颤动或心搏停顿。心搏停顿或心动过缓导致的心脏骤停,演变至生物学死亡的时间更为短促。

3. 心肺复苏的实施步骤

2010 年 10 月 18 日,美国心脏协会(AHA)公布最新心肺复苏(CPR)指南。此指南重新安排了 CPR 传统的三个步骤,从原来 2005 年旧的 A-B-C(即 A 开放气道→B 人工呼吸→C 胸外按压)改为 C-A-B(即 C 胸外按压→A 开放气道→B 人工呼吸)。这一改变适用于成人、儿童和婴儿,但不包括新生儿。

假如成年患者无反应、没有呼吸或呼吸不正常,施救者应立即实施 CPR,不再推荐"看、听、感觉"呼吸的识别办法。医务人员检查脉搏(1 岁以上触颈动脉,1 岁以下触肱动脉)的时间不应超过 10s,如 10s 内没有明确触摸到脉搏,应开始心肺复苏。

（1）判断意识、触摸颈动脉搏动、听呼吸音。颈动脉位置：气管与颈部胸锁乳突肌之间的沟内。方法：一手食指和中指并拢，置于患者气管正中部位，男性可先触及喉结，然后向一旁滑移约 2～3cm，至胸锁乳突肌内侧缘凹陷处，如图 7-1 所示。

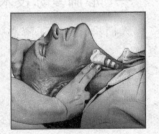

图 7-1　判断循环-触摸颈动脉搏动

（2）胸部按压（C）。部位：胸骨下 1/3 交界处，或双乳头与前正中线交界处。定位：用手指触到靠近施救者一侧的胸廓肋缘，手指向中线滑动到剑突部位，取剑突上两横指，另一手掌跟置于两横指上方，置胸骨正中，另一只手叠加之上，手指锁住，交叉抬起，如图 7-2 所示。

按压方法：按压时上半身前倾，腕、肘、肩关节伸直，以髋关节为支点，垂直向下用力，借助上半身的重力进行按压，如图 7-3 所示。

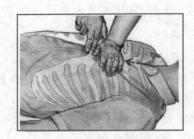

图 7-2　胸部按压的定位

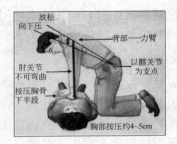

图 7-3　按压方法

频率：100 次/min→至少 100 次/min；按压幅度：胸骨下陷 4～5cm→至少 5cm。压下后应让胸廓完全回弹。压下与松开的时间基本相等。按压与通气比值为 30：2（成人、婴儿和儿童）。

为确保有效按压，必须保证做到以下几点。

① 患者应该以仰卧位躺在硬质平面。

② 肘关节伸直，上肢呈一直线，双肩正对双手，按压的方向与胸骨垂直。

③ 对正常体型的患者，按压幅度至少为 5cm。

④ 每次按压后，双手放松使胸骨恢复到按压前的位置；放松时双手不要离开胸壁，保持双手位置固定。

⑤ 在一次按压周期内，按压与放松时间各为 50%。

⑥ 每 2min 更换按压者，每次更换尽量在 5s 内完成。

⑦ CPR 过程中不应搬动患者并尽量减少中断。

⑧ 采取正确的按压手法。两手手指跷起（扣在一起）离开胸壁，如图 7-4 所示。

概括起来，高质量的心肺复苏有下列几项要求：按压速率至少为每分钟 100 次；成人按压幅度至少为 5cm；保证每次按压后胸部回弹；尽可能减少胸外按压的中断；避免过度通气。

（3）开放气道，保持呼吸道畅通（A）。开放气道应先去除气道内异物。舌根后坠和

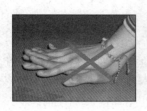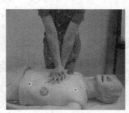

图 7-4　按压手法示例

异物阻塞是造成气道阻塞的最常见原因。清理口腔、鼻腔异物或分泌物,如有假牙一并清除。解开颈部纽扣、衣领及裤带。如无颈部创伤,清除口腔中的异物和呕吐物时,可一手按压开下颌,另一手用食指将固体异物钩出,或用指套或手指缠纱布清除口腔中的液体分泌物。开放气道手法:仰头-抬颏法、托颌法(外伤时),如图 7-5 所示。

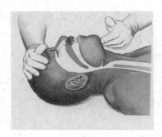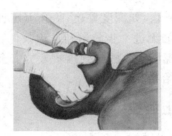

(a) 仰头-抬颏法　　　　　　　　　　　　　　(b) 托颌法

图 7-5　开放气道手法

仰头-抬颏法:将一手置于患者前额部,用力使头部后仰,另一手置于下颏骨骨性部分向上抬颏。使下颌尖、耳垂连线与地面垂直。托颌法:将肘部支撑在患者所处的平面上,双手放置在患者头部两侧并握紧下颌角,同时用力向上托起下颌。如果需要进行人工呼吸,则将下颌持续上托,用拇指把口唇分开,用面颊贴紧患者的鼻孔进行口对口呼吸。托颌法因其难以掌握和实施,常常不能有效地开放气道,还可能导致脊髓损伤,因而不建议基础救助者采用。

(4) 人工呼吸(B)。口对口:①开放气道;②捏鼻子;③口对口;④"正常"吸气;⑤缓慢吹气(1s 以上),胸廓明显抬起,8～10 次/min;⑥松口、松鼻;⑦气体呼出,胸廓回落,如图 7-6 所示。避免过度通气。

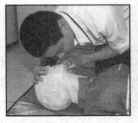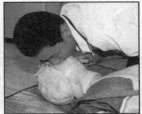

图 7-6　口对口人工呼吸

每次吹气间隔 1.5s,在这个时间内抢救者应自己深呼吸一次,以便继续口对口呼吸,直至专业抢救人员的到来。

4. 心肺复苏有效的体征和终止抢救的指征

（1）观察颈动脉搏动,有效时每次按压后就可触到一次搏动。若停止按压后搏动停止,表明应继续进行按压。如停止按压后搏动继续存在,说明病人自主心搏已恢复,可以停止胸外心脏按压。

（2）若无自主呼吸,人工呼吸应继续进行,或自主呼吸很微弱时仍应坚持人工呼吸。

（3）复苏有效时,可见病人有眼球活动,口唇、甲床转红,甚至脚可动;观察瞳孔时,可由大变小,并有对光反射。

（4）当有下列情况可考虑终止复苏。

① 心肺复苏持续 30min 以上,仍无心搏及自主呼吸,现场又无进一步救治和送治条件,可考虑终止复苏。

② 脑死亡,如深度昏迷,瞳孔固定、角膜反射消失,将病人头向两侧转动,眼球原来位置不变等,如无进一步救治和送治条件,现场可考虑停止复苏。

③ 当现场危险威胁到抢救人员安全(如雪崩、山洪暴发)以及医学专业人员认为病人死亡,无救治指征时。

二、止血技术

1. 指压止血法

指压止血法指抢救者用手指把出血部位近端的动脉血管压在骨骼上,使血管闭塞、血流中断而达到止血目的。这是一种快速、有效的首选止血方法。这种方法仅是一种临时的,用于动脉出血的止血方法,不宜持久采用。手指止血适用于头部、颈部和四肢的大出血。全身主要动脉压迫点如图 7-7 所示。

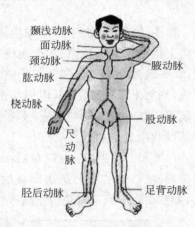

图 7-7　全身主要动脉压迫点

颞浅动脉止血法:一手固定伤员头部,用另一手拇指垂直压迫耳屏上方凹陷处,可感觉到动脉搏动,其余四指同时托住下颌;本法用于头部发际范围内及前额、颞部的出血,如图 7-8(a)所示。

面动脉止血法:一手固定伤员头部,用另一手拇指在下颌角前上方约 1.5cm 处,向下颌骨方向垂直压迫,其余四指托住下颌;本法用于颌部及颜面部的出血,如图 7-8(b)所示。

颈动脉止血法:用拇指在甲状软骨、环状软骨外侧与胸锁乳突肌前缘之间的沟内搏动处,向颈椎方向压迫,其余四指固定在伤员的颈后部。用于头、颈、面部大出血,且压迫其他部位无效时。非紧急情况,勿用此法。此外,不得同时压迫两侧颈动脉。

锁骨下动脉止血法:用拇指在锁骨上窝搏动处向下垂直压迫,其余四指固定肩部。

本法用于肩部、眼窝或上肢出血，如图7-8(c)所示。

肱动脉止血法：一手握住伤员伤肢的腕部，将上肢外展外旋，并屈肘抬高上肢；另一手拇指在上臂肱二头肌内侧沟搏动处，向肱骨方向垂直压迫。本法用于手、前臂及上臂中或远端出血，如图7-8(d)所示。

尺、桡动脉止血法：双手拇指分别在腕横纹上方两侧动脉搏动处垂直压迫。本法用于手部的出血，如图7-8(e)所示。

指动脉止血法：用一手拇指与食指分别压迫指根部两侧，用于手指出血。

股动脉止血法：用两手拇指重叠放在腹股沟韧带中点稍下方、大腿根部搏动处用力垂直向下压迫。本法用于大腿、小腿或足部的出血，如图7-8(f)所示。

腘动脉止血法：用一手拇指在腘窝横纹中点处向下垂直压迫。本法用于小腿或足部出血。

足背动脉与胫后动脉止血法：用两手拇指分别压迫足背中间近脚腕处(足背动脉)，以及足跟内侧与内踝之间处(胫后动脉)。本法用于足部出血，如图7-8(g)所示。

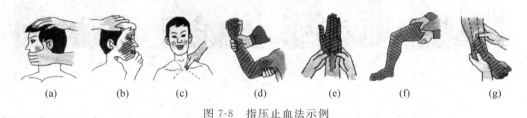

(a)　　　　(b)　　　　(c)　　　　(d)　　　　(e)　　　　(f)　　　　(g)

图7-8　指压止血法示例

2. 加压包扎止血法

伤口覆盖无菌敷料后，再用纱布、棉花、毛巾、衣服等折叠成相应大小的垫，置于无菌敷料上面，然后用绷带、三角巾等紧紧包扎，松紧以达到止血目的为宜。这种方法用于小动脉以及静脉或毛细血管的出血，还可直接用于不能采用指压止血法或止血带止血法的出血部位，如图7-9所示。但伤口内有碎骨片时禁用此法，以免加重损伤。

图7-9　加压包扎止血法

3. 止血带止血法

四肢有大血管损伤，或伤口大、出血量多时，采用手指压迫止血法和加压止血法效果不好时，可采用止血带法止血。止血带止血是利用橡胶带、布带等扎住血管，阻止血液流通，从而达到止血的目的。该法使用不当会造成更严重的出血或肢体缺血坏死。该法可划分为：气囊止血带止血法、表带式止血带止血法和布料止血带止血法。

先上衬垫，然后上止血带：用左手的拇指、食指、中指持止血带的头端，将长的尾端绕肢体一圈后压住头端，再绕肢体一圈，然后用左手食指、中指夹住尾端后，将尾端从止血带下拉过，由另一缘牵出，系成一个活结，如图7-10所示。操作时肢体上止血带的部位要正确并且要有衬垫，止血带松紧要适度，过紧会造成皮肤与软组织挫伤，过松则达不到止血的效果；上完止血带后每隔50min要放松3～5min，放松止血带期间，要用指压法、直接压迫法止血，以减少出血。

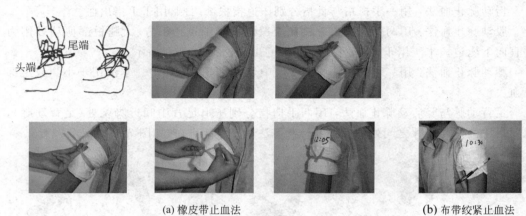

(a) 橡皮带止血法　　　　　　　　　(b) 布带绞紧止血法

图 7-10　止血带止血法

上止血带注意事项：①止血带不要直接扎在肢体上，先在止血带与皮肤之间加布，保护皮肤以防损伤。②止血带可扎在靠伤口的上方，一般上肢在上臂的上 1/3 部位，下肢在大腿的上 1/3 部位。③扎止血带后，应做明显的标记，注明扎止血带的时间。尽量缩短扎止血带的时间，总时间不要超过 3h，避免止血时间过长，肢体远端缺血坏死。

4. 止血时的注意事项

（1）先要准确判断出血部位及出血量，然后决定采取哪种止血方法。

（2）大血管损伤时需几种方法联合使用。颈动脉和股动脉损伤出血凶险，首先要采用指压止血法，并及时采取其他急救措施，如需要转运且时间较长时，可实行纱布回压包扎法止血。

（3）采用止血带止血法时，必须使止血带压力大于动脉压力时才能止血，如果用上止血带后仍然流血，应重新再扎紧一次。

（4）无论使用哪种止血带都要记录时间，注意定时放松，放松止血带要缓慢，防止血压波动或再出血，同时一定要记住止血带止血的时间不能超过 1h，否则将会造成肌体缺血性坏死。

三、包扎技术

伤口是细菌侵入人体的门户，如果伤口被细菌污染，就可能引起化脓或并发败血症、气性坏疽、破伤风，严重损害健康，甚至危及生命。因此，受伤以后，如果没有条件做到清创手术，在现场要先行包扎。包扎可保护伤口，减少感染，为进一步抢救伤病员创造条件。

其基本的要求是动作要快且轻,不要碰撞伤口,包扎要牢靠,防止脱落。包扎材料常用绷带、三角巾或毛巾、手帕、布块等。

常用的包扎材料有创可贴、尼龙网套、三角巾、弹力绷带、纱布、绷带、胶条以及就地取材的材料,如干净的衣物、毛巾、头巾、衣服、床单等。创可贴有不同规格,如弹力创可贴适用于关节部位损伤;纱布绷带有利于伤口渗出物的吸收,可用于手指、手腕、上肢等身体部位损伤的包扎。

1. 包扎的原则——快、轻、准、牢

(1) 包扎伤口的动作要迅速而轻巧。

(2) 包扎部位要准确,封闭要严密,不要遗漏伤口,防止伤口污染。

(3) 包扎动作要轻,不要碰撞伤口,以免增加伤员的疼痛和出血。

(4) 包扎要牢靠,松紧适宜,包扎过紧会妨碍血液流通和压迫神经。

2. 包扎的方法

(1) 自粘创可贴、尼龙网套包扎法。这是新型的包扎材料,用于浅表伤口、关部及手指伤口的包扎。自粘性创可贴透气性能好,还有止血、消炎、止疼、保护伤口等作用,使用方便,效果佳。尼龙网套包扎具有良好的弹性,使用方便,头部及肢体均可用其包扎,使用时先用敷料覆盖伤口,再将尼龙网套在敷料上。

(2) 绷带包扎法。绷带一般用纱布切成长条制成,呈卷轴带。绷带的长度和宽度有多种,适合于不同部位使用。常用的有宽 5cm、长 10cm 和宽 8cm、长 10cm 两种。

绷带包扎一般用于四肢、头部和肢体粗细相同的部位。操作时先在创口上覆盖消毒纱布,救护人员位于伤员的一侧,左手拿绷带头,右手拿绷带卷,从伤口低处向上包扎伤臂或伤腿,要尽量设法暴露手指尖和脚趾尖,以观察血液循环状况。如指尖和脚趾尖呈现青紫色,应立即放松绷带这。包扎太松,容易滑落,使伤口暴露造成污染。因此,包扎时应以伤员感到舒适、松紧适当为宜。

① 环行包扎法。环行包扎法是绷带包扎中最常用的,适用肢体粗细较均匀处伤口的包扎。首先用无菌敷料覆盖伤口,用左手将绷带固定在敷料上,右手持绷带卷绕肢体紧密缠绕;然后将绷带打开一端稍作斜状环绕一圈,将第一圈斜出一角压入环行圈内,环绕第二圈;加压绕肢体环形缠绕 4~5 层,后一圈盖住前一圈,绷带缠绕范围要超出敷料边缘;最后用胶布粘贴固定,或将绷带尾从中央纵向剪开形成两个布条,两布条先打一结,然后两者绕肢体打结固定(图 7-11)。

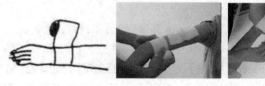

图 7-11　环形包扎法

② 螺旋形包扎法。螺旋形包扎法适用于上肢、躯干的包扎。操作时首先用无菌敷料覆盖伤口,做环行包扎数圈,然后将绷带渐渐地斜旋上升缠绕,每圈盖过前圈的 1/3 或

2/3 成螺旋状(图 7-12)。

③ 回反包扎法。回反包扎法适用于头部或断肢伤口包扎。首先用无菌敷料覆盖伤口；然后做环行固定两圈；左手持绷带一端于头后中部，右手持绷带卷，从头后方向绕到前额；再固定前额处绷带向后反折；反复呈放射性反折，直至将敷料完全覆盖；最后环形缠绕两圈，将上述反折绷带端固定(图 7-13)。

图 7-12　螺旋形包扎法

④ "8"字形包扎法。"8"字形包扎法适用于手掌、踝部和其他关节处伤口的包扎，选用弹力绷带。首先用无菌敷料覆盖伤口；包扎手时从腕部开始，先环形缠绕两圈；然后经手和腕"8"字形缠绕；最后绷带尾端在腕部固定；包扎关节时关节上下"8"字形缠绕(图 7-14)。

图 7-13　回反包扎法

图 7-14　"8"字形包扎法

(3) 三角巾包扎法。用一块正方形普通白布或纱布，边长为 100cm，对角剪开即成两块三角巾。三角巾最长的边称为底边，正对底边的角叫顶角，底边两端的两个角称底角。三角巾顶角上缝有一条长 45cm 的带子称系带。为了方便不同部位的包扎，可将三角巾叠成带状或将三角巾顶角附近处与底边中点折成燕尾式。

① 头顶帽式包扎法。先取无菌纱布覆盖伤口，然后把三角巾底边的中点放在伤员眉间上部，顶角经头顶拉到脑后枕部，再将两个底角在枕部交叉返回到额部中央打结，最后，拉紧顶角并反折塞在枕部交叉处(图 7-15)。

② 风帽式包扎法。风帽式包扎法适用于包扎头部和两侧面、枕部的外伤。先将消毒纱布覆盖在伤口上，将顶角打结放在前额正中，在底边的中点打结放在枕部，然后两手拉在两个底角向下额包住并交叉，再绕到颈后在枕部打结(图 7-16)。

图 7-15　头顶帽式包扎法

图 7-16　三角巾风帽式包扎法

③ 面部包扎法。将三角巾顶角打一结，放在下颌处或顶角结放在头顶处，将三角巾覆盖面部，底边两角拉向枕后交叉，然后在前额打结，在覆盖面部的三角巾对应部位开洞，露出眼、鼻、口(图 7-17)。

④ 单眼包扎法。将三角巾折成带状，其上 1/3 处盖在伤眼，下 2/3 从耳下端绕经枕部向健侧耳上额部并压上上端带巾，再绕经伤侧耳上，枕部至健侧耳上与带巾另一端在健

耳上打结固定(图7-18)。

图7-17　面部包扎法

图7-18　单眼包扎法

⑤ 双眼包扎法。将无菌纱布覆盖在伤眼上,用带形三角巾从头后部拉向前从眼部交叉,再绕向枕下部打结固定。

⑥ 手足包扎法。将手或足放在三角巾上,顶角在前拉至手或足的背面,然后将底边缠绕打结固定(图7-19)。

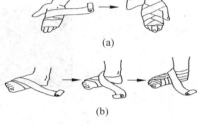

图7-19　手足包扎法

3. 包扎时的注意事项

① 包扎时尽可能带上医用手套,如无医用手套,要用敷料、干净布片、塑料袋、餐巾纸为隔离层。

② 如必须用裸露的手进行伤口处理,在处理完成后,要用肥皂清洗手。

③ 除化学伤外,伤口一般不用水冲洗,也不要在伤口上涂消毒剂或消炎粉。

④ 不要对嵌有异物或骨折断端外露的伤口直接包扎。

四、伤患的搬运技术

1. 伤患搬运概述

(1) 搬运的意义:托运和输送是挽救病人生命的关键步骤,在救护伤员工作中具有很重要的意义,伤员经过急救处理后,应尽快送往医院,做进一步的检查和更有效的治疗。若搬运不当,则轻者延误检查和治疗,重者可以使病情恶化,甚至死亡,切不可低估搬运的作用。

(2) 搬运的要求:①根据现场条件选择适宜的搬运方法和搬运工具;②搬运病人时,动作要轻捷、协调一致;③对脊柱、骨盆骨折病人,应选择平整的硬担架,尽量减少震动,以免加重病情和给病人带来痛苦;④转运路途较远的病人,应寻找适应的交通工具;⑤运送途中,最好有卫生人员护送,并要严密观察病情,应采取急救处理,以防止休克发生;⑥到达医院后,向医务人员介绍急救处理经过,以供下一步检查诊断参考。

(3) 注意事项:①密切观察伤员的呼吸、脉搏和神志的变化,伤口渗血的情况,并要及时地妥善处理后再运送;②注意保持伤员的特定体位;③注意颈部伤员的体位和呼吸道的通畅情况;④应经常观察上有夹板(或石膏)伤员肢体的末端循环情况,如有障碍时要立即处理;⑤除腹部伤外,可给伤员适量饮水。

2. 搬运技术

(1) 侧身匍匐搬运法。根据伤员受伤部位,应用左侧或右侧的匍匐法,搬运时,使伤部向上，将伤员的腰部放在搬运者的大腿上，并使伤员的躯干紧靠在胸前，使伤员的头部和上肢不与地面接触，如图 7-20 所示。

图 7-20　侧身匍匐搬运法

（2）牵拖法。将伤员放在油布或雨衣上，将两个对角或两袖结扎固定伤员的身体，然后用绳索与近侧一角连结，搬运者牵拖或匍匐前进，如图 7-21 所示。

图 7-21　牵拖法

（3）单人背、抱法。背伤员时，应将其上肢放在搬运者的胸前。抢救伤员时，搬运者一手抱其腰部，另一手托起其大腿中部。头部伤员神志清楚时，可采用这种方法，如图 7-22 所示。

图 7-22　单人背、抱法

（4）椅子式搬运法：多用于头部伤而无颅脑损伤的伤员，如图 7-23 所示。

（5）搬抬式搬运法：对脊柱伤或腹部伤员不宜采用，如图 7-24 所示。

图 7-23　椅子式搬运法　　　　图 7-24　搬抬式搬运法

还有平抱和平抬法、三人搬运或多人搬运法等，如图 7-25 所示。另外，担架搬运也是事故现场广泛采用的一种搬运方式,担架的形式有多种,如图 7-26 所示。

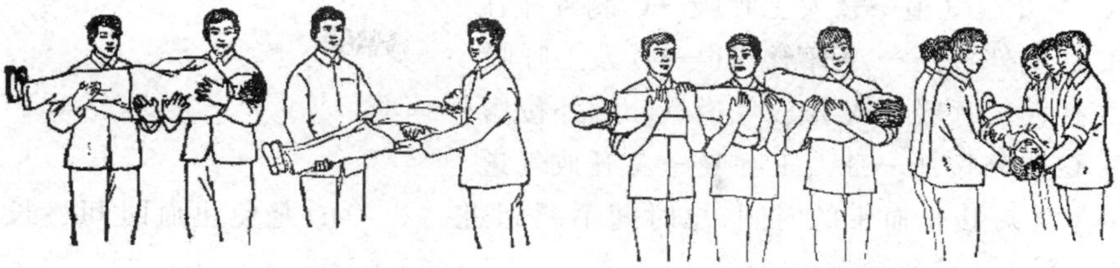

(a) 平抱和平抬法　　　　　　　　　(b) 三人搬运或多人搬运法

图 7-25　其他搬运方法

图 7-26　常见的搬运担架

事故案例分析:
1984 年印度博帕尔毒气泄漏工业事故灾难

复习思考题

一、单项选择题

1. 下列不属于现场医疗急救重要内容的是( )。
   A. 救护者个人防护　　　　　　　　B. 将患者送就近医疗部门治疗
   C. 现场数据统计　　　　　　　　　D. 调运消防车辆
2. 防止毒物继续吸收,对中毒人员用清水冲洗时间不少于( )min。
   A. 5~10　　　　　　　　　　　　B. 10~15
   C. 5~15　　　　　　　　　　　　D. 10~30
3. 下列对低温冻伤患者采取的救治措施,正确的做法是( )。
   A. 采用拍打、雪搓　　　　　　　　B. 火烤或冷水浸泡
   C. 给予热的饮料和精神安抚　　　　D. 长时间缓慢复温

4. 最新推荐的心肺复苏法的实施步骤是(　　　)。

　　A. A 开放气道→B 人工呼吸→C 胸外按压

　　B. C 胸外按压→A 开放气道→B 人工呼吸

　　C. B 人工呼吸→A 开放气道→C 胸外按压

　　D. C 胸外按压→B 人工呼吸→A 开放气道

5. 尽量缩短扎止血带的时间,总时间不要超过(　　　)h,避免止血时间过长,肢体远端缺血坏死。

　　A. 1　　　　　　　B. 2　　　　　　　C. 3　　　　　　　D. 4

二、简答题

1. 事故现场进行自救应当遵循的基本原则是什么?

2. 当你突遇一起事故,在事故现场,你应采取哪些基本方法展开自救?

3. 在火灾事故现场,可以采取哪些方法展开自救?

4. 简述事故现场急救应遵循的基本原则。

5. 对于急性中毒人员,在事故现场应采取哪些紧急救护措施?

6. 对于化学烧伤人员,应采取哪些急救措施?

7. 对于低温冻伤人员,可以采取哪些急救措施?

8. 如何实施心肺复苏法?

9. 对伤员实施包扎有哪些方法?

10. 搬运伤患有哪些方法?

三、案例分析题

2018 年 5 月 15 日,某发电厂的燃煤输送皮带运输机电机发生故障,设备保障部安排电工甲、乙前往维修。甲、乙在办理了作业许可后,进入皮带运输机的独立配电间,断开电机电源,未挂牌上锁。随后二人登上 2m 高的平台进行维修作业。维修过程中,恰逢交接班,生产运营部员工丙发现皮带运输机停运,未经确认就重新开启了电机电源,导致电工甲触电后从平台坠落,小腿严重变形。电工乙按照安全培训学到的知识和技能,采取了应急处置措施。简述电工乙在甲触电坠落后应采取的应急处置措施。

典型事故应急救援与处置措施

第一节　氯气泄漏事故应急处置

氯气属剧毒品,室温下为黄绿色不燃气体,有刺激性,加压液化或冷冻液化后,为黄绿色油状液体。氯气易溶于二硫化碳和四氯化碳等有机溶剂,微溶于水。溶于水后,生成次氯酸($HClO$)和盐酸,不稳定的次氯酸迅速分解生成活性氧自由基,因此水会加强氯的氧化作用和腐蚀作用。氯气能和碱液(如氢氧化钠和氢氧化钾溶液)发生反应,生成氯化物和次氯酸盐。氯气在高温下与一氧化碳作用,生成毒性更大的光气。氯气能与可燃气体形成爆炸性混合物,液氯与许多有机物(如烃、醇、醚、氢气等)发生爆炸性反应。氯作为强氧化剂,是一种基本有机化工原料,用途极为广泛,一般用于纺织、造纸、医药、农药、冶金、自来水杀菌剂和漂白剂等。

一、理化性质

分子量:70.9　　　　　　　　　　熔点:—101℃

沸点:—34.5℃　　　　　　　　　相对密度(水=1):1.47(液氯)

饱和蒸气压:506.62(10.3℃)kPa　　相对密度(空气=1):2.48

临界温度:144℃　　　　　　　　　临界压力:7.71MPa

溶解性:易溶于二硫化碳和四氯化碳等有机溶剂,微溶于水。

二、中毒急救

1. 毒理学

急性毒性:LC50,293ppm/m³,1h(大鼠吸入)。

氯是一种强烈的刺激性气体,经呼吸道吸入时,与呼吸道黏膜表面水分接触,产生盐酸、次氯酸,次氯酸再分解为盐酸和新生态氧,产生局部刺激和腐蚀作用。新生态氧的氧化作用较盐酸强,是有活力的原浆毒。次氯酸也具有明显的生物学活性,它可破坏细胞膜的完整性和通透性,进入细胞,直接与细胞浆蛋白质反应,引起组织炎性水肿、充血甚至坏死。由于肺泡壁毛细血管通透性增加,大量浆液渗透到肺间质与肺泡,形成肺水肿。此外,氯也能直接吸收而引起毒作用,如高浓度氯吸入后引起迷走神经反射性心跳停止或喉头痉挛而出现猝死。氯气主要作用于支气管和细支气管,也可作用于肺泡引起肺水肿。

氯中毒死亡的病理改变。数分钟内猝死的病例可见气管、支气管黏膜干枯,呈白色毛玻璃状,肺脏缩小、干枯或呈黄褐色。显微镜下检查见凝固性坏死、肺泡出血、肺水肿,心脏扩大。数小时至 3 天死亡的病例可见支气管黏膜坏死脱落,小支气管可被坏死脱落的黏膜堵塞。黏膜下组织水肿、充血、点片状充血。肺脏扩大、重量增加,可见肺水肿伴肺不张、肺气肿、肺出血,并有嗜酸性透明膜形成,毛细血管充血或血栓形成。这种变化最终导致通气障碍及肺弥散功能障碍。由于肺泡血流不能充分氧合,肺的静脉、动脉分流,产生低氧血症,致使心脑、肝、肾等多脏器功能障碍。

2. 中毒症状

皮肤损伤:接触高浓度氯气或液氯,可引起急性皮炎及灼伤,长期接触低浓度氯气可引起暴露部位皮肤烧灼、发痒,发生痤疮样皮疹或疱疹。

眼部损伤:氯气可引起眼痛、畏光、流泪、结膜充血、水肿等急性结膜炎,高浓度时,造成角膜损伤。

急性中毒主要是根据呼吸系统损害的严重程度划分,一般分为刺激反应、轻度中毒、中度中毒和重度中毒。

(1) 刺激反应:出现一过性的眼和上呼吸道刺激症状,肺部无阳性体征或偶有少量干性啰音,一般于 24h 内消退。

(2) 轻度中毒:主要表现为支气管炎和支气管周围炎,有咳嗽、咳少量痰、胸闷等。两肺有干性啰音或哮鸣音,可有少量湿性啰音。肺部 X 线表现为肺纹理增多、增粗、边缘不清,一般下肺叶较明显。经休息和治疗,症状可于 1 至 2 天内消失。

(3) 中度中毒:主要表现为支气管性肺炎、间质性肺水肿或肺泡性肺水肿。眼及上呼吸道刺激症状加重,胸闷、呼吸困难、阵发性呛咳、咳痰,有时咳粉红色泡沫痰或痰中带血,伴有头痛、乏力及恶心、食欲不振、腹痛、腹胀等胃肠道反应。轻度紫绀,两肺有干性或湿性啰音,或两肺弥漫性哮鸣音。上述症状经休息和治疗 2~10 天后会逐渐减轻而消退。

(4) 重度中毒:在临床表现或胸部 X 线表现中具有下列情况之一者,即属重度中毒。

① 临床表现:吸入高浓度氯气数分钟至数小时出现肺水肿,可咳大量白色或粉红色泡沫痰,呼吸困难、胸部紧束感,明显发绀,两肺有弥漫性湿性啰音;喉头、支气管痉挛或水肿造成严重窒息;休克及中度、深度昏迷;反射性呼吸中枢抑制或心跳骤停所致猝死;出现严重并发症如气胸、纵隔气肿等。

② 胸部 X 线表现:主要呈广泛、弥漫性肺炎或肺泡性肺水肿。有大片状均匀密度增高阴影,或大小与密度不一,边缘模糊的片状阴影,广泛分布于两肺野,少数呈蝴蝶翼状。重度氯中毒后,可发生支气管哮喘或喘息性支气管炎。后者是由于盐酸腐蚀形成瘢痕所致,难以恢复,并可发展为肺气肿。

3. 急救措施

(1) 皮肤接触时,按酸灼伤进行处理。应立即脱去污染的衣着,用大量流动清水冲洗。氯痤疮可用地塞米松软膏涂患处。

（2）眼睛接触时，提起眼睑，用流动清水或生理盐水彻底冲洗，滴眼药水。

（3）若吸入，则应迅速脱离现场至空气新鲜处。如果呼吸心跳停止，应立即进行人工呼吸和胸外心脏按压术。

（4）解毒治疗。

① 合理氧疗：使动脉氧分压维持在 $8\sim10kPa$，O_2 sat＞90％。发生严重肺水肿或急性呼吸窘迫综合症时，给予鼻面罩持续正压通气（CPAP）或呼气末正压通气（PEEP）疗法。呼气末压力不宜超过 $0.49kPa（5cmH_2O）$，还须注意对心肺的不利影响，心功能不全者慎用。

② 糖皮质激素：应用原则是早期（吸入后即用）、足量（每天用地塞米松 $10\sim80mg$）和短程，以防治肺水肿。

③ 维持呼吸道通畅：可给予支气管解痉剂和药物雾化吸入，如沙丁胺醇、丙酸倍氯米松等气雾剂，β_2 兴奋剂（如特布他林）等。必要时可以进行气管切开术。

④ 去泡沫剂：肺水肿时可用二甲基硅油气雾剂 $0.5\sim1$ 瓶，咳泡沫痰者用 $1\sim3$ 瓶。酒精作为去泡沫剂虽有一定疗效，但可能会加重黏膜刺激。

⑤ 控制液体入量：早期应适当控制进液量，慎用利尿剂，一般不用脱水剂。

三、泄漏处置

迅速撤离泄漏污染区人员至上风处，并立即进行隔离，根据现场的检测结果和可能产生的危害，确定隔离区的范围，严格限制出入。一般地，小量泄漏的初始隔离半径为 $150m$，大量泄漏的初始隔离半径为 $450m$。应急处理人员应佩戴正压自给式空气呼吸器，穿防毒服。尽可能切断泄漏源。泄漏现场应去除或消除所有可燃和易燃物质，所使用的工具严禁粘有油污，防止发生爆炸事故。防止泄漏的液氯进入下水道。合理通风，加速扩散。喷雾状碱液吸收已经挥发到空气中的氯气，防止其大面积扩散，导致隔离区外人员中毒。严禁在泄漏的液氯钢瓶上喷水。构筑围堤或挖坑收容所产生的大量废水。如有可能，用铜管将泄漏的氯气导至碱液池，彻底消除氯气造成的潜在危害。可以将泄漏的液氯钢瓶投入碱液池，碱液池应足够大，碱量一般为理论消耗量的 1.5 倍。实时检测空气中的氯气含量，当氯气含量超标时，可用喷雾状碱液吸收。

第二节　液氨事故应急处置

液氨又称无水氨，是一种无色液体。氨作为一种重要的化工原料，应用广泛。为运输及储存便利，通常将气态的氨气通过加压或冷却得到液态氨。氨易溶于水，溶于水后形成氢氧化铵的碱性溶液。氨在20℃水中的溶解度为 34％。

液氨在工业上应用广泛，而且具有腐蚀性，且容易挥发，所以其化学事故发生率相当高。为了促进对液氨危害和处置措施的了解，本书特介绍液氨的理化特性、中毒处置、泄漏处置和燃烧爆炸处置四个方面的基础知识。

一、氨的理化性质

分子式：NH_3　　　　　　　　气氨相对密度(空气＝1)：0.59

分子量：17.04　　　　　　　　液氨相对密度(水＝1)：0.7067(25℃)

CAS 编号：7664-41-7　　　　　自燃点：651.11℃

熔点：－77.7℃　　　　　　　　爆炸极限：16％～25％

沸点：－33.4℃　　　　　　　　1％水溶液 pH 值：11.7

蒸气压：882kPa(20℃)

二、中毒处置

（一）毒性及中毒机理

液氨的人类经口最低中毒剂量（TDLo）：0.15mL/kg；液氨的人类吸入最低致死浓度（LCLo）：5000ppm/5m。

氨进入人体后会阻碍三羧酸循环，降低细胞色素氧化酶的作用。致使脑氨增加，可产生神经毒作用。高浓度氨可引起组织溶解坏死作用。

（二）接触途径及中毒症状

1. 吸入

吸入是接触的主要途径。氨的刺激性是可靠的有害浓度报警信号。但由于嗅觉疲劳，长期接触后对低浓度的氨会难以察觉。

（1）轻度吸入氨中毒表现有鼻炎、咽炎、气管炎、支气管炎。患者有咽灼痛、咳嗽、咳痰或咯血、胸闷和胸骨后疼痛等。

（2）急性吸入氨中毒的发生多由意外事故（如管道破裂、阀门爆裂等）造成。急性氨中毒主要表现为呼吸道黏膜刺激和灼伤。其症状根据氨的浓度、吸入时间以及个人感受性等而轻重不同。

（3）严重吸入中毒可出现喉头水肿、声门狭窄以及呼吸道黏膜脱落，可造成气管阻塞，引起窒息。吸入高浓度可直接影响肺毛细血管通透性而引起肺水肿。

2. 皮肤和眼睛接触

低浓度的氨对眼和潮湿的皮肤能迅速产生刺激作用。潮湿的皮肤或眼睛接触高浓度的氨气能引起严重的化学烧伤。

皮肤接触可引起严重疼痛和烧伤，并能发生咖啡样着色。被腐蚀部位呈胶状并发软，可发生深度组织破坏。

高浓度蒸气对眼睛有强刺激性，可引起疼痛和烧伤，导致明显的炎症并可能发生水肿、上皮组织破坏、角膜混浊和虹膜发炎。轻度病例一般会缓解，严重病例可能会长期持续，并发生持续性水肿、疤痕、永久性混浊、眼睛膨出、白内障、眼睑和眼球粘连及失明等并发症。多次或持续接触氨会导致结膜炎。

(三)急救措施

1. 清除污染

如果患者只是单纯接触氨气,并且没有皮肤和眼的刺激症状,则不需要清除污染。假如接触的是液氨,并且衣服已被污染,应将衣服脱下并放入双层塑料袋内。

如果眼睛接触或眼睛有刺激感,应用大量清水或生理盐水冲洗 20min 以上。如在冲洗时发生眼睑痉挛,应慢慢滴入 1 滴或 2 滴 0.4% 奥布卡因,继续充分冲洗。如患者戴有隐形眼镜,又容易取下并且不会损伤眼睛的话,应取下隐形眼镜。

应对接触的皮肤和头发用大量清水冲洗 15min 以上。冲洗皮肤和头发时要注意保护眼睛。

2. 病人复苏

应立即将患者转移出污染区,对病人进行心肺复苏。

3. 初步治疗

氨中毒无特效解毒药,应采用支持治疗。

如果接触浓度 ≥500ppm,并出现眼刺激、肺水肿的症状,则推荐采取以下措施:先喷 5 次地塞米松(用定量吸入器),然后每 5min 喷两次,直至到达医院急症室为止。

如果接触浓度 ≥1500ppm,应建立静脉通路,并静脉注射 1.0g 甲基泼尼松龙(methylprednisolone)或等量类固醇。

注意:在临床对照研究中,皮质类固醇的作用尚未证实。

对氨吸入者,应给湿化空气或氧气。如有缺氧症状,应给湿化氧气。

如果呼吸窘迫,应考虑进行气管插管。当病人的情况不能进行气管插管时,如条件许可,应施行环甲状软骨切开术。对有支气管痉挛的病人,可给支气管扩张剂喷雾,如特布他林。

如皮肤接触氨,会引起化学烧伤,可按热烧伤处理:适当补液,给止痛剂,维持体温,用消毒垫或清洁床单覆盖伤面。如果皮肤接触高压液氨,要注意冻伤。

三、泄漏处置

1. 少量泄漏

撤退区域内所有人员。防止吸入蒸气,防止接触液体或气体。处置人员应使用呼吸器。禁止进入氨气可能汇集的局限空间,并加强通风。只能在保证安全的情况下堵漏。泄漏的容器应转移到安全地带,并且仅在确保安全的情况下才能打开阀门泄压。可用砂土、蛭石等惰性吸收材料收集和吸附泄漏物。收集的泄漏物应放在贴有相应标签的密闭容器中,以便废弃处理。

2. 大量泄漏

疏散场所内所有未防护人员,并向上风向转移。泄漏处置人员应穿全身防护服,戴呼吸设备。消除附近火源。

向当地政府、119 及当地环保部门、公安交警部门报警,报警内容应包括:事故单位;

事故发生的时间、地点、化学品名称和泄漏量、危险程度；有无人员伤亡以及报警人的姓名、电话。

禁止接触或跨越泄漏的液氨，防止泄漏物进入阴沟和排水道，增强通风。场所内禁止吸烟和明火。在保证安全的情况下，要堵漏或翻转泄漏的容器以避免液氨漏出。要喷雾状水，以抑制蒸气或改变蒸气云的流向，但禁止用水直接冲击泄漏的液氨或泄漏源。防止泄漏物进入水体、下水道、地下室或密闭性空间。禁止进入氨气可能汇集的受限空间。清洗以后，在储存和再使用前要将所有的保护性服装和设备洗消。

四、燃烧爆炸处置

1. 燃烧爆炸特性

常温下氨是一种可燃气体，但较难点燃。爆炸极限为 16%～25%，最易引燃浓度为17%。产生最大爆炸压力时的浓度为 22.5%。

2. 火灾处理措施

在贮存及运输使用过程中，如发生火灾应采取以下措施。

（1）报警：迅速向当地"119"消防、政府报警。报警内容应包括：事故单位；事故发生的时间、地点、化学品名称、危险程度；有无人员伤亡以及报警人姓名、电话。

（2）隔离、疏散、转移遇险人员到安全区域，建立 500m 左右警戒区，并在通往事故现场的主要干道上实行交通管制，除消防及应急处理人员外，其他人员禁止进入警戒区，并迅速撤离无关人员。

（3）消防人员进入火场前，应穿着防化服，佩戴正压式呼吸器。氨气易穿透衣物，且易溶于水，消防人员要注意对人体排汗量大的部位，如生殖器官、腋下、肛门等部位的防护。

（4）小火灾时用干粉或 CO_2 灭火器，大火灾时用水幕、雾状水或常规泡沫。

（5）储罐火灾时，尽可能远距离灭火或使用遥控水枪或水炮扑救。

（6）切勿直接对泄漏口或安全阀门喷水，防止产生冻结。

（7）安全阀发出声响或变色时应尽快撤离，切勿在储罐两端停留。

第三节　硫化氢事故应急处置

硫化氢为无色气体，有臭鸡蛋气味，易溶于水、醇类、石油溶剂和原油，主要用于化学分析（如鉴定金属离子）。硫化氢具有多种危险性，主要是一种强烈的窒息性气体，同时还极度易燃，与空气混合能形成爆炸性混合物。虽然硫化氢有恶臭，但极易使人嗅觉疲劳而毫无觉察，危害性极大。

据统计，硫化氢是我国化学事故发生率最多的危险化学品之一，给公众的生命健康和环境安全造成了严重影响。中石油 2003 年"12·23"井喷事故中，硫化氢中毒导致 243 人死亡，万余人不同程度受伤。本书主要从硫化氢的危害特性入手，探讨硫化氢中毒、泄漏和火灾事故的应急处理措施。

一、理化性质

熔点：－85.5℃

沸点：－60.04℃

饱和蒸气压：2026.5kPa/25.5℃

爆炸下限：4.0%V/V

临界温度：100.4℃

最小引燃能：0.077mJ

相对密度（水＝1）：0.79(1.83MPa)

相对密度（空气＝1）：1.19(比空气重)

溶解性：溶于水、乙醇

爆炸上限：46.0%V/V

临界压力：9.01MPa

二、中毒急救

1. 毒性

半数致死剂量 LD50：无资料；半数致死浓度 LC50：444ppm（大鼠吸入）。

2. 接触途径

绝大部分接触是由吸入引起的，同时也会通过皮肤和眼黏膜接触硫化氢，误服含硫的盐类与胃酸作用后也能产生硫化氢，经肠道吸收而导致中毒。职业性硫化氢中毒多由于生产设备损坏，输送硫化氢的管道和阀门漏气，违反操作规程，生产出现故障，硫化物车间失火等致使硫化氢大量逸出，油气田井喷事故或含硫化氢的废气、废液排放不当及在疏通阴沟、粪池时意外接触所致。

据世界卫生组织资料，接触硫化氢的职业有 70 多种，如石油钻探、开采、炼制；染料工业中生产硫黑、硫蓝、硫棕；化纤工业中粘胶纤维纺丝；化学工业中硫酸、二硫化碳、硫化铵、硫化钠、对硫磷、磺胺类的生产；有色冶金中用于沉淀分离提纯；金属矿坑和巷道空气中含硫矿石释放生成的硫化氢；煤制气、橡胶硫化、造纸、制糖、鞣革、亚麻浸渍、食品加工等产生的硫化氢；市政工人从事污水处理、疏通下水管道、清除污泥、粪坑等作业，都曾有硫化氢中毒事故的报道。

3. 中毒症状

眼部刺激症状表现为双眼刺痛、流泪、畏光、结膜充血、灼热、视力模糊、角膜水肿等。中枢神经系统症状为头痛、头晕、乏力、动作失调、烦躁、面部充血、共济失调、谵妄、抽搐、昏迷、脑水肿、四肢绀紫以及惊厥和意识模糊。呼吸道症状为流涕、咽痒、咽痛、咽干、皮肤黏膜青紫、胸闷、咳嗽、呼吸困难、有窒息感。严重者可发生肺水肿、肺炎、喉头痉挛和呼吸麻痹。重度中毒症状表现为血压下降、心律失常、心肌炎、肝肾功能损害等。部分患者在毫无准备的情况下，进入硫化氢浓度极高的环境中，如地窖、下水道等不通风的地方时，尚未等上述症状出现，即可像遭受电击一样突然中毒死亡。

4. 中毒机理

硫化氢是窒息性气体，吸入的硫化氢进入血液分布至全身，与细胞内线粒体中的细胞色素氧化酶结合，使其失去传递电子的能力，造成细胞缺氧，这与氰化物中毒有相似之处。硫化氢还可能与体内谷胱甘肽中的巯基结合，使谷胱甘肽失活，影响生物氧化过程，加重了组织缺氧。高浓度（1000mg/m³ 以上）硫化氢，主要通过对嗅神经、呼吸道及颈动脉窦和主动脉体的化学感受器的直接刺激,传入中枢神经系统,先是兴奋,迅即转入超限抑制,发生呼吸麻痹,以至于出现"电击样中毒"或猝死。硫化氢接触湿润黏膜,与液体中的钠离子反应生成硫化钠,对眼和呼吸道产生刺激和腐蚀,可致结膜炎、角膜炎、呼吸道炎症,甚至肺水肿。由于阻断细胞氧化过程,心肌缺氧,可发生弥漫性中毒性心肌病。

5. 急救措施

在怀疑有不安全硫化氢的应急救援场所,施救者应首先做好自身防护,佩戴自给正压式呼吸器并穿防化服。

(1) 迅速将患者移离现场,脱去污染衣物,对呼吸、心跳停止者,立即进行胸外心脏按压及人工呼吸(忌用口对口人工呼吸,万不得已时与病人间隔数层水湿的纱布)。

(2) 尽早吸氧,有条件的地方及早用高压氧治疗。凡有昏迷者,宜立即送高压氧舱治疗。高压氧压力为2~2.5大气压,间断吸氧2~3次,每次吸氧30~40min,两次吸氧中间休息10min;每日1~2次,10~20次一疗程。一般用1~2个疗程。

(3) 防止肺水肿和脑水肿。宜早期、足量、短程应用糖皮质激素以预防肺水肿及脑水肿,可用地塞米松10mg加入葡萄糖液静脉滴注,每日1次。对肺水肿及脑水肿进行治疗时,地塞米松剂量可增大至40~80mg,加入葡萄糖液静脉滴注,每日1次。

(4) 换血疗法。换血疗法可以将失去活性的细胞色素氧化酶和各种酶及游离的硫化氢清除出去,再补入新鲜血液。此方法可用于危重病人,换血量一般在800mL左右。

(5) 眼部刺激处理。先用自来水或生理盐水彻底冲洗眼睛,局部用红霉素眼药膏和氯霉素眼药水,每2h 1次,预防和控制感染。同时局部滴鱼肝油以促进上皮生长,防止结膜粘连。

(6) 严重硫化氢中毒导致昏迷时,可给亚硝酸戊酯和亚硝酸钠,一般成人剂量为静脉推注3%的溶液10~20mL,时间不少于4min,不能使用硫代硫酸钠进行治疗。

三、泄漏处置

将泄漏污染区人员迅速撤离至上风处,并立即进行隔离。应根据泄漏现场的实际情况确定隔离区域的范围,严格限制出入。通常情况下,小量泄漏时隔离150m,大量泄漏时隔离300m。消除所有点火源。建议应急处理人员戴自给正压式呼吸器,穿防静电工作服,从上风处进入现场,确保自身安全时才能进行切断泄漏源或堵漏操作。合理通风,加速扩散,并喷雾状水稀释、溶解,禁止用水直接冲击泄漏物或泄漏源。如果安全,可考虑引燃泄漏物以减少有毒气体扩散。构筑围堤或挖坑,收容产生的大量废水。如有可能,将残余气或漏出气用排风机送至水洗塔或与塔相连的通风橱内,或使其通过三氯化铁水溶液,管路装止回装置以防溶液吸回。漏气容器需要妥善处理,修复、检验后再用。

四、燃烧爆炸处置

1. 燃烧爆炸特性

硫化氢极度易燃,与空气混合能形成爆炸性混合物,遇明火、高热能引起燃烧或爆炸。遇浓硝酸、发烟硝酸或其他强氧化剂剧烈反应,甚至发生爆炸。气体比空气重,能沿地面扩散到相当远的地方,遇点火源会着火回燃。包装容器受热可发生爆炸,破裂的钢瓶具有飞射危险。

2.灭火措施

硫化氢本身有毒,且燃烧产物为刺激性二氧化硫气体,灭火人员应首先做好呼吸防护和身体防护,并根据现场情况设立警戒区,严格限制出入。

若不能切断泄漏气源,则不得扑灭正在燃烧的气体。

小火:采用干粉、CO_2、水幕或常规泡沫灭火。

大火:采用水幕、雾状水或常规泡沫灭火。在确保安全的情况下,将容器移离火场,损坏的钢瓶只能由专业人员处理。

储罐火灾:利用固定式水炮、带架水枪等冷却燃烧罐及与其相邻的储罐,重点应是受火势威胁的一面,直至火灾扑灭。根据现场泄漏情况,研究制订堵漏方案,并严格按照堵漏方案实施堵漏,切断泄漏源。向泄漏点、主火点进攻之前,必须将外围火点彻底扑灭。尽可能采用远距离灭火,使用遥控水枪或水炮扑救,或车载干粉炮、胶管干粉枪灭火,或对流淌火喷射泡沫(抗溶性泡沫)进行覆盖灭火。切勿对泄漏口或安全阀直接喷水,防止产生冰冻,安全阀发生声响或储罐变色时,立即撤离,切勿在储罐两端停留。

第四节　氰化物事故应急处置

氰化物是指含有氰根(—CN)的化合物。氰化物在工业活动或生活中的种类甚多,如氢氰酸、氰化钠、氰化钾、氰化锌、乙腈、丙烯腈等,一些天然植物果实中(像苦杏仁、白果)也含有氰化物。氰化物的用途很广泛,可用于提炼金银、金属淬火处理、电镀,还可用于生产染料、塑料、熏蒸剂或杀虫剂等。

氰化物大多数属于剧毒或高毒类,可经人体皮肤、眼睛或胃肠道迅速吸收,口服氰化钠50～100mg即可引起猝死。本节探讨在出现氰化物中毒、泄漏时应如何开展紧急救援行动。

一、氰化物中毒

1.接触途径

氰化物可经呼吸道、皮肤和眼睛接触、食入等方式侵入人体。所有可吸入的氰化物均可经肺吸收。氰化物经皮肤、黏膜、眼结膜吸收后,会引起刺激,并出现中毒症状。大部分氰化物可立即经过胃肠道吸收。

2.中毒症状

氰化物中毒者初期症状表现为面部潮红、心动过速、呼吸急促、头痛和头晕,然后出现焦虑、木僵、昏迷、窒息,进而出现阵发性强直性抽搐,最后出现心动过缓、血压骤降和死亡。急性吸入氰化氢气体,开始主要表现为眼、咽、喉黏膜等刺激症状,高浓度可立即致人死亡。经口误服氰化物后,开始主要表现为流涎、恶心、呕吐、头昏、前额痛、乏力、胸闷、心悸等,进而出现呼吸困难、神志不清或昏迷,严重者可出现抽筋、大小便失禁,最后死于呼吸麻痹。若大量摄入氰化物，可在数分钟内使呼吸和心跳停止，造成所谓"闪电型"中毒。

3. 应急处理

（1）救援人员的个体防护。若怀疑救援现场存在氰化物，救援人员应当穿连衣式胶布防毒衣、戴橡胶耐油手套；呼吸道防护可使用空气呼吸器，若可能接触氰化物蒸气，应当佩戴自吸过滤式防毒面具（全面罩）。现场救援时，救援人员要防止中毒者受污染的皮肤或衣服二次污染自己。

（2）病人救护。立即把中毒人员转移出污染区。检查中毒者呼吸是否停止，若无呼吸，可进行人工呼吸；若无脉搏，应立即进行心肺复苏。如有必要，应对中毒者提供纯氧和特效解毒剂。对中毒者进行复苏时要保证中毒者的呼吸道不被堵塞。如果中毒者呼吸窘迫，可进行气管插管。当中毒者的情况不能进行气管插管时，在条件许可的情况下可施行环甲软骨切开术。

（3）病人去污。所有接触氰化物的人员都应进行去污操作。

① 应尽快脱下受污染的衣物，并放入双层塑料袋内，同时用大量清水冲洗皮肤和头发至少5min，冲洗过程中应注意保护眼睛。

② 若皮肤或眼睛接触氰化物，应当立即用大量清水或生理盐水冲洗5min以上。若其戴有隐形眼镜且易取下，应当立即取下，困难时可向专业人员请求帮助。

③ 如果是口服中毒，应插胃管并尽快给服活性炭，洗胃液和呕吐物必须单独隔离存放。

（4）解毒治疗。对中毒者应立即辅助通气、给纯氧，并作动脉血气分析，纠正代谢性酸中毒（pH<7.15时）。对轻度中毒者只需提供护理，对中度中毒或严重中毒者，建议参考下列疗法。

① 紧急疗法：在紧急情况下，施救者应首先将亚硝酸异戊酯1~2支（0.2~0.4mL）放在手帕或纱布中压碎，放置在患者鼻孔处，吸入30s，间隙30s，如此重复2~3次。数分钟后可重复1次，总量不超过3支。亚硝酸异戊酯具有高度挥发性和可燃性，使用时不要靠近明火，同时注意防止挥发。

施救人员应当避免吸入亚硝酸异戊酯，以防头晕。

② 注射疗法：可选药剂为4-二甲氨基苯酚疗法（4-DMAP）或亚硝酸钠疗法。

4-二甲氨基苯酚疗法（4-DMAP）：立即静脉注射2mL10%的4-DMAP，持续时间不少于5min（用药期间检查血压，若血压下降，减缓注射速度）。

亚硝酸钠疗法：以3%亚硝酸钠10~15mL静脉缓慢注射，速度以每分钟2~3mL为宜。

在用过4-二甲氨基苯酚或亚硝酸钠后，再用同一针头以同样速度静脉注射25%硫代硫酸钠50mL（推注10%硫代硫酸钠溶液的标准为100mg/kg）。若在0.5~1h内症状复发或未缓解，应重复注射，半量用药。

在使用上述药物的同时给氧，可提高药物的治疗效果。应注意对症治疗及防止脑水肿，可以静脉输入高渗葡萄糖和维生素C，也可以使用糖皮质激素，但不宜用亚甲蓝。对于神志清醒但有症状的中毒者也可以使用硫代硫酸钠，但不应使用亚硝酸钠或4-二甲氨基苯酚疗法。

二、氰化物泄漏

1. 水上泄漏的应急处理

氰化物泄漏入水后,首先应当分析其水溶性。绝大多数重金属无机氰化物难溶于水,例如氰化锌、氰化亚铜、氰化汞等;其他类氰化物大都易溶于水,例如氰化钠、氰化钾、氰化钙、氰化铵、氰化氢等。低分子量的有机氰化物(或称腈类)在水中溶解度较大,例如乙腈能与水混溶,丙腈和丙烯腈也可溶解于水,但丁腈以上难溶于水。工业储存和运输过程中以碱金属盐类氰化物、丙烯腈等液态腈类较为常见,这类物质在水中大都能溶解,事故处理较艰难。

在运输过程中,如氰化钠或丙烯腈在水体中泄漏或掉入水中,现场人员应在保护好自身安全的情况下,开展报警和伤员救护,及时采取以下措施。

(1) 现场控制与警戒。在消防或环保部门到达现场之前,如果已有有效的堵漏工具或措施,操作人员可在保证自身安全的前提下,进行堵漏操作,控制泄漏量。否则,现场人员应边等待当地消防队或专业应急处理队伍的到来,边负责事故现场区域警戒。

根据 2000 版《北美化学事故救援指南》,大量氰化钠(大于 200kg)在水中泄漏时,紧急隔离半径应不小于 95m。现场人员应根据氰化钠泄漏量、扩散情况以及所涉及的区域建立 500~10000m 的警戒区。应组织人员对沿河两岸或湖泊进行警戒,严禁取水、用水、捕捞等一切活动。

(2) 环境清理。根据现场实际,现场可沿河筑建拦河坝,防止受污染的河水下泄。然后向受污染的水体中投放大量生石灰或次氯酸钙等消毒品,中和氰根离子。如果污染严重的话,可在上游新开一条河道,让上游来的清洁水改走新河道。

微溶或不溶性腈类液体泄漏到水中时,对于密度比水大的(如苯乙腈),应当尽快采取措施,在河底或湖底位于泄漏地点的下游开挖收容沟或坑,同时在收容沟或坑的下游筑堤防止泄漏物向下游流动。对于密度比水小的(如戊腈、苯乙腈),应尽快在泄漏水体的下游建堤、坝,拉过滤网或围漂浮栅栏,减小受污染的水体面积。

(3) 水质检测。检测人员定期检测水质,确定氰化物污染的范围,必要时扩大警戒范围。检测人员及现场处理人员应佩戴橡胶耐油防护手套。

2. 陆上泄漏的应急处理

如发生氰化钠陆上泄漏,现场人员应在保护好自身安全的情况下,开展报警和伤员救护,并及时采取以下措施。

(1) 现场控制与警戒。在消防或环保部门到达现场之前,如果现场有有效的堵漏工具或措施,操作人员可在保障自身安全的前提下,进行堵漏操作,控制泄漏物的影响范围。人员进入现场时可使用自吸过滤式防毒面具。一定要禁止泄漏物流入水体、地下水管道或排洪沟等限制性空间。若处理工具有限或出于自身安全考虑,现场人员应边等待消防队或专业应急处理队伍到来,边负责现场区域警戒,禁止无关人员、车辆进入。

若是丙烯腈、乙腈等腈类液体泄漏,这类物质高度易燃、易爆,要注意防止爆炸或火灾事故的发生。现场应杜绝火源、火种,所使用的工具必须是防爆型的。救援人员应当戴白吸过滤式防毒面具（全面罩）。

（2）现场处理。小量泄漏时，应急人员可使用活性炭或其他惰性材料吸收，也可以用大量水冲洗，冲洗水稀释后放入废水系统。

大量泄漏时，可借助现场环境，通过挖坑、挖沟、围堵或引流等方式使泄漏物汇聚到低洼处并收容起来。也可根据现场实际情况，先用大量水冲洗泄漏物和泄漏地点，冲洗后的水溶液必须收集起来，集中处理。建议使用泥土、沙子作为收容材料。

可以使用抗溶性泡沫、泥土、沙子或塑料布、帆布覆盖，降低氰化物蒸气危害。喷雾状水或泡沫冷却和稀释蒸汽，以保护现场人员。用防爆泵转移泄漏物至槽车或有盖的专用收集器内，回收或运至废物处理场所处置。

废水溶液的处理可采用碱性氯化法，其过程为先将含氰废水调整到 pH＝8.5～9，再加入氯离子氧化剂，使氰化物氧化分解。氯离子氧化剂可以是漂白液（主要成分为 NaClO），这种方法操作简单方便，处理后的废水含氰量很低。

对于受污染的包装物可直接用漂白液浸泡处理，检验合格后再进行焚烧、深埋。对于氰化钠包装物，不准再用于与食品行业有关的用途上。

第五节　硝酸事故应急处置

硝酸（HNO_3）属于酸性腐蚀品，它用途极广，主要用于有机合成、生产化肥、染料、炸药、火箭燃料、农药等，还常用作分析试剂、电镀、酸洗等作业。在工业生产活动中或意外泄漏的情况下，如果不注意防护，处置不当可引起皮肤或黏膜灼伤，腐蚀设施。同时，产生的氮氧化物气体可对呼吸系统造成严重损害。

一、理化特性

硝酸纯品为无色透明的发烟液体，有酸味，溶于水，在醇中会分解，为强氧化剂，能使有机物氧化或硝化，分子量为 63.01，沸点为 78℃（分解），蒸气压为 8.27kPa（25℃），相对蒸气密度为 2.17（空气＝1），沸点为 86℃（无水），饱和蒸气压为 4.4kPa（20℃）。

二、中毒

1. 发病机理

吸入、食入或经皮吸收，硝酸均可对人体造成损害。

皮肤组织接触硝酸液体后可对皮肤产生腐蚀作用。硝酸与局部组织的蛋白质结合形成黄蛋白酸，使局部组织变黄色或橙黄色，后转为褐色或暗褐色，严重者形成灼伤、腐蚀、坏死、溃疡。硝酸蒸气中含有多种氮氧化物，如 NO、NO_2、N_2O_3、N_2O_4 和 N_2O_5 等，其中主要是 NO，人体吸入后，硝酸蒸气会缓慢地溶解于肺泡表面上的液体和肺泡的气体中，并逐渐与水作用，生成硝酸和亚硝酸，对肺组织产生剧烈的刺激和腐蚀作用，使肺泡和毛细血管通透性增加，而导致肺水肿。

2. 中毒症状的急救措施

（1）皮肤或眼睛接触。有极度腐蚀性，可引起组织快速破坏，如果不迅速、充分处理，可引起严重刺激和炎症,出现严重的化学烧伤。稀硝酸可使上皮变硬,不产生明显的腐蚀作用。

皮肤接触后应立即脱离现场,祛除污染衣物,出现灼伤,用大量流动清水冲洗20～30min,然后以5%弱碱碳酸氢钠或3%氢氧化钙浸泡或湿敷约1h左右,也可用10%葡萄糖酸钙溶液冲洗,然后用硫酸镁浸泡1h,尽快就医。

眼睛接触后应立即脱离现场,翻开上下眼睑,用流动清水彻底冲洗。尽快就医。

(2) 食入。引起口腔、咽部、胸骨后和腹部剧烈灼热性疼痛。口唇、口腔和咽部可见灼伤、溃疡,吐出大量褐色物。严重者可发生食管、胃穿孔及腹膜炎、喉头痉挛、水肿、休克。

食入后急救中可用牛奶、蛋清口服,禁止催吐、洗胃。

(3) 吸入。硝酸蒸气有极强烈刺激性,腐蚀上呼吸道和肺部,急性暴露可产生呼吸道刺激反应,引起肺损伤,降低肺功能。在接触时也可不出现反应,但是数小时后出现迟发症状,引起呛咳、咽喉刺激、喉头水肿、胸闷、气急、窒息,严重者经一定潜伏期(几小时至几十小时)后出现急性肺水肿表现。

急救中,救援人员必须佩戴空气呼吸器进入现场。如无呼吸器,可用小苏打(碳酸氢钠)稀溶液浸湿的毛巾掩口鼻短时间进入现场,快速将中毒者移至上风向空气清新处。注意保持中毒者呼吸通畅,如有假牙须摘除,必要时给予吸氧,雾化吸入沙丁胺醇气雾剂或5%碳酸氢钠加地塞米松雾化吸入。如果中毒者呼吸、心跳停止,立即进行心肺复苏;如果中毒者呼吸急促、脉搏细弱,应进行人工呼吸,给予吸氧,肌肉注射呼吸兴奋剂尼可刹米0.5～1.0g。

三、泄漏处置

1. 水上泄漏

在运输过程中,如果硝酸在水体中泄漏或包装掉入水中,现场人员应在保护好自身安全的情况下开展报警和伤员救护,及时采取以下措施。

(1) 建立警戒区。如果硝酸泄漏到水体中,现场人员应根据泄漏量、扩散情况以及所涉及的区域建立警戒区,并组织人员对沿河两岸或湖泊进行警戒,严禁取水、用水、捕捞等一切活动。如果包装掉入水中,现场人员应根据包装是否破损、硝酸是否漏入水中以及随后的打捞作业可能带来的影响等情况确定警戒区域的大小,并派出水质检测人员定期对水质进行检测,确定污染的范围,必要时扩大警戒范围。事故处理完成后,要定时检测水质,只有当水质满足要求后,才能解除警戒。

(2) 控制泄漏源。在消防或环保部门到达现场之前,如果手头备有有效的堵漏工具或设备,操作人员可在保证自身安全的前提下进行堵漏,从根本上控制住泄漏。否则,现场人员应撤离泄漏现场,等待消防队或专业应急处理队伍的到来。

(3) 收容泄漏物。硝酸能以任意比例溶解于水,小量泄漏一般不需要采取收容措施,大量泄漏现场可沿河筑建堤坝,拦截被硝酸污染的水流,防止受污染的河水下泄,影响下游居民的生产和生活用水。同时在上游新开一条河道,让上游来的清洁水改走新河道。如有可能,应用泵将污染水抽至槽车或专用收集器内,运至废物处理场所处置。如果pH

值超过 9,现场情况又不能转移污染水,可根据水中硝酸根离子的浓度,向受污染的水体中投放适量的碳酸氢钠、碳酸钠、碳酸钙中和,也可以使用氢氧化钙或石灰。

2. 陆上泄漏

如果硝酸是在陆上泄漏,现场人员应在保护好自身安全的情况下,开展报警和伤员救护,并及时采取以下措施。

(1) 建立警戒区。根据 2000 版《北美应急响应指南》,硝酸发生泄漏后,应根据泄漏量的大小,立即在至少 50～100m 泄漏区范围内建立警戒区。小量发烟硝酸发生泄漏时要立即在泄漏区周围隔离 95m,如果泄漏发生在白天,应在下风向 300m(300×300)范围内建立警戒区;如果泄漏发生在晚上,应在下风向 500m(500×500)范围内建立警戒区。大量发烟硝酸发生泄漏时应立即在泄漏区周围隔离 400m,如果泄漏发生在白天,应在下风向 1300m(1300×1300)范围内建立警戒区;如果泄漏发生在晚上,应在下风向 3500m(3500×3500)范围内建立警戒区。警戒区内的无关人员应沿侧上风方向撤离。

(2) 控制泄漏源。在消防或环保部门到达现场之前,如果现场备有有效的堵漏工具或设备,操作人员可在保障自身安全的前提下进行堵漏。人员进入现场时可使用自给式呼吸器。若处理工具有限或自身安全难以保证,现场人员应撤离泄漏污染区,等待消防队或专业应急处理队伍的到来,不要盲目地进入现场进行堵漏作业。控制泄漏源是防止事故范围扩大的最有效措施。

(3) 收容泄漏物。小量泄漏时,可用干土、干砂或其他不燃性材料吸收,也可以用大量水冲洗,冲洗水稀释后(pH 值降至 5.5～8.5)排入废水系统。

大量泄漏时,可借助现场环境,通过挖坑、挖沟、围堵或引流等方式将泄漏物收容起来。建议使用泥土、沙子作收容材料。也可根据现场实际情况,先用大量水冲洗泄漏物和泄漏地点,冲洗后的废水必须收集起来,集中处理。喷雾状水冷却和稀释蒸气,保护现场人员。用耐腐蚀泵将泄漏物转移至槽车或有盖的专用收集器内,回收或运至废物处理场所处置。

可将硝酸废液加入纯碱-硝石灰溶液中,生成中性的硝酸盐溶液,用水稀释后(pH 值降至 5.5～8.5)排入废水系统。

四、火灾

1. 火场特点

硝酸本身不燃,但能助燃。受热会分解生成二氧化氮和氧气。能与多种物质如金属粉末、电石、硫化氢、松节油等猛烈反应,甚至发生爆炸。与还原剂、可燃物如糖、纤维素、木屑、棉花、稻草或废纱头等接触引起燃烧,并散发出剧毒的棕色烟雾。硝酸蒸气中含有多种有毒的氮氧化物,与硝酸蒸气接触很危险。

2. 灭火建议

在灭火过程中建议做下列处理。

(1) 如有可能,转移未着火的容器。防止包装破损,引起环境污染。

(2) 消防人员必须穿全身耐酸碱消防服,佩戴自给式呼吸器,在上风向隐蔽处灭火。

（3）用水灭火，同时喷水冷却暴露于火场中的容器，保护现场应急处理人员。

（4）收容消防废水，防止流入水体、排洪沟等限制性空间。

（5）消防废水稀释后(pH 值降至 5.5～8.5)排入废水系统。

第六节　液化石油气事故应急处置

液化石油气是一种广泛应用于工业生产和居民日常生活的燃料，液化石油气从储罐中泄漏出来很容易与空气形成爆炸混合物。若在短时间内大量泄漏，可以在现场很大范围内形成液化气蒸气云，遇明火、静电或处置不慎打出火星，就会导致爆炸事故的发生。随着液化石油气使用范围的不断扩大和用量的不断加大，近年来较大的液化石油气泄漏、爆炸事故时有发生，对人民生命财产造成了极大的威胁。

一、理化特性

液化石油气主要由丙烷、丙烯、丁烷、丁烯等烃类介质组成，还含有少量 H_2S、CO、CO_2 等杂质，由石油加工过程产生的低碳分子烃类气体(裂解气)压缩而成。

外观与性状：无色气体或黄棕色油状液体，有特殊臭味；闪点为 $-74℃$；沸点为 -0.5～$-42℃$；引燃温度为 426～$537℃$；爆炸下限为 $2.5\%(V/V)$；爆炸上限为 $9.65\%(V/V)$；相对于空气的密度为 1.5～2.0；不溶于水。

禁配物：强氧化剂、卤素。

二、危险特性

危险性类别：第 2.1 类　易燃气体。

1. 燃爆性质

极度易燃；受热、遇明火或火花可引起燃烧；与空气能形成爆炸性混合物；蒸气比空气重，可沿地面扩散，蒸气扩散后遇火源着火回燃；包装容器受热后可发生爆炸，破裂的钢瓶具有飞射危险。

2. 健康危害

如没有防护，直接大量吸入有禁用词语作用的液化石油气蒸气，可引起头晕、头痛、兴奋或嗜睡、恶心、呕吐、脉缓等；重症者可突然倒下，尿失禁，意识丧失，甚至呼吸停止；不完全燃烧可导致一氧化碳中毒；直接接触液体或其射流可引起冻伤。

3. 环境危害

对环境有危害，对大气可造成污染，残液还可对土壤、水体造成污染。

三、公众安全

首先拨打产品标签上的应急电话报警，若没有合适电话，可拨打国家化学事故应急响应专线。蒸气沿地面扩散并易积存于低洼处(如污水沟、下水道等)，所以要在上风处停留，切勿进入低洼处；无关人员应立即撤离泄漏区至少 100m；疏散无关人员并建立警戒区，必要时应实施交通管制。

四、个体防护

佩戴正压自给式呼吸器；穿防静电隔热服。

五、隔离

大泄漏：考虑至少隔离 800m（以泄漏源为中心，半径 800m 的隔离区）。

火灾：火场内如有储罐、槽车或罐车，隔离 1600m（以泄漏源为中心，半径为 1600m 的隔离区）。

六、应急行动

1. 中毒处置

皮肤接触：若有冻伤，就医治疗。吸入：迅速脱离现场至空气新鲜处，保持呼吸道通畅。如呼吸困难，给输氧；如呼吸停止，立即进行人工呼吸，并及时就医。

2. 泄漏处置

（1）报警（119、120 等），并视泄漏量情况及时报告政府有关部门。

（2）建立警戒区。立即根据地形、气象等，在距离泄漏点至少 800m 范围内实行全面戒严。划出警戒线，设立明显标志，以各种方式和手段通知警戒区内和周边人员迅速撤离，禁止一切车辆和无关人员进入警戒区。

（3）消除所有火种。立即在警戒区内停电、停火，灭绝一切可能引发火灾和爆炸的火种。进入危险区前用水枪将地面喷湿，以防止摩擦、撞击产生火花，作业时设备应确保接地。

（4）控制泄漏源。在保证安全的情况下堵漏或翻转容器，避免液体漏出。如管道破裂，可用木楔子、堵漏器堵漏或卡箍法堵漏，随后用高标号速冻水泥覆盖法暂时封堵。

（5）导流泄压。若各流程管线完好，可通过出液管线、排污管线，将液态烃导入紧急事故罐，或采用注水升浮法，将液化石油气界位抬高到泄漏部位以上。

（6）罐体掩护。从安全距离，利用带架水枪以开花的形式和固定式喷雾水枪对准罐壁和泄漏点喷射，以降低温度和可燃气体的浓度。

（7）控制蒸气云。如可能，可以用锅炉车或蒸汽带对准泄漏点送气，用来冲散可燃气体；用中倍数泡沫或干粉覆盖泄漏的液相，减少液化气蒸发；用喷雾水（或强制通风）转移蒸气云飘逸的方向，使其在安全地方扩散掉。

（8）救援组织。调集医院救护队、警察、武警等现场待命。

（9）现场监测。随时用可燃气体检测仪监视检测警戒区内的气体浓度，人员随时做好撤离准备。

注意事项：禁止用水直接冲击泄漏物或泄漏源；防止泄漏物向下水道、通风系统和密闭性空间扩散；隔离警戒区直至液化石油气浓度达到爆炸下限 25% 以下方可撤除。

3. 燃烧爆炸处置

灭火剂选择：小火用干粉、二氧化碳灭火器；大火用水幕、雾状水。

（1）报警（119、120 等），并视现场情况及时报告政府有关部门。

（2）建立警戒区。立即根据地形、气象等，在距离泄漏点至少 1600m 范围内实行全面戒严。划出警戒线，设立明显标志，以各种方式和手段通知警戒区内和周边人员迅速撤离，禁止一切车辆和无关人员进入警戒区。

（3）关阀断料，制止泄漏。

关阀断气：若阀门未烧坏，可穿避火服，带着管钳，在水枪的掩护下，接近装置，关上阀门，断绝气源。

导流泄压：若各流程管线完好，可通过出液管线、排污管线，将液态烃导入紧急事故罐，减少着火罐储量。

注水升浮：若泄漏发生在罐的底部或下部，利用已有或临时安装的管线向罐内注水，利用水与液化石油气的比重差，将液化石油气浮到裂口以上，使水从破裂口流出，再进行堵漏。为防止液化气从顶部安全阀排出，可以采取先倒液、再注水修复或边导液边注水。

（4）积极冷却，稳定燃烧，防止爆炸。组织足够的力量，将火势控制在一定范围内，用射流水冷却着火及邻近罐壁，并保护毗邻建筑物免受火势威胁，控制火势不再扩大蔓延。在未切断泄漏源的情况下，严禁熄灭已稳定燃烧的火焰。

干粉抑制法：待温度降下之后，向稳定燃烧的火焰喷干粉，覆盖火焰，终止燃烧，达到灭火目的。

（5）救援组织。调集医院救护队、警察、武警等现场待命。

（6）现场监测。随时用可燃气体检测仪监视检测警戒区内的气体浓度。

第七节　天然气事故应急处置

天然气是一种易燃易爆气体，比空气轻。如发生泄漏能迅速四处扩散，引起人身中毒、燃烧和爆炸。天然气泄漏时，当空气中的浓度达到 25％时，可导致人体缺氧而造成神经系统损害，严重时可表现呼吸麻痹、昏迷、甚至死亡。在处理天然气泄漏时，应根据其泄露和燃烧的特点，迅速有效地排除险情，避免发生爆炸燃烧事故。

一、理化特性

天然气是无色气体，当混有硫化氢时，有强烈的刺鼻臭味；不溶于水；气体相对密度为 0.7～0.75；爆炸极限为 5％～15％。

二、危险特性

1. 燃烧爆炸危险性

天然气极易燃，与空气混合能形成爆炸性混合物，遇热源和明火有燃烧爆炸的危险。

2. 健康危害

吸入天然气后可引起急性中毒。轻者出现头痛、头昏、胸闷、呕吐、乏力等。重者出现昏迷、口唇紫绀抽搐。部分中毒者出现心律失常。皮肤接触液化气体可引起冻伤。

特别警示：①极易燃；②若不能切断泄漏气源，则不允许熄灭泄漏处的火焰。

三、应急处置措施

1. 隔离与公共安全

泄漏：污染范围不明的情况下，初始隔离至少为100m，下风向疏散至少为800m。大口径输气管线泄漏时，初始隔离至少为1000m，下风向疏散至少为1500m。然后进行气体浓度检测，根据有害气体的实际浓度，调整隔离、疏散距离。

火灾：火场内如有储罐、槽车或罐车，隔离1600m。考虑撤离隔离区内的人员、物资。疏散无关人员并划定警戒区，在上风处停留。

2. 泄漏处理

（1）消除所有点火源（泄漏区附近禁止吸烟，消除所有明火、火花或火焰）。
（2）使用防爆的通信工具。
（3）作业时所有设备应接地。
（4）在确保安全的情况下采取关阀、堵漏等措施，以切断泄漏源。
（5）防止气体通过通风系统扩散进入限制性空间。
（6）喷雾状水稀释漏出气，改变蒸气云流向。
（7）隔离泄漏区，直至气体散尽。

3. 火灾扑救

灭火剂：干粉、雾状水、泡沫、二氧化碳。
（1）在确保安全的前提下，将容器移离火场。
（2）若不能切断泄漏气源，则不允许熄灭泄漏处的火焰。
（3）尽可能远距离灭火或使用遥控水枪或水炮扑救。
（4）用大量水冷却容器，直至火灾扑灭。
（5）容器突然发出异常声音或发生异常现象，立即撤离。

4. 人员急救

皮肤接触：如果发生冻伤，将患部浸泡于保持在38～42℃的温水中复温。不要涂擦。不要使用热水或辐射热。使用清洁、干燥的敷料包扎。及时就医。

吸入：迅速脱离现场至空气新鲜处。保持呼吸道通畅。如呼吸困难，给输氧。呼吸、心跳停止，立即进行心肺复苏术。及时就医。

四、天然气大量泄漏的应急处置

泄漏的原因主要有：①误操作引起的泄漏；②设备、管线腐蚀穿孔、损坏引起的泄漏；③密封老化引起密封失效，从而导致设备外漏；④压力表损坏和管道破裂。

当站场出现输气设备、设施误操作、故障而引起站内天然气大量泄漏等由抢修部门进行紧急处理。通过站内阀门进行气流隔断，则不必动用封堵设备。

首先自动或人工手动切换，放空站内管线气体。

然后根据现场情况，现场拉响警铃，就地启动站场电动球阀。如果因设施故障，阀门自动无法执行,则人工手动进行;关闭进站阀和出站阀、打开站内所有手动放空阀、开始对站内进行事故初步控制。

(1)如果只是天然气泄漏,没有火灾,则按照以下步骤进行初步控制。

① 用便携式可燃气体报警仪检测站场天然气浓度,确定泄漏点,并做标记,设置警戒区。

② 站内设施、设备、照明装置、导线以及工具都均为防暴类型。

③ 如室内天然气漏气时,应立即关闭室内供气阀门,迅速打开门窗,加强通风换气。

④ 禁止一切车辆驶入警戒区内,停留在警戒区内的车辆严禁启动。

⑤ 消防车到达现场,不可直接进入天然气扩散地段,应停留在扩散地段上风方向和高坡安全地带,做好准备,对付可能发生的着火爆炸事故,消防人员动作谨慎,防止碰撞金属,以免产生火花。

⑥ 根据现场情况,发布动员令,动员天然气扩散区的居民和职工,迅速熄灭一切火种。

⑦ 天然气扩散后可能遇到火源的部位,应作为灭火的主攻方向,部署水枪阵地,做好对付发生着火爆炸事故的准备工作。

⑧ 利用喷雾水火蒸汽吹散裂漏的天然气,防止形成可爆气。

⑨ 在初步控制中,应有人监护,有必要情况下,应戴防毒面具。

⑩ 待抢修人员赶来后,实施故障排除,根据实际情况,更换或维修管段或设施。

(2)如果站场已发生火灾,在专业消防人员协作下,则按照以下步骤进行初步控制。

① 如果是天然气泄漏着火,应首先找到泄漏源,关断上游阀门,使燃烧终止。

② 关阀断气灭火时,要不间断的冷却着火部位,灭火后防止因错关阀门而导致意外事故发生。

③ 在关阀断气之后,仍需继续冷却一段时间,防止复燃复爆。

④ 当火焰威胁进行阀门难以接近时,可在落实堵漏措施的前提下,现灭火后关阀。

⑤ 关阀断气灭火时,应考虑到关阀后是否会造成前一工序中的高温高压设备出现超温超压而发生爆破事故。

⑥ 可利用站内消防灭火剂对火苗进行扑灭。补救天然气火灾,可选择水、干粉、卤代烷、蒸汽、氮气及二氧化碳等灭火剂灭火。

⑦ 对气压不大的漏气火灾,可采取堵漏灭火方式,用湿棉被、湿麻袋、湿布、石棉毡或黏土等封住着火口,隔绝空气,使火熄灭。同时要注意,在关阀、补漏时,必须严格执行操作规程,并迅速进行,以免造成第二次着火爆炸。

⑧ 待后继增援队伍到来后,按照消防规程进行扑灭。

(3)站内设施修复工作。对站内天然气泄漏或火灾处理完毕后,由施工单位人员对故障部分进行修复,可参照以下步骤进行。

① 故障管段和设备进行氮气气体置换,用含氧检测仪检测(含氧浓度=2%)。可用燃气气体报警器进行检测。混合浓度达到爆炸极限的25%以下为合格。

② 管网事故管段或设备拆除(根据实际可采用切断或断开法兰连接的方法),关浇配套设施试压、更换。

③ 站内动火施工必须有现场安全监护。

④ 预制新管段并安装。

⑤ 完成安装和试压并验收合格。

⑥ 进行站内区防空完成战区置换氮气。

⑦ 恢复站区流程，托运该站。

五、减压站法兰或螺栓处轻微泄漏的应急处置

一旦发现站内法兰或螺栓处存在天然气轻微泄漏，应立即报告现场指挥，现场指挥可以根据现场情况，采取如下措施。

（1）在工艺允许的情况下，切换至用管路。隔离漏气的设施或管线。

（2）对于有把握处理的轻微泄漏，利用防爆工具对螺栓进行紧固处理。

（3）对于没有把握处理的泄漏应上报领导小组，有领导小组指令专业人员到现场处理，根据泄漏情况进行坚固或更换垫片。

（4）在处理过程中，要加强安全监护，紧固力量要均匀，对于没有把握的操作不能蛮干，以免造成更大的破坏。

（5）紧急情况下对站场泄漏阀门，管段、泄漏的设备连接部位可采用高压堵漏器进行紧急堵漏。

六、输气管道天然气泄漏的应急处置

（1）立即通知当地政府、公安、消防、燃管、安监等部门，迅速组织疏散事故发生地周围居民群众，确保人民群众的生命安全，并告附近居民熄灭一切火种，严禁烧火做饭、并开电源。

（2）现场指挥人员迅速赶到出事地点，协助当地相关部门，围控事故区域，在事故区域设置警戒线、警示标志，确保武官、人员、居民群众远离危险区。

（3）当泄漏天然气威胁到运输干线时，应协助当地政府立即停止公路、铁路、河流的交通运输。

（4）现场指挥人员进一步摸清事故现场泄漏情况，评估事故发展状况、影响范围，将情况立即汇报领导小组。

（5）采取一切必要措施封堵泄漏部位。

（6）发生事故后，专业抢修人员以最快的速度到达事故现场，及时挖出泄漏处管沟土层，在抢修焊接过程中，要用轴流风机强制排出沟管的天然气，并进行不间断的可燃气体监测和安全监护。准备措施为：①将管沟内聚集的天然气自由挥发一段时间。当管沟内漏气量很大时，先进行空气置换，在管沟一端安放防爆轴流风机将管沟内的天然气吹出；②用可燃气体探测仪测量管沟内天然气浓度，其浓度必须小于爆炸下限的25%，管沟内空气合格后，方可施工；③由于管沟内空间限制，大型机具难以施展，故管沟内工作坑的开挖游人工完成。将管沟内管槽内覆土清除，其间随时监测天然气浓度，保证施工人员的安全；④所有抢修人员进入管沟前必须采取消除静电措施，必要时要戴防毒面具方可进入。

事故案例分析：
2003年重庆开县"12·23"特大井喷事故

复习思考题

一、简答题

1. 简述氯气事故的应急处置方法和措施。
2. 简述硫化氢事故的应急处置方法和措施。
3. 简述氰化物事故的应急处置方法和措施。
4. 简述硝酸事故的应急处置方法和措施。
5. 简述氨气事故的应急处置方法和措施。
6. 简述液化石油气事故的应急处置方法和措施。
7. 简述天然气事故的应急处置方法和措施。

二、实操题

试编制城市天然气管道发生泄漏事故的现场应急处置方案。

参 考 文 献

[1] 胡忆沩. 危险化学品应急处置[M]. 北京：化学工业出版社，2009.

[2] 魏礼群. 中国应急救援读本[M]. 北京：国家行政学院出版社，2016.

[3] 江田汉. 我国应急管理工作基本概况的发展历程[EB/OL]. http://www. emerinfo. cn/2019-10/10/c_1210306687. htm，2019 年 10 月 10 日.

[4] 吕志奎. 构建适应国家治理现代化的应急管理新体制[J]. 学术前沿，2019(5).

[5] 孙玉枝，夏登友. 危险化学品事故应急救援与处置[M]. 北京：化学工业出版社，2008.

[6] 李立明. 最新实用危险化学品应急救援指南[M]. 北京：中国协和医科大学出版社，2003.

[7] 周国泰. 危险化学品安全技术全书[M]. 北京：化学工业出版社，1997.

[8] 张维凡. 常用化学危险品安全手册(1～6 卷)[M]. 北京：中国医药科技出版社，1992.

[9] 何凤生. 中华职业医学[M]. 北京：人民卫生出版社，1999.

[10] 任引津. 实用急性中毒全书[M]. 北京：人民卫生出版社，2003.

[11] 夏元洵. 化学物质毒性全书[M]. 上海：上海科学技术文献出版社，1991.

[12] 江泉观，纪云晶，常元勋. 环境化学毒物防治手册[M]. 北京：化学工业出版社，2004.

[13] 《应急救援系列丛书》编委会. 危险化学品应急救援必读[M]. 北京：中国石化出版社，2008.

[14] 周长江，王同义，等. 危险化学品安全技术与管理[M]. 北京：中国石化出版社，2004.

[15] 李建华. 灾害抢险救援技术[M]. 廊坊：中国人民武装警察部队学院，2005.

[16] 岳茂兴. 灾害事故现场急救[M]. 北京：化学工业出版社，2006.

[17] 王自齐，赵金垣. 化学事故与应急救援[M]. 北京：化学工业出版社，1997.

[18] 习海玲，刘志农. 核生化洗消新技术与新装备[J]. 现代军事，2001(7)：15-17.

[19] 虞汉华，蒋军成. 城市危险化学品事故应急救援预案的研究[N]. 中国安全科学学报，2005，15(9)：21-25.

[20] 苗金明，冯志斌，张杰. 企业应急救援预案的分级响应机制探讨[C]. 中国职业安全健康协会 2009 学术年会论文集，2009.

[21] 陈家强. 危险化学品泄漏事故及其处置[J]. 消防科学与技术，2004(5)：67-69.

[22] 和丽秋. 危险化学品灾害事故中的洗消[J]. 安防科技，2004(12)：28-29.

[23] 北京市达飞安全科技开发有限公司. 重特大事故应急救援预案编制实用指南[M]. 北京：煤炭工业出版社，2006.

[24] 张东普，董定龙. 生产现场伤害与急救[M]. 北京：化学工业出版社，2005.

[25] 邢娟娟，等. 企业重大事故应急管理与预案编制[M]. 北京：航空工业出版社，2005.

[26] 李国刚. 环境化学污染事故应急监测技术与装备[M]. 北京：化学工业出版社，2005.

[27] 中国安全生产协会注册安全工程师工作委员会. 安全生产管理知识[M]. 北京：中国大百科全书出版社，2008：125-143.